Lebensmittel und das Immunsystem

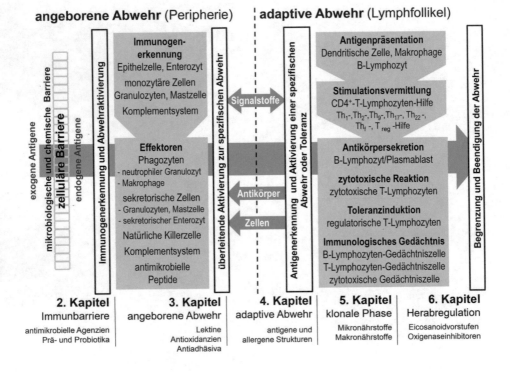

angeborene Abwehr (Peripherie) | **adaptive Abwehr** (Lymphfollikel)

exogene Antigene

mikrobiologische und chemische Barriere

zelluläre Barriere

endogene Antigene

Immunogenerkennung und Abwehraktivierung

Immunogen-erkennung
Epithelzelle, Enterozyt

monozytäre Zellen
Granulozyten, Mastzelle

Komplementsystem

Effektoren
Phagozyten
- neutrophiler Granulozyt
- Makrophage

sekretorische Zellen
- Granulozyten, Mastzelle
- sekretorischer Enterozyt

Natürliche Killerzelle

Komplementsystem

antimikrobielle
Peptide

überleitende Aktivierung zur spezifischen Abwehr

Signalstoffe

Antikörper

Zellen

Antigenerkennung und Aktivierung einer spezifischen
Abwehr oder Toleranz

Antigenpräsentation
Dendritische Zelle, Makrophage
B-Lymphozyt

Stimulationsvermittlung
$CD4^+$-T-Lymphozyten-Hilfe
Th_1-,Th_2-,Th_9-,Th_{17}-, Th_{22}-,
Th_f -, T_{reg} -Hilfe

Antikörpersekretion
B-Lymphozyt/Plasmablast

zytotoxische Reaktion
zytotoxische T-Lymphozyten

Toleranzinduktion
regulatorische T-Lymphozyten

Immunologisches Gedächtnis
B-Lymphozyten-Gedächtniszelle
T-Lymphozyten-Gedächtniszelle
zytotoxische Gedächtniszelle

Begrenzung und Beendigung der Abwehr

2. Kapitel
Immunbarriere
antimikrobielle Agenzien
Prä- und Probiotika

3. Kapitel
angeborene Abwehr
Lektine
Antioxidanzien
Antiadhäsiva

4. Kapitel
adaptive Abwehr
antigene und
allergene Strukturen

5. Kapitel
klonale Phase
Mikronährstoffe
Makronährstoffe

6. Kapitel
Herabregulation
Eicosanoidvorstufen
Oxigenaseinhibitoren

Christopher Beermann

Lebensmittel und das Immunsystem

Molekulare Wirkmechanismen und deren
Einfluss auf die Gesundheit

2. Auflage

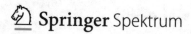 Springer Spektrum

Christopher Beermann
Hochschule Fulda
Fulda, Deutschland

Dieses Buch ist kein ernährungsmedizinischer Ratgeber. Der Autor übernimmt keine juristische Verantwortung oder Haftung für die Nutzung oder Anwendung dieser im Buch gegebenen Informationen.

Die Online-Version des Buches enthält digitales Zusatzmaterial, das durch ein Play-Symbol gekennzeichnet ist. Die Dateien können von Lesern des gedruckten Buches mittels der kostenlosen Springer Nature „More Media" App angesehen werden. Die App ist in den relevanten App-Stores erhältlich und ermöglicht es, das entsprechend gekennzeichnete Zusatzmaterial mit einem mobilen Endgerät zu öffnen.

ISBN 978-3-662-67389-8   ISBN 978-3-662-67390-4   (eBook)
https://doi.org/10.1007/978-3-662-67390-4

Die Deutsche Nationalbibliothek verzeichnet diese Publikation in der Deutschen Nationalbibliografie; detaillierte bibliografische Daten sind im Internet über https://portal.dnb.de abrufbar.

Planung/Lektorat: Ken Kissinger
Springer Spektrum ist ein Imprint der eingetragenen Gesellschaft Springer-Verlag GmbH, DE und ist ein Teil von Springer Nature.
Die Anschrift der Gesellschaft ist: Heidelberger Platz 3, 14197 Berlin, Germany

Das Papier dieses Produkts ist recyclebar.

Springer Nature More Media App

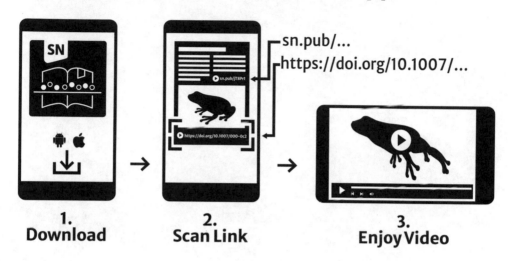

sn.pub/...
https://doi.org/10.1007/...

1.
Download

2.
Scan Link

3.
Enjoy Video

Support: customerservice@springernature.com

„A complex system that works is invariably found to have evolved from a simple system that worked. – A complex system can fail in an infinite number of ways".

John Gall 1975, Systemantics: How Systems Really Work and How They Fail

Vorwort

Die Ernährung ist ein wichtiger Umweltfaktor für die Reifung des menschlichen Immunsystems und essenziell für den Erhalt der immunologischen Homöostase. Ausgehend davon werden vielfältige Lebensmittelapplikationen mit medizinischen Auslobungen im Bereich der Immunologie von Lebensmittelherstellern weltweit generiert, um das Marktpotenzial von Produkten zu erweitern und interessante Verknüpfungen mit anderen Marktsegmenten, wie Kosmetika und Pharmazeutika, zu ermöglichen. Doch neben dem Gesundheitsvorteil bleiben Wirkprinzipien solcher Komponenten in der Anwendung oft unbeleuchtet.

Die Immunologie ist eine sehr lebhafte Biowissenschaft. Immer neue Erkenntnisse und eine immer tiefer gehende Detailfülle erschweren den Blick auf die Zusammenhänge innerhalb der immunologischen Abwehrphasen. Deshalb bespricht dieses Lehrbuch die spezifischen Interaktionen zwischen Lebensmittelinhaltsstoffen und dem Immunsystem entlang der gesamten Immunabwehrreaktion, ausgehend von der Immunbarriere, über die angeborene und adaptive Immunantwort, bis hin zur aktiven Begrenzung und Beendigung. Alle wichtigen Mechanismen der Immunabwehr werden angesprochen und verschiedene biochemisch-molekulare, zellulär-regulatorische und genetische Interaktionen von Komponenten unserer Nahrung exemplarisch auf die jeweils relevanten Aspekte der Abwehrreaktionen diskutiert. Beispielhaft ausgeführte Krankheitsbilder, bezogen auf das jeweilige Themengebiet, unterstreichen die Relevanz nutritiver Faktoren als Ursache verschiedener Pathogenesen und lassen mögliche Interventionsstrategien hierzu erkennen. Weiterführende Exkurse bieten, ergänzend zum Hauptthema des jeweiligen Kapitels, zudem Einblicke in assoziierte lebensmitteltechnologische Aspekte. Pointierte Zusammenfassungen der Kapitel, Auflistungen von immun aktiven Lebensmittelkomponenten sowie ein Fachbegriff-Glossar zeichnen dieses Buch auch als Referenz- und Nachschlagewerk aus.

Dieses Lehrbuch bietet eine Hilfe, die Vielfalt von funktionalen Lebensmittelkomponenten und deren Einflussmechanismen auf immunologische Reaktionen zu verstehen, ohne ein ernährungsmedizinischer oder diätetischer Ratgeber sein zu wollen. So möchte ich all diejenigen, die sich einen Überblick über die molekularen Wirkmechanismen und über die vielfältigen Applikationskonzepte immunologisch wirksamer Lebensmittel verschaffen wollen, ansprechen.

Christopher Beermann
Fulda, Deutschland

Vorwort zur 2. Auflage

Die Ernährungswissenschaft bedeutet nicht die Akkumulation von Fakten und darauf begründeten Meinungsdogmen, sondern ist vielmehr ein agiler Prozess, gewonnene Erkenntnisse immer wieder zu hinterfragen, neu zu sortieren und neuen Kontexten zuzuordnen. Eine so gewonnene wissenschaftliche Meinung hat nur solange Bestand, bis neue Fakten zu erweiterten oder grundsätzlich neuen Erkenntnissen gerinnen, wobei eine prinzipielle Unwissenheit hierbei immer ertragen werden muss. Gerade die Immunologie ist ein Wissenschaftsbereich der Biologie, wo man diesen dynamischen Kenntnisstand sehr deutlich spüren kann.

In dieser zweiten aktualisierten, überarbeiteten und erweiterten Auflage meines Lehrbuches habe ich neue Erkenntnisse in der Lebensmittelimmunologie und weitere Lebensmittelkomponenten mit ihren spezifischen Wirkungen auf die immunologische Abwehr hinzugefügt. Insbesondere der Aspekt, dass sich der von der Ernährung abhängige Immunstatus des Darmes und die psychische Gesundheit über die sogenannte Darm-Hirn-Achse gegenseitig beeinflussen, war mir ein großes Anliegen. In vielen asiatischen Kulturen gilt der Unterbauch als Zentrum der spirituellen und körperlichen Energie. Von daher ist es ein interessanter Gedanke immunfunktionale Lebensmittelkomponenten gezielt nicht nur für die körperliche, sondern auch für die psychische Gesundheit einzusetzen.

Christopher Beermann

Vorwort der Familie zur 2. Auflage

Mein lieber Mann, unser lieber Vater, ist leider viel zu früh von uns gegangen. Eine Woche vor seinem Tod hat er die Vorbereitungen für die Fertigstellung dieser Ausgabe seines Lehrbuchs abgeschlossen. So ist es für uns als Familie eine Ehre, sein geistiges und wissenschaftliches Vermächtnis als Auftrag zu erfüllen und sein Wissen in freundschaftlicher Zusammenarbeit mit dem Verlag an Sie weiterzugeben.

Alexandra Beermann, Leonhard Beermann, Philippa Beermann

» „Immortality is not a gift, Immortality is an achievement; And only those who strive mightily Shall possess it".
Edgar Lee Masters 1915, Spoon River Anthology

Danksagung

Mein besonderer Dank für die kritische Durchsicht des Manuskriptes gilt Herrn Prof. Dr. med. Luis Filgueira, Naturwissenschaftliche und Medizinische Fakultät, Anatomie, Universität Fribourg, Schweiz und meiner Frau, Dipl.-Biol. Alexandra Beermann.

Inhaltsverzeichnis

        von Lebensmittelkomponenten auf die Herabregulation
        und Beendigung der immunologischen Abwehrreaktion 177
6.1   Zellvermittelte Begrenzung und Beendigung einer Immunreaktion 181
6.2   Begrenzung und Beendigung einer Immunreaktion durch Lipidmediatoren 184
6.2.1   Biosynthese von Eicosanoiden 185
6.2.2   Die Entzündungsreaktionen regulierenden und auflösenden Lipidmediatoren 189
6.2.3   Beeinflussung des Lipidmediatoren-Profils durch diätetische Fettsäuren 192
6.3   Therapiemöglichkeiten bei allergischem Asthma bronchiale
        durch diätetische Fettsäuren 196
        Weiterführende Literatur 204

7   Immungenetik: Einflüsse von Lebensmittelkomponenten
        auf die Expression immunrelevanter Gene 207
7.1   Grundprinzipien der Genexpression 210
7.2   Lebensmittelkomponenten beeinflussen als epigenetischer Faktor
        die Immunfunktion 213
7.2.1   Grundprinzipien der epigenetischen Genexpressionsregulation 213
7.2.2   Der Einfluss von Lebensmittelkomponenten auf die DNA-Methylierung
        und Histonmodifikation als epigenetische Faktoren der Immunregulation 216
7.3   Lebensmittelkomponenten als Transkriptionsfaktor-Liganden
        immunrelevanter Gene 222
7.4   Einfluss des Ernährungsstatus auf die posttranskriptionale
        Regulationen der Proteinbiosynthese immunrelevanter Gene 231
7.4.1   Expressionsregulation immunrelevanter Gene durch
        alternatives mRNA-Spleißen 231
7.4.2   Beeinflussung der Immunregulation durch interferierende RNA 234
7.5   Pathophysiologische Konsequenzen ernährungsbedingter,
        epigenetischer Expressionsregulation NF-κB-abhängiger Gene 237
        Weiterführende Literatur 241

        Serviceteil
        Antworten zu den Fragen 244
        Anhang 252
        Glossar 267
        Stichwortverzeichnis 285

Abkürzungen und spezielle Nomenklaturen

Abkürzungen

ADCC	*antibody-dependent cellular cytotoxicity*, antigenabhängige zelluläre Zytotoxizität
AG	Antigen
AMP	antimikrobiell wirkendes Peptid
AP	Adapter-Proteinkomplex
APC	*antigen-presenting cell*; antigenpräsentierende Zelle
APP	Akut-Phase-Protein
ARG	Argonauten-Protein
ATP	Adenosintriphosphat
BCR	*B-cell receptor*, B-Lymphozyten-Rezeptor
cAMP	*cyclic adenosinmonophosphate*, zyklisches Adenosinmonophosphat
CARD	*caspase recruitment domain-containing protein*, Protein mit Kaspase-verstärkener Domäne
CCR	Chemokinrezeptor
CCL	Chemokinligand
CR	Komplementrezeptor
CDH	Cadherin
CLIP	*class II-associated invariant chain peptide*, MHC-Klasse-II-assoziierte invariante Peptidkette
COX	Cyclooxygenase
CTL	*cytotoxic T-lymphocyte*, zytotoxischer T-Lymphozyt
CTLA	*cytotoxic T-lymphocyte-associated protein,*zytotoxische-T-Lymphozyten-assoziiertes Protein
DAMPs	*destruction-associated molecular pattern*, Zell- und Gewebezerstörung assoziierte molekulare Muster
DC	*dendritic cell*, Dendritische Zelle (iDC: immature DC, fDC: follikuläre DC, pDC: plasmazytoide DC)
DHF	Dihydrofolat
DMG	Dimethylglycin
DNDM	DNA-Demethylase
DNMT	DNA-Methyl-Transferase

DNA	*desoxyribonucleic acid*, Desoxyribonukleinsäure
ds	*double strand*, doppelsträngig
DTH	*delayed-type hypersensitivity reaction*, Überempfindlichkeitsreaktion vom verzögerten Typ
ECM	*extracellular matrixprotein*, extrazelluläres Matrixprotein
ECP	*eosinophilic cationic protein*, eosinophiles kationisches Protein
ER	endoplasmatisches Retikulum
FABP	*fatty acid-binding protein*, fettsäurebindendes Protein (pm:*plasma membrane-associated*, zellmembranassoziiert, c:*cytoplasma-associated*,zytoplasmaassoziiert)
FAD	Flavinadenindinukleotid
FAT	*fatty acid-translocase*, Fettsäure-Translokase
FATP	*fatty acid-transporter protein*, Fettsäure-Transporterprotein
Fc	*fragment crystallisable*, Teil der invariablen Kette von Immunglobulinen
FCR	Fc-Rezeptor
fdR	follikuläre dendritische Retikulumzelle
FFS	freie Fettsäuren
FMN	Flavinmononukleotid
FOXP	*forkhead box protein*, Transkriptionsfaktor der T_{reg}-Lymphozyten
FSE	Fettsäureester
GK	Golgi-Komplex
GLUT	Glucosetransporter
GM-CSF	*granulocyte-macrophage colony-stimulating factor*, Granulozyten-Makrophagen-Kolonien-bildender Faktor
HAT	Histon-Acetylase
HDAC	Histon-Deacetylase
HLA	*human-leukocyte antigen*, humanes Leukozytenantigen (MHC-Klasse I, -Klasse II)
HMT	Histon-Methyl-Transferase
HP	Heterochromatin-Protein
KIR	*killer cell immunglobulin-like receptors*, immunglobulinartiger Rezeptor der NK-Zellen
ICAM	*intracellular adhesion molecule*, interzellulares Adhäsionsmolekül
Ig	Immunglobuline, Antikörper
IL	Interleukin

IFN	Interferon
I-κB-Protein	inhibitorisches κB-Protein
IKK	*inhibitor of nuclear factor kappa-B kinases*, Inhibitor von Nucleus-Faktor-Kappa-B-Kinasen
IRS	Insulinrezeptor-Substrat
iNOS	induzierte Stickstoffmonoxid-Synthase
JNK	cJun-*N*-terminale Kinase
rER	endoplasmatisches Retikulum mit membranassoziierten Ribosomen
RISC	*RNA-induced-silencing-complex*, RNA-induzierter Genstilllegungskomplex
RLR	*retinoic acid inducible gene 1-like receptors, RIC-like*-Rezeptor
RNA	*ribonucleic acid*, Ribonukleinsäure (mRNA: *messenger RNA*, Boten-RNA, miRNA: *micro interfering RNA*, mikro-interferierende RNA, RNAi: *RNA interference*, RNA-Interferenz)
RXR	Retinoidrezeptor
PAMPs	*pathogen-associated molecular patterns*; pathogenassoziierte molekulare Muster
PAZ	PIWI-Argonaut–Zwille-RNAi-Bindungsdomäne
PEM	Protein-Energie-Mangel
PG	Prostaglandin
PI	Phosphatidylinositol
PIP-2	Phosphatidylcholin-sn2-PUFA
PIWI	*p-element induced wimpy testis*
PLA	Phospholipase (c: cytoplasmaassoziiert)
PRR	*PAMPs recognition receptor*; PAMPs-erkennender Rezeptor
PPAR	*peroxisome-proliferation-activating receptor*, aktivierender Peroxisomen-Vermehrungsrezeptor
PUFA	*polyunsaturated fatty acid*, mehrfach ungesättigte Fettsäure (SC:*short-chain*, kurzkettige PUFA, LC:*long-chain*, langkettige PUFA)
LBP	*lipoprotein binding protein*, lipopolysaccharidbindendes Protein
LOX	Lipoxygenase
LPS	Lipopolysaccharide
LT	Leukotrien
MAG	Monoacylglycerol
MAP	mitogenaktivierte Protein-Kinase
MAPL	Monoacylphospholipid

MASP	mannosebindende lektinassoziierte Serin-Protease
Mφ	Makrophage
MBL	Mannose-bindendes Lektin
MBP	Methylgruppen bindendes Protein
M-CSF	*macrophage colony-stimulating factor,* Makrophagen-Kolonien-bildender Faktor
MHC	*major histocompatibility complex,* Antigenpräsentationsmolekül (MHC-Klasse I und MHC-Klasse II)
MID	in der Mitte lokalisierte Argonauten-Protein RNA-Bindungsdomäne
Mincle	*macrophage inducible Ca^{2+}-dependent lectin receptor*, Makrophagen-induzierbares calciumabhängiges Lektin
MPO	Myeloperoxidase
MUC	Mucin
NAD	Nicotinamidadenindinukleotid
NADP	Nicotinamidadenindinukleotidphosphat
NK-Zelle	Natürliche Killerzelle
NKT-Zelle	Natürlicher Killer-T-Lymphozyt (iNKT: invarianter NKT-Lymphozyt)
NLR	*nuceotide-binding oligomerization domain-like receptors, NOD-like* Rezeptor
NM	Kernmembran
NOD	*nuceotide-binding oligomerization domain*, nukleotidbindende Oligomerisationsdomäne
NOX	NADPH-abhängige Oxygenase
NF-κB	*nuclear factor kappa-light-chain-enhancer of activated B-cells*, Nucleus-Faktor Kappa-B
PAF	Plättchen aktivierender Faktor
PL	Phospholipid
SAH	S-Adenosly-Homocystein
SAM	S-Adenosylmethionin
SOD	Superoxid-Dismutase
S1P	Sphingosin-1-phosphat
sIg	sekretorisches Immunglobulin
SIP	Serin-Protease-Inhibitorprotein
Sirt	*silencing information regulator*, Genstilllegungsregulator
SRP	spleißosomregulierendes Protein (SRP-BE: SRP-bindendes Element)

ss	*single strand*, einzelsträngig
TAG	Triacylglycerol
TAP	*transporter associated with antigen processing*, Antigen-Peptidtransporter
TCR	*T-cell receptor*, T-Lymphozyten-Rezeptor
TGF	*transforming growth factor*, transformierender Wachstumsfaktor
Th	T-Lymphozyten-Hilfe (Th$_1$-, Th$_2$-, Th$_9$-, Th$_{17}$-, Th$_{22}$-, T$_{fh}$- follikulärer, iT$_{reg}$-induziert regulierender, nT$_{reg}$- natürlich regulierender Lymphozyt)
THF	Tetrahydrofolat
TLR	*toll-like receptor, toll-like*-Rezeptor
TNF	*tumor necrosis factor*, Tumornekrosefaktor
tRNA	*transfer-ribonucleic acid*, aminosäuretragende RNA
TTFs	*trefoil factors*, Mucus-Heilungsfaktoren
TX	Thromboxan
VLA	*very late antigen*, sehr spät exprimiertes Antigen (Integrin)
WHO	*World Health Organisation*, Weltgesundheitsorganisation
ZM	Zellmembran

Nomenklatur für Kohlenhydrate

Ara	Arabinose
Fru	Fructose
Fuc	Fucose
Gal	Galactose
GalA	Galacturonsäure
GalNAc	*N*-Acetylgalactosamin
Glc	Glucose
GlcNAc	*N*-Acetylglucosamin
NeuNAc	*N*-Acetylneuraminsäure (Sialylgruppe)
Xyl	Xylose

Nomenklatur für Fettsäuren

ADA	Adrensäure	C22:4 n6
ARA	Arachidonsäure	C20:4 n6
ALA	α-Linolensäure	C18:3 n3
CLA	konjugierte Linolsäure	cC18:2 n6
DHA	Docosahexaensäure	C22:6 n3
DHGLA	Dihomo-γ-Linolensäure	C20:3 n6
DPA	Docosapentaensäure	C22:5 n3
EPA	Eicosapentaensäure	C20:5 n3
ETA	Eicosatetraensäure	C20:4n3
GLA	γ-Linolensäure	C18:4 n6
HETE	Hydroxyeicosatetraensäure	C20:4 n6 (OH)
LA	Linolsäure	C18:2 n6
SDA	Stearidonsäure	C18:4 n3

Nomenklatur für Aminosäuren

Arg	Arginin
Asn	Asparagin
Asp	Asparaginsäure
Cit	Citrullin (nichtproteinogene α-Aminosäure)
Cys	Cystein
Glu	Glutaminsäure
Pro	Prolin
Ser	Serin
Tyr	Tyrosin

Grundlagen: Grundprinzipien des Immunsystems

Inhaltsverzeichnis

Ergänzende Information Die elektronische Version dieses Kapitels enthält Zusatzmaterial, auf das
über folgenden Link zugegriffen werden kann [https://doi.org/10.1007/978-3-662-67390-4_1].
Die Videos lassen sich durch Anklicken des DOI-Links in der Legende einer entsprechenden
Abbildung abspielen, oder indem Sie diesen Link mit der SN More Media App scannen.

1

■■ **Zusammenfassung**

Das Immunsystem ist ein fein koordiniertes Netzwerk verschiedener Zellfunktionen, die innerhalb eines fragilen Gleichgewichts zwischen Abwehr und Toleranz stehen. Nahrungskomponenten sind ein essenzieller Umweltfaktor für die Reifung des menschlichen Immunsystems und zum Erhalt der immunologischen Homöostase. Eine chemisch-physikalische Immunbarriere begrenzt den Körper und ermöglicht die Interaktion des Körpers mit der Umwelt als teiloffenes System. Die mikrobiologische Besiedlung dieser Barriere ist hierbei ein wichtiger zusätzlicher Schutzfaktor. Viele Lebensmittelapplikationen beziehen ihre Wirkung auf diese Abgrenzungsfunktion.

Die immunologischen Abwehrreaktionen sind in eine direkt reagierende, angeborene und in eine später initiierte antigenspezifische, adaptive Immunantwort unterteilt. Die frühe Abwehrphase ist direkt gegen Mikroorganismen und Parasiten gerichtet, die in den Körper eingedrungen sind. Elemente des antimikrobiell wirkenden Komplementsystems stimulieren hierbei zentrale Abwehrmechanismen. Phagozytierende Zellen, wie Mɸs und neutrophile Granulozyten, erkennen spezifisch molekulare Strukturen pathogener Organismen und nehmen diese intrazellulär auf. Daneben ist eine zytotoxische Abwehr durch NK-Zellen gegenüber krankhaft verändertem Eigengewebe und intrazellulär infizierten Zellen möglich. Lebensmittelkomponenten sind hierbei essenzieller Energielieferant und stoffliche Grundlage von Zellstrukturkomponenten und beeinflussen die Abwehrreaktionen als Stimulationsmolekül, als Ligand für genetische Transkriptionsfaktoren oder als epigenetische Faktoren. Zytokine und Wachstumsfaktoren vermitteln als interzelluläre Signalstoffe eine primäre Entzündung. Die funktionale Ausrichtung der frühen Abwehrreaktionen wird im weiteren Verlauf von der adaptiven Immunantwort weitergeführt. Der Einfluss von Lebensmitteln auf die adaptive Abwehr hat oftmals ihren Ursprung in veränderten angeborenen Abwehrmechanismen.

Die adaptive Immunantwort lässt sich in eine Erkennungs-, Differenzierungs-, Wirkungs- und Abschlussphase einteilen. Ausgehend von einer spezifischen Präsentation von antigenen Protein- oder Lipidstrukturen durch Dendritische Zellen und andere antigenpräsentierende Zellen wird eine T-Lymphozyten-Hilfe initiiert, welche dann eine antigenabhängige humorale oder zellulär-zytotoxische Abwehrreaktion vermittelt. Die humorale Abwehrreaktion ist bestimmt durch antigenbindende Immunglobuline. Die zelluläre Antwort beinhaltet eine zytotoxische Immunantwort durch CD8+-CTL und andere zytotoxische T-Lymphozyten. Lebensmittel können innerhalb der adaptiven Abwehrreaktionen als Antigene wahrgenommen werden, was in pathologische Fehlreaktionen resultieren kann. Generell wird die adaptive Abwehrreaktion nach Stimulationsverlust oder durch aktive Regulationsmechanismen beendet.

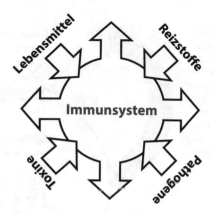

🎓 **Lernziele**
- Was hat das Immunsystem mit dem Konzept „Leben" zu tun?
- Welche grundlegende Aufgabe hat das Immunsystem?
- Wie läuft eine Immunantwort ab und welche Abwehrelemente sind relevant?
- Welche generelle immunologische Relevanz haben Lebensmittel?

1.1 Ablauf einer immunologischen Abwehrreaktion

Wenn die Definition des Lebens nicht nur durch die Fähigkeit der Vermehrung aus sich selbst heraus bestimmt ist, sondern zudem sich aus koordinierten und komplexen Interaktionen zwischen einem teiloffenen System und der Umgebung heraus kennzeichnet, dann ist das Immunsystem genau dafür Garant und Manifestation. Leitmotive der immunologischen Abwehr hierfür sind neben der Abgrenzung des Systems gegenüber der Umwelt die Erkennung von relevanten Stimulationen und die Regulation, die diese Wahrnehmung in eine passende Abwehr- oder Toleranzreaktion umsetzt, die das Leben ermöglicht (◨ Abb. 1.1). Darüber hinaus benötigt eine immunologische Abwehrregulation eine strikte Toleranz gegenüber sich selbst.

Das Immunsystem des Menschen ist eine abgestimmte, vielschichtige Abfolge von Erkennungsereignissen und Erwiderungen, um schädliche Agenzien auszuschließen, zu kontrollieren oder zu eliminieren. Es besteht aus vielfältigen Zellfunktionen und basiert letztendlich auf dem archaisch-fundamentalen Prinzip der Diskriminierung von fremdem gegenüber eigenem Material. Aufgabe des Immunsystems ist es, den Körper vor äußeren, exogen krankheitserregenden Mikroorganismen, Parasiten, Reizstoffen und Toxinen als auch von endogenen Gefahren, wie intrazelluläre Viren und Bakterien, zu schützen sowie transformiertes, malignes Gewebe zu entfernen. Lebensmittel als prägnanter Umweltfaktor sind für die Reifung des menschlichen Immunsystems und zum Erhalt der immunologischen Homöostase essenziell, bergen jedoch auch ein pathologisches Potenzial, Abwehrreaktionen entgleisen zu lassen.

1

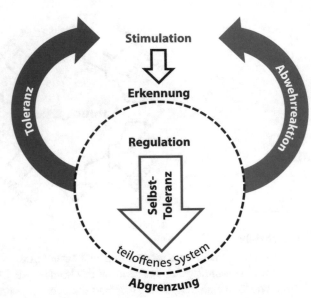

◨ Abb. 1.1 Leitmotive der Immunabwehr: Die spezifische Erkennung von Stimulationen, die durch Regulation in eine passende immunologische Abwehr- oder Toleranzreaktion umgesetzt werden, ermöglicht koordinierte Interaktionen zwischen einem teiloffenen System und der Umgebung. Eine Toleranz gegenüber sich selbst ist hierbei essenziell

> ❯ Lebensmittel sind ein immunrelevanter Umweltfaktor.

Die chemisch-physikalische Barriere der epithelialen Abschlussgewebe, wie Haut oder Schleimhaut, die mit einem leicht sauren pH-Wert und vielfältigen, bioziden Abwehrmechanismen ausgestattet sind, bietet eine erste Abgrenzung vor schädlichen Umweltfaktoren. Die mikrobielle Besiedlung dieser Barrieren ist hierbei ein weiterer verstärkender Schutzfaktor. Immunfunktionale Lebensmittel- und Kosmetikprodukte mit physiologischen Mikroorganismen beanspruchen hier oft ein großes Wirkpotenzial. Wird die Barriere verletzt oder anderweitig durchbrochen, können aktivierende Signale von ihr an das zelluläre Immunsystem abgegeben werden (◨ Abb. 1.2).

Von reaktionskoordinierenden Immunzellen werden zudem kontinuierlich Umweltinformationen aufgenommen und an das Immunsystem weitergeführt. Die zuerst greifende zellbiologische Abwehr wird als „angeborene Abwehrreaktion" bezeichnet. Eliminationsreaktionen werden direkt nach immunogener Stimulation initiiert. Antibiotisch-mikrobiozide Agenzien und materialaufnehmende, phagozytierende Zellen bestimmen diese Abwehrphase. Der größte Anteil an Abwehrreaktionen erfolgt durch sie. Die Stimulationskraft eines Immunogens hängt generell von stofflich-strukturellen Merkmalen, der lokalen Stoffkonzentration und von der Expositionszeit ab. Bei anhaltend relevanter Intensität einer Stimulation wird nachfolgend eine adaptive, antigenspezifische Immunabwehr aktiviert. Diese hochkomplexe Abwehrreaktion ist durch die Bildung von spezifisch antigenbindenden Proteinstrukturen, sogenannten Immunglobulinen oder Antikörpern, geprägt. Der Übergang von der angeborenen Abwehrphase zur adaptiven oder erworbenen ist fließend. Indem zelluläre Signalbotenstoffe ausgetauscht und Abwehrreaktion aufeinander abgestimmt werden, beeinflussen sich beide Abwehrphasen gegenseitig. Reaktionen des angeborenen Immunsystems führen direkt zu

Abb. 1.2 Elemente und Ablauf der Immunantwort: Das Immunsystem des Menschen ist eine Abfolge von Stimulationserkennungen und Erwiderungen innerhalb der angeborenen und adaptiven Abwehrreaktionen. Die angeborene Abwehr ist durch den Austausch von Signalmolekülen, Immunzellen und Immunglobulinen mit der adaptiven Abwehr regulativ verbunden

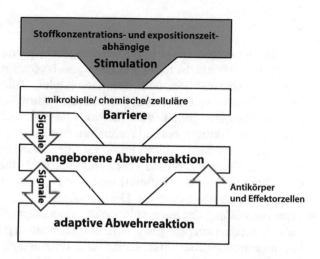

einer Vorstimulation und funktionalen Ausrichtung nachfolgender adaptiver Abwehrreaktionen. Der Einfluss von Lebensmitteln auf die adaptive Abwehr hat oftmals ihren Ursprung in veränderten Abläufen der angeborenen Immunreaktion. Im Gegenzug unterstützt die adaptive Immunantwort verbleibende Immunreaktionen der angeborenen Abwehr.

> Angeborene und adaptive Abwehrphase sind regulatorisch eng miteinander verbunden. Einflüsse von Lebensmitteln auf die adaptive Abwehr resultieren oft aus modifizierten Abläufen der angeborenen Abwehr.

Unser Immunsystem wehrt nicht nur ab, sondern gewährt auch Toleranz gegenüber bestimmten Stimuli. Dieser Aspekt ist überlebenswichtig. Das Immunsystem muss Fremd von Eigen unterscheiden. Dies zeigt sich offensichtlich in der Transplantationsproblematik von Organen und Geweben und den damit verbundenen Abstoßungsreaktionen. Der Begriff des systemeigenen Körpers muss jedoch weiter über das eigentliche Körpergewebe hinaus gefasst werden. Mikroorganismen, vorwiegend Bakterien, Hefen und Viren, die den Körper spezifisch ortsgebunden besiedeln, gehören ebenfalls dazu. Dieser Sachverhalt verkompliziert die Abwehrsituation, da neben dem eigenen Körpergewebe auch kommensale oder symbiotische Mikroorganismen in bestimmten Körperregionen toleriert werden müssen. Während symbiotische Lebensgemeinschaften ein gegenseitiges Unterstützen gewährleisten, interagieren kommensale Organismen in keiner Weise mit dem Wirtsorganismus, sie wachsen lediglich auf ihm. Hieraus resultiert eine Vielzahl von modernen Produktapplikationen im Lebensmittel- und Kosmetikbereich, um das physiologische Mikrobiom, also die Gesamtheit der natürlich vorkommenden, physiologischen Mikroorganismen des Menschen, zu fördern. Nicht vergessen werden darf, dass eine günstige Mikroorganismen-Körper-Interaktion immer ortsspezifisch ist. Ein Bakterium zum Beispiel, welches im Colon des Darmes förderlich für die Gesundheit ist, kann in der Urethra destruktive Harnwegsentzündungen hervorrufen.

1

? Was bedeutet nun „krank" oder „gesund" im immunologischen Sinne?

Das Immunsystem muss krankheitserregende, pathogene Strukturen gegenüber harmlosen Fremdstrukturen und Eigengewebe erkennen und zwischen einer möglichen Abwehrreaktion oder immunologischer Toleranz entscheiden. Die einfachste Form einer Toleranz ist die fehlende Wahrnehmung einer Stimulation. Eine intakte Barriere grenzt den Körper adäquat vor relevanten immunogenen Stimulationsfaktoren aus und verhindert, dass die angeborenen und nachfolgenden adaptiven Abwehrreaktionen initiiert werden. Die Immuntoleranz dieser Systeme gegenüber Eigengewebe und Zellen erfolgt zentral innerhalb der Immunzellreifung im Thymus, wobei dysfunktionale und autoimmunreaktionen-vermittelnde Immunzellen entfernt werden. Die mikrobielle Umgebung eines Menschen wird in diese Ausbildung des immunologischen Toleranzprofils mit einbezogen. Die Toleranz gegenüber körpereigenen Mikroorganismen ergibt sich hierbei aus einer frühen immunologischen Erkennungs- und Prägungsphase direkt nach der Geburt. Diese ist, beispielsweise bei einer Kaiserschnittgeburt, oft individuell ausgeprägt mit entsprechenden Konsequenzen für das weitere Leben. Neigungen zu Allergien oder zur Autoimmunität werden in diesem Zusammenhang diskutiert. Zusätzlich zur zentralen Toleranz wird durch spezifische Zellregulationen in den peripheren Geweben aktiv die Duldung von harmlosen Fremdstoffen, wie beispielsweise Lebensmitteln, vermittelt. Diese periphere Toleranz, oder auch orale Toleranz, geht von spezifisch regulativen Immunzellen aus.

> Das Immunsystem muss pathogene Strukturen gegenüber harmlosen Fremdstrukturen und Eigengewebe erkennen und mit einer Abwehrreaktion oder immunologischer Toleranz reagieren.

Die Mikrobiologie arbeitet mit der Hypothese, dass pathogene Eigenschaften von Mikroorganismen aus genetisch veränderten Kommensalen und Symbionten entstanden sind, welche Virulenzfaktoren, wie zellmembranen aufbrechende Enzyme oder Toxine, zur Barrierepenetration und Invasion des Wirtes exprimieren können. Gedanklich kann dies auch analog für Gewebe gelten. Ein gesundes Immunsystem toleriert Eigengewebe, bekämpft jedoch transformiertes, malignes Gewebe oder virusinfizierte Zellen mit veränderten Zelloberflächenstrukturen und Signalstrukturen, welche dem Immunsystem krankhafte Veränderungen vermitteln (◻ Abb. 1.3).

? Welche grundsätzlichen Rahmenbedingungen sind jetzt für eine immunologische Abwehrreaktion wichtig?

Eine immunologische Reaktion bezieht sich physiologisch immer auf ein lokal begrenztes Stimulationsereignis. Systemische Reaktionen, wie bei Infektionen des Lymph- oder Blutsystems, führen in der Regel zu destruktiven Krankheitsbildern. Eine lokal induzierte Immunantwort ist zudem in der Regel diametral reguliert. Eine Immunreaktion, die beispielsweise gegen extrazelluläre Bakterien gerichtet ist, kann nicht gleichzeitig eine Abwehr gegenüber intrazellulären Viren sein.

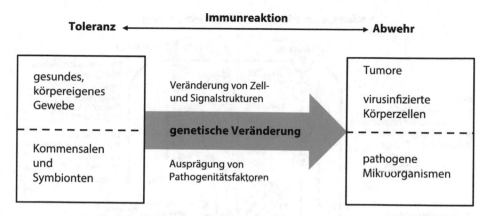

□ **Abb. 1.3** Immunreaktion zwischen Toleranz und Abwehr: Pathogene Charakteristika basieren auf genetisch veränderten Eigenschaften ehemals harmloser Strukturen. Das Immunsystem muss innerhalb dieser Ausprägungen zwischen Toleranz und Abwehr differenzieren

Fehlgeleitete Aktivitätsregulationen führen zu allergischen oder autoimmunen Hyper- oder zu subaktiven, immunsuppressiven Hyporeaktionen. Ausgelobte Wirkungen immunaktiver Lebensmittelkomponenten bedienen zumeist diesen Aspekt. Entweder soll eine supprimierte Immunaktivität gestärkt, eine überreaktive Aktivität herabreguliert oder eine fehlregulierte Immunreaktionen adäquat ausgerichtet werden.

Ist die Immunstimulation durch die Abwehrreaktionen beseitigt, kommt es zum Abschluss der Immunreaktion. Ohne Antigenreiz werden Immunzellen nicht weiter zum Ort des Geschehens rekrutiert und aktiviert. Aktivierte, reife Immunzellen sterben bei fehlender Stimulation sukzessive ab oder werden aktiv beseitigt. Zudem bewirken regulatorische Suppressormechanismen eine aktive Beendigung einer Immunantwort. Darüber hinaus gibt es schützende Regulationsvorgänge, die immunologische Abwehrreaktionen begrenzen, um zerstörerische Hyperreaktionen zu verhindern. Die Auflösung von Immungeschehnissen ist für die Anwendung immunfunktionaler Lebensmittelkomponenten ein weiterer interessanter Aspekt.

1.2 Immunfunktionen im Spiegel der Zellmorphologie

1.2.1 Die biologische Zelle und ihre generellen Immunfunktionen

Die Zelle ist die kleinste Lebenseinheit des Körpers, wo sich alle Basisfunktionen des Immunsystems grundsätzlich darstellen lassen. Die wesentlichen Aufgaben des Immunsystems sind, Inneres von Äußerem abzugrenzen, immunogene Stimulationen zu erkennen, zu prozessieren und relevante Informationen an assoziierte Zellen des Abwehrsystems weiterzugeben. Lebensmittelkomponenten können hierbei vielfach Einfluss auf diese Funktionen nehmen.

1

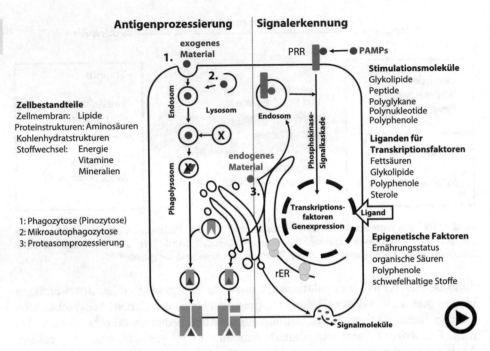

☐ **Abb. 1.4** Lebensmitteleinflüsse auf die Zellfunktion: Alle Basisfunktionen des Immunsystems finden sich grundsätzlich in der Zellmorphologie. Lebensmittelkomponenten können hierbei vielfach Einfluss auf diese Funktionen nehmen. GK: Golgi-Komplex; rER: endoplasmatisches Retikulum mit membrangebundenen Ribosomen; PAMPs: *pathogen-associated molecular patterns*; PRR: PAMPs *recognition receptor* (▶ https://doi.org/10.1007/000-b6r)

Die Zellmembran ist aus einer Polarlipid-Doppelschicht aufgebaut und umschließt das Zytoplasma der Zelle. Sie ist wie alle Barrieren zugleich Abgrenzung als auch Verbindungs-, Kontakt- und Kommunikationsfläche der Zelle mit der Umgebung (☐ Abb. 1.4).

Die Zellmembran ist eine hochfluide bis parakristallin-rigide Grenzfläche. Gesteuert über das Zytoskelett können rezeptorvermittelt exogene Materialien, wie z. B. Bakterien, aufgenommen werden. Pathogene Agenzien zeichnen sich durch spezifische Molekülstrukturmuster, sogenannte *pathogen-associated molecular patterns* (PAMPs), aus. Diese Strukturmotive sind genetisch hoch konservierte und strukturell polare, oft repetitive Molekülpolymere. Mikrobielle PAMPs sind beispielsweise aus Kohlenhydraten und Aminosäuren aufgebaute Peptidoglykanfragmente bakterieller oder pilzlicher Zellwände. Für Gram-negative Bakterien sind zudem Lipopolysaccharide (LPS), für Gram-positive aus Ribitol- oder Glycerol-Phosphat-Polymeren bestehende Teichonsäuren relevant für die Immunerkennung. Dieses Material wird von Rezeptoren erkannt und phagozytisch mit der Zellmembran aufgenommen. Das phagozytierte Material wird daraufhin intrazellulär in einem vesikulären Phagosom kontrolliert dem Prozess der Antigenpräsentation zugeführt. Lysosome, angefüllt mit lysosomalen proteolytischen Enzymen sowie toxischen Sauerstoff- und Stickstoffmonoxidradikalen, fusionieren mit dem Phagosom und zersetzen das aufgenommene Material. Membranvesikel des endoplasmatischen Retikulums (ER) können durch eine sogenannte Mikro-Autophagozytose Fremdproteine direkt aus dem Zytoplasma endosomal einfangen. Erreicht ein mit Präsentationsmolekülen beladenes Endosom das Phagolysosom, führt dies letztendlich zu einer extrazellulären Präsentation immunologisch relevanten Materials, um daraus eine gerichtete spezifische Immunreaktionen zu initiieren.

> Jede biologische Zelle bildet prinzipiell die Grundfunktionen des Immunsystems, wie die Abgrenzung von Innerem und Äußerem, die Erkennung von relevanten Reizen und die aktive Reaktion darauf, ab.

In der Zellumgebung vorhandene PAMPs, wie pilzliche α-Mannane, β-Glucane oder bakterielles Flagellin, werden auch von *pathogen recognition receptors* (PRRs) erkannt. Endogenes Material, wie virale Partikel, *ribonucleic acid* (RNA) oder *deoxyribonucleic acid* (DNA) sowie Fragmente intrazellulär-pathogener Bakterien, kann von endosomal lokalisierten PRRs gebunden und prozessiert werden (◻ Tab. 1.1).

Beides führt durch verschiedene intrazelluläre Phosphokinase-Signalkaskaden zur Aktivierung von im Zellkern befindlichen Transkriptionsfaktoren. Diese initiieren daraufhin eine Zielgenexpression mit anschließender Proteinbiosynthese. Am Ende werden beispielsweise Peptid-Signalmoleküle sezerniert, die stimulationsabhängige Entzündungsreaktionen regulieren.

Endogenes Material kann auch auf dafür bestimmte Präsentationsmoleküle an die Zelloberfläche geführt werden. Das ER ist als Biomembransyntheseort zusammen mit dem Golgi-Komplex in den intrazellulären Vesikeltransport ein-

◻ **Tab. 1.1** Pathogenassoziierte molekulare Muster

Organismus	Struktur
Bakterien Mikroorgansimen	Peptidoglykan der Zellwand
	DNA- und RNA-Fragmente
begeißelte Bakterien	Flagellin
Gram-positive Bakterien	Teichonsäure der Zellwand
Gram-negative Bakterien	Lipopolysaccharide (Endotoxin)
Hefen und Pilze	α-Mannane der Zellwand
	β-Glucane der Zellwand
Viren	Glykoproteine der Virushülle
	Capsomerfragmente der Virushülle
	DNA- und RNA-Fragmente

1

gebunden. Im ER wird endogenes Material in Vesikel zusammen mit Präsentations-molekülen verbracht und über den Golgi-Komplex den Ziel-Endosomen zugeführt. Assoziierte Immunzellen können diese Strukturinformation erkennen und die Immunantwort entsprechend ausführen.

1.2.2 Einflüsse von Lebensmittelkomponenten auf Immunfunktionen

Immunzellen zeichnen sich im Allgemeinen durch eine kurze Lebenszeit und eine hohe Vervielfältigungsleistung aus. Lebensmittelkomponenten sind daher zuerst einmal energie- und strukturgebend für den Zellaufbau und den zellulären Stoffwechsel (◘ Abb. 1.4). Grundsätzliche Protein-Energie-Mangelerkrankungen, wie Kwashiorkor oder Marasmus und die damit verbundene massive Immunsuppression, offenbaren diesen Zusammenhang. Fehlende essenzielle oder semi-essenzielle Aminosäuren, Vitamine, Mineralien und Spurenelemente limitieren die Zellproliferationsleistung. Verschiedenste Nährstoffsupplementationen, wie diätetische Vitamin- und Mineralstoffgaben, beziehen sich auf diese mangelbedingte Immunschwächung. Generell sind funktionale Effekte von Lebensmitteln auf das Immunsystem durch ein langfristiges Einhalten einer Diät oder durch einen konsequenten Verzehr spezifischer Lebensmittelkomponenten über einen langen Zeitraum bestimmt.

Lebensmittelkomponenten sind immunstimulierende Umweltfaktoren und werden von Zellen über verschiedene Rezeptoren wahrgenommen. Lebensmittel-assoziierte Bakterien und Hefen sowie verschiedene Nutzpflanzen besitzen meist geladene Oligomere mit hydrophilen Struktureigenschaften, wie Peptide, Phenol-, Nukleinsäure-, Aminosäure- oder Glykanpolymere. Pilzliches β-Glucan und α-Mannan sind zum Beispiel dafür bekannt, von membranständigen Rezeptoren von Immunzellen registriert zu werden und die Ausschüttung von Signalmolekülen auszulösen. Das Judasohr oder Mu-Err-Pilz (*Auricularia auricula-judae*) beispielsweise ist ein Speisepilz mit sehr hohem Glucangehalt und gilt daher als immunologischer Reizstoff.

❯ Lebensmittel sind Stimulations- und Modifikationssubstanzen und können immunologische Abwehrmechanismen in vielen Bereichen beeinflussen.

Die Funktion immunstimulationen-erkennender Rezeptoren ist durch eine gelenkte Fluidität der Zellmembran mitbestimmt. Bei der intrazellularen Signal-weiterleitung, aber auch bei der Phagozytose und beim vesikulären Membranlipid-transport ist das Amino-Phospholipid Sphingomyelin zusammen mit Cholesterol ein essenzieller Bestandteil von rigiden Membranbereichen, sogenannte Lipid-Rafts. Diese steuern Membranverformungen und unterstützen Bewegungen zell-membranassoziierter Proteine. Oral aufgenommenes Sphingomyelin, beispielsweise aus Sojalecithin, Milch oder Ei, wird daher als unterstützend für die Immun-funktion bewertet.

Ein weiterer Aspekt zellulärer Abwehrreaktionen ist die immunrelevante Genexpression. Bei der grundlegenden Entscheidung, Gene des Immunsystems stillzulegen, können spezifische Lebensmittelkomponenten, wie beispielweise Polyphenole des schwarzen Tees oder niedermolekulare organische Schwefelverbindungen des Brokkoli, als epigenetische Faktoren die Aktivität chromosomaler Geninformationen beeinflussen, indem sie die Aktivität von an diesen Prozessen beteiligten Enzymen beeinflussen. Außerdem können in diesem Zusammenhang Lebensmittelkomponenten als Transkriptionsfaktoren und regulative Transkriptionsfaktor-Liganden direkt Einfluss auf die Genexpression von immunrelevanten Genen nehmen. *Polyunsaturated fatty acids* (PUFAs) zum Beispiel werden von zellmembranständigen Bindungsproteinen aufgenommen und zum Zellkern transportiert. Dort können sie als Transkriptionsfaktoren direkt spezifische Genexpressionen modifizieren. Fettsäuren und deren Amide sowie Sterole und andere spezifische Lebensmittelkomponenten können zudem im Zellkern als Aktivator- oder Suppressor-Liganden von Transkriptionsfaktoren die Expressionen von Genen, die für die immunologische Abwehr wichtig sind, verändern.

1.3 Die Elemente des Immunsystems

1.3.1 Zentrale und periphere lymphatische Organe

Die lymphatischen Organe lassen sich entsprechend ihrer Funktion in zentrale und periphere Organsysteme einteilen. Im Knochenmark und im Thymus findet zentral die Entwicklung von Lymphozyten statt. In den Lymphknoten, der Milz und dem schleimhautassoziierten lymphatischen Gewebe werden in der Peripherie des Körpers Immunreaktionen initiiert.

1.3.1.1 Knochenmark und Thymus

In den primären lymphatischen Organen, dem Knochenmark und dem Thymus, findet die Generierung und Reifung von Immunzellen statt. Alle Blutzellen entwickeln sich aus hämatopoetischen Stammzellen des Knochenmarks. Die Zellen des Immunsystems können zwei Vorläuferstammzelllinien zugeordnet werden. Monozytäre Zellen entstammen der myeloiden Linie, wie Makrophagen (Mφs) und Mastzellen, sowie die neutrophilen, eosinophilen und basophilen Granulozyten. T- und B-Lymphozyten sowie Natürliche Killerzellen (NK-Zellen) entstammen der lymphoiden Linie. Unter den antigenpräsentierenden und zentral die Abwehrreaktion regulierenden Dendritische Zellen (*dendritic cells*, DCs) sind Zelltypen aus beiden Stammlinien bekannt.

Der Thymus ist in der frühen Phase des Lebens bis zur Pubertät der Ort der Reifung für T-Lymphozyten, wobei durch selektives Ausmerzen von immunologisch zu stark oder zu schwach reaktiven sowie autoreaktiven T-Lymphozyten eine Funktionsselektion erfolgt, wodurch eine zentrale Toleranz gegenüber körpereigenen Strukturen erstellt wird. Alle Immunzellen gelangen aus dem Knochen-

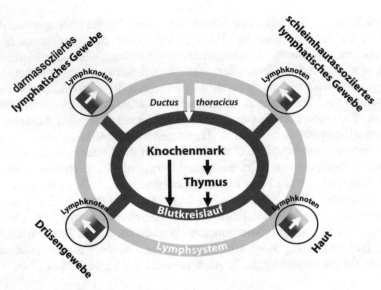

◘ Abb. 1.5 Das lymphatische- und das Blutgefäßsystem: Immunzellen wandern vom Knochen-mark über den Blutkreislauf in das periphere Gewebe. Lymphknoten verbinden das Blut- und Lymphsystem. Das Lymphsystem verbindet die verschiedenen Schleimhäute. Lokale Immun-reaktionen haben daher immer auch eine systemische Relevanz

mark in die Blutbahn und werden von dort in die Peripherie zu den Barrieresyste-men, der Haut oder den verschiedenen schleimhautassoziierten lymphatischen Ge-weben transportiert, welche zusammen mit den Lymphknoten, den Tonsillen, Rachenmandeln im Gaumen und Rachenraum, den Peyer'schen Plaques im Darm sowie der Milz zu den sekundären lymphatischen Organen zählen (◘ Abb. 1.5).

Neben dem Blutkreislauf steht den Immunzellen auch das lymphatische Sys-tem mit eigenen Gefäßen als Bewegungsraum zur Verfügung. Durch den Blut-druck wird Blutplasma aus den Blutkapillaren in das Gewebe gepresst. Davon fließt ein als Lymphe bezeichneter Anteil des Plasmas über Lymphgefäße wieder in den Blutkreislauf zurück. Verbindungsorgane auf diesen Weg zwischen Blut- und Lymphgefäßen sind die Lymphknoten. Immunrelevante Informationen aus der Peripherie, wie bakterielle oder virale Antigene, Allergene und Reizstoffe, aber auch Lebensmittelkomponenten, treffen hier auf Immunzellen aus dem Blut und aus der peripheren Lymphe. Bei Stimulation kommt es zu einer Initiierung einer spezifischen Abwehr.

Milz

Die Milz hat immunologisch ähnliche Funktionen wie die Lymphknoten. Das Organ besitzt zwei funktional unterschiedliche Bereiche, die weiße und die rote Pulpa. In der roten Pulpa werden zum einen verbrauchte, deformierte oder defekte Erythrozyten und Thrombozyten, aber auch im Blut befindliche Mikroorganismen und Immunkomplexe entfernt. In der weißen Pulpa wird eine Immunreaktion, ähnlich wie in den Lymphknoten, initiiert. Sie ist so gesehen sowohl Filtrationsein-heit als auch Lymphknoten des Blutkreislaufes.

Mucosaassoziiertes lymphatisches Gewebe

Tonsillen und Polypen des Rachenraumes sind mit Bindegewebe verbundene Lymphfollikel direkt unter dem Abschlussgewebe, dem Epithel der Gaumen- oder Rachenschleimhaut. Immunstimulanzien werden hier direkt detektiert. Die verschiedenen Schleimhäute des Menschen sind über das Lymphsystem miteinander verbunden (◘ Abb. 1.5). Schleimhäute kleiden die Atemwege, Drüsenkanäle und den Urogenital- und Gastrointestinaltrakt aus. Für oral aufgenommene Lebensmittelbestandteile bedeutet dies, dass diese bereits über die Mundschleimhaut immunologisch wahrgenommen werden und sich über die assoziierten Lymphgefäße verbreiten und systemisch wirken können. Die Peyer'schen Plaques sind Lymphfollikelansammlungen des darmassoziierten lymphatischen Gewebes, lokalisiert im Ileum (Krummdarm, Teil des Dünndarms) und im Appendix vermiformis (Wurmfortsatz, Teil des Blindarms im Dickdarm) des Colons. Zuletzt vereinen sich die großen Lymphgefäße im Ductus thoracicus (Milchbrustgang), welcher letztendlich in die Vena cava (große Hohlvene), die das venöse Blut aus dem Körper zurück zum rechten Herzvorhof transportiert, mündet.

❯ Durch die Verbindung der lymphatischen Gewebe miteinander haben lokale immunologische Ereignisse auch immer eine systemische Relevanz.

1.3.2 Immunzellen und Faktoren der angeborenen Abwehrreaktion

Die angeborene Immunabwehr versucht direkt nach immunogener Stimulation, ohne weitere Vermittlung, exogene und endogene, intrazelluläre Gefahrstoffe sowie Mikroorganismen, welche die immunologischen Barrieren durchbrochen haben, zu neutralisieren. Angeborene und nachfolgende adaptive Immunreaktionen sind regulativ und funktional eng miteinander verflochten. Signale der angeborenen Immunreaktionen aktivieren adaptive Abwehrmechanismen und richten diese funktional aus. Die adaptive Abwehrphase wiederum unterstützt Wirkmechanismen der angeborenen Immunabwehr. Immunzellen befinden sich im Blut, in der Lymphe, in Tränenflüssigkeit sowie in Schleimen und Speichel. Sogar in Milch befindet sich neben Gewebezellen eine Vielzahl verschiedener Immunzellen. Wie ◘ Tab. 1.2 zeigt, werden die Immunzellen neben der Unterteilung in eine myeloide und eine lymphoide Vorläuferzelllinie auch nach ihrer Funktion und Zugehörigkeit zur angeborenen oder adaptiven Immunabwehr klassifiziert.

❓ Wie wird die frühe Abwehrphase initiiert und wie verläuft sie dann weiter?

Bei Gewebeverletzungen oder Infektionen sezernieren Zellen des betroffenen Gewebes und vor Ort befindliche Immunzellen Signalstoffe. Phagozytotisch hochaktive Mφs und Granulozyten werden durch „Chemokine" genannte Lockstoffe zum Ort der Entzündung geführt. Immunzellen erkennen diese chemischen Signale und migrieren chemotaktisch zur Stelle höchster Konzentration. Zum anderen re-

◘ **Tab. 1.2**   Zellen des Immunsystems

	Antigenpräsentierende Zelle		Helfer-zelle	Effektorzelle	
	Myeloid	lymphoid	lymphoid	myeloid	lymphoid
angeborene Abwehr-reaktion				Makrophage	Natürliche Killerzelle
				neutrophiler eosinophiler basophiler Granulozyt	
				Mastzelle	
adaptive Abwehrreaktion	interdigitierende Dendritische Zelle	plasmazytoide Dendritische Zelle	CD4⁺-T-Lymphozyt	B-Lymphozyt: Plasmazelle	CD8⁺-zytotoxischer T-Lymphozyt
	Makrophage				γδ-T-Lymphozyt
	B-Lymphozyt				NKT-Lymphozyt

gulieren hormonartig, räumlich begrenzt wirkende Zytokine die Aktivität von Immunzellen. Die daraus resultierenden Abwehrmechanismen dieser frühen Abwehrphase sind dann entweder gegen äußere Einflüsse oder zytotoxisch gegen Eigengewebe gerichtet. Diese ersten Immunzellreaktionen werden von verschiedenen regulativen und antimikrobiellen Proteinkomponenten unterstützt.

1.3.2.1 Das Komplementsystem

Das in der Leber gebildete Komplementsystem ist für die Regulation der angeborenen Abwehr ein zentrales Element. Es vereinigt mit seinen Erkennungs-, Regulations- und Eliminationsfunktionen alle wichtigen Motive der Abwehrreaktion. Das Komplementsystem wird durch verschiedene hydrophile Protein- oder Kohlenhydratstrukturen aktiviert. Innerhalb einer sich gegenseitig aktivierenden, proteolytischen Enzymkaskade bilden mehr als 20 verschiedene Elemente (C1–C9) das *Komplementsystem*. Diese spezifisch proteolytisch freigesetzten Komplementelemente haben verschiedene Funktionen. So unterstützen sie (C1q, C3b, C4b) zusammen mit Akut-Phase-Proteinen (APPs), wie zum Beispiel das Zellmembran-Phosphatidylcholin-bindende C-reaktive Protein, welches ebenfalls in der Leber synthetisiert und ins Blut abgegeben wird, die Phagozytose von Mikroorganismen durch Immunzellen. Sie aktivieren auch andere Immunzellen (C3a, C4a, C5a) und fördern deren Migration in entzündliches Gewebe, indem sie Immunzellen chemotaktisch zum Inflammationsgeschehen locken, die Erweiterung der lokalen Versorgungsgefäße initiieren und eine abgegrenzte Lockerung des betroffenen Gewebes (C2a) bewirken. Letztendlich töten durch Komplement erzeugte Proteinporen, welche die Zellmembran von Zielzellen penetrieren, Mikroorganismen ab.

❯ Die Elemente des Komplementsystems haben sowohl eine mikroorgansimenabtötende Wirkung als auch immunregulative Funktionen.

Die Enzymkaskade des Komplementsystems wird im Rahmen der angeborenen Abwehrreaktion von mannosebindenden Lektinen initiiert, aber auch Antigen-Immunglobulin-Komplexe können das Komplementsystem auslösen. Alternativ kann es spontan im Zusammenspiel mit mikrobiologischen Zellwandstrukturen aktiviert werden. Hier kann aus lebensmitteltechnischer Sicht mit lysierten Zellwandbestandteilen von lebensmittelassoziierten pilzlichen oder pflanzlichen Glykanstrukturen oder probiotischen Bakterien und Bakterienfragmenten stimulierend auf das Komplementsystem Einfluss genommen werden, um eine möglicherweise supprimierte Immunantwort der angeborenen Abwehr zu unterstützen. Da die Synthese des Komplementsystems von Cholecalciferol (Vitamin D_3) abhängig ist, können auch hierbei unterstützende diätetische Supplementationsstrategien interessant sein.

1.3.2.2 Antimikrobielle Agenzien

In der frühen Phase der Abwehrreaktion werden von Zellen des Barrieresystems antibakteriell bzw. bakteriostatisch, antitoxisch, antiviral und antimykotisch wirkende Peptide und Proteinstrukturen gebildet und sezerniert. Antimikrobiell wirkende Peptide (AMPs) sind generell 30–90 Aminosäuren lang. Die antimikrobielle Wirkung von AMPs ergibt sich grundsätzlich aus der positiven Nettoladung, dem bipolar-amphiphilen Charakter und aus der Hydrophobizität. Zudem scheint die Peptidform bestimmend für den Wirkmechanismus und die Zellzytotoxizität von AMPs zu sein. Neben ausgestreckt-linearen Peptidstrukturen zeigen viele AMPs helikale Strukturen, welche sich aus prolin-, arginin- und histidinreichen Aminosäuresequenzen ergeben, oder auch durch Cytosin-Disulfidbrücken gebildete Schleifenstrukturen.

AMPs sind entweder zellmembrandisruptiv und formen zelllysierende Poren aus oder wirken intrazellulär hemmend auf essenzielle Stoffwechselprozesse, beispielsweise durch die Anbindung an RNA und DNA. In beiden Fällen erfolgt die Anbindung von AMPs an die mikrobiellen Membranen durch elektrostatische Interaktionen. Nicht-zellmembrandisruptive AMPs diffundieren durch die Zellmembran oder werden endozytotisch von der Zielzelle aufgenommen.

❯ Antimikrobiell wirkende Agenzien und phagozytierende Immunzellen bewirken den Hauptteil der Abwehr gegenüber Infektionen in der frühen Phase der angeborenen Immunreaktion.

1

Eine große Gruppe der AMPs sind zellmembran-penetrierende Defensine und gly-kostrukturenbindende Lektine. Paneth-Zellen des Dünndarmepithels und neutro-phile Granulozyten bilden α-Defensine. Epithelzellen der Schleimhäute und Haut bilden α- und β-Defensine sowie C-Typ-Lektine, welche in Bakterienzellmembranen Poren bilden. Die zweite Gruppe der antimikrobellen Peptide sind die Catheleci-dine mit einer amphipathischen (hydrophob/hydrophil) α-helikalen Struktur, wel-che mit mikrobiellen Zellmembranen interagiert. Sie werden von Epithelzellen, aber auch von neutrophilen Granulozyten und Mφs gebildet. Cathelecidine liegen, wie viele andere AMPs, zunächst in einer inaktiven Form vor. Die antimikrobielle Aktivität ist erst nach der proteolytischen Spaltung des Peptides in die Cathlin-Do-mäne und das Cathelecidin gegeben. In Milch und Ei finden sich analoge Peptid-strukturen mit gleicher Funktion. Dies ist nicht weiter verwunderlich, da die eigentliche Funktion beide Lebensmittel in der Versorgung und dem Schutz von werdendem Leben liegt.

Um die Aktivität von Phagozyten der angeborenen Abwehr in ihrer Funktion zu unterstützen, können AMPs und APPs mikrobielle Erregerstrukturen binden und diese für die zelluläre Aufnahme durch Abwehrzellen markieren. Dieser phagozytosefördernde Effekt wird „Opsonisierung" genannt. Viele APPs und Sur-factant -Proteine der Lunge, aber auch Serumproteine, wie das Serumamyloid A, können mikrobielle Organismen einhüllen und opsonisieren. Im weiteren adapti-ven Verlauf der Abwehrreaktion übernehmen dann zunehmend Immunglobuline diese Aufgabe.

? Gibt es noch weitere antimikrobiell wirkende Proteinstrukturen?

Zellmembranlytische Enzyme sind ein weiterer Abwehrmechanismus gegenüber Mikroorganismen. Die β-Glykosidase Lysozym beispielsweise zersetzt das Polyglu-cangerüst von Bakterienzellwänden. In vielen Sekreten, wie Tränenflüssigkeit, Speichel, den Sekreten der Atemwege, aber auch im Blutserum, in der Cerebro-spinalflüssigkeit und im Fruchtwasser, kommt es vor. Es wird von schleimhaut-assoziierten Epithelzellen sowie von neutrophilen Granulozyten und Mφs produ-ziert. Dieses antimikrobiell wirkende Enzym kommt auch in Hühnereiklar und Milch vor. Zusammen mit AMPs hat es dort die Aufgabe, das sich entwickelnde neue Lebewesen vor Infektionen zu schützen.

1.3.2.3 Makrophagen

Mφs werden je nach Gewebe unterschiedlich benannt: im Nervengewebe Mikro-glia, Kupffer-Zellen in der Leber, in der Lunge Alveolarmakrophagen und im Knorpel- und Knochengewebe werden sie als Chondro- bzw. Osteoklasten be-zeichnet. Mφs erkennen über eine Vielzahl von Rezeptoren Fremdstoffe, nehmen diese über Phagozytose, Endozytose oder bei Flüssigkeiten über Pinozytose auf und zersetzen das aufgenommene Material in intrazellulären lysosomalen Vesi-keln. Diese „Phagolysosomen" genannten Vesikel sind angefüllt mit antimikrobiell wirkenden Oxidasen, Proteasen, wie Elastase, Gelatinase, Cathepsin, als auch Gly-kosidasen, wie das Lactoferrin sowie Defensinen und hypochloriger Säure. Die NADPH-Oxidase generiert zudem hochreaktive Sauerstoffradikale zur Zellzerstörung. Das Komplementsystem aktiviert hier sehr früh Mφs über den phago-zytosevermittelnden C3a-Rezeptor. Ein weiterer wichtiger Erkennungsrezeptor hierbei sind membranständige Fc-Rezeptoren (FcR), welche antigenbeladene Immunglobuline (Ig), sogenannte Immunkomplexe, binden. Immunglobuline oder Antikörper sind gegenüber antigenem Fremdmaterial hochaffine Bindungs- und Vernetzungsmoleküle der spezifischen, adaptiven Abwehrreaktion. Hierbei zeigt sich erstmals eine unterstützende Verbindung der adaptiven mit der angeborenen Immunantwort.

Mφs sind als *antigen-presenting cells* (APCs) auch ein initiierendes Element der adaptiven Immunabwehr und differenzieren innerhalb dieses Prozesses in M1- und M2- (M2a, b oder c) Subtypen. Diese Subtypen sind Ausdruck einer inflammation- oder immuntoleranzvermittelnden Ausrichtung der angeborenen Abwehrreaktion. Diese wird in der adaptiven Antwort weitergeführt (siehe hierzu auch Dendritische Zellen). Diese Phänotyp-Polarisierung wird allerdings bedingt durch weitere Subtypen-Charakterisierungen zunehmend unscharf.

1.3.2.4 Granulozyten und die Mastzelle

Granulozyten bilden eine heterogene Effektorzellgruppe, bestehend aus neutro-philen, eosinophilen und basophilen Subtypen. Bei Infektionen werden Granulo-zyten vom Knochenmark über das Blut ins Gewebe rekrutiert. Bei Aktivierung se-zernieren diese Zellen zudem proinflammatorische Zytokine und Lipidmediatoren, damit die Abwehrreaktionen koordiniert ablaufen. Morphologisch zeichnen sie sich durch einen fein gelappten polymorphen Kern und durch ein mit Granula an-gefülltes Zytoplasma aus. Diese intrazellulären Vesikel enthalten bakteriozid wir-kende Enzyme, Peptide, Säuren und verschiedene Signalstoffe. Bei Stimulation werden die Granula in die Gewebe freigesetzt. Werden rezeptorgebundene Immun-globuline an der Zelloberfläche durch Antigene kreuzvernetzt, erfolgt durch dieses Signal die Ausschüttung der Granula. Alle Granulozyten ergänzen sich zusammen mit der im Gewebe vorliegenden Mastzelle in ihren Abwehrreaktionen.

> ❯ Granulozyten sind zusammen mit den Mφs die erste zelluläre Abwehrinstanz. Sie wirken antimikrobiell, immunogenklärend und immunregulativ über den gesam-ten Ablauf der Antwort.

Neutrophile Granulozyten nehmen zusammen mit den Mφs den größten Teil exo-genen Materials in der Abwehrreaktion auf. Antikörpermarkiertes Material wird über FcR erkannt und von den Zellen effektiv aufgenommen. Somit vermitteln Immunglobuline auch hier als Teil des adaptiven Immunsystems ihre antigenspezi-fische Bindungskompetenz auf Abwehrzellen des angeborenen Immunsystems. Auch Komplementrezeptoren, wie der CR3 (CD11b/CD18), unterstützen die Er-kennung und effektive Phagozytose von Mikroorganismen. Extrazellulär frei-gesetzte Granula neutrophiler Granulozyten enthalten antimikrobiell wirkende verschiedene Proteasen, wie die Gelatinase, Elastase und verschiedene Cathepsine, sowie die antimikrobiell wirkende hypochloridionen-bildende Myeloperoxidase und das Lactoferrin. Zudem liegen in den Granula vielfältige AMPs vor. Um Mikroorganismen zu immobilisieren und abzutöten, bilden neutrophile Granulo-

1

zyten zudem ein aus DNA und Zytoplasma bestehendes extrazelluläres Netz (*neutrophil extracellular trap*) aus. In diesem Netz befinden sich ähnliche antimikrobielle Agenzien wie in den Phagolysosomen und Granula.

Eosinophile Granulozyten hingegen degranulieren rezeptorvermittelt durch Exozytose toxische Granula, insbesondere gegen nicht-phagozytierbare, parasitäre Einzeller und Würmer. Durch Fcε-Rezeptoren erkennen und binden sie opsonisierende Immunglobuline der Klasse E (◘ Abb. 1.10) auf ihrer Zelloberfläche. Nach antigener Kreuzvernetzung dieser zellmembranständigen Immunglobuline setzen sie Granula mit verschiedenen Proteasen, Lipasen und zelltoxischen, basischen Proteinen, wie z. B. das *major basic protein* oder das *eosinophilic cationic protein*, frei. Mittels Peroxidasereaktion generierte Sauerstoffradikale wirken gegen eukaryotisches Gewebe und können daher auch zelltoxisch gegenüber Eigengewebe sein. Bei Asthma bronchiale zum Beispiel können so Lungenepithelzellen innerhalb einer chronischen Infiltration des Lungengewebes mit eosinophilen Granulozyten geschädigt werden.

Basophile Granulozyten und Mastzellen sind funktional analoge Immuneffektoren (◘ Tab. 1.2). Das Komplementsystem kann beide Zelltypen über C5a- und C3a-Rezeptoren aktivieren. Beide tragen ebenso wie die eosinophilen Granulozyten auf der Zelloberfläche Fcε-Rezeptoren für IgE. Über den IgD-Fc Rezeptor können beide Zelltypen zudem IgD, eine Immunglobulinklasse der frühen Abwehrphase, membranständig binden (◘ Abb. 1.10). Ihre Granula enthalten unter anderem proinflammatorisch wirkende Gewebshormone, wie das Histamin und verschiedene Kinine. Die Abwehrreaktion ihrer granulären Wirkstoffe ist ähnlich wie bei eosinophilen Granulozyten vorwiegend gegen ein- und mehrzellige Parasiten gerichtet. Wobei nur basophile Granulozyten eine Peroxidase exprimieren und Mastzellen explizit eine alkalische Phosphatase. Basophile Granulozyten entstammen der myeloiden Vorläuferzelllinie und wandern vom Knochenmark ins Blut. Mastzellen entstehen aus einer lymphoiden Vorläuferzelllinie und migrieren ins periphere Gewebe.

Sowohl eosinophile und basophile Granulozyten als auch Mastzellen sind an allergischen Reaktionen des immunglobulinvermittelten Typ 1 (Sofort-Typ) beteiligt. Viele Lebensmittelallergien entsprechen diesem Reaktionstyp.

1.3.2.5 Thrombozyten

Thrombozyten oder auch Blutplättchen sind Zellfragmente, werden von Megakaryozyten im Knochenmark gebildet und gehen dann von dort in den Blutkreislauf über. Obwohl sie vorwiegend im Zusammenhang mit der Blutgerinnung und Wundheilung gesehen werden, haben sie auch in der angeborenen Immunabwehr zentrale Funktionen. Durch ihre prothrombotische, blutverklumpende Wirkung unterstützen sie die Phagozytoseleistung von Mφs und die Bindungsfunktion extrazellulärer Netze neutrophiler Granulozyten. Thrombozyten phagozytieren auch selbst Mikroorganismen und sezernieren antimikrobielle Stoffe aus lysosomalen Granula. Das in der Leber gebildete Thrombin aktiviert Thrombozyten, die darauf entzündungsfördernde, chemotaktische Faktoren aus den sekretorischen Granula (α- und *dense*-Granula) freisetzen.

1.3.2.6 Natürliche Killerzelle

NK-Zellen vermitteln sowohl rezeptor- als auch immunglobulinabhängige zelluläre Zytotoxizität. Als Teil der angeborenen Immunabwehr ist sie von den zytotoxischen T-Lymphozyten (*cytotoxic T-lymphocytes*, CTLs) und den natürlichen
Killer-T-Lymphozyten (NKT-Lymphozyten) der adaptiven Immunantwort mit jeweils spezifischer Abwehrreaktion abzugrenzen. All diese Zellen können sich in der
zytotoxischen Abwehrreaktion gegenüber intrazellulär infizierten oder cancerogen-
transformierten Zellen ergänzen.

NK-Zellen entwickeln sich aus lymphatischen Vorläuferzellen im Knochenmark und zirkulieren später im Blutkreislauf. Dieser Zelltyp exprimiert
charakteristischerweise das Zell-Zell-Adhäsionsmolekül NK1.1. (CD161/CD56;
◘ Abb. 1.6).

> Die Zelllyse ist ein zentrales Element in der angeborenen und adaptiven immuno-
> logischen Abwehr gegenüber Viren und bei der Eliminierung von krankhaft ver-
> änderten Zellen.

NK-Zellen erkennen und lysieren intrazellulär infizierte Zellen, immunglobulin-
markierte Zellen sowie maligne oder anderweitig unphysiologisch transformierte
Zellen. Sie detektieren diese Zielzellen mithilfe spezieller natürlich-zytotoxischer
Rezeptoren, wie den *killer cell immunglobulin-like receptors* (KIR), die unter ande-

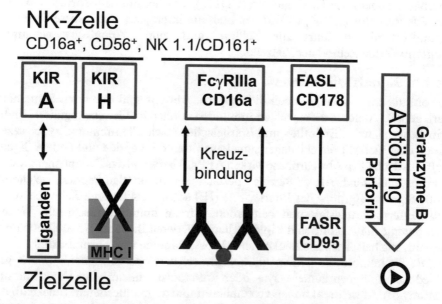

◘ **Abb. 1.6** Zytotoxizität der angeborenen Immunabwehr: NK-Zellen erkennen über Rezeptoren
Zielzellen mit fehlender MHC-Klasse-I-Expression oder über den FC-Rezeptor CD16a immunglobulinmarkierte Zielzellen. Die Zytotoxizität wird durch CD178 (FASL)-CD95 (FASR)-Interak-
tion zwischen NK- und Zielzelle oder durch proteolytische Granzyme und zelllytische Perforine vermittelt. Fc: *fragment crystallisable*, KIR: *killer cell immunoglobuline-like receptor*, MHC: *major histocompatibility comlex*, NK-Zelle: Natürliche Killerzelle (▶ https://doi.org/10.1007/000-b6q)

rem mit dem sogenannten *major-histocompatibility complex*-Klasse I (MHC-Klasse I) auf der Oberfläche der Zielzellen interagieren. Das MHC-Klasse-I-Protein wird von allen gesunden Zellen exprimiert. Tumor- oder virusinfizierten Zellen fehlt bisweilen das MHC-Klasse-I-Protein oder sie liegen verändert vor. NK-Zellen erkennen dies und leiten daraufhin die Zerstörung der veränderten Zielzelle ein. Diese NK-Zell-Rezeptoren haben bei Ligandenbindung zum einen eine zytotoxizitätshemmende zum anderen eine zytotoxizitätsaktivierende Wirkung. Eine zytotoxische Reaktion gegen eine Zielzelle wird nur dann ausgelöst, wenn der hemmende Rezeptor KIR H kein adäquates MHC-Klasse-I-Molekül auf der Zielzelloberfläche vorfindet und der aktivierende Rezeptor KIR A einen passenden Liganden binden kann (◘ Abb. 1.6). Zudem können NK-Zellen mit Fc-Rezeptoren (FcγRIIIa, CD16a) immunglobulinmarkierte Zellen binden. Eine so bedingte Kreuzvernetzung der zellulären Rezeptoren führt ebenfalls zu einer zytotoxischen Reaktion. Dieser Abwehrprozess wird auch als *antibody dependent cellular cytotoxicity* (ADCC) bezeichnet.

❓ Durch welche Mechanismen können NK-Zellen ihre Zielzellen abtöten?

Ähnlich wie bei den Granulozyten sezernieren NK-Zellen zielgerichtet Granula mit zytotoxischen Mediatoren, wie enzymatisch-proteolytischer Granzyme, membranporenbildendes Perforin und Granulysin, beide chaotrop wirkende zellmembranzerstörende Peptide. Die aktivierte NK-Zelle exprimiert auf der Zelloberfläche zudem den Fas-Liganden (CD178), welcher mit dem korrespondierenden Fas-Rezeptor (FASR, CD95) der Zielzelle interagiert. Auch diese Rezeptor-Ligand-Interaktion führt zur Zelllyse und zum „Apoptose" genannten programmierten Zelltod der Zielzelle.

1.3.2.7 Signalstoffnetzwerk

Sowohl die angeborene als auch die adaptive Abwehr sind durch ein Signalnetzwerk geprägt, welches die einzelnen Immunreaktionen im Gewebe reguliert. Endokrin aktive Gewebe, Endothel- und Epithelzellen sowie alle Immunzelltypen sezernieren eine Vielzahl verschiedener signalvermittelnder Peptide und andere Signalstoffe. In der frühen Abwehrphase wirken APPs, AMPs und das Komplementsystem immunstimulierend. Als „Zytokine" bezeichnete kurzkettige Peptide, welche die große Signalstoffgruppe der Interleukine (IL) sowie verschiedene Zellwachstums- und Differenzierungsfaktoren beinhalten, wirken immunregulatorisch. Weitere hochpotente Signalstoffe sind Lipidmediatoren, deren Biosynthese von Fettsäuren ausgeht, wie beispielsweise Leukotriene, Prostaglandine und Thromboxane.

Die Signalmoleküle wirken als komplexes, heterogenes Signalnetzwerk verschiedener Zelltypen zumeist syn- oder antagonistisch, um eine Funktionsausrichtung der Abwehrreaktionen zu etablieren und zu manifestieren. Innerhalb der angeborenen Abwehr rekrutieren sie als chemoattraktive Substanzen Immunzellen, wirken proinflammatorisch, immunregulativ oder initiieren Immuntoleranz. In der adaptiven Abwehr wird durch sie eine antigenabhängige Ausrichtung der Immunreaktionen stimuliert. Auch eine aktive Herabregulierung und Auflösung der Entzündungsereignisse kann durch sie vermittelt werden.

1.3.3 Immunzellen und Faktoren der adaptiven Abwehrreaktion

Die adaptive Immunantwort lässt sich in eine Erkennungs-, Differenzierungs-, Wirkungs- und Abschlussphase einteilen. Gezielt abgestimmt auf die jeweilige Antigenstimulation erfolgt eine Abwehrreaktion. Diese Spezifität wird durch eine Antigenpräsentation und eine spezifische T-Lymphozyten-Hilfe vermittelt, die zu einer antigenabhängigen Abwehrreaktion durch Effektoren führt. Diese, die Immunreaktionen polarisierende T-Lymphozyten-Hilfe wird in eine humorale Abwehrreaktion, welche die Immunglobulinabgabe in Körperflüssigkeiten beinhaltet, und in eine zellulär zytotoxische Reaktion differenziert, welche die zellulär-zytotoxische Immunantwort durch CD8$^+$-CTLs und andere zytotoxische T-Lymphozyten beinhaltet (◘ Tab. 1.2 und ◘ Abb. 1.7).

❓ Wie wird eine adaptive Abwehrreaktion ausgelöst und wie verläuft sie dann weiter?

Monozytäre Immunzellen, die Antigene auf ihrer Zelloberfläche dem Immunsystem präsentieren, werden als *antigen-presenting cells* (APCs) bezeichnet. Mφs, B-Lymphozyten und insbesondere DCs erkennen hierfür verschiedenste exo- und endogene Antigene, prozessieren und präsentieren diese zusammen mit anderen Korezeptoren auf MHC-Klasse-II-, MHC-Klasse-I- oder CD1-Molekülen auf der Zelloberfläche verschiedenen T-Lymphozyten. Jeweils kompatible T-Lymphozyten

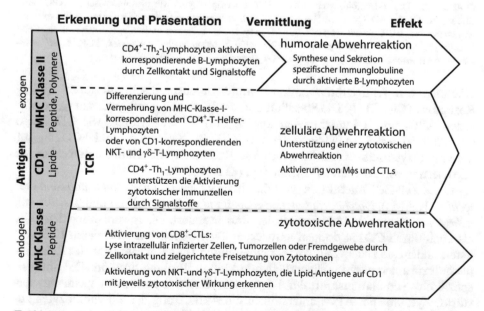

◘ **Abb. 1.7** Der zelluläre Informationsfluss der adaptiven Immunantwort: Die adaptive Abwehrreaktion ist durch die funktionalen Phasen der Antigenpräsentation durch spezifische Monozyten, der Antigenerkennung und Abwehrvermittlung durch T-Lymphozyten sowie der antigenspezifischen Abwehrreaktion durch Effektorzellen charakterisiert. CTL: *cytotoxic T-lymphocyte*, MHC: *major histocompatibility complex*, NKT-Lymphozyt: Natürlicher Killer-T-Lymphozyt

1

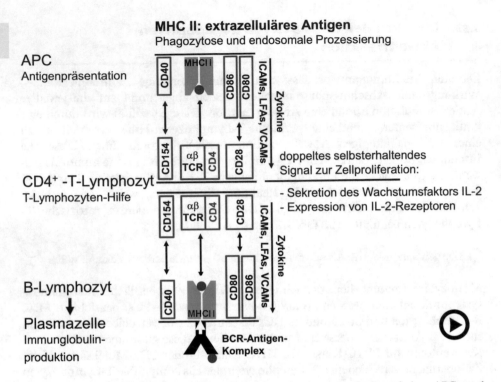

APC
Antigenpräsentation

CD4⁺ -T-Lymphozyt
T-Lymphozyten-Hilfe

B-Lymphozyt
↓
Plasmazelle
Immunglobulin-
produktion

MHC II: extrazelluläres Antigen
Phagozytose und endosomale Prozessierung

doppeltes selbsterhaltendes
Signal zur Zellproliferation:

- Sekretion des Wachstumsfaktors IL-2
- Expression von IL-2-Rezeptoren

BCR-Antigen-
Komplex

▣ **Abb. 1.8**   Die T-Lymphozyten-Hilfe: CD4⁺-T-Lymphozyten vermitteln zwischen APCs und
Effektorzellen eine MHC-Klasse-II-abhängige antigenspezifische Immunstimulation. APC: *antigen-presenting cell*, BCR: *B-cell receptor*, ICAM: *intercellular adhesion molecule*, IL: Interleukin, LFA:
lymphocyte function-associated antigen, MHC: *major histocompatibility complex*, TCR: *T-cell recep-tor*, VCAM: *vascular cell adhesion molecule* (▶ https://doi.org/10.1007/000-b6p)

erkennen den Antigenpräsentationskomplex hochspezifisch mit ihrem T-Zell-
Rezeptor (TCR, CD3). Die Spezifität und die Intensität der Signalweitergabe zwi-
schen APCs und T-Lymphozyten werden durch Korezeptoren, wie CD40 und
CD80/CD86, auf APC-Seite sowie CD154 (CD40L) und CD28 auf
T-Lymphozytenseite verstärkt. Erst diese Kostimulation erlaubt eine beidseitige
Aktivierung von APC und T-Lymphozyt (▣ Abb. 1.8).

Diese Zell-Zell-Interaktion wird durch verschiedene *intercellular adhesion mo-lecules* (ICAMs), *lymphocyte function-associated antigens* (LFAs) und *vascular cell
adhesion molecules* (VCAMs) stabilisiert und gesteuert. Die sowohl durch den TCR
als auch durch CD154 doppelt aktivierten T-Lymphozyten sezernieren IL-2 und
leiten, indem sie zudem den korrespondierenden IL-2-Rezeptor auf der Zelloberfläche exprimieren, eine selbsterhaltende klonale Proliferation ein. Die antigenspezifische Stimulationskraft der T-Lymphozyten wird so um ein Vielfaches verstärkt. Zytokine der APCs unterstützen die Aktivierung der T-Lymphozyten zusätzlich. Andererseits ist diese Abhängigkeit der T-Lymphozyten von
Wachstumsfaktoren auch ein wichtiges Regulativ in der Begrenzung und Beendigung einer Abwehrreaktion.

> Die adaptive Abwehrreaktion wird durch eine zelluläre Antigenpräsentation und eine spezifische T-Lymphozyten-Hilfe vermittelt, die zu einer spezifischen, antigenabhängigen Abwehrreaktion durch verschiedene Effektorzellen führt.

Exogene Peptid-Antigene werden durch Phagozytose von APCs aufgenommen, endosomal eingebunden und mittels lysosomaler Enzyme fragmentiert. Die Antigenteilstücke werden darauf von den APCs durch MHC-Klasse-II-Moleküle auf der Zelloberfläche für $CD4^+$-T-Helfer-Lymphozyten präsentiert, wobei der lymphozytäre Korezeptor CD4 sicherstellt, dass nur MHC-Klasse II spezifisch kontaktiert wird. MHC-Klasse-II-Moleküle bestehen aus zwei symmetrisch angeordneten Trägerproteinen, mit entweder zwei α_1-, α_2- oder zwei β_1-, β_2-Untereinheiten. Neben Proteinstrukturen werden auch endozytotisch aufgenommene zwitterionische Polysaccharide, die sowohl positive als auch negative Funktionsgruppen tragen, und negative Polynukleotide von APCs auf MHC-Klasse-II-Molekülen präsentiert. Bei der adaptiven humoralen Immunantwort wird die Strukturinformation exogener Antigene von $CD4^+$-T-Lymphozyten auf MHC-Klasse-II-Molekülen erkannt und diese spezifische Stimulation an B-Lymphozyten weitervermittelt, die wiederum zu Plasmazellen ausdifferenzieren und Immunglobuline bilden, die dasselbe Antigen, wenn auch an anderen Strukturen, binden können. Das adaptive Immunsystem kann auch Lebensmittelkomponenten als Antigene wahrnehmen, woraus pathologische Fehlreaktionen resultieren können.

Endogene Peptid-Antigene, wie zum Beispiel virale Hüllproteine, werden durch ein proteolytisches Proteasom im Zytoplasma in Peptide zerkleinert, über einen *transporter associated with antigen processing* (TAP) genannten Antigen-Peptid-Transporter über das ER vesikulär an die Zelloberfläche gebracht und von MHC-Klasse-I-Molekülen $CD8^+$-CTLs präsentiert. Das MHC-Klasse-I-Molekül besteht aus einem Trägerprotein mit drei α_1-, α_2-, α_3- Untereinheiten und einem nicht-membranassoziierten globulären Protein namens β_2-Mikroglobulin. Auch hier wird diese Zell-Zell-Interaktion durch ICAMs stabilisiert und gesteuert. Der Korezeptor CD8 garantiert die spezifische MHC-Klasse-I-Bindung. Die Antigenpräsentation auf MHC-Klasse-I-Molekülen induziert keine T-Lymphozyten-Hilfe, sondern vermittelt den antigenspezifischen Angriff von CTLs auf Zielzellen. Diese zytotoxische Immunantwort wird von der T-Lymphozyten-Hilfe durch Zytokinsignale unterstützt (▪ Abb. 1.7 und 1.9).

> Lebensmittel können ein antigenes Potenzial besitzen und eine adaptive Abwehrreaktion auslösen.

Aliphatische Strukturen, wie Lipide und Fettsäuren, werden endosomal prozessiert und von dem Präsentationsmolekül CD1 a–d von APCs für NKT- oder $\gamma\delta$-T-Lymphozyten präsentiert. Diese CD1-restringierten Zellen zeigen sowohl zytotoxische als auch immunregulative Funktionen. Somit können auch Fettkomponenten aus Lebensmitteln, wie zum Beispiel Kolostralmilch oder Buttermilch, stimulierend auf eine CD1-vermittelte Immunreaktion wirken.

1

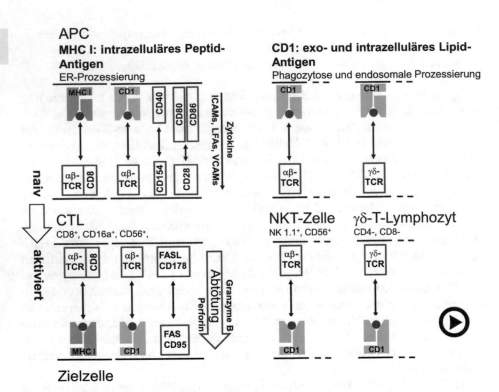

○ **Abb. 1.9** Zytotoxizität der adaptiven Immunabwehr: APCs vermitteln durch eine MHC-Klasse-I-Präsentation endogener Peptid-Antigene oder durch eine CD1-Präsentation exo- und endogener Lipid-Antigene eine spezifische Zytotoxizität gegenüber Zielzellen. APC: *antigen-presenting cell*, CTL: *cytotoxic T-lymphocyte*, ICAM: *intercellular adhesion molecule*, LFA: *lymphocyte function-associated antigen*, MHC: *major histocompatibility complex*, TCR: *T-cell receptor*, VCAM: *vascular cell adhesion molecule* (▶ https://doi.org/10.1007/000-b6s)

1.3.3.1 Dendritische Zelle

Die DC ist eine heterogene, durch ihre gemeinsame Funktion zusammengefasste Zellgruppe, die aus myeloiden, monozytären und lymphoiden Vorläuferzellen resultiert; DCs sind nicht zu verwechseln mit den Dendriten des Nervensystems (○ Tab. 1.2). Nur ihre feingliedrig verzweigte, sternförmige Zellmorphologie verbindet diese Namensvettern. Die Langerhans-Zellen der Haut werden zwar auch den DCs zugeordnet, sind jedoch eine eigenständige Gruppe von APCs. Neben Mφs und B-Lymphozyten sind sogenannte interdigitierende DCs die potentesten APCs. Sie sind zentrale Koordinatoren der Abwehrreaktion. Als solche verbinden sie auch die angeborene mit der adaptiven Immunantwort. In Oberflächengeweben und Schleimhäuten befindet sich eine Vielzahl von DCs. Im peripheren Gewebe nehmen sie extra- und intrazelluläres antigenes Material auf und strecken hierfür sogar ihre langen Zellausläufer durch die epithelialen Außenbarrieren des Körpers, um direkt Kontakt zur Umgebung aufzunehmen. Nach der Antigenaufnahme wandern sie von der Peripherie über das Lymphsystem in die Lymphknoten und reifen dort zu potenten APCs heran. Als solche präsentieren sie Antigene auf

MHC-Klasse-I- bzw. MHC-Klasse-II-Molekülen zusammen mit verschiedenen MHC-assoziierten, kostimulierenden Rezeptoren, wie CD80/CD86, CD 40 und verschiedenen ICAMs. Zudem wird eine Vielzahl von immunregulativen Signalstoffen sezerniert. Die reifen dendritischen Zellen sind so in der Lage, sowohl naive CD4$^+$- als auch CD8$^+$-T-Zellen mit großer Effizienz zu stimulieren.

DC-Reifung

Unreife Zellen wandern vom Knochenmark über das Blutsystem zum peripheren Gewebe. Dort nehmen sie Antigene auf und migrieren in die Lymphknoten. Dort reifen sie zu hochpotenten APCs. Die Antigenpräsentation aktiviert naive T-Lymphozyten. DCs verbinden durch ihre zentrale Regulationsfunktion die angeborene mit der adaptiven Abwehr.

Neben der Abwehrvermittlung sind DCs auch toleranzinduzierend. Unter bestimmten Umständen führt beispielsweise eine Präsentation von Selbstantigenen bei T-Lymphozyten zum apoptotischen, programmierten Zelltod oder zur „Anergie" genannten Inaktivierung von Effektoren. Zudem können in diesem Zusammenhang entzündungshemmende regulatorische T-Zellen von DCs aktiviert werden.

Anders als die interdigitierenden DCs sind follikuläre DCs, die sich in den Follikeln von Lymphknoten befinden, darauf spezialisiert, B-Lymphozyten in den Lymphknoten zu stimulieren. Sie sind an der Initiierung und Aufrechterhaltung des Immungedächtnisses beteiligt. Darüber hinaus sind weitere DC-Typen, wie interstitielle und plasmazytoide DCs, mit jeweils spezifischen Zelleigenschaften bekannt.

Ähnlich wie bei Mϕs können auch DCs im Rahmen ihrer weiteren Reifung zu funktionalen Zellsubtypen ausdifferenzieren. Entsprechend der zu vermittelnden T-Lymphozyten-Hilfe reifen sie zu DC1 für eine zellulär-zytotoxische oder zu DC2 für eine humorale Antwort heran. Gemäß ihrem Phänotyp initiieren und festigen sie die jeweilige Immunantwort. Nicht ausdifferenzierte DCs werden funktional der suppressiven Immunregulation und Toleranzinduktion zugeordnet.

1.3.3.2 CD4$^+$-T-Helfer-Lymphozyt und zytotoxischer CD8$^+$-T-Lymphozyt

Im Knochenmark werden lymphatische Vorläuferzellen gebildet, die dann im Thymus zu T-Lymphozyten mit unterschiedlichen Funktionen in der adaptiven Immunabwehr reifen und differenzieren (◙ Abb. 1.5). Grundsätzlich wird zwischen Helfer-Lymphozyten und zytotoxischen Lymphozyten unterschieden. Beide Zelltypen tragen einen TCR, der entweder zusammen mit dem CD4- oder dem CD8-Korezeptor spezifisch antigenbeladene MHC-Klasse-II- bzw. -Klasse-I-Moleküle auf APCs erkennt. Theoretisch liegen für alle Antigen-MHC-Komplexe spezifische Klone reaktiver T-Lymphozyten vor. Beide T-Lymphozyten-Typen durchlaufen im Thymus einen Reifungsprozess, um sicherzustellen, dass lediglich funktionsfähige Zellen ohne jegliche Autoimmunreaktivi-

1

tät in den Blutkreislauf gelangen. Dieser Vorgang wird als „zentrale Immuntoleranz" bezeichnet. In der positiven Selektion werden alle TCR-Träger mit zu geringer oder dysfunktionaler MHC-Bindungsaffinität abgetötet oder anergisch inaktiviert, in der negativen Selektion erfolgt dies mit allen T-Lymphozyten, die mit ihrem TCR körpereigene Antigene auf MHC erkennen. Als kontrollierende APCs fungieren hierbei DCs und epitheliale Zellen des Thymus.

> ❯ Die Antigenspezifität der adaptiven Immunantwort wird nur von Lymphozyten
> vermittelt und resultiert aus der Antigenstrukturinformationskaskade zwischen
> APC, T-Lymphozyt und Effektorzelle.

CD4$^+$-T-Lymphozyten vermitteln in der Differenzierungsphase in den peripheren lymphatischen Organen eine lymphozytäre Hilfe durch Zellkontakt und Interleukinsekretion für eine adaptive, antigenspezifische humorale oder zellulärzytotoxische Immunantwort. Durch APCs auf MHC-Klasse-II-Molekülen präsentierte Antigene werden von T-Lymphozyten mit passenden CD4-TCR spezifisch erkannt. Das TCR-assoziierte CD4-Molekül stellt hierbei sicher, dass dieser T-Lymphozyt spezifisch an MHC-Klasse-II-Moleküle bindet. Dies führt zusammen mit einer Bindung der Korezeptoren CD28 und CD154 an die korrespondierenden APC-Bindungsmoleküle CD80/CD86 und CD40 zu einer gegenseitigen Zellaktivierung und IL-2-abhängigen T-Lymphozyten-Proliferation (◘ Abb. 1.8). Diese Zell-Zell-Interaktion wird durch ICAMs stabilisiert und gesteuert. Je nach Stimulation und Immunstatus bilden sich reaktionsunterstützende Th$_1$-, Th$_2$-, Th$_9$-, Th$_{17}$-, Th$_{22}$- oder T$_{fh}$-Lymphozyten oder aber immunsuppressive regulatorische T$_{reg}$-Lymphozyten aus.

T-Lymphozyten-Reifung

Vorläuferzellen sind zunächst CD4- und CD8-positiv und bilden ihren TCR im Knochenmark aus. Im Thymus werden Zellen, die körpereigene Strukturen mit ihrem TCR erkennen oder dysfunktional sind, eliminiert. Differenzierte CD4- oder CD8-positive Zellen migrieren vom Thymus über das Blutsystem zu den peripheren lymphatischen Organen. Alle T-Lymphozyten-Typen und -Subtypen reifen im Thymus zu maturen Zellen aus. Durch MHC-TCR-Interaktion werden sie antigenspezifisch aktiviert.

CD8$^+$-T-Lymphozyten sind zytotoxische Effektorzellen, die eine Reaktion von NK-Zellen im Rahmen der adaptiven Abwehrreaktion weiterführen und ergänzen. Durch APCs auf MHC-Klasse-I-Molekülen präsentierte Antigene werden von CTLs mit passenden CD8-TCR spezifisch erkannt und zusammen mit Korezeptor-Bindungen aktiviert (◘ Abb. 1.9). Auch diese Zell-Zell-Interaktion wird durch verschiedene Adhäsionsmoleküle stabilisiert und gesteuert. Das TCR-assoziierte CD8-Zelloberflächenmolekül gewährleistet eine spezifische MHC-Klasse-I-Bindung. CD4$^+$-T-Helfer-Lymphozyten unterstützen die zytotoxische Immunreaktion mit entsprechenden Signalmolekülen. Zielzellen dieser zytotoxischen Abwehr sind beispielsweise virusinfizierte, intrazellulär-bakteriellinfizierte, geschädigte oder krankhaft veränderte Zellen. Virale Proteine werden beispielsweise über das ER prozessiert und von betroffenen Zellen auf MHC-Klasse-I-Molekülen dem Abwehrsystem auf der Zelloberfläche präsentiert. Auch endogene zellstress-assoziierte oder cancerogene Proteine werden entsprechend präsentiert und zeigen dem zytotoxischen Abwehrsystem so eine zelluläre Dysfunktion oder Zellschädigung an. Bei spezifischem Zellkontakt von CTLs mit der Zielzelle schütten diese dann zytotoxische Perforine und Granzym B aus, welche die Zielzelle durch Einleitung des programmierten Zelltods analog zu NK-Zellen abtöten. Ein weiterer alternativer Weg, um Zielzellen apoptotisch abzutöten, ist zellkontaktvermittelt. CTLs exprimieren unter Hilfe von CD4$^+$-T-Lymphozyten CD178, welches mit CD95 der Zielzelle interagiert und durch diese Signalinduktion die Zielzelle abtötet.

Innerhalb einer adaptiven Immunantwort können sowohl CD4$^+$- als auch CD8$^+$-T-Lymphozyten unter entsprechender zellulärer Signallage zu langlebigen Gedächtniszellen differenzieren, um einer Reinfektion mit der gleichen Stimulation effektiv begegnen zu können.

1.3.3.3 NKT-Lymphozyt

NKT-Lymphozyten erkennen mit ihrem zellspezifischen TCR vorwiegend auf CD1-Molekülen von APCs präsentierte endogene oder extrazellulär aufgenommene Lipidstrukturen, wie Phospholipide, Glykolipide und Lipoproteine. Somit kann auch eine zytotoxische Antwort unabhängig von der MHC-Klasse-I-Proteasom-Prozessierung initiiert werden (◘ Abb. 1.9). Nach der Reifung im Thymus exprimiert dieser Zelltyp gleichermaßen wie NK-Zellen das NK 1.1. und das Zelladhäsionsmolekül CD56. Einmal durch APCs aktiviert, kann er analog zu CTLs ebenfalls intrazellulär infizierte, geschädigte oder transformierte Zellen erkennen. Er tötet Zielzellen entweder durch zielgesetzte Granzyme- und Perforinfreisetzung oder über CD178/CD95-Interaktion ab. NKT-Lymphozyten sind neben immunregulativen Funktionen zytotoxische Effektoren, welche das breite zelllytische Effektor-Portfolio der Immunabwehr ergänzt. Sie lassen sich durch einen unterschiedlichen TCR-Aufbau in drei Subgruppen NKT$_1$-, NKT$_2$- und NKT$_{17}$-Zellen differenzieren, welche analog zur T-Lymphozyten-Polarisation zu sehen ist. Funktional zeigen sie unterschiedlich ausgeprägte zytotoxische und immunregulatorische Eigenschaften.

1.3.3.4 γδ-T-Lymphozyt

Bei der Mehrheit von T-Lymphozyten wird der TCR jeweils durch eine α- und eine β-Proteinträgerkette an die Zellmembran verankert. γδ-T-Lymphozyten zeichnen sich hier durch einen besonderen TCR-Aufbau aus. TCR mit γδ-Trägerproteinen sind meist CD4- und CD8-Kostimulator-negativ und erkennen vornehmlich auf CD1-Molekülen präsentierte Lipidstrukturen (◘ Abb. 1.9). Aber auch ungebundene Antigenmoleküle können von diesem TCR direkt erkannt und gebunden werden. γδ-T-Lymphozyten vereinen damit sowohl Reaktionscharakteristika der angeborenen als auch der adaptiven Immunabwehr. Auch die Zellaktivierung kann über APCs oder aber direkt durch Zytokinsignale erfolgen.

1

Diese auch als „intraepitheliale Lymphozyten" bezeichneten Zellen befinden sich vorwiegend in der Darmmucosa. Dort unterstützen sie Immunreaktionen durch Signalstoffabgabe und zeigen auch zytotoxisches Potenzial.

1.3.3.5 B-Lymphozyt

Der B-Lymphozyt zeigt sowohl effektorische Eigenschaften als auch immunreaktionenvermittelnde APC-Funktionen. Als Effektorzelle bewirkt dieser Zelltypus eine humorale Abwehrreaktion gegenüber exogenen Antigenen durch Bildung und Sezernierung von hochaffinen, antigenspezifischen Immunglobulinen. B-Lymphozyten präsentieren Antigen auf MHC-Klasse-II-Molekülen, welches zuvor von zellmembranständigen Immunglobulinen, welche auch als *B-cell receptor* (BCR) bezeichnet werden, gebunden und endosomal in die Zelle geführt worden ist. Das von MHC-Klasse-II-Molekülen präsentierte Antigen entspricht dem BCR-Antigen. Interessanterweise ist die molekulare Anbindungsstruktur des Antigens, also das Epitop, der MHC- und BCR-Antigen-Komplexe nicht zwingend identisch. Die Freisetzung von Immunglobulinen wird in der Regel durch eine TCR-Bindung eines kompatiblen CD4$^+$-T-Lymphozyten mit einem antigenbeladenen MHC-Klasse-II-Molekül eines B-Lymphozyten, begleitet von Zytokinsignalstoffen, initiiert. Dabei findet eine gegenseitige Kostimulation durch CD28 und CD80/CD86 sowie mit CD154- und CD40-Bindungen statt (◻ Abb. 1.8). Interessanterweise können auch NKT-Lymphozyten diese Stimulationshilfe vermitteln. Aktivierte B-Lymphozyten proliferieren in den Follikeln von Lymphknoten und mucosaassoziierten Geweben unter T-Lymphozyten-Hilfe im Rahmen einer sogenannten Keimzentrumsreaktion und differenzieren zunächst zu teilungsfähigen Pasmablasten, dann letztendlich zu immunglobulinproduzierenden, nicht mehr teilungsfähigen Plasmazellen aus. Follikuläre DCs begleiten diesen Prozess, indem sie fortwährend Antigen präsentieren und Kostimulationen und Wachstumsfaktoren für diese Zellen bieten. Ein geringer Teil der aktivierten B-Lymphozyten verbleibt im Lymphknoten und differenziert nicht zu Plasmazellen, sondern zu langlebigen Gedächtniszellen aus und bildet neben dem T-Lymphozyten-Gedächtnis die Basis für eine gleichartig nachfolgende, immunglobulinbasierte, effiziente Abwehrreaktion. Plasmazellen können als Effektoren aus dem Lymphfollikel über die Blutgefäße in das periphere Gewebe emigrieren. Plasmazellen, geleitet durch Chemokinsignale und Zelladhäsionsmolekülen, migrieren auch an ihren Ursprungsort in das Knochenmark zurück und besetzen dort mit Stromazellen ausgekleidete Nischen, die diese als langlebige immunologische Gedächtniszellen versorgen. B-Lymphozyten können auch durch polare Strukturen, die mehrere BCRs mit ihrer Molekülstruktur gleichzeitig binden, unabhängig von einer T-Lymphozyten-Hilfe aktiviert werden. Dies führt jedoch nicht zu einer Ausbildung von Gedächtniszellen.

┌─ **B-Lymphozyten-Reifung** ─────────────────────────────

Vorläuferzellen bilden zunächst ihren BCR im Knochenmark aus. Dort werden dann unreife Zellen, die an körpereigene Strukturen mit ihrem BCR binden oder dysfunktional sind, eliminiert. Nachdem sie vom Knochenmark über das Blutsystem zu den peripheren lymphatischen Organen migriert sind, werden sie durch eine Antigenbindung aktiviert und reifen zu einer antigenproduzierenden Plasmazelle oder zu einer immunologischen Gedächtniszelle.

└──

Aktivierte B-Lymphozyten verändern im Laufe der Zeit ihren BCR durch somatische Hypermutationen. Die Bindungsaffinität der gebildeten Antikörper zum Antigen verbessert sich und es kommt zu einem Wechsel der Immunglobulinklassen (◘ Abb. 1.10). Insgesamt werden fünf verschiedene Immunglobulinklassen von Plasmazellen gebildet, jedoch immer nur ein Typ durch dieselbe Zelle. Sie sind ein wichtiges Bindeglied zwischen der angeborenen und adaptiven Immunabwehr, da sie bereits in der frühen Abwehrphase spezifische Antigenbindungskapazitäten frei gelöst oder zellgebunden vermitteln können.

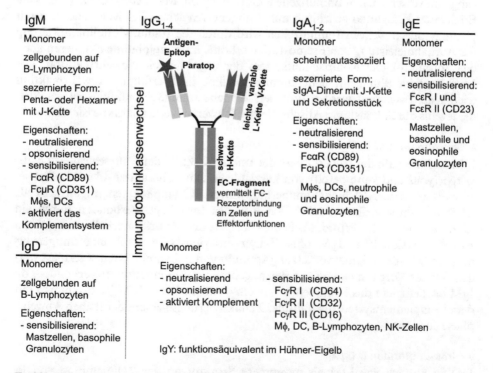

◘ **Abb. 1.10** Die Immunglobulinklassen: Im Verlauf der adaptiven Immunantwort generieren Plasmazellen abhängig von der Stimulation unterschiedliche Klassen und Subtypen von antigenspezifischen Immunglobulinen. DC: Dendritische Zelle, FCR: FR-Rezeptor, Ig: Immunglobulin, Mφ: Makrophage, NK-Zelle: Natürliche Killerzelle

1.3.3.6 Immunglobuline

Immunglobuline sind gegenüber antigenen Strukturen hochaffine Bindungs-proteine. „Paratop" genannte Bindungsdomänen der variablen Kette erkennen und binden an „Epitop" genannte charakteristische Molekülstrukturen eines Anti-gens (◘ Abb. 1.10). Diese Bindungsspezifität wird, ausgehend von einer Antigenpräsentation durch APCs, durch eine T-Lymphozyten-Hilfe an B-Lymphozyten vermittelt. Die so aktivierten B-Lymphozyten differenzieren zu Plasmazellen aus, welche antigenspezifische Immunglobuline im Rahmen einer humoralen Immunantwort sezernieren (◘ Abb. 1.7 und ◘ Abb. 1.8). Immun-globuline sind mit verschiedenen Funktionen an der angeborenen und adaptiven Immunabwehr beteiligt. Ihre Y-Form mit jeweils vier hochvariablen Bindungspa-ratopen ermöglicht eine Agglomeration und Immobilisierung von Partikeln, Mi-kroorgansimen und Parasiten. Durch die Immunglobulinbindung können zudem Proteine ihre Wasserlöslichkeit verlieren und präzipitieren. Toxine und Reizstoffe werden so neutralisiert. Darüber hinaus markieren Immunglobuline Fremdstoffe und Organismen für Abwehrzellen. Dieser Vorgang wird „Opsonisierung" ge-nannt. Eine Fc-rezeptorvermittelte Anbindung von Immunglobulinen an Zell-oberflächen durch das Fc-Fragment der schweren Kette führt zu einer Sensibilisie-rung von verschiedenen Immunzellen. Granulozyten, Mastzellen und zytotoxische Effektoren können so spezifisch auf Antigene reagieren. Bei Mφs und anderen phagozytotisch aktiven Immunzellen wird durch die Immunglobulinmarkierung die Aufnahmeleistung von Fremdstoffen erhöht. Immunglobuline aktivieren auch das antimikrobielle Komplementsystem der angeborenen Abwehrreaktion. Die Milz baut im Blut befindliche Immunglobuline nach erfolgter Abwehrreaktion wieder ab. Insgesamt werden fünf verschiedene Immunglobulinklassen gebildet, die jeweils durch konstante Abschnitte der schweren Kette charakterisiert sind.

■ **Immunglobulin M (IgM)**

IgM ist innerhalb der frühen Phase der Immunreaktion der erste sezernierte Anti-körpertypus und kann bereits von kurzlebigen, extrafollikulären Plasmazellen se-zerniert werden. Alle nichtstimulierten, naiven B-Lymphozyten tragen IgM als BCR auf ihrer Zelloberfläche. Frei lösliches IgM liegt, verbunden durch ein „J-Kette" genanntes Peptid, als Penta- oder Hexamer vor. Innerhalb einer frühen Abwehrreaktion kann IgM ohne T-Lymphozyten-Hilfe durch eine antigenver-mittelte IgM-BCR-Kreuzvernetzung spontan von B-Lymphozyten sezerniert wer-den. Dieser Vorgang ist eng mit der angeborenen Immunantwort verbunden, da IgM hocheffizient das Komplementsystem auslösen kann. IgM ist zusammen mit dem Komplementsystem als zentrales Zellaktivierungselement der frühen Abwehr-phase zu sehen.

■ **Immunglobulin D (IgD)**

IgD ist ähnlich wie IgM als monomere Struktur an der Zellmembran von B-Lymphozyten gebunden. Nach vollständiger Aktivierung und Ausdifferenzierung des B-Lymphozyten zur Plasmazelle wird sowohl IgD als auch IgM produziert. Über den IgD-Fc-Rezeptor können basophile Granulozyten und Mastzellen IgD auf ihrer Zelloberfläche binden.

Affinitätsreifung von Immunglobulinklassen und Subklassen: Bei bestehender Stimulation vollzieht die B-lymphozytäre Plasmazelle einen Immunglobulinklassenwechsel und produziert Immunglobuline der Klassen G, A oder E. Die Antikörperantwort spezifiziert sich auf die vorliegende Stimulation und erhöht somit ihre Abwehreffizienz. Innerhalb der Immunglobulinklassen differenzieren sich weitere funktional hochspezifische Subklassen aus. Dieser Vorgang wird „Affinitätsreifung" genannt.

▪ Immunglobulin G (IgG)

IgG wird von Plasmazellen, je nach Immunstatus, in 4 verschiedenen Subklassen nach dem Immunglobulinklassenwechsel gebildet. IgG_1, IgG_3 und IgG_4 sind plazentagängig und schützen *in utero* den sich entwickelnden Fötus. Ihre Effektorfunktion ist vorwiegend die neutralisierende Bindung und Opsonisierung von Bakterien und Viren. Mit Ausnahme von IgG_4 können alle IgGs das Komplementsystem aktivieren. Insbesondere IgG_1 und IgG_3 sensibilisieren über Fcγ-Rezeptoranbindung Mφ, DCs, B-Lymphozyten und NK-Zellen.

▪ Immunglobulin A (IgA)

IgA liegt als monomere Struktur mit 2 Subklassen IgA_1 und IgA_2 gebunden an Schleimhäuten vor oder es ist gelöst als sekrektorisches sIgA als Dimer mit einer die Monomere verbindenden J-Kette und einer sekretorischen SC-Kette strukturiert, welche als Transportvermittler durch epitheliale Barrieren und als Schutz vor intestinalem Proteaseverdau dient. Sekretorisches sIgA kommt in Speichel, Tränen und Milch vor. IgA wirkt neutralisierend, opsonisierend und sensibilisiert Mφ, neutrophile und eosinophile Granulozyten über Fcα-rezeptorvermittelte Zelloberflächenanbindung.

▪ Immunglobulin E (IgE)

IgE ist ein als Monomer vorkommender Antikörper, der insbesondere gegen Parasiten wirkt. Eosinophile und basophile Granulozyten als auch Mastzellen können IgE mithilfe des Fcε-Rezeptors auf Ihrer Zelloberfläche binden. Antigenbedingte Kreuzvernetzungen dieser zelloberflächenassoziierten IgE bewirken eine sofortige Aktivierung und Degranulierung dieser bereits sensibilisierten Effektoren. Allergien des Soforttyps (Typ-1-Allergien), wie Lebensmittelallergien, allergisches Asthma und Rhinitis, sind in diesem Zusammenhang ebenfalls IgE-abhängig.

▪ Immunglobuline in Lebensmitteln

In Lebensmitteln mit Auslobungen zur Infektionsprävention und -behandlung sind oft Immunglobuline als funktionale Komponente enthalten. Grundlage dieser Produkte sind in der Regel Milch oder Ei. In ihrer natürlichen Funktion haben beide Lebensmittel die Aufgabe, werdendes Leben vor mikrobiellen Gefahren zu schützen. Sowohl bei der Milch als auch beim Ei überträgt das Muttertier seine immunologische Kompetenz auf den Nachwuchs. Bei ähnlicher, maternaler mikrobiologischer Umgebung ist es dann perfekt geschützt.

1

> In Ei, Milch und assoziierten Produkten befinden sich unterschiedliche Immunglobulinklassen.

Ei-Immunglobuline befinden sich im Dotter und werden demnach als IgY (*egg yolk*) bezeichnet. IgY ist funktionsäquivalent zu IgG und IgE. Milch enthält vorwiegend sIgA, aber auch IgM und IgG. Kolostral- oder Vormilch ist bis zu sechsfach reicher an Immunglobulinen. Bovines Kolostrum wird bisweilen pulverisiert und verkapselt direkt als Immunschutz für Kinder vermarktet. In Neuseeland wird bovine Vakzine-Milch erzeugt. Kühe werden hierzu immunologisch stimuliert (vakziniert) und die resultierende Milch ist dann mit spezifischen Immunglobulinen der Kuh, beispielsweise gegenüber Rotavirus, angereichert. Im asiatischen Markt werden vielfach Immunglobuline als funktionaler Bestandteil von Joghurt ausgelobt. Im Darmlumen können diese an Mikroorganismen und Material anbinden. Eine Aufnahme von funktionalen Immunglobulinen durch das Darmepithel ist jedoch nicht immer gegeben. Im Gegensatz zu Erwachsenen ist die Darmbarriere von Neugeborenen und Kleinkindern für noch durchlässig Immunoglobuline und diese können entsprechend aufgenommen werden und auch systemisch wirken. Eine diesbezügliche Wirkung bei Menschen im Blut oder in der Lymphflüssigkeit jenseits des Krabbelalters ist daher fraglich.

Exkurs I: Richtlinien, Märkte und Applikationsformen immunfunktionaler Lebensmittel

Die medizinische Auslobung von Nahrungsmitteln hat für die Lebensmittelbranche eine zunehmende Relevanz und führt zu Marktschnittmengen mit dem Pharma- und Kosmetikmarkt. Eine Funktionalität mit einem breiten Verbraucherinteresse erhöht den Marktwert eines Lebensmittels signifikant. *Nutraceuticals*, *Pharma-*, *Health-* oder *Design-Food* sind gängige Synonyme dieses Marktsegments. Beginnend mit Supplementen, angeboten in Form von Pillen, Brausetabletten und Kapseln kamen bereits in den 1970er-Jahren erste Ernährungsformulierungen mit medizinischer Indikation, wie alters- und krankheitsspezifische Nahrungen sowie Sportlernahrungen, auf den Markt (◘ Abb. 1.11).

Das anhaltende Verlangen von Verbrauchern, sich bewusst gesund zu ernähren, unterstützt diesen Trend und öffnet diesbezüglich den Lebensmittelmarkt für eine vielgestaltige Produktpalette. Für den pharmazeutischen Markt ist diese Entwicklung zusehends kompetitiv, gerade im Bereich Selbstkostenmedikation, und provoziert eine scharfe Abgrenzung zwischen Arznei- und Lebensmitteln. Diese besagt, dass Arzneimittel physiologische Funktionen von Mensch und Tier mit einer definierten Wirkstoff-Funktions-Beziehung in pharmakologisch hoher Dosis wissenschaftlich belegt wiederherstellen, korrigieren oder anderweitig spezifisch beeinflussen. Lebensmittel mit medizinischer Prägung wollen dies im Prinzip auch. Aber eine Wirkung mit Lebensmittelkomponenten wird generell in geringen Wirkstoffmengen, eher im Sinne der Naturheilkunde und Phytomedizin, im Rahmen des Lebensmittelrechts angestrebt. Grundsätzlich wird hier zwischen diätetischen Lebensmittelapplikationen, charakterisiert durch eine besondere Zusammensetzung für einen definierten Ernährungszweck, und

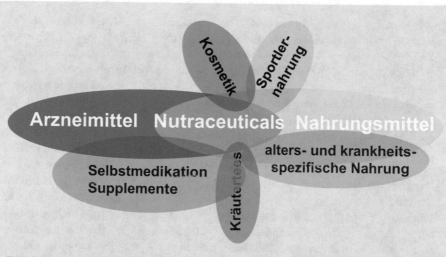

Marktsegmente von Nahrungsmitteln mit medizinischer Auslobung

bilanzierten Diäten, die funktional auf einen besonderen medizinisch bedingten Nährstoffbedarf ausgerichtet sind, unterschieden.

Funktionale Lebensmittel sind bisher wenig einheitlich definiert und werden zumeist in themenkompatiblen Nahrungsmittelformen angeboten. In den meisten Ländern der Welt wird in der Gesetzgebung zwischen funktionalen Lebensmitteln und Nahrungsergänzungsmitteln bzw. Supplementen unterschieden. In der Europäischen Union gilt, dass Lebensmittel, die über ihre Ernährungsfunktion hinaus gesundheitlich bedeutsame, physiologische Parameter beim Verbraucher langfristig und gezielt beeinflussen, einer typischen Nahrungsmittelform entsprechen müssen. Um die Auslobung medizinisch-funktionaler Eigenschaften von Lebensmitteln im Sinne des Verbraucherschutzes zu regeln, wurde innerhalb der Europäischen Union in der sogenannten *Health-Claims*-Verordnung festgelegt, dass gesundheitsbezogene Angaben, wie „stärkt die Abwehrkräfte", oder auch Angaben über die Verringerung eines

Krankheitsrisikos, belegbar sein müssen und letztendlich nur zulässig sind, wenn sie in einer festgelegten Positivliste für verzehrfertige Lebensmittel oder einer Lebensmittelzutat aufgeführt sind. Dieses *Register of Nutrition and Health Claims made on Foods* unterliegt der wissenschaftlichen Bewertung der europäischen Behörde für Lebensmittelsicherheit *European Food Safety Authority*. Die politische Ausrichtung der Europäischen Union hierzu findet sich vornehmlich im sogenannten *European Union-Pledge: Strategy of Europe on Nutrition and Health* wieder. Das Zulassungsrecht der Vereinigten Staaten von Amerika für funktionale Lebensmittel und Supplemente basiert ähnlich wie das europäische auf einer Positivliste, in der Ingredienzien und mögliche Auslobungen hierzu vorgegeben werden. Zwei verschiedene Auslobungsarten sind hierzu vorgegeben. Zum einen sind alle Auslobungen von funktionalen Lebensmitteln, die sich auf die Reduktion eines Erkrankungsrisikos beziehen, erlaubt, zum anderen dürfen auch Auswirkungen auf den Aufbau, die Statur und die Funtion des menschlichen Körpers ausgelobt werden. Auch Applikationen, bei denen die Konzentrationen von einem oder mehreren Inhaltsstoffen modifiziert sind, um ihren Beitrag zu einer gesunden Kost zu verbessern, gelten in den Vereinigten Staaten als funktionale Lebensmittel. Die Zulassung von Nahrungsergänzungsmitteln regelt separat der *Dietary Supplement Health and Education Act* von 1994. Interessanterweise unterliegen hier Supplemente keiner strengen wissenschaftlichen Überprüfung. Die zulassende Behörde für funktionale Lebensmittel und Supplemente in den Vereinigten Staaten ist die *Food and Drug Administration.*

Im asiatischen Raum sind Lebensmittel mit gesundheitsfördernden Eigenschaften, wie zum Beispiel fermentiertes Soja- und Fischprotein oder polyphenolreiche Tees, traditionell stark im kollektiven Bewusstsein der Bevölkerung verankert. In Japan gilt grundsätzlich, dass Lebensmittel, deren Inhaltsstoffe sich positiv auf den menschlichen Stoffwechsel auswirken, als Teil der normalen Kost verzehrt werden und die Wirkstoffe natürlichen Ursprungs sein müssen. Nahrungsmittel können somit mit einem allgemeinen Gesundheitsbezug qualifiziert und standardisiert, innerhalb von *Food Health Claims* ausgelobt werden. Diese Auslobung wird entweder in nahrungsergänzende Funktion mit definierten Wirkstoffkonzentrationen als *Food with Nutrient Function* oder als

gesundheitsfördernde Funktion als *Food of Specified Health Use* kategorisiert. Basierend auf dem Gesetz für Funktionale Lebensmittel (*Improvement Nutrition Law*) entscheidet das japanische Ministerium für Gesundheit, Arbeit und Soziales über eine Zulassung für Lebensmittel mit medizinischer Auslobung.

Erst spät haben sich Auslobungen immunrelevanter Eigenschaften von Lebensmitteln des täglichen Lebens, insbesondere von Milchprodukten, etablieren können. Heute finden sich interessante Strategien für medizinisch-funktionale Auslobung für Tees, Getränke, die auf Pflanzenextrakten basieren, Süßwaren, bis hin zu kombinierten Lebensmittel-Kosmetik-Produktangeboten.

Aus dieser Abgrenzung heraus streben funktionale Lebensmittel hin zu traditionellen oder modernen, puristisch gestalteten Applikationsformen, wie beim Ernährungstrend „Super-Food", wobei meist exotische, pflanzliche Rohstoffe mit unterschiedlichen gesundheitsfördernden Eigenschaften in Pulverform vereinigt werden, und nutzen eine gezielt beworbene Nähe von Funktionalität und Natürlichkeit aus. Vegetarische, vegane oder moderne Ernährungstrends, wie *Clean-* oder *Raw-Food*, treiben als marktrelevante, diätetische Konzeptionen diese Entwicklung an.

Im Markt dominieren gesundheitsbezogene Angaben zur Immunfunktion, basierend auf essenziellen Nährstoffen wie Vitamin und Mineralien. Eine weitere große Produktgruppe beinhaltet Bakterien und Ballaststoffe als Pro- und Präbiotika mit Aspekten zu einer gesunden Darmbarriere.

Gerade das Spannungsfeld zwischen Bakterien und dem Menschen eröffnet für die Forschung neue Forschungsaspekte weit über das Mikrobiom des Darmes hinaus. Unter dem Slogan *„Bacs goes drugs"* werden sehr interessante mikrobielle Interaktionen mit dem Menschen erkannt. Sie bieten neben pharmazeutischen Therapiemöglichkeiten, wie der Einsatz von sauerstoffmeidenden Bakterien sowie Bakterien- oder Humanviren als Mittel gegen Tumore, eine interessante Wissensbasis für Produktideen im Lebensmittel- und Kosmetikbereich, wie die Unterstützung einer gesunden Bakterienbesiedelung der Haut, des Oralraumes und des Gastrointestinaltraktes.

Auch Auslobungen zur Reduktion von Risikofaktoren einer Infektion sind ein breites Applikationsfeld und umfassen alle immunabwehrfördernden Maßnahmen, wie die Vermeidung von nährstoffmangelbedingter immunologischer Abwehrinsuffizienz, aber auch immunsystemmodifizierende und antimikrobiell wirkende Lebensmittelkomponenten.

Um mit Lebensmitteln immuno logische Funktionen zu beeinflussen, können auch exotische, chemisch oder gentechnisch veränderte Rohstoffe interessant sein. Diese Rohstoffe fallen in der Europäischen Gemeinschaft unter die sogenannte *Novel-Food*-Verordnung. Diesbezügliche Zulassungen sind mit einer Verfahrensdauer von 5 Jahren langwierig und die Marktakzeptanz für solche Produkte ist im europäischen Raum nach wie vor eher begrenzt. Dennoch können sich bei hohem physiologischem Vorteil für den Verbraucher Marktperspektiven auch für diese Art immunfunktionaler Lebensmittel ergeben.

Abbildung 1.12 überblickt die Struktur des gesamten Buches, indem es die unterschiedlichen Abläufe einer Immunantwort zeigt und das jeweilige Kapitel dieses Buchs nennt, das sich inhaltlich mit diesen befasst. Das hinterlegte Video beschreibt die Zusammenhänge in ausführlicher Form und liefert einen verständlichen Gesamtüberblick (◘ Abb. 1.12).

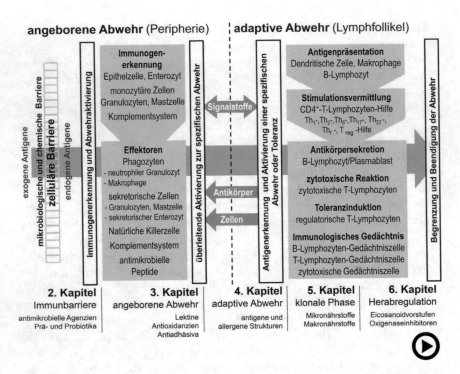

Abb. 1.12 Das Immunsystem: Ein koordiniertes Netzwerk verschiedener Zellfunktionen
(▶ https://doi.org/10.1007/000-b6t)

❓ Fragen

1. Welche grundlegenden Funktionen muss ein Abwehrsystem beinhalten, um eine sichere Interaktion eines Organismus mit der Umwelt zu gewährleisten?

2. Welche Konsequenzen ergeben sich, wenn keine immunologische Toleranz von der Abwehr ausgeprägt wird?

3. Was ist der Unterschied zwischen einem Immunogen, einem Antigen und einem Allergen?

4. Welche grundlegenden Voraussetzungen bedingen, dass eine Stoffstruktur eine Immunreaktion auslöst?

5. Welche grundlegenden Einflüsse haben Lebensmittel auf die Immunfunktion?

6. Warum beginnt die immunologische Abwehrreaktion nicht mit der adaptiven Abwehr?

7. Welche funktionalen Unterschiede bestehen zwischen den Natürlichen Killerzellen der angeborenen Abwehr und den zytotoxischen T-Lymphozyten?

8. Das Komplementsystem der angeborenen Abwehr und Immunglobuline der adaptiven Abwehr sind beide mikroorganismen-bindende Strukturen. Nennen Sie Gemeinsamkeiten und Unterschiede.

9. Welche Konsequenzen ergeben sich, wenn kein Immunglobulinklassenwechsel im Verlauf der adaptiven Abwehrreaktion erfolgt?

10. Wie kann man eine Trinkmilch oder Eier herstellen, die mit antigenspezifischen Immunglobulinen angereichert sind?

Weiterführende Literatur

Aggarwal BB, Heber D (2014) Immunonutrition. Interactions of diet, genetics, and inflammation. CRC Press, Boca Raton

Buck MD, Sowell TR, Kaech SM, Pearce EL (2017) Metabolic instruction of immunity. Cell 169:570–586. https://doi.org/10.1016/j.cell.2017.04.004

Castro-Gómez P, Garcia-Serrano A, Visioli F, Fontecha J (2015) Relevance of dietary glycerophospholipids and sphingolipids to human health. Prostaglandins Leukot Essent Fatty Acids 101:41–51. https://doi.org/10.1016/j.plefa.2015.07.004

Faria AM, Gomes-Santos AC, Gonçalves JL, Moreira TG, Medeiros SR, Dourado LP, Cara DC (2013) Food components and the immune system: from tonic agents to allergens. Front Immunol 17(4):102. https://doi.org/10.3389/fimmu.2013.00102

Kogut MH, Klasing K (2009) An immunologist's perspective on nutrition, immunity, and infectious diseases. introduction and overview. J Appl Poultry Res 18(1):103–110. https://doi.org/10.3382/japr.2008-00080

Lopez C (2010) Lipid domains in the milk fat globule membrane: specific role of sphingomyelin. Lipid Technol 22(8):175–178

Marcos A, Nova E, Montero A (2003) Changes in the immune system are conditioned by nutrition. Eur J Clin Nutr 57(1):566–569

Murphy K, Weaver C (2018) Janeway Immunologie. Springer Spektrum, Heidelberg

Rink L, Kruse A, Haase H (2012) Immunologie für Einsteiger. Springer Spektrum, Heidelberg

Schütt C, Bröker B (2011) Grundwissen Immunologie. Springer Spektrum, Heidelberg

Topel A (2004) Chemie und Physik der Milch. Behr's, Hamburg

Tourkochristou E, Triantos C, Mouzaki A (2021) The influence of nutritional factors on immunological outcomes. Front Immunol 31(12):665968. https://doi.org/10.3389/fimmu.2021.665968

Wu L, Kaer LV (2011) Natural killer T cells in health and disease. Front Biosci 3:236–251

Die Immunbarriere: Einfluss von Lebensmittelkomponenten auf die Darmbarriere

Inhaltsverzeichnis

Ergänzende Information Die elektronische Version dieses Kapitels enthält Zusatzmaterial, auf das über folgenden Link zugegriffen werden kann [https://doi.org/10.1007/978-3-662-67390-4_2]. Die Videos lassen sich durch Anklicken des DOI-Links in der Legende einer entsprechenden Abbildung abspielen, oder indem Sie diesen Link mit der SN More Media App scannen.

▪▪ Zusammenfassung

Die Haut und Schleimhäute des Körpers bilden das erste Abwehrelement des Immunsystems. Ein- bis mehrschichtiges epitheliales Abschlussgewebe formen eine reguliert permeable, absorptive Barriere des Körpers zur Umwelt. Alle barriereassoziierten lymphatischen Gewebe sind über das Lymphsystem miteinander verbunden, sodass lokale Entzündungsereignisse immer auch systemisch relevant sind. Physiologische Mikroorganismen geben dem Körper eine weitere, mikrobiologische Barriere. Hieraus resultiert ein fein abgestimmtes Verhältnis zwischen immunologischer Toleranz und Abwehr. Ist dieses gestört, können daraus chronisch-entzündliche Erkrankungen resultieren.

Der Darm ist durch ein resorptives Barrieresystem nach außen begrenzt und in den verdauungsaktiven Dünndarm und den mikrobiell-fermentativ-aktiven Dickdarm unterteilt. Jede mikrobielle Spezies der Darmbesiedlung ist eine Handlungsoption eines funktionalen Netzwerkes, welches mit der Organsimenzusammensetzung variabel auf jeweilige Umweltsituationen reagieren kann. Die Immunfunktion der Darmbarriere setzt sich aus dem zellulären Abschlussgewebe, der Mucusqualität, dem allgemeinen Immunstatus und der mikrobiellen Besiedlung des Darms zusammen. All diese sich gegenseitig bedingenden Barriereelemente werden von verschiedenen diätetischen Faktoren beeinflusst.

Generell ist das darmassoziierte Abwehrsystem auf Toleranz hin ausgerichtet. Antimikrobiell wirkende Defensine und sekretorische Immunglobuline sind erste Elemente der Immunabwehr. Mikrobielle molekulare Strukturmuster werden von spezifischen Rezeptoren von antigenpräsentierenden Immunzellen, Enterozyten und verschiedenen Effektorzellen erkannt und stimulieren das Immunsystem. Der Ernährungsstatus, antimikrobielle und antiadhäsive Lebensmittelkomponenten, präbiotische Oligosaccharide und Zuckeralkohole sowie probiotische Bakterien und deren Zellfragmente sind hierzu wichtige nutritive Faktoren und werden als diätetische Supplemente auch für die Behandlung von Colitis ulcerosa und Morbus Crohn diskutiert. Die Darm-Hirn-Achse ist eine bidirektionale Verbindung zwischen dem zentralen Nervensystem und des enterischen Nervensystems des Darms. Neben der neuronalen Kommunikation sind hierbei auch endokrine Faktoren und immunologische Signalstoffe relevant. Das Darmmikrobiom sowie die davon beeinflussten Darm- und Immunfunktionen sind mitentscheidend für die psychische Gesundheit und werden daher mit psychofunktionalen Ernährungskonzepten therapeutisch angesprochen.

2

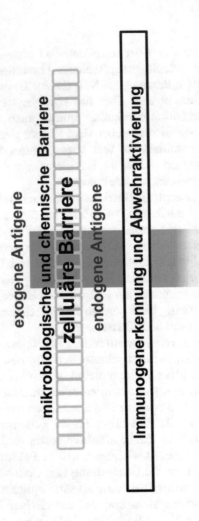

Lernziele

- Welche funktionalen Elemente machen die mikrobiologische und zelluläre Immunbarriere aus?
- Ist die Darmbarriere eine besondere Immunbarriere?
- Welche Relevanz hat die Immunbarriere bei der Umsetzung von Abwehrreaktionen und immunologischer Toleranz gegenüber Umweltfaktoren?
- Welche diätetischen Faktoren beeinflussen die Barrierefunktion?
- Gibt es immunologische Erkrankungen der Darmbarriere, wobei Lebensmittel relevant sind?

2.1 Epitheliale Barrieren des Körpers

Die anatomische Abgrenzung des Körpers durch Haut und Schleimhäute bildet das erste Abwehrelement des Immunsystems. Ein ein- bis mehrschichtiges epitheliales Abschlussgewebe formt eine reguliert-permeable, absorptive Barriere des Körpers zur Umwelt. Während die keratinogene Epidermis der Haut äußere Einflüsse möglichst ausschließt, müssen die mucosalen Schleimhautbarrieren, insbesondere die der Lunge und des Gastrointestinaltraktes, einen geregelten resorptiven Stoffaustausch ermöglichen.

Generell befinden sich auf der von Blut- und Lymphgefäßen durchzogenen baso-latcralen Bindegewebsseite epidermaler Barrieren zahlreiche subepitheliale APCs, wie DCs, Mφs sowie B- und T-Lymphozyten sowie verschiedene Effektorzellen der angeborenen und adaptiven Abwehr. Die barrierenahen lymphatischen Gewebe der Haut, der Atemwege, der Drüsenausführungsgänge sowie des Urogenital- und Gastrointestinaltraktes sind miteinander verbunden und ermöglichen einen permanenten Austausch von Immunzellen, Stimulations- und Signalstoffen zwischen den lymphatischen Teilkompartimenten (◘ Abb. 2.1).

Lokale Entzündungsereignisse haben somit auch immer eine systemische Relevanz. In Flüssigkeiten und Schleimen, die die Barriereepithelien benetzen, befinden sich zudem vielfältige antimikrobielle Proteinstrukturen. Spezielle Epithelzellen sezernieren verschiedene, 20–150 Aminosäuren lange Peptide, die Bakterien opsonisieren, neutralisieren oder lysieren können, um pathogene Organismen abzuwehren, wie das anionisch geladene Dermcidin-1L im Schweiß der Haut oder die kationisch geladenen, histidinreichen Histatine der Mundschleimhaut. Defizite dieser direkten Abwehrmechanismen sind immer mit einer pathologischen Symptomatik verbunden. Fehlende antimikrobielle Surfactant-Peptide der oberen Atemwege werden zum Beispiel in Zusammenhang mit Asthma diskutiert. Atopische Dermatitis wird mit einer gestörten Expression von Dermcidin und Psoriasis mit einer gestörten mikrobiellen Besiedlung der Haut in Zusammenhang gebracht.

❓ Sind alle immunologischen Barrieren mit Mikroorganismen besiedelt?

Die nach außen gerichtete Seite der Barrieren ist jeweils mit spezifischen, kommensalen Mikroorganismen besiedelt, welche als Mikrobiom des Körpers zusammengefasst sind. Die Mikroorganismen der Haut, des Mund- und Rachenraumes sowie der Bronchien, des Urogenitalsystems und des Darms sind Teil-Mikrobiome, welche der jeweiligen physikalisch-zellulären auch eine mikrobiologische Barriere geben. Zusammen mit epithelialen Sekreten senken Bakterien den pH-Wert des Milieus durch die Bildung organischer Säuren leicht ab. Zudem verhindert ein Verdrängungswuchs durch Kommensale und die damit einhergehende kompetitive Abdeckung potenzielle Adhäsionsstellen für Mikroorganismen an das Abschlussgewebe die Etablierung pathogener Keime an die Barriere. Aus dieser prekären Nähe zwischen Immunsystem und Barriere-Mikrobiom ergibt sich eine fein abgestimmte Balance zwischen Abwehr und immunologischer Toleranz. Ist diese gestört, können daraus chronisch-entzündliche Erkrankungen resultieren.

2

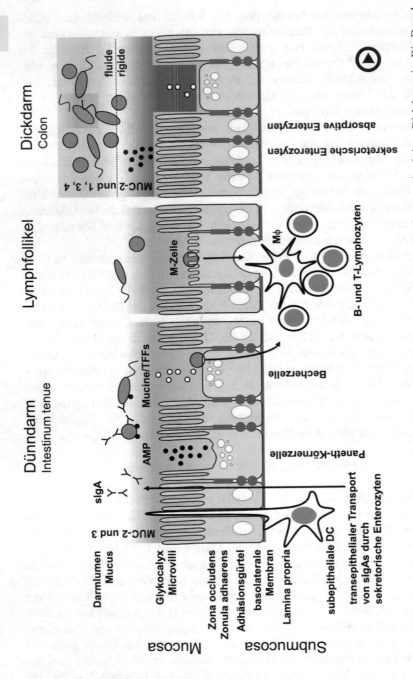

Abb. 2.1 Die Darmbarriere: Der Darm teilt sich funktional in den Dünndarm und den mikrobiell-fermentativ aktiven Dickdarm ein. Die Darmbarriere grenzt die luminale Seite durch eine Mucusschicht und einer aus Enterozyten, Becher-, Panethzellen und M-Zellen-assoziierten Lymphfollikeln bestehenden Epidermis von der serosalen Seite ab. Antimikrobielle Agenzien und Immunzellen bieten einen ausbalancierten Immunschutz. AMP: antimikrobielles Peptid, DC: Dendritische Zelle, Mφ: Makrophage, MUC: Mucin, M-Zelle: *Microfold-Zelle*, sIg: sekretorisches Immunglobulin, TTFs: *trefoil factors*, Mucus-Heilungsfaktoren (▶ https://doi.org/10.1007/000-b6v)

2.1.1 Die Darmbarriere

Der Darm ist durch ein epidermal-resorptives Barrieresystem nach außen begrenzt und in den enzymatisch-verdauungsaktiven Dünndarm oder Intestinum tenue und den mikrobiell fermentativ-aktiven Dickdarm oder Colon unterteilt. Anatomisch besteht der Dünndarm aus dem Duodenum, dem Jejunum und Ileum. Die Ileozäkalklappe trennt den Dünn- vom Dickdarm. Ein einschichtiges, hochprismatisches Epithel aus birnenförmigen Enterozyten grenzt den Darmraum luminal von der serosalen Lamina propria, ein von Blut und Lymphgefäßen durchzogenes Bindegewebe, ab (◘ Abb. 2.1). Ein kontinuierlicher Gewebeabschluss der Darmbarriere wird durch Verbindungselemente zwischen den Darmepithelzellen in der Zona occludens und Zonula adhaerens erreicht. „Tight Junctions" und „Gap Junctions" genannte interzelluläre Membranproteinverbindungen sowie „Adhäsionsgürtel-Desmosomen" genannte interzelluläre Proteinkanäle mit Keratinfibrillen und weiteren Molekülen, wie das Cadherin, filamentöse Glykoproteine und Polysaccharide ermöglichen einen dichten epithelialen Abschluss des Darmlumens zur serosalen Seite. Die Epithelzellen sitzen basal auf einer derben Gewebsmembran, der sogenannten Basalmembran, auf.

❓ Wie grenzt die Darmbarriere den Körper von der oral aufgenommenen Nahrung ab?

Der als Chymus bezeichnete Mageninhalt ist säuresterilisiert. Stärke und Fette sind bereits durch Amylasen und Zungengrund-Lipasen des Mundes vorverdaut. Auch Proteinbestandteile wurden bereits durch gastrisches Pepsin enzymatisch zersetzt. Im Duodenum des Dünndarms schließen pankreatische Glykosidasen, Lipasen und Proteasen die aufgenommene Nahrung weiter auf. Im weiteren Verlauf werden Wasser und Nährstoffe vom Dünndarm aufgenommen. Die resorptiven Enterozyten des Dünndarms weisen hierzu einen Bürstensaum aus Mikrovilli als Oberflächenvergrößerung auf. Später im Colon verringert sich der Anteil an Bürstensaum-Enterozyten zusehends. Den Enterozyten liegt ein schützendes, dünnes, Glykocalyx genanntes Netzwerk aus Glykolipiden, Glykoproteinen, Enzymen und Oligosacchariden auf. Als weiterer Schutz sezernieren Becherzellen ohne Mikrovilli und Glykocalyx eine rigide Form von Mucusschleim, welcher aus hochglykosylierten Mucin-Proteinen besteht. Insgesamt 16 verschiedene Mucin-Gene sind beim Menschen bekannt, die ähnlich wie die Glykocalyx ein Proteo-Oligosaccharid-Netzwerk aus Hexosen, Sialinsäure und N-Glycanen auf der Zelloberfläche ausbilden. Sowohl im Dünndarm als auch im Dickdarm produzieren Becherzellen eine rigide Schleimschicht, die vorwiegend aus Mucin(MUC)-Typ-2-Glykoproteinen besteht. MUC-2 zeigt eine rigide Qualität, in die Mikroorganismen nur schwer eindringen können. Um diese Schutzfunktion aufrechtzuerhalten, bilden Becherzellen zudem disulfidtragende sekretorische Proteine als Mucus-Heilungsfaktoren, welche Reparaturmechanismen der Schleimhaut initiieren.

❓ Wie wird die mikrobiologische Besiedlung der Enterozyten im Darmlumen immunologisch reguliert?

2

Mikrobiom des Darms besteht aus einem dünndarmassoziierten und einem dick-darmassoziierten Teilbereich. Im Dickdarm sorgt eine dichte Besiedlung mit viel-fältigen, spezifischen Bakterien- und Hefegattungen für eine effektive Fermenta-tion des „Faeces" genannten Darminhaltes. Verdauungs- und Resorptionsprozesse im Dünndarm sowie die dort strikt ausgebildete immunologische Barriere be-dingen ein sehr begrenztes mikrobielles Wachstum. Steigt die Keimzahl im Intesti-num tenue über 105 Keime pro Gramm Faeces, spricht man von einer Dünndarm-fehlbesiedlung, die oft im Zusammenhang mit einem Kurzdarmsyndrom oder einer defekten Ileozäkalklappe steht. Eine hohe Durchflussgeschwindigkeit des Nahrungsbreies sowie die Verdauungsenzyme im Dünndarm sind erste wichtige Abwehrfaktoren. Paneth-Körnerzellen und sekretorische Enterozyten sezernieren zudem bakterizid und fungizid wirkende AMPs, die „Defensine" genannt werden. Paneth-Körnerzellen ebenso wie neutrophile Granulozyten und NK-Zellen bilden α-Defensin-5 und -6, sekretorische Enterozyten bilden zudem verschiedene β-Defensine. Auch im Colon werden β-Defensine sezerniert. Diese Peptide be-stehen mitunter aus kationischen, hydrophilen und hydrophoben Aminosäuren und ermöglichen eine mehr oder weniger spezifische Anheftung von mikrobiellen Membranen, was letztendlich zur Perforation, Lyse und Abtötung der mikro-biellen Zellen führt.

> Das Milieu des Dünndarmlumens erschwert eine mikrobiologische Besiedlung des Darmepithels, das Milieu des Dickdarmlumens fördert sie.

Auch immunologische Mechanismen regulieren die mikrobiologische Situation im Darm. Subepitheliale DCs des mucusassoziierten lymphatischen Darmgewebes nehmen stetig Antigene aus der Umwelt, aus dem Darmlumen, auf und präsentie-ren diese dem Immunsystem. Dies kann abhängig von der Art des Antigens, der Intensität und Dauer der Antigenpräsentation durch DCs zu einer immuno-logischen Abwehrreaktion führen. DCs können entweder interzellulär durch lange Zellfortsätze Material aus dem Darmlumen entnehmen, wobei sie zu den benach-barten Enterozyten Tight Junctions ausbilden und so die Darmbarriere aufrecht-erhalten, oder sie werden durch phagozytierende Becherzellen und lymphfollikel-assoziierte *Microfold*-Zellen (M-Zellen) mit Material aus dem Darmlumen be-liefert. M-Zellen besitzen wie die Becherzellen keine Glykocalyx und nehmen daher ungehindert äußeres Material im Darmlumen luminal auf und transportieren es transepithelial mit Vesikeln durch die Zelle hindurch in das basolaterale Binde-gewebe der Darmbarriere, wo sich Lymphfollikel befinden. Auch Becherzellen können niedermolekulare Stoffe aus dem Darmlumen aufnehmen und an DCs ab-geben. In der Lamina propria befinden sich neben isolierten Lymphfollikeln auch sogenannte Peyer'sche Plaques, eine strukturierte Anordnung von bis zu 50 Lymph-follikeln. Sie kommen im gesamten Dünndarm, insbesondere im Ileum, vor, aber auch im „Appendix vermiformis" genannten Wurmfortsatz des Blindarms oder Caecums. Der Appendix vermiformis wird auch als Reservoir für Darmbakterien gesehen. Somit sind sowohl das Intestinum tenue als auch das Colon mit Initiations-orten einer Immunantwort versorgt.

❓ Sind Immunglobuline ein Teil der immunologischen Barriere des Dünndarms?

Ein weiterer wichtiger antimikrobieller Faktor sind sekretorische IgAs. Dieses Immunglobulindimer wird von subepithelialen Plasmazellen im Rahmen einer adaptiven Immunreaktion gebildet, abgesondert und anschließend transepithelial über sekretorische Enterozyten ins Darmlumen abgegeben (❐ Abb. 2.1). Der dafür nötige Immunglobulinklassenwechsel wird durch den *transforming-growth factor β* (TGFβ) des spezifischen Mikromilieus des darmassoziierten Lymphgewebes vermittelt. Sekretorisches IgA wird mit einem spezifischen Sekretionsstück an einen Fc-Rezeptor basolateral an eine Epithelzelle gebunden, durch die Zelle transportiert und luminal durch Proteolyse des Sekretionsstückes vom Rezeptor gelöst und in das Darmlumen freigesetzt, ohne die Barrierefunktion zu beeinträchtigen. IgA wirkt neutralisierend gegenüber Mikroorganismen, insbesondere Viren, ohne eine Entzündungsreaktion beispielsweise über das Komplementsystem initiieren zu können. Mikroorganismen, auch Kommensale, und schädliche Agenzien, die durch die Epithelschicht bis in den Bereich der Lamina propria eingedrungen sind, werden durch sIgAs gebunden, neutralisiert und über den transepithelialen sIgA-Transportweg zurück in das Darmlumen gebracht.

❓ Wie kann das Immunsystem der Darmbarriere harmlose Umweltfaktoren tolerieren?

Generell ist das darmassoziierte Abwehrsystem auf Toleranz hin ausgerichtet. Mucosale DCs produzieren hierzu das antiinflammatorische Zytokin IL-10, Enterozyten sezernieren zudem TGFβ, Retinsäure sowie das *thymic stromal lymphopoeitin* und regulieren damit die Barriere-Permeabilität und somit die Antigenverfügbarkeit für die subepithelialen APCs. Unreife mukosale DCs konditionieren unter Einwirkung dieser lokalen Signalstoffe zu nichtinflammatorischen APCs. Das von diesen Zellen sezernierte IL-10 verhindert eine vollständige Funktionsausbildung von Effektoren und bedingt so eine Immunsuppression und Toleranz (s. auch ▶ Abschn. 6.1). In Abhängigkeit vom Antigensignal, zum Beispiel bei Nahrungsmittelallergien, kann diese immunologische Toleranz durchbrochen werden.

Nachdem das Faeces aus dem terminalen Ileum in das Colon übergeflossen ist, wird es mikrobiell fermentativ aufgeschlossen. Anatomisch wird das Colon in das Caecum, Colon ascendens, Colon transversum, Colon sigmoideum, Colon descendens und das Rectum eingeteilt. Im Gegensatz zum Intestinum tenue bildet das Colon neben der rigiden MUC-2-Schicht eine zweite, eher fluide Mucinschicht, bestehend aus MUC-1-, -3- und -4-Glykoproteinen, die mikrobielles Wachstum fördert und eine optimale Fermentationsleistung ermöglicht. Der Faeces verbleibt hier bis zu 50 h und wird durch Wasserentzug stofflich aufkonzentriert. Die mikrobielle Besiedlung des Colons ist für diese Darmfunktion und weitere Verdauungsleistungen entscheidend. Im proximalen Teil des Colon ascendens findet der Großteil der mikrobiellen Fermentation des hier noch wasserhaltigen Faeces statt. Dies äußert sich durch leichten Abfall des dortigen pH-Wertes durch mikrobelle Säurebildung. Im weiteren Verlauf bis zum Colon descendens steigt dieser Wert bis in den alkalischen Bereich an. Die Zusammensetzung des Mikrobioms wird neben dem Wasseranteil und dem pH-Wert des Faeces von verschiedenen darmphysiologischen, immunologischen und diätetischen Faktoren beeinflusst.

2.2   Einflussfaktoren auf das Mikrobiom des Darms

Das Darm-Mikrobiom, welches die Gesamtheit aller Organismen des Intestinaltrakts meint, ist ein funktionales Netzwerk aus verschiedenen Mikroorganismenspezies. Es ist in dünndarm- und dickdarmassoziierte Teilbereiche gegliedert, deren differenzierte Ausprägung jeweils von der physiologischen Funktion des jeweiligen Darmabschnittes bestimmt ist. Eine gesunde mikrobielle Besiedlung des menschlichen Verdauungsapparates ist durch eine große Vielfältigkeit von Mikroorganismenspezies gekennzeichnet, wobei jede einzelne Spezies dieses Mikrobioms eine Handlungsoption des Verdauungsapparates gegenüber Umwelteinflüssen darstellt. Über die Organismenzusammensetzung reagiert es variabel auf die gegebene Umweltsituation. Pathologien sind daher weniger durch einzelne dominante Spezies geprägt, sondern eher durch eine Reduktion der Speziesvielfalt.

2.2.1   Die mikrobielle Besiedlung des Darms

Die mikrobielle Besiedlung des Darms wird generell durch die Geburtskanalpassage des Neugeborenen beim Geburtsvorgang mit Mikroorganismen der Vagina initiiert. Kaiserschnittgeborene bekommen diese mütterliche Inokulation nicht. Im Laufe des Lebens verändert sich dann die Spezieszusammensetzung des Darm-Mikrobioms. Die häufigsten Mikroorganismen im Colon gehören zu den Bakterienabteilungen der Gram-negativen und somit lipopolysaccharid(LPS)-haltigen, zu den meist stäbchenförmigen Bakterien der Abteilung *Bacteriodetes* und zu den Gram-positiven und somit peptidoglykanreichen, oft endosporenbildenden Bakterien der Abteilung *Firmicutes*. Vorwiegend sind die Bakteriengattungen *Bacteroides*, *Bifidobacterium*, *Clostridium*, *Escherichia*, *Eubacterium*, *Lactobacillus*, *Ruminococcus* und *Streptococcus* im Colon angesiedelt. Auch methanbildende Archaea und verschiedene Hefen, Schimmelpilze und Viren gehören zur mikrobiellen Darmbesiedlung. Aus dieser Aufzählung wird ersichtlich, dass die Anzahl an Mikroorganismen die Zellzahl des Körpers bei Weitem übersteigt und unterstreicht damit deren essenzielle Wichtigkeit für die Darmfunktion. Bakterien erschließen beispielsweise für den Körper komplexe Nahrungsbestandteile und setzen dadurch Mineralien frei. Zudem produzieren sie neben vielen Vitaminen, Aminosäuren und sekundären Gallensäuren vor allem die kurzkettigen Fettsäuren Formiat (C1:0), Acetat (C2:0), Propionat (C3:0), Butyrat (C4:0), Valerat (C5:0) und deren Isoformen. Zusammen mit anderen organischen Säuren, wie Lactat und Succinat, säuern sie das Colon-Milieu an und erhöhen die Viskosität des Faeces. Butyrat ist ebenso wie Glutamat eine wichtige Energiequelle für Enterozyten und wird als verstärkender Faktor der Darmbarriere gesehen. Propionat steigert die Durchblutung und die Mobilität des Darms und wird energieliefernd, ebenso wie Acetat, über das portale Blutgefäßsystem des Darms zur Leber transportiert und fließt in die Lipo- und Gluconeogenese ein. Die Ausprägung des Portfolios an kurzkettigen Fettsäuren ist abhängig von der jeweils etablierten Spezieszusammensetzung des Darm-Mikrobioms.

❯ Ein hoch diversifiziertes Mikrobiom ist essenzielle Funktionsgrundlage der immunologischen Darmbarriere.

Mikroorganismen wirken immer modulierend auf die Aktivität des Immunsystems. Sie exprimieren phylogenetisch oft konservierte, molekulare Strukturmuster und Nukleotidpolymere, welche als PAMPs von Epithelzellen, wie beispielsweise den Enterozyten, sowie verschiedenen Immunzellen mit Lektinrezeptoren, wie Dectin und *macrophage inducible Ca²⁺-dependent lectin receptors* (Mincle), sowie *nuceotide-binding oligomerization domain-like receptors* (NLRs), *toll-like receptors* (TLRs), *retinoic acid inducible gene 1-like receptors* (RLRs), extrazellulär als Membranrezeptoren oder intrazellulär als endosomale Rezeptoren erkannt werden (❑ Abb. 2.2).

All diese PRRs lösen die Sekretion von Interleukinen und anderen Signalstoffen aus und stimulieren in erster Instanz das angeborene Immunsystem. Insgesamt sind 10 verschiedene TLRs beim Menschen bekannt. Die Bindungsdomänen der TLRs sind leucinreiche repetitive Aminosäuresequenzen. Die genaue Bindungskonstellation ist jedoch noch unbekannt. Sie erkennen bakterielle Zellwandbestandteile, wie Peptidoglykane, LPS, Lipoarabinomannane als auch Zell-

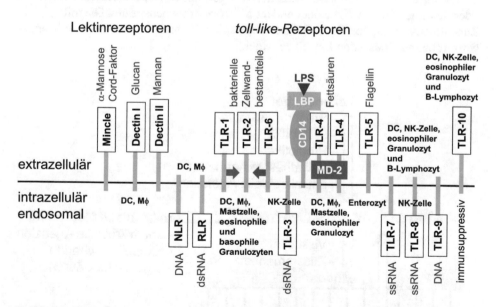

❑ **Abb. 2.2** Rezeptoren zur Erkennung pathogenassoziierter molekularer Muster: Mikrobielle molekulare Strukturmuster und Nukleotidpolymere werden von verschiedenen Lektin- und *toll-like*-Rezeptoren von Epithel- und Immunzellen erkannt. dsRNA: *double strand* RNA (viral), LBP: *lipoprotein binding protein*, Mincle-Rezeptor: *macrophage inducible Ca²⁺-dependent lectin receptor*, ssRNA: *single strand* RNA, NLR: *NOD-like receptor*, RLR: *RIC-like receptor*, TLR: *toll-like receptor*

2

wandbestandteile von Pilzen und Hefen wie Mannane und Glucane, sowie Hefe-enzyme, wie das Zymosan, als auch RNA und DNA. Enterozyten beispielsweise tragen extrazellulär den TLR-5, welcher Proteinbausteine der bakteriellen Flagellen kennt, das von Makrophagen exprimierte Dectin I erkennt pilzliche Glucane. Eine stete immunologische Einschätzung der mikrobiellen Besiedlung des Intestinums ist so gewährleistet. Diätetische Oligosaccharide und Polynukleotide sowie lebensmittelassoziierte Bakterien und Hefen können durch PAMPs-ähnliche Strukturen über diese Rezeptoren ebenfalls stimulierend auf die Immunbarriere des Darms wirken.

? Welche Umweltfaktoren beeinflussen die mikrobiologische Barriere des Darms?

Das Darm-Mikrobiom wird durch verschiedene Faktoren beeinflusst (■ Abb. 2.3). Der Immunstatus der Darmbarriere, die Mucusqualität des Darmepithels, mikro-bielle Metabolite, wie organische Säuren, mikrobielle AMPs und Exopoly-saccharide sowie der Ernährungsstatus, lebensmittelassoziierte antimikrobiell wir-kende Komponenten und Prä- und Probiotika modifizieren die Organismen-zusammensetzung des Darm-Mikrobioms. Letztendlich wirken alle Lebens- und Genussmittel sowie Medikamentationen in irgendeiner Weise wachstumsfördernd oder -hemmend auf die eine oder andere Mikroorganismenspezies. Die mikrobielle Zusammensetzung des Darm-Mikrobioms spiegelt somit immer die Ernährungs-gewohnheiten eines jeden Einzelnen wider.

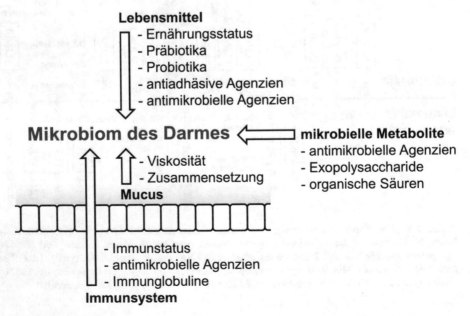

Lebensmittel
 - Ernährungsstatus
 - Präbiotika
 - Probiotika
 - antiadhäsive Agenzien
 - antimikrobielle Agenzien

Mikrobiom des Darmes ⇐ **mikrobielle Metabolite**
 - antimikrobielle Agenzien
 - Exopolysaccharide
 - organische Säuren

 - Viskosität
 - Zusammensetzung
Mucus

 - Immunstatus
 - antimikrobielle Agenzien
 - Immunglobuline
Immunsystem

■ **Abb. 2.3** Einflussfaktoren auf das Mikrobiom des Darms: Der Immunstatus der Darmbarriere, die Mucusqualität des Darmepithels, mikrobielle Metabolite und Lebensmittelbestandteile modi-fizieren die Organismenzusammensetzung des Darm-Mikrobioms

2.2.2 Einfluss antimikrobieller Agenzien auf die mikrobielle Besiedlung des Darms

Bakterizide, bakteriostatische und fungizide Stoffe beeinflussen direkt die Mikroorganismenzusammensetzung im Lumen des Intestinums, unabhängig davon, ob sie von Enterozyten freigesetzt werden, aus immunologischen Reaktionen resultieren oder aus der Nahrung kommen. All diesen Molekülen ist gemein, dass sie Mikroorganismen opsonisieren können, zelllytisch wirken oder den mikrobiellen Stoffwechsel stören können.

? Welche antimikrobiell wirkenden Stoffe werden vom Darmepithel selbst gebildet?

Defensine sind antibakteriell wirkende, kationisch-hydrophobe Peptide, welche mit negativ geladenen Phospholipiden der bakteriellen, cholesterolfreien Zellmembran interagieren und durch unspezifische Porenbildung insbesondere Gram-positive Bakterien lysieren können. Gram-negative Bakterien scheinen hiervor durch Ihre äußere LPS-Hüllstruktur besser geschützt zu sein als Gram-positive. Defensine werden in α-, β- und θ-Klassen eingeteilt. Paneth-Körnerzellen liegen vorwiegend am Grund der oberflächenvergrößernden Krypten des Ileums und Jejunums vor. Sie sezernieren die α-Defensine 5 und 6 luminal in den Darmraum. Für α-Defensine sind neben der antibakteriellen Wirkung auch Abwehreffekte gegenüber Viren, Hefen und Pilzen, Parasiten und Protozoen bekannt. Interessanterweise wird diese Defensinexpression von mikrobiellen Signalen des Darmlumens mit gesteuert, welche über NLRs und TLRs registriert werden und zu einer abgestimmten Peptidsekretion im Sinne einer Besiedlungskontrolle des Intestinums durch Drüsenzellen führen. Ist dieser Regulationskreis gestört, können daraus chronische Darmentzündungen wie Morbus Crohn begünstigt werden. Daneben bilden diese Drüsenzellen Lysozym als bakterielle zellwandaufbrechende Glykosidase, zellmembranenauflösende sekretorische Phospholipase A2 und das eisenbindende Lactoferrin, welches zudem proteolytisch in das bakterizide Lactoferricin und weiter in das kleinere Kaliocin umgewandelt werden kann. Diese Wirkstoffe sind auch in Milch und Ei prominent vorhanden. Das Transferrin des Eiklars wird als Ovotransferrin bezeichnet. Lactoferrin findet als bakterizides Agens bereits in Halsschmerztabletten, in desinfizierenden Lösungen und Zahnpasta Anwendung.

> Cathelecidine, Defensine, Lysozym und Transferrine sind antimikrobielle Proteinstrukturen des Darmepithels, die auch in Milch und Ei enthalten sind.

Weitere antibakterielle Peptide des Darmepithels sowohl im Intestinum tenue als auch im Colon sind zellmembrandisruptive β-Defensine, mit einer Vielzahl von Subtypen, und Cathelecidine, die breit gegen Bakterien, Viren, Pilze und Protozoen wirken. Wie alle zellmembranaktiven Peptide enthalten auch sie kationische sowie hydrophile als auch hydrophobe Aminosäurereste, welche eine mehr oder weniger spezifische Anheftung und Perforation mikrobieller Zellmembranen und Lyse der Organismen ermöglichen. Es gibt verschiedene, gültige Modelle zum Wirkmechanismus dieser zellmembranaktiven Peptide. Das sogenannte Toridal-

Wirkmodell beschreibt eine kationisch-hydrophobe Anbindung der Peptide an die Phospholipiddoppelschicht prokaryotischer Zellmembranen mit anschließendem Einsinken, Porenbildung und Penetration derselben. Das Carpet-Modell beschreibt dagegen eine eher unspezifische Destabilisierung der Membranstruktur durch peptidbedingtes Aufreißen der Phospholipiddoppelschicht.

Ein weiteres antibakteriell wirkendes Peptid ist das C-Typ-Lektin Reg IIIα, welches hochspezifisch an die Peptidoglykanstruktur von Zellwänden Gram-positiver Bakterien bindet. Diese Interaktion wird vorwiegend durch ein Glu-Pro-Asn-Bindungsmotiv des Reg IIIα und exponierten, langkettigen Kohlenhydratpolymeren der bakteriellen Zellwandoberfläche vermittelt. Anschließend wird eine die Zellmembran penetrierende hexamere Proteinpore gebildet, die durch elektrostatische Wechselwirkungen zwischen dem kationischen Reg IIIα und den anionischen Phospholipiden der Zellmembran stabilisiert wird.

Defensine, Cathelecidine, aber auch andere antimikrobielle Peptide haben aktivierenden Signalcharakter für Abwehrelemente des angeborenen Immunsystems, wie zum Beispiel für das Komplementsystem. Der Aktivierungsstatus des mucosalen Immunsystems ist also direkt mit der mikrobiologischen Besiedlungssituation im Darmlumen gekoppelt. Dies ist insofern relevant, da relevante Änderungen der Mikrobiom-Zusammensetzung im Darm durch antimikrobelle Abwehrreaktionen des Immunsystems, wie der Ausschüttung von APPs und der Bildung von Immunglobulinen, direkt zurückgespiegelt werden.

❓ Welchen Einfluss haben antimikrobiell wirkende Substanzen von lebensmittel-assoziierten Milchsäurebakterien auf das Darm-Mikrobiom?

Auch biozide Stoffe von Fermentationsstarterbakterien milchsaurer Lebensmittel können die Zusammensetzung des Darm-Mikrobioms aktiv beeinflussen (◘ Abb. 2.3). Verschiedene lebensmittelassoziierte Milchsäurebakterien bilden sogenannte Lanthibiotika, eine heterogene AMP-Gruppe, welche durch die besondere Aminosäure Lanthion (zwei Alanine sind durch ein Schwefelatom symmetrisch miteinander verknüpft) charakterisiert sind. Ist die Mikroorganismendichte in der Umgebung dieser Bakterien hoch, löst ein dadurch bedingter, steigender CO_2-Partialdruck im Milieu die Synthese der bakteriziden Peptide aus. Mögliche mikrobielle Nahrungskonkurrenz soll hierdurch im Wachstum unterdrückt werden. Der Sauerkrautstarter *Lactobacillus plantarum* beispielsweise sezerniert Lactolin, der Joghurtstarter *L. bulgaricus* bildet Bulgarican, *L. acidophilus*, Acidolin, Aciophilin, Bacterlocin und Lactocidin. *L. reuteri* bildet das antibakterielle Peptid Reuterin, und *Lactococcus lactis* ist berühmt für die Nisin-Bildung, da es unter anderem in der Hartkäsezubereitung unter der europäischen Zulassungsnummer E234 als produktkonservierender Oberflächenschutz eingesetzt wird. Neben den ionischen Bindungseigenschaften zu prokaryotischen Zellmembranen scheint dieses Peptid eine spezifische Bindungsaffinität zum LPS-Membranlipidanker Lipid-A zu besitzen, was die hohe Wirkeffektivität gegenüber Gram-negativen Bakterien erklärt. Bifidobakterien sezernieren auch antifungale Wirkstoffe, die jedoch weniger relevant für die Organismenzusammensetzung des Darm-Mikrobioms sind.

> In allen Lebensmitteln finden sich zahlreiche mikrobiommodifizierende Komponenten. Sie werden oft erst durch den Verdauungsprozess aus der Lebensmittelmatrix freigesetzt. Die mikrobielle Zusammensetzung des Darm-Mikrobioms ist immer mit den Ernährungsgewohnheiten jeden Einzelnen verbunden.

Durch proteolytischen Verdau verschiedener Proteinmatrices innerhalb des körpereigenen Verdauungsprozesses, beispielsweise von Ei, Fleisch, Fisch, Milch oder Soja, durch die gastrische Serin-Protease Pepsin oder durch die pankreatischen Endopeptidasen Trypsin oder Chymotrypsin können defensinanaloge AMPs entstehen. Wirkungsentscheidend sind auch hier die Molekülgröße, die Hydrophobizität und der Anteil an polaren Aminosäureresten des Peptids. Pepsin schneidet in der Aminosäuresequenz direkt hinter der Aminosäure Phenylalanin die Peptidkette und Chymotrypsin hinter Phenylalanin, Tyrosin oder Tryptophan. Somit entstehen durch den Verdau beider Enzyme immer Peptidfragmente mit endständigen aromatischen Aminosäureresten. Durch Trypsinverdau entstehen hingegen anionisch oder kationisch geladene Aminosäurereste durch Peptidschnitte nach Arginin oder Lysin. Beide Peptidcharakteristika sind essenziell für die antimikrobielle Funktion, da sie sowohl Wechselwirkungen zu Zellmembranen als auch antagonistisch blockierende Bindungen zu metabolisch wichtigen Enzymen vermitteln können. Im technologisch übertragenen Sinne können so auch alternative Konservierungs- und Schutzstoffe für Lebensmittel dargestellt werden, zum Beispiel durch eine proteolytische Umsetzung in Bioreaktoren von Proteinmatrizes aus Soja- oder Lupinenbohnen zu funktionalen Peptiden. Durch den Einsatz produktnaher Konservierungspeptide, beispielsweise aus Fischabfällen oder Beifang zur Fischproduktkonservierung, kann eine größere Verbraucherakzeptanz im Vergleich zu klassischen Produktschutzkonzeptionen erreicht werden.

? Welche weiteren antimikrobiell wirkenden Substanzen kommen neben den Proteinstrukturen noch in Lebensmitteln vor?

Nutzpflanzen bieten eine Vielzahl polyphenolischer antimikrobieller Wirkstoffe, wie die Flavonoide Xanthohumol des Hopfens (*Humulus lupulus*) und Aspalathin des Grünen Rooibos (*Aspalathus linearis*) oder auch Catechine aus Grüntee (*Camellia sinensis*) und Granatapfel (*Punica granatum*) sowie ätherische Öle, wie das Terpen Chamzulen aus der echten Kamille (*Matricaria chamomilla*), die Sequiterpenoide β-Eudesmol und Zingiberen aus der Ingwerwurzel (*Zingiber-officinalis* Rhizom) oder auch zellmembranaktive Alkaloide, wie das Piperin des echten schwarzen Pfeffers (*Piper nigrum*). All diese Stoffe stören als chaotrope Verbindungen die Strukturordnung von Biomembranen und nehmen Einfluss auf mikrobielle Stoffwechselleistungen, indem sie verschiedene Enzyme inhibieren. Neben den phenolischen Verbindungen zeigen auch schwefelhaltige Carbonsäuren, wie die Asparaginsäure des Gemüsespargels (*Asparagus officinalis*), antibakterielle Wirkungen. Auch die Carbonsäuren des Honigs, wie Ascorbin-, Acetyl- und Formylsäure sowie die Zuckersäuren Glucon-, Malto- und Lactobionsäure, wirken relevant antibakteriell. Überhaupt ist Honig das Paradebeispiel eines antimikrobiellen Lebensmittels. Die als Inhibine bezeichneten Hydroxybenzoate und Flavonoide schützen den Bienen-

2

zuckersaft vor mikrobiellem Verderb. Auch das „Propolis" genannte Bienenkittharz zeigt antibakterielle und antivirale Effekte, die sich neben verschiedenen ätherischen Ölen und Flavonoiden auch auf die biozide Wirkung von Phenolcarbonsäuren, die sich auch im Kaffee befinden, zurückführen lassen. Daher wird auch im Kaffee ein darm-mikrobiommodifizierendes Potenzial, unabhängig davon, ob es sich um *Coffea arabica* oder *Coffea canephora* syn. *Coffea robusta* handelt, gesehen. Dieser Effekt wird weniger dem psychoaktivem Xanthin-Alkaloid Coffein, sondern auch hier den Phenolcarbonsäuren, wie der Chlorogen-, Ferula-, Gallus- und Kaffeesäure, Catechinen sowie dem Vanillin zugeschrieben. ◘ Tab. 2.1 gibt hierzu verschiedene antimikrobiell wirkende Lebensmittelkomponenten an.

◘ **Tab. 2.1** Antimikrobiell wirkende Lebensmittelkomponenten

Stoffklasse	Wirkstoff	Herkunft
Alkaloid	Piperin	Pfefferpflanze (*Piper nigrum*)
Diallyl-Disulfid	Allicin (Alliin)	Lauchpflanze (*Allium sp.*)
Peptide: – ionische Peptide – Eisen-chelate	Defensine Cathelecidine Lactoferricin/Kaliocin (aus Lactoferrin) Lanthibiotica chaotrope Peptide Lactoferrin/Ovotransferrin	Milch und Ei Milchsäurebakterien proteolytisch freigesetzte Peptide pflanzlicher und tierischer Proteinmatrices Milch und Ei
Lektine	Concanacalin A Jacalin	Jackbaumfrucht (*Artocarpus heterophyllus*) Jackbohne (*Canavalia ensiformis*)
Polyphenole: – Anthocyane – Benzoe-säuren – Cathechin – Flavonol – Phenyl-propanoide	Cyanidin Ellagsäure Gallussäure Epigallocatechin-Gallat Aspalatin Myricetin Quercentin Xanthohumol Zimtaldehyd Eugenol Safrol	Apfelbeere (*Aronia sp.*) Erdbeere (*Fragaria sp.*), Granatapfel (*Punica granatum*), Himbeere (*Rubus idaeus*), Johannisbeeren (*Ribes sp.*) Schwarz- und Grüntee (*Camellia sinensis*) Rhooibos (*Aspalathus linearis*) Beeren, Nüsse, Trauben Apfel, Brokkoli, Zwiebel Hopfen (*Humulus lupulus*) Zimt (*Cinnamomum ceylanicum*) Gewürznelke (*Syzygium aromaticum*) Sassafrasbaum (*Sassafras albidum*) Blattpfeffer (*Piper auritum*)
Tannine	Ellagitannin Tannin/Gallotannin	Erdbeere, Himbeere, Rosengewächse, *Roseae* Schwarz- und Grüntee, Hopfen
Saponine	Glyccyrrhizin Solanin	Echtes Süßholz (*Glycyrrhiza glabra*) Kartoffel, Tomate und andere Nachtschattengewächse (Solanaceae)
Terpene	Camzullen Carvacrol, Thymol	Kamille (*Matricaria chamomilla*) Thymian (Quendel, *Thymus sp.*)

Eine weitere interessante Substanz ist das schwefelhaltige Allicin der Lauch-gewächse, wie Knoblauch, Zwiebel (*Allium cepa*) oder Bärlauch (*Allium ursinum*). Allicin wird enzymatisch in der Pflanze, ausgehend vom Diallyl-Disulfid Alliin, zu Allicin oxidiert. Allicin inhibiert grundsätzlich Enzyme mit Thiolgruppen im akti-ven Zentrum durch die schnelle Reaktion des allicineigenen Thiosufinats mit Thi-olgruppen verschiedener Enzyme, wie zum Beispiel verschiedenen Cystein-Proteinasen und Alkohol-Dehydrogenasen. Auch das für den Energiestoffwechsel wichtige Acetyl-CoA-bildende System sowie Enzyme des Nukleinsäure- sowie Fettsäurestoffwechsels werden blockiert.

Bei der Besiedlung von Mikroorganismen sind oft mikrobielle Schutzstrukturen, wie Schleimschichten, Verkapselungen Oligosaccharidschichten von Bakterien, beispielsweise aus Hyaluronpolymeren, und die Bildung von komplex zusammen-gesetzten Biofilmen für die antimikrobielle Wirkung von Lebensmittelkomponenten relevant. Die schwefelhaltigen Senföl-Glykosinolate (Glucose-β-thioglykoside) der Kohlgewächse, die dem Meerrettich (*Armoracia rusticana*) und Senf (*Brassica nigra*) den scharf-bitteren Geschmack verleihen, können diese bakteriellen Schleim-barrieren sehr gut durchdringen und antibiotisch wirken. Entsprechende Pflanzen-extrakte werden für die Behandlung bei Harnwegsinfektionen bereits erfolgreich eingesetzt.

Auch pflanzliche Lektine sind eine spannende Wirkstoffgruppe, welche die Zu-sammensetzung des Darm-Mikrobioms beeinflussen. Diese Glykoproteine können Kohlenhydratstrukturen mikrobieller Zelloberflächen binden, meistens fucose-, galactose-, mannose- oder sialinsäure-tragende Strukturen, und agglutinieren so Zellen. Zudem können Sie unter anderem die Proteinbiosynthese an den Ribo-somen blockieren und die Zellteilung hemmen. Pflanzliche Lektine nehmen auch Einfluss auf Immunreaktionen, wie die Aktivierung des Komplementsystems. Das Concanavalin A der Jackbohne (s. auch ▶ Abschn. 3.1.2), ein glucoseaffines Lek-tin, hemmt beispielsweise die Komplementaktivierung, während das Jacalin der Jackbaumfrucht, ein galactosespezifisches Lektin komplementinitiierend wirkt (s. auch ▶ Abschn. 3.1.2). Damit sind über die eigentliche antimikrobielle Wirkung hinaus modulierende Effekte angeborener Immunabwehrreaktionen gegeben.

2.2.3 Ernährungsfaktoren zur Beeinflussung der Mucusqualität und -funktion

Die Becherzellen des Darmepithels sezernieren einen schützenden Mucusschleim, welcher aus hochglykosylierten Mucin-Proteinen besteht. Die Qualität des Mucus ist ein weiterer wichtiger Faktor für die mikrobielle Besiedlung des Dünn- und Dickdarms. Der Wassergehalt, die Viskosität und die Kohlenhydratzusammen-setzung begünstigen oder hemmen mikrobielles Wachstum. Die Glykosylierungs-muster der Mucus-Glykoproteine sind abhängig vom individuellen Glykosyltrans-ferase-Profil und somit genetisch festgelegt.

❓ Wie können Lebensmittelkomponenten die Mucusqualität beeinflussen?

Alle Komponenten, die für eine hochaktive Zellproliferation essenziell sind, müssen als relevant beeinflussende Ernährungsfaktoren für die Mucusqualität in Betracht gezogen werden. Nutritive Unterversorgung, wie der Protein-Energie-Mangel (PEM) sowie Vitamin- und Mineralstoffmangel führen zu einer verlangsamten Zellbarriere- und Mucusausbildung. Insbesondere die essenziell im Proteinstoffwechsel beteiligte Vitamin-A-Gruppe mit Retinol, Retinal, Retinsäure und Retinylpalmitat sowie Zink und Glutamat werden als limitierende Stoffwechselfaktoren der Zellproliferation diskutiert (s. auch ▶ Abschn. 5.1.2). Auch Biotin (Vitamin B$_7$ oder H) als prosthetische Gruppe von verschiedenen Carboxyl-Transferase-Schlüsselenzymen des Energiestoffwechsels steht in diesem Zusammenhang zur Disposition. Obwohl die Gefahr einer Unterversorgung mit Vitaminen der B-Gruppe bei einer ausgewogenen Ernährung praktisch nicht besteht, ist eine Biotinsupplementation in Zusammenhang mit Bezug auf die Schleimhautgesundheit bereits vielfach kommerziell umgesetzt worden. Akute und chronische Entzündungsereignisse schädigen die Schleimhaut und reduzieren deren Schutzfunktion im Intestinum. Chronische Darmentzündungen, wie Morbus Crohn oder Colitis ulcerosa, sind hierdurch ursächlich oft mitbegründet.

❯ Eine Beeinträchtigung der enterozytären Mucusqualität und der Schleimhautfunktion sind oft Ursache chronischer Darmentzündungen.

Die Mucusschicht ist der erste Kontaktpunkt von Mikroorgansimen im Darmlumen an das Darmepithel. Die Adhäsion von Bakterien an diese Matrix erfolgt über ionische, polar-hydrophile und unpolar-hydrophobe molekulare Wechselwirkungen, vermittelt durch Adhäsine, die an fadenförmigen Zellfortsätzen der Bakterienzelloberfläche, sogenannten Fimbrien oder Pili, assoziiert sind. Diese spezifische Bindungsschleifen enthaltenden Proteinstrukturen können an verschiedene Protein- und Zuckerstrukturen anbinden, wie Collagen, Fibronectin, Glykosaminoglykane und endständige D-Mannose- sowie verschiedene *N*-Acetylneuraminsäurekonjugate. Die Mucusschicht des Darms enthält verschiedene strukturgebende Schleimstoffe, sogenannte Mucine. Das Mucin-Glykoprotein des Menschen enthält L-Fucose, D-Galactose, *N*-Acetylglucosamin, *N*-Acetylgalactosamin und *N*-Acetylneuraminsäure, die sich meistens in der Endposition der Kohlenhydratkette von Glykoproteinen des Mucus befinden und dem Molekül zusammen mit Sulfatestern eine negative Ladung geben. Die Carboxylgruppe und die fünffache Hydroxylierung der *N*-Acetylneuraminsäure, welche oft auch nach dem Stoffgruppenoberbegriff „Sialinsäure" benannt ist, machen diese Aminozuckersäure zu einem bedeutenden Molekül zur Mikroorganismenanbindung an die Mucusoberfläche. Bakterien, mikrobielle Toxine und Viren nutzen insbesondere endständige α2-3-glykosidisch mit Galactose verknüpfte *N*-Acetylneuraminsäure zur Adhäsion an die Wirtszelle.

▢ Tab. 2.2 Antiadhäsive Lebensmittelkomponenten

Stoffklasse	Wirkung gegen	Herkunft
Gal(α1-4)Gal-Glykoproteine	Bakterien	Eiklar
Mannose	Bakterien (insbesondere Enterobakterien)	
NeuAc(α2-3)Gal(β1-4)Glc (Sialyl-3'-Lactose)	Bakterien, Viren	Milch (Buttermilch)
NeuAc(α2-3)GalNAc(β1-4)Glc		
NeuAc(α2-3)Gal(β1-4) (2-3)GalNAc(β1-4) Glc		
Polyphenole	Bakterien	Grüntee (*Camellia sinensis*) Hopfen (*Humulus lupulus*)
sulfatierte Polysaccharide		Seetang (*Gloipeltis furcata*) *Gigartina teldi*
Speicher-Glykoproteine		Hülsenfrüchte (Leguminosen)
Tannine (Polyhydroxyphenole, Gerbstoffe)		Avocado (*Persea americana*) Rosengewächse

❓ Gibt es Lebensmittelkomponenten, die die Anbindung von Mikroorgansimen an das Darmepithel verändern?

Die zellulären Bindungen von Bakterien und Hefen können durch eine Vielzahl antiadhäsiver Komponenten aus Lebensmitteln beeinflusst werden (▢ Tab. 2.2). In Humanmilch befinden sich beispielsweise verschiedene antiadhäsiv wirkende Casein-Glykopeptide, fucosylierte sowie sialylierte Saccharide und Glykoproteine. Auch das Eiklar zeigt mikrobiell-antiadhäsive Eigenschaften durch Sialyloligosaccharide. Die molekulare Abdeckung der spezifischen Bindungsstrukturen der Darmeptihelbarriere kann die mikrobielle Besiedlung der Schleimhaut verändern. Auch das Eindringen von Viren und Toxinen durch die Zellbarriere des Darms wird so gehemmt. Ein anderes, die Zellanbindungen hemmendes Lebensmittel ist die Karotte (*Daucus carota* subsp. *sativus*). In der Kinderheilkunde werden neben Apfel- und Citruspektin traditionell gekochte Karotten mit hohen Gehalten an Oligo-Galacturonsäuren mit ebenfalls antiadhäsiven Eigenschaften gegen Diarrhö verabreicht.

2.3 Einfluss von Prä- und Probiotika auf die Immunbarriere des Darms

Die Immunfunktion der Darmbarriere setzt sich aus dem zellulären Abschlussgewebe, der Mucusqualität, dem allgemeinen Immunstatus und der mikrobiellen Besiedlung des Darms zusammen. All diese sich gegenseitig bedingenden Barriereelemente werden von verschiedenen diätetischen Faktoren beeinflusst. Eine Vielzahl von Oligosacchariden mit meist verdauungsresistenten β-glykosidischen Bindungen oder verzweigten Strukturen sowie Bakterien, oft Säurestarter von Milchprodukten, werden in Lebensmitteln eingesetzt, um die Funktion der intestinalen Darmbarriere zu unterstützen (◘ Abb. 2.4).

Sowohl Prä- als auch Probiotika zeigen ein immunstimulatorisches Potenzial. PAMPs-artige präbiotische Oligosaccharidmolekülstrukturen und PAMPs-analoge Strukturen probiotischer Mikroorgansimen werden von PRRs erkannt und wirken immunstimulierend auf das darmassoziierte Abwehrsystem. Beispielsweise erhöhen verschiedene probiotische Bakterienspezies dadurch die Zellaktivität von Immunzellen des angeborenen Immunsystems wie Mφs und NK-Zellen. Zudem säuern sie durch die Bildung organischer Säuren das Mikromilieu des Colons an und unterstützen die Erneuerung und Reparatur der Epithelzellschicht der dortigen Darmbarriere. Ein weiterer Aspekt ist das proteolytische Potenzial pro-

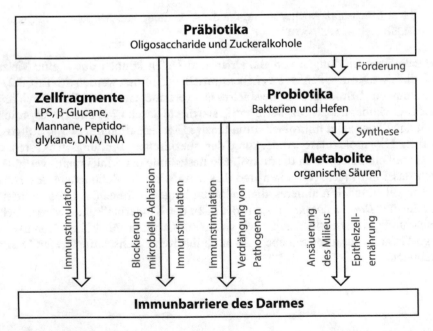

◘ **Abb. 2.4** Wirkung von Prä- und Probiotika auf die Darmbarriere: Präbiotisch wirkende Oligosaccharide und Zuckeralkohole, probiotische Bakterien und deren Metabolite sowie assoziierte bakterielle Fragmente beeinflussen die Immunfunktion der Darmbarriere. DNA: *desoxyribonucleic acid*, LPS: Lipopolysaccharide

2.3 · Einfluss von Prä- und Probiotika auf die Immunbarriere...

59

2

biotischer Mikroorganismen, welches Toxine, Allergene und andere immunogene Proteinstrukturen im Darmlumen abbaut.

Prä- und Probiotika

Diätetisch sollen präbiotische Kohlenhydratstrukturen zuallererst das Wachstum von physiologisch vorteilhaften Mikroorganismen im Intestinaltrakt fördern. Andererseits können diese Stoffe auch Adhäsionsbereiche für Pathogene, insbesondere im Intestinum tenue, blockieren und so vor Infektionen schützen.

Probiotische Bakterien und Hefen sind nichtpathogene, oft lebensmittelassoziierte Mikroorgansimen. Durch Ihr Wachstum können sie pathogene Mikroorganismen kompetitiv im Darm verdrängen. Ihre gebildeten organischen Säuren säuern zum einen den Faeces im Darmlumen an und verringern dadurch die Etablierung und das Wachstum pathogener Keime, zum anderen stärken sie die Darmbarrierefunktion.

Probiotika, die in der Lebensmittelbranche ein gut etablierter Bestandteil des Produktmarktes sind, erfahren auch in der Kosmetik eine zunehmend stärkere Gewichtung für die Hautgesundheit. Ausgehend vom US-amerikanischen *National Institute of Health* untersucht das international angelegte *Human-Microbiome-Project* die mikrobielle Besiedlung der einzelnen Ökotope des gesamten menschlichen Körpers und befeuert die Weiterentwicklung im kosmetischen und pharmazeutischen Anwendungsbereich mit neuen Erkenntnissen über die Aufgaben der cuticulären, kommensalen Mikroorgansimen innerhalb der Immunbarriere der Haut und der Mundschleimhaut.

2.3.1 Präbiotika

In Lebensmitteln gibt es viele natürlich vorkommende Präbiotika, die auch als Ballaststoffe oder Fiber bezeichnet werden. Generell können Präbiotika durch ihre β-glykosidische Bindung, ihre bisweilen einzigartige Zuckerzusammensetzung sowie durch ihre oft hoch derivatisierten und verzweigten Polymerstrukturen vom Menschen nicht direkt metabolisiert werden. Im Colon dienen sie Mikroorganismen als Kohlenstoffquelle. Die Strukturkomplexität und Polymerlänge der Präbiotika bestimmen, welche Mikroorganismengruppe besonders im Wachstum unterstützt wird. Muttermilch zum Beispiel beinhaltet zwei grundsätzliche Arten präbiotischer Oligosaccharide: neutrale und saure. Beiden liegt eine polymere Basisstruktur aus β1-3/4-glykosidisch mit *N*-Acetylglucosamin verknüpfter Galactose zugrunde. Bei den Neutralzuckern ist diese Basis mit α1-2/3/4-glykosidisch gebundenen Fucosen dekoriert, bei den sauren Zuckern sind Sialinsäuren α2-3/6-glykosidisch an die Basis gebunden. Beide Oligosaccharidformen fördern ein *Bifidobacterium*-dominiertes Darm-Mikrobiom. Saure Oligosaccharide sind hoch bindungsaffin gegenüber mikrobiellen Rezeptorstrukturen, können die Anbindung von Pathogenen an das Darmepithel unterdrücken und unterstützen so die Mucusfunktion.

2   **❯** Milch-Oligosaccharide stellen eine Urform aller präbiotisch wirksamen Kohlenhydratstrukturen dar.

In Lebensmitteln werden vorwiegend Fructane, Galactane, Glucane und N-Glucane als Präbiotika eingesetzt (◻ Tab. 2.3). Insbesondere das Fructan Inulin, oft gewonnen aus Chicorée (*Cichorium intybus var. foliosum*) oder Topinambur (*Helianthus tuberosus*) wird von vielen Lebensmittelherstellern als präbiotische Rohstoffkomponente genutzt. Auch Zuckeralkohole zeigen vorteilhafte präbiotische Eigenschaften. Obwohl wachstumsfördernde Effekte dieser Stoffklasse für Milchsäurebakterien im Intestinum und die damit verbundene Ansäurerung des Faeces und Verdrängung von pathogenen Bakterien, insbesondere *Clostridium perfringens*, gut bekannt sind, werden Mannitol und andere Zuckeralkohole als präbiotische Komponenten wenig genutzt. Vielleicht ist der Grund hierfür darin zu sehen, dass sie traditionell eher als Zuckerersatzstoffe gesehen werden.

❓ Wie werden Präbiotika von Immunzellen strukturell erkannt?

Neben ihrem Einfluss auf das intestinale Mikrobiom, sind auch direkt stimulierende Interaktionen von Präbiotika mit PRRs von Immun- und Epithelzellen der Darmbarriere interessant. Es ist anzunehmen, dass TLR-1, -2 und -6 sowie Dectine präbiotische, PAMPs-ähnliche Oligosaccharidstrukturen erkennen können. B-Glucane beispielsweise werden von M-Zellen durch Dectin-1, CXCR-3, Scarvenger-Rezeptoren sowie TLR-2, und -6 erkannt. Für Humanmilk-Oligosaccharide werden in diesem Zusammenhang sowohl TLR-signalunterstützende als auch attenuierende bzw. supprimierende Effekte diskutiert. Interessant ist hierbei insbesondere die LPS-Erkennung durch TLR-4. Normalerweise wird das bakterielle Endotoxin von einem LPS-bindendem Protein erkannt (◻ Abb. 2.3). Dieser LPS-Proteinkomplex bindet dann an CD14, das an TLR-4 anbinden kann. Ein weiterer, MD-2 genannter Faktor führt abschließend zu einer Dimerisierung von zwei TLR-4 und löst so intrazelluläre Signalkaskaden aus, die zu einer Immunstimulation der Zelle führen. Die Humanmilchzuckerkomponente Fucosyllactose beispielsweise verzögert LPS-induzierte TLR-4-abhängige Entzündungsreaktionen. Lacto-N-Fucopentaose und Sialyllactose hingegen verstärken diese Reaktionen. Die Derivatisierung der Zuckerstruktur mit Fucosen oder Neuraminsäure ist funktionsgebend.

Auch von Milchsäurebakterien extrazellulär sezernierte Exopolysaccharide wirken präbiotisch. Sowohl homologe levanartige Fructane als auch heterologe Polysaccharide mit α1-4- und β1-3,4-glykosidisch verknüpfter Glucose, Galactose und Rhamnose, mit zum Teil komplex verzweigten Strukturen, beeinflussen das Wachstum von Bakterien. Konzeptionell werden Präbiotika oft zusammen mit probiotischen Bakterien kombiniert. Auf dem kommerziellen Markt werden diese Applikationen als Syn- oder Symbiotika bezeichnet.

◘ Tab. 2.3 Präbiotische Saccharide und Zuckeralkohole

	Komponente	Struktur	Hersteller
Fructane	Fructo-Oligosaccharide Fibruline/Fructafit/Rafti-line	Inulin-Typ: $[Fru(\beta2\text{-}1)]_n Fru(\beta2\text{-}1\alpha)Glc$ Phlein-Typ: $[Fru(\beta2\text{-}6)]_n Fru(\beta2\text{-}1\alpha)Glc$	Beneo-Orafti (Süd-zucker) Cosucra Group War-coing Imperial Sensus
Galactane	Arabinogalactan/*Gummi arabicum*	$[Gal(\beta1\text{-}3)]_n Gal$ verzweigt mit $[Gal\beta(1\text{-}6)]_{2\text{-}6}$, $Ara(\alpha1\text{-}3)$ und $Fuc(\alpha1\text{-}2)$	
	Arabinoxylan	$[Xyl(\beta1\text{-}4)]_n Xyl$ verzweigt mit $Ara(\alpha2\text{-}3)$	
	Galacto-Oligosaccharide Oligomate	$[Gal(\beta1\text{-}2/3/4/6)]_n Gal/Glc$	Yakult
	Lactosucrose	$[Gal(\beta1\text{-}4)Glc(\alpha1\text{-}2\beta)Fru$	
	Sojabohnen-Oligosaccharide	$[Gal(\alpha1\text{-}6)]_n Glc(\alpha1\text{-}2\beta)Fru$	Calpis
Glucane/N-Glucane	Cellulose, Hemicellullose	$[Glc(\beta1\text{-}4)]_n Glc/Glc(\beta1\text{-}6)$; ver-zweigt	
	Dextran	$Glc(1\text{-}2/3/4/6)]_n Glc$; verzweigt	
	Isomalto-Oligosaccharide	$[Glc(\alpha1\text{-}6)]_n Glc$; verzweigt	Showa Sangyo
	Isomaltulose/Palatinose	$Glc(\alpha1\text{-}6)Fru$	Südzucker
	Pektine	$[GalA(\alpha1\text{-}4)]_n GalA$; graduell methyliert	
	Polydextrose	$[Glc(\alpha1\text{-}4/3/6)]_n Glc$; glyko-sidisch gebunden mit Sorbitol und Zitronensäure	
	Pyrodextrin	$[Glc(\alpha1\text{-}2/6/\beta1\text{-}2/6)]_n Glc$; z. T. mit 1,6-Anhydro-Glc	Matsutani
	resistente Stärke RS 1-4	RS1-2: $[Glc(\alpha1\text{-}4)]_n Glc$; zellu-lär/Matrix gebunden RS3: retrogradierte Stärke RS4: repolymerisierte Stärke	
	Chitin/Chitosan Polyglucosamin	$[GlcNAc(\beta1\text{-}4)]_n GlcNAc$; gra-duell deacetyliert	
Zuckeralkohole: Erythritol, Lactitol, Mannitol, Maltitol, Sorbitol, Xylitol			

2.3.2 Probiotika

Probiotika sind lebende Mikroorganismen, welche sich im Colon etablieren können und einen positiven Effekt auf die Gesundheit bieten. Hierunter zählen insbesondere immunregulierende Eigenschaften, ihr Schutzpotenzial gegenüber Infektionen sowie stabilisierende Effekte der Epithelzellbarriere des Darms. Als Ernährungsbestandteil werden Probiotika meist über milchbasierte Produkte formuliert. Im Rahmen medizinischer Behandlungen werden sie auch in anderen festen oder fluiden Matrices formuliert und oral oder auch rektal appliziert.

? Welche Mikroorganismen werden konkret in Lebensmittel eingesetzt?

Viele probiotische Bakterien sind milchsäurebildende Fermentationsstarter. Im Lebensmittelbereich werden kommerziell verschiedene Spezies der Gattungen *Bifidobacterium*, *Lactobacterium*, *Lactococcus* und *Streptococcus* eingesetzt (◘ Tab. 2.4). Bei Nahrungen für Neugeborene und Kleinkinder wird generell eine *Bifidobacterium*-dominierte Darmbesiedlung durch Prä- oder Probiotika angestrebt. Die Ausprägung des Darm-Mikrobioms ändert sich jedoch im Verlauf des Lebens. Diätetische Supplementationen erfordern daher die Gabe eines erweiterten Spektrums an effektiven, probiotischen Bakterien über die bisher etablierten Mikroorganismen hinaus. Hierzu werden neben vielen anderen insbesondere *Ruminococcus bromii*, *Roseburia intestinalis*, *Eubacterium rectale* und *Faecalibacterium prausnitzii* in Betracht gezogen. Kombinationen verschiedener mikrobieller Spezies verstärken zudem die Effizienz der Supplementation und werden dem funktionalen Organismennetzwerk des Darm-Mikrobioms eher gerecht. Gram-negative Bakterien mit LPS führen zu anderen immunologischen Stimulationsmustern als Gram-positive mit hohem Peptidoglykan- und Teichonsäureanteilen.

Hefen können über Polymannanstrukturen der Zellwände wiederum andere PRRs immunstimulativ ansprechen. Zudem können symbiotische Interaktionen zwischen den Mikroorganismen das Wachstum im Darm verstärken. Das Joghurtstarterbakterium *Streptococcus thermophilus* zum Beispiel fördert durch eine prägnante CO_2-, Formiat- und Lactat-Bildung das Wachstum von anderen Milchsäurebakterien. Diese wiederum setzten durch eine hohe proteolytische Aktivität Aminosäuren als Stickstoffquelle frei. Die proteolytisch eher schwach aktiven Bifidobakterien beispielsweise profitieren von diesem Effekt.

❯ Die Zusammensetzung einer gesunden mikrobiellen Besiedlung des Darms ist im Verlauf des Lebens nicht immer gleich. Diätetische Probiotikasupplementationen müssen der jeweiligen Lebenssituation und dem Alter der Konsumenten entsprechen.

2.3 · Einfluss von Prä- und Probiotika auf die Immunbarriere...

63

2

Tab. 2.4	Probiotika für Lebensmittel	
Gattung	**Spezies/Subspezies/Stamm**	**Hersteller**
Bifidobacterium	*adolescentis* ATCC 15703 und andere	
	animalis subsp. *lactis* BB-12, DN-173010 (Digestivum essensis) HNO019 (Howaru Bifido),	Chr. Hansen Danone Danisco
	breve (Bifiene)	Yakult
	infantis 35624 (Bifantis)	Procter & Gamble
	longum BB536	Morinaga
Lactobacillus	*acidophilus* LA5 NCFM	Chr. Hansen Rhodia
	casei CRL431 DN114-001(Immunitass/Defensis) F19 DSM20312 (Shirota)	Chr. Hansen Danone Arla Foods, Chr. Hansen Yakult
	crispatus LBV88	Chr. Hansen
	delbrueckii subsp. *bulgaricus*	Chr. Hansen
	fermentum	
	helveticus	
	johnsonii La1 (LC1)	Nestlé
	plantarum	
	reuteri ATCC55730 RC-14	BioGaia Biologics Chr. Hansen
	rhamnosus ATCC53013 (Aktifit, Emmifit, Vivifit,) GR-1 GLB21	Valio Chr. Hansen Norrmejerier
Pediococcus	*acidilactici* B-LC-20	Chr. Hansen
Lactococcus	*lactis* L1A	Norrmejerier
Streptococcus	*thermophilus*	Chr. Hansen

In der medizinischen Probiotikaanwendung werden neben Bakterien, wie zum Beispiel *Bacillus cereus* var. Toyoi gegen Diarrhö, auch verschiedene Hefearten eingesetzt (**☐** Tab. 2.5). Bei spezifischen Indikationen, wie bei Atopien oder Autoimmunerkrankungen, werden sogar endoparasitäre Protozoen und Eingeweidewürmer therapeutisch verwendet. Man erhofft sich bei Betroffenen hierdurch eine ausgleichende immunologische Gegenstimulation zur pathologischen Situation.

◘ Tab. 2.5   Probiotika für die medizinische Anwendung

Gattung	Spezies/Subspezies/Stamm	Hersteller
Bacillus	*cereus* var. Toyoi	
Bifidobacterium	*bifidum* MIMBb75 und andere	
Clostridium	*butyricum*	
Enterococcus	*faecalis*	
	faecium (Causido2, Gaio)	Arla Foods
Escherichia	*coli* Nissle 1917	Ardeypharm
Saccharomyces	*cerevisiae*	
	cerevisiae var. *boulardii*	
endoparasitäre Helminthen		
endoparasitäre Protozoen		

❓ Können auch tote probiotische Mikroorganismen immunstimulierend wirken?

Probiotische Mikroorganismen beinhalten eine Vielzahl immunstimulierender Moleküle. Daher sind auch Zellfragmente, wie Proteinstrukturen, Zuckerpolymere und DNA abgetöteter, probiotischer Mikroorganismen immunologisch hochrelevant und werden therapeutisch bei Immunsuppression und anderen Dysregulationen des Immunsystems eingesetzt. Eine PRR-Stimulation durch Probiotikafragmente kann aktivierend wirken und den allgemeinen Immunstatus verbessern. Einen Beitrag zur mikrobiellen Homöostase können tote Bakterien und Zellbestandteile jedoch nicht leisten, da die zelluläre Proliferationskraft und die Stoffwechselleistungen der eigentliche Schlüssel für das multiple Wirkpotenzial von Probiotika zur prophylaktischen Aufrechterhaltung oder therapeutischen Regeneration der Immunbarriere ist.

Die Zukunft moderner Supplementationskonzepte für ein gesundes Darm-Mikrobiom liegt in der Kombination eines breiten Organismenspektrums, kombiniert mit spezifischen präbiotischen Stoffen und antimikrobiellen Lebensmittelkomponenten. Es ist zu erwarten, dass eine solche Wirkdreifaltigkeit neue supplementative Möglichkeiten zur gezielten Behandlung von Darmbarriereerkrankungen eröffnen wird.

2.4 Probiotika als Interventionsmöglichkeit einer chronisch-entzündlichen Darmbarriere

2.4.1 Colitis ulcerosa und Morbus Crohn

Wird die äußere Immunbarriere des Verdauungstraktes geschädigt, können daraus schwerwiegende chronisch-manifeste Entzündungen der Mucosa und der assoziierten Bindegewebe resultieren. Bei negativer Veränderung der Mucusqualität, bei einer Dysbalance der mucosal-mikrobiellen Homöostase und beeinträchtigter Stabilität des Epithels wird die immunologische Toleranz der Barriere gestört und es können unkontrollierte Entzündungen im gesamten Verdauungstrakt entstehen. Ursachen hierfür sind eine genetische Prädisposition und spezifische Lebensumstände der Betroffenen (❒ Abb. 2.5).

❓ Wie unterscheiden sich Colitis ulcerosa und Morbus Crohn in ihrer Pathogenese und Symptomatik?

Lebensumstände
- Ernährungsstatus
- Hygienestatus
- Medikamente
- Drogenmissbrauch
- Stress

Genetische Prädisposition
- Mucusqualität:
  verändertes/fehlendes Fucosyl-Transferase-2-Gen
- Stabilität der Epithelbarriere:
  verändertes/fehlendes CDH-1-Gen: E-Cadherin
  verändertes/fehlendes ECM-1-Gen: *extracellular matrixprotein-1*
- Regulation der mikrobiellen Homöostase:
  veränderte/fehlende NLR-Gene (NOD2/CARD15) und TLR-Gene:
  PRRs zur PAMPs-Erkennung, Induktion der Defensinsekretion

Veränderung des intestinalen Mikrobioms
- verminderte Produktion kurzkettiger Fettsäuren-
- mucosale Dysbiose: Gewebeinfiltration durch pathogene Keime

Dysregulation des Immunsystems
- verändertes intestinales Signalstoffmikromilieu
- Aufhebung der epithelialen Immuntoleranz
- Aktivierung angeborener und adaptiver Immunfunktionen

Schwächung der Darmbarriere
- abnehmende Darmmotilität
- Ausdünnung der Mucusschicht
- Schwächung des enterothelialen Gewebeabschlusses

Chronische Darmentzündung: Colitis ulcerosa/Morbus Crohn

❒ **Abb. 2.5** Ursachen für chronische Darmentzündungen: Genetische Prädispositionen und spezifische Lebensumstände können zu einer Dysbiose des Darmmikrobioms, einer Dysregulation des darmassoziierten Immunsystems und zu einer Schwächung der Darmbarriere führen, die sich in einer chronischen Darmentzündung manifestieren kann. CARD15: *caspase recruitment domain-containing protein*, CDH-1-Gen: E-Cadherin, ECM-1-Gen: *extracellular matrix protein-1*, NOD2: *Nucleotide-binding oligomerization domain-containing protein 2*

2

Generell sind sie die beiden häufigsten destruktiven, chronischen Entzündungserkrankungen des Darms. Bei der Colitis ulcerosa zeigen sich scharf begrenzte inflammatorische Bereiche ausschließlich in der Mucosa und Submucosa des Colons, meist terminal im Colon descendens und sigmoideum und im Rectum. Bei Morbus Crohn kann im Gegensatz dazu die Epithelbarriere des gesamten Mund-Rachen-Raumes, des Magens und des Intestinums mit lokalen Entzündungen belegt sein. Meist jedoch zeigen sich Entzündungssymptome im terminalen Ileum, proximalen Colon und im Rectum. Zudem ist bei Morbus Crohn die gesamte Barrierestruktur mit Mucus, Epithel, Lamina propria mitsamt assoziiertem Bindegewebe segmental diskontinuierlich von Entzündungsereignissen betroffen. Sowohl bei Colitis ulcerosa als auch bei Morbus Crohn sind die Ursachen der chronischen Manifestation der Entzündungsreaktionen des Verdauungstraktes multifaktoriell. Beide zeigen ein verändertes Mikrobiom des Darms sowie eine Störung der Immunfunktion und der epithelialen Immuntoleranz, welches letztendlich zu destruktiven Endzündungsreaktionen führt.

❓ Gibt es neben den Lebensumständen auch ein genetisch vorbestimmtes Risiko, eine chronische Darmentzündung auszbilden?

In bestimmten Chromosomenabschnitten lokalisierte Gen-Cluster können genetische Prädispositionen zur Instabilität der Epithelbarriere, zu einer veränderten Mucusqualität und zu einer Dysregulation der mikrobiellen Homöostase beinhalten, die neben äußeren Faktoren und spezifischen Lebensumständen grundlegend mitverantwortlich für diese Darmerkrankungen sind. Die Viskosität und die Wasserbindungsfähigkeit der Schleimhaut werden unter anderem mit dem Vorkommen endständiger Sialinsäure und Fucoseanteilen innerhalb der Mucin-Glykoprotein-Oligosaccharid-Strukturen bestimmt. Ein defektes oder fehlendes Gen der Fucosyltransferase-2 beispielsweise beeinflusst die Funktionalität der Mucusschichten signifikant. Die Dichtigkeit der Epithelbarriere wird mitunter durch das Zell-Zell-Verbindungselement E-Cadherin (CDH-1-Gen) und durch das extrazelluläre Matrixprotein-1 (ECM-1-Gen) als Teilkomponente der faserigen Interzellularsubstanz zwischen dem epithelialen Darmgewebe und der Basalmembran beeinflusst. Polymorphismen oder Defekte dieser Gene begünstigen die Entstehung von Enterocolitis. Auch die Neigung zu mikrobiellen Fehlbesiedlungen des Mucus, sogenannte Dysbiosen, welche Darmentzündungen begünstigen, kann genetisch prädispositioniert sein. Ursachen hierfür sind oft polymorphe, fehlende oder veränderte NOD2/*caspase recruitment domain containing*-15-, NLR- oder TLR-Gene des Darmepithels und assoziierter Immunzellen. Eine beeinträchtigte Defensinsekretion zum Beispiel verursacht durch fehlende PRR-Immunerkennung der Epithel- und Immunzellen, kann zu einer Dysbiose des Barrieresystems und zu chronischen Entzündungsereignissen führen.

Darüber hinaus gelten Mangel- oder Fehlernährung, Nebenwirkungen von Medikamenten, Drogenmissbrauch und Stress als Risikofaktoren für einen entzündlichen Verdauungstrakt. Menachinon (Vitamin K_2), welches vorwiegend von Darmbakterien produziert wird, ist ein wichtiger Faktor für die Zellproliferation (s. auch ▶ Abschn. 5.1.2). Dysbiosen gehen oft einher mit einem

Mangel an Menachinon (Vitamin K$_2$), was das Wachstum und die Reparatur des Darmepithels limitiert. Fehlbesiedlungen des Darms und eine Schwächung der Darmbarriere und chronische Entzündungssituation im Darm bedingen sich so gegenseitig. Eine Veränderung des intestinalen Mikrobioms bedingt zudem eine Schwächung des Darmepithels durch eingeschränkte Bildung organischer Säuren, bei gleichzeitig erhöhtem Infektionsrisiko durch eine fehlende Wachstumskompetition gegenüber Pathogenen. Letztendlich führt ein durch die Entzündung verändertes proinflammatorisches, intestinales Signalstoffmilieu zu einer Dysregulation des mucosaassoziierten Immunsystems und zur Aufhebung der epithelialen Immuntoleranz. All diese Faktoren münden in eine strukturelle Schädigung der Darmbarriere, mit Ausdünnung der Mucusschicht und Schwächung des epithelialen Gewebeabschlusses, was in unkontrollierte Entzündungsreaktionen des Verdauungstraktes mündet, die sich chronisch manifestieren können.

2.4.2 Probiotika als Interventionsmittel gegen Colitis ulcerosa und Morbus Crohn

Grundsätzlich zeigt sich bei beiden Arten chronischer Darmentzündungen eine veränderte mikrobiologische Besiedlung der Darmmucosa, charakterisiert durch eine Reduktion physiologisch darmansässiger Bakterien der Abteilung Firmicutes, insbesondere der Bakteriengattung *Clostridium* sowie durch eine Reduktion vieler Schutzbakterienspezies der Gattungen *Bacteriodes*, *Eubacterium* und *Lactobacillus*. Gleichzeitig liegen Gram-negative, oft stickstofffixierende Bakterien und pathogene Bakterien der Abteilung Proteobacteria, die zumeist direkt an den Entzündungsreaktionen im Darm beteiligt sind, vermehrt vor.

? Was bewirkt die veränderte mikrobiologische Besiedlung der Darm-Mucosa innerhalb dieser Erkrankungen und wie kann man diätetisch therapieren?

Diese Dysbiose der Darmschleimhaut schwächt die epitheliale Barrierefunktion und ermöglicht das Eindringen pathogener Mikroorganismen in die Mucosa, in das weitere Stützgewebe und in die assoziierten lymphatischen Gefäßsysteme. Als therapeutischer Ansatz wird eine orale oder rektale Gabe probiotischer Bakterien diskutiert, um das mikrobielle Gleichgewicht wiederherzustellen, die inflammatorische Immunsituation aufzulösen und somit die Darmbarriere zu stärken. Die generelle Limitierung von mikrobiellem Wachstum durch Säurebildung und eine damit einhergehende pH-Wert-Erniedrigung des Faeces sowie durch die Sekretion verschiedener antibiotisch wirkender Agenzien durch Probiotika wäre ein erster wichtiger Aspekt. Weitere könnten die verbesserte Vitalität und Funktionalität der Enterozyten durch Probiotika-Metabolite und die mögliche Neuausrichtung des Immunstatus durch eine probiotisch-bakterielle Stimulation der Defensinexpression und die Initiation eines letztendlich antiinflammatorischen Zytokinprofils sein. Bei einer gestörten Darmbarriere ist allerdings immer das Risiko gegeben, dass auch probiotische Mikroorganismen das epithelial assoziierte

2

Stütz- und Lymphgewebe infiltrieren und dann an Entzündungsprozessen beteiligt sein können. Zur Beibehaltung der Immuntoleranz innerhalb akuter Entzündungsreaktionen ist die TLR-vermittelte Aktivierung von APCs ein entscheidender Faktor. Generell führt die Aktivierung dieser PRRs durch mikrobielle Zellbestandteile zur Freisetzung von proinflammatorischen Zytokinen, die eine Entzündungsreaktion initiieren und steuern. Werden TLRs jedoch wiederholt aktiviert, führt dies zu einer vorübergehenden Desensibilisierung der zellulären Signalwege und zu einer verminderten Expression proinflammatorischer Gene. Es entsteht eine TLR-Toleranz. Zudem wird die TLR-Oberflächenexpression von Epithel- und Immunzellen durch Probiotika reduziert. Eine TLR-Stimulation durch Probiotika kann auch zu einer Immunsuppression, vermittelt durch CD4$^+$, CD25$^+$, *forkhead box protein-3*$^+$ (FoxP3) regulatorische T-Lymphozyten (s. auch ► Abschn. 6.1), führen.

> Die unterschiedliche Ausprägung der beiden Erkrankungen in den einzelnen Bereichen des Verdauungstraktes hat therapeutische Konsequenzen.

Die gegebenen Unterschiede zwischen Colitis ulcerosa und Morbus Crohn sind im Behandlungsansatz mit Probiotika zu berücksichtigen. Da Mikroorganismen vorwiegend im fermentativ-aktiven Colon wirksam greifen, ist eine Probiotikabehandlung eher bei Colitis ulcerosa, weniger bei Morbus Crohn erfolgversprechend. Durch die Gabe von darmassoziierten Hefen, wie *Saccharomyces cerevisiae var. boulardii*, verschiedenen Bifidobakterien-Arten allein und in Kombination mit präbiotischem Inulin, Lactulose oder Milch-Oligosacchariden lässt sich das entzündliche Zytokinprofil bei Morbus-Crohn-Patienten verringern, insbesondere die Sekretion von proinflammatorischem IL-1β, IL-17 und des Tumornekrosefaktors (TNF) α wird reduziert und die Sekretion von antiinflammatorischem IL-10 und TGFβ werden erhöht. Insgesamt ist jedoch die klinische Relevanz einer solchen probiotischen Behandlung meistens zu gering. Lediglich die Rezidivrate, also das Wiederauftreten der klinischen Symptomatik, lässt sich durch solche Probiotikagaben verringern.

Da sich die Symptomatik bei Colitis ulcerosa auf das Colon beschränkt, sind probiotische Therapieansätze, insbesondere Kombinationsbehandlungen mit Inulin im Vergleich zu Morbus Crohn erfolgsversprechender. Hier wirken orale Applikationen mit Kombinationen verschiedener Bakteriengattungen, etwa *B. breve, B. infantis, B. longum, L. acidophilus, L. bulgaricus, L. casei, L. plantarum* und *S. thermophilus* effizient und können das krankheitsbedingte entzündliche Zytokinprofil deutlich reduzieren. Dies liegt zum einen daran, dass sich synergistisch ergänzende Stoffwechselleistungen der einzelnen Bakteriengattungen die mikrobielle Besiedlung des Colons erleichtern und zum anderen, dass das Portfolio wirkrelevanter Stoffwechselprodukte, wie organische Säuren und antimikrobielle Agenzien, erweitert ist. Zudem werden durch die unterschiedlichen Bakteriengattungen verstärkt verschiedene Mikroökotope des Colons besetzt. Zuletzt können so auch krankheitstypische Dysbiosen mit einhergehender Gewebsinfiltration pathogener

Mikroorganismen zurückgedrängt werden. Die Barriere des Darms kann sich so schrittweise regenerieren und die epitheliale Immuntoleranz wiederhergestellt werden. Die Behandlung von Colitis-ulcerosa-Patienten mit kombinierter Probiotikagabe kann eine klinisch relevante Reduktion der proinflammatorischen IL-6-Konzentration im Blut bei gleichzeitigem Anstieg des antiinflammatorischen IL-10 bewirken.

Auch die Art der Applikation von Probiotika scheint einen Einfluss auf die Wirkeffizienz zu haben. Direkt am Wirkungsort rektal applizierte Probiotika wie *Escherichia coli* Nissle 1917 zeigen eine klinisch relevante Verringerung der entzündlichen Gesamtsituation bei Colitis ulcerosa. Auch magensaftresistente Formulierungen mit granulierten oder mikroverkapselten Mikroorganismen können die klinische Wirksamkeit solcher Probiotika-Supplemente verbessern.

Mit Kombinationen verschiedener Bakterien und präbiotischen Oligosacchariden sowie mit einer auf die Krankheitssituation angepassten Applikationsform können diätetische Supplementationen gegenüber chronischen Darmentzündungen grundsätzlich heilungsfördernd wirken und eine medikamentöse Behandlung unterstützen.

2.5 Einfluss einer Inflammation der Darmbarriere auf die Darm-Hirn-Achse

Infektionen mit verschiedenen Bakterien, Viren und Parasiten, wie Chlamydien, das tollwutauslösende *Rabies lyssavirus* oder Toxoplasmen können die Funktionen des zentralen Nervensystems direkt beeinflussen und stehen in Verdacht Psychopathien auszulösen, die zu einer tiefgreifenden Persönlichkeitsveränderung der Betroffenen führen können. Somit verwundert es nicht, dass die mikrobielle Besiedlung des Darms die psychologische Gesundheit beeinflusst und als pathogenetischer Faktor bei neurologischen und psychiatrischen Erkrankungen zu sehen ist. Das Immunsystem scheint hierbei ein wichtiger Vermittlungsfaktor zu sein. Klinische Beobachtungen zeigen nämlich, dass psychische Störungen oft gemeinsam mit immunologischen Dysregulationen auftreten. Chronische Entzündungen des Darms, wie bei Colitis ulcerosa oder Morbus Crohn, können mit Verstimmungen bis hin zur Depression verbunden sein. Grundlage dieser Symptomatiken ist ein direkter Informationsaustausch über den Gesundheitszustand zwischen Darm und Gehirn. Da das Immunsystem und das Darmmikrobiom in dieser Kommunikation eingebunden sind, wird versucht durch Ernährung und funktionale Lebensmittelkomponenten hierauf Einfluss zu nehmen. Das sogenannte *Mood Food* ist eine mineral- und vitaminreiche Ernährungsform, welche mit ihrem hohen Anteil an essenziellen Aminosäuren den Synthesestoffwechsel von Neurotransmittern adressiert und stimmungshebend wirken möchte. Daneben werden verschiedene lebensmittelassoziierte Bakterienarten als Psychobiotika diskutiert, die als Nahrungssupplement einen psychologischen Nutzen erbringen sollen.

2

2.5.1 Signalwege der Darm-Hirn-Achse

Die Signalwege des Informationsaustausches zwischen dem zentralen und dem in der Darmregion befindlichen enterischen Nervensystem wird als Darm-Hirn-Achse bezeichnet und schließt aufgrund ihrer Weitläufigkeit im Körper neben der neuronalen Verbindung auch das endokrine Signalsystem mit Neurotransmittern und Hormonen ein. In diesem Kommunikationsgefüge sind das Immunsystem und das Darmmikrobiom entscheidende Faktoren.

Das Gehirn bildet zusammen mit dem Rückenmark das zentrale Nervensystem. Hier erfolgt die neurale Wahrnehmung und Verarbeitung von Umweltreizen (Sensibilität und Kognition), aus der eine Stimmungslage (Emotion) mit entsprechendem Handlungsantrieb resultiert (Motivation und Aktion). Bei dieser psychologischen Aktionskaskade sind eine Vielzahl endokriner Faktoren, wie Neurotransmitter und Hormone, beteiligt. Die eigenständige metabolische Homöostase des Gehirns ist durch die Blut-Hirn-Schranke als selektive Barriere des Stofftransportes sichergestellt. Tight Junctions zwischen den Endothelzellen und eine Basalmembran grenzen für einen kontrollierten Stoffaustausch die Hirnsubstanz vom Blutstrom des Körpers ab. Zudem wird dem Gehirn ein eigenes vom Körper unabhängiges lymphatisches System zugesprochen. Viele immunologische und endokrine Signalstoffe können diese Barriere passieren. Die immunologische Abwehrreaktion des Gehirns wird durch mononukleäre, phagozytotisch aktive Mikroglia bestimmt. Diese im Bindegewebe des Gehirns vorkommenden Gewebsmakrophagen beseitigen anfallende Zellreste, interagieren funktional mit Neuronen und regulieren dort zusammen mit DCs, B- und T-Lymphozyten immunologische Abwehrreaktionen.

Das zentrale Nervensystem ist über entweder erregend oder dämpfend wirkende sympathische und parasympathische Signalwege des vegetativen Nervensystems mit dem enterischen Nervensystem des Darms verbunden (◻ Abb. 2.6). Unter Beteiligung des Sympathikus ist die Sympathisch-Adrenerg-Medulläre-Achse zur schnellen Reaktion auf einen akuten Stressimpuls entscheidend. Ein vom Zentralnervensystem ausgehendes Stresssignal erregt die Ausschüttung von Adrenalin und Noradrenalin durch die Nebennierenrinde ins Blut und aktiviert somit den gesamten Organismus. Die Versorgung der Bewegungsmuskulatur, des Herzens und des Gehirns mit metabolischer Energie und Sauerstoff wird erhöht und die zentralnervöse Erregbarkeit gesteigert. Die Blutversorgung des Verdauungstraktes und der weiteren Peripherie des Körpers wird hingegen reduziert. Die angeborene immunologische Abwehr wird aktiviert und proinflammatorische Zytokine der frühen Abwehrreaktion (IL-1, IL-6, INFγ und TNFα) werden freigesetzt. Die langsamer auf einen nachhaltigen Stressimpuls reagierende Hypothalamus-Hypophysen-Nebennierenrinden-Achse induziert die Ausschüttung von Glucocorticoiden durch die Nebennierenrinde, insbesondere Cortisol. Dieses vom Hypothalamus des Zwischenhirns ausgehende Signal verstärkt und verlängert das akute sympathische Stresssignal. Cortisol unterstützt somit die Wirkungen von Adrenalin und Abwehrmechanismen der angeborenen Immunabwehr werden verstärkt aktiviert. Eine andauernde Cortisol-Signallage hemmt je-

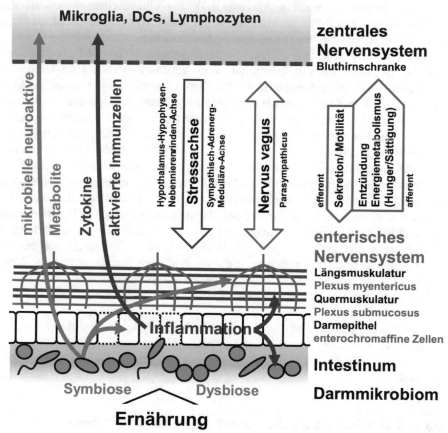

Sensibilität > Kognition > Emotion > Motivation > Aktion

Mikroglia, DCs, Lymphozyten

zentrales
Nervensystem
Bluthirnschranke

mikrobielle neuroaktive
Metabolite
Zytokine
aktivierte Immunzellen

Hypothalamus-Hypophysen-
Nebennierenrinden-Achse
Stressachse
Sympathisch-Adrenerg-
Medulläre-Achse

Nervus vagus
Parasympathicus

efferent
Sekretion/ Motilität
Entzündung
Energiemetabolismus
(Hunger/Sättigung)
afferent

enterisches
Nervensystem
Längsmuskulatur
Plexus myentericus
Quermuskulatur
Plexus submucosus
Darmepithel
enterochromaffine Zellen

Inflammation

Intestinum
Darmmikrobiom

Symbiose   Dysbiose

Ernährung

Abb. 2.6 Die Darm-Hirn-Achse in der Entzündungssituation: Das zentrale Nervensystem ist bidirektional mit dem enterischen Nervensystem des Darms durch den Nervus vagus verbunden. Dieser leitet unter anderem Signale zur Regulation der Sekretion von Verdauungssäften und der Darmmotilität vom Gehirn in die Darmregion und andersherum den Energiemetabolismus betreffende Signale

Die mikrobielle Besiedlung des Darms wird neben dem Milieu des Darmlumens und dem Immunstatus durch die Ernährungsweise beeinflusst. Eine symbiotische Ausprägung des Mikrobioms ist durch eine hohe Diversität von funktional mit dem Menschen zusammenlebenden Mikroorganismenarten bestimmt, eine dysbiotische durch eine artenarme, dysbalancierte, pathogene Mikroorganismen enthaltende Zusammensetzung. Diese kann Entzündungssituationen der Darmschleimhaut auslösen. Eine Entzündung der Darmbarriere und Dysbiose bedingen einander, da immunologische Abwehrreaktionen die Lebensbedingungen von Mikroorganismen im Darm nachteilig verändern. Proinflammatorische Zytokine können vom Darm zum Gehirn gelangen und dort Immunzellen aktivieren, welche die entzündliche Situation des Darms spiegeln. Die Stressachse kann diese neuroendokrine Signallage wiederum vom Gehirn in den Darmbereich zurückführen oder selbst durch chronisches Stressempfinden eine Dysbiose und Entzündungsmomente im Darm auslösen. Metabolite des Darmmikrobioms können zudem als Neurotransmitter oder endokriner Faktor direkt die Funktion des zentralen und enterischen Nervensystems beeinflussen und als immunologisches Signal eine Entzündungslage im Verdauungstrakt fördern. DC: Dendritische Zelle

doch für Entzündungsprozesse entscheidende Initiationsfaktoren und wirkt immunsuppressiv (s. auch ▶ Abschn. 7.3). Bei chronischem Stress ist dieses sympathikusunabhängige, neuroendokrine Signalsystem mitentscheidend für manifeste Veränderungen der Darm- und Immunfunktion.

Der Nervus vagus als großer, körperdurchziehender Teil des Parasympathikus besteht hauptsächlich aus afferenten, vom Verdauungstrakt zum Gehirn hinführenden, und entgegengesetzt orientierten efferenten Nervenfasern. Statusinformationen des Gastrointestinaltraktes zum Energiemetabolismus werden so an das Gehirn geführt und folgend Regulationssignale von dort zurückgemeldet. Der Nervus vagus ist mit dem limbischen System verbunden, einer Funktionseinheit des Gehirns, welches Emotionen verarbeitet und intellektuelle Leistungen ermöglicht. Die Signallage des Bauchraums kann somit über diesen Weg direkt die psychologische Aktionskaskade mitbeeinflussen. Das enterische Nervensystem durchzieht den gesamten Verdauungstrakt. Über die zwischen der Längs- und Quermuskulatur sowie dem Epithel der Darmwand befindlichen Plexus myentericus und Plexus submucosus kontrolliert es die Motilität, die Durchblutung, den Wasser- und Elektrolyttransport, sowie die Sekretion von Schleimen und Verdauungssäften und letztendlich auch die Aktivität der immunologischen Abwehr des Darms. Im Epithel des Darms lokalisierte enterochromaffine Zellen sezernieren hierzu Hormone und Neurotransmitter.

> ❯ Die Darm-Hirn-Achse ist eine bidirektionale Verbindung zwischen dem zentralen und dem enterischen Nervensystem des Darms. Neben der neuronalen Kommunikation sind hierbei auch endokrine Faktoren und immunologische Signalstoffe relevant.

2.5.2 Funktionale Wechselwirkungen zwischen dem Darmmikrobiom, der Immunabwehr und der Psyche

Eine symbiotische Ausprägung des Mikrobioms ist durch eine hohe Diversität von funktional mit dem Menschen zusammenlebenden Mikroorganismenarten bestimmt, eine dysbiotische durch eine artenarme, dysbalancierte, pathogene Mikroorganismen enthaltende Zusammensetzung. Diese kann Entzündungssituationen der Darmschleimhaut begünstigen. Eine Läsion der Darmbarriere und eine damit verbundene Translokation darmassoziierter Mikroorganismen in das den Darm umgebene Gewebe kann zudem zu einer Entzündung des enterischen Nervensystems führen.

Das europäische Konsortium *Metagenomics of the Human Intestinal Tract* schlägt zur Beurteilung des Darmmikrobioms drei diagnostische Enterotypen des Menschen mit spezifischer mikrobieller Darmbesiedlung vor, welche unabhängig vom Geschlecht und geographischer Region ausgeprägt sind und Rückschlüsse auf den Gesundheitszustand ermöglichen sollen. Enterotyp 1 ist dominiert vom Bakterienphylum *Bacteroides* mit hohem saccharolytischem Potenzial, Enterotyp 2 von der Bakteriengattung *Prevotella* mit einem hohen Glykoproteinabbau und

Enterotyp 3 von der Bakteriengattung *Ruminococcus* mit hohem Potenzial für den Mucinabbau der Darmschleimhaut. Das prägnante Vorkommen von Bakterien der Gattung *Ruminococcus* im Darm ist beispielsweise mit Morbus Crohn assoziiert. Auch die Bakteriengattung *Proteobacteria* wird in diesem Zusammenhang als diagnostisches Kriterium für eine Dysbiose diskutiert. Eine Dysbiose und eine Entzündung der Darmbarriere bedingen einander, da einerseits eine Fehlbesiedlung des Darms das Immunsystem aktiviert, andererseits immunologische Abwehrreaktionen auch die Lebensbedingungen von Mikroorganismen im Darm nachteilig verändern. Das darmassoziierte Immunsystem kontrolliert über die Erkennung von mikrobiellen PAMPs durch PRRs darmassoziierter, neutrophiler Granulozyten, Mφs und Mastzellen die Etablierung einer mikrobiellen Fehlbesiedlung und das Aufkommen pathogener Mikroorgansimen im Darmlumen. Daraus resultierende Zytokine gelangen in das Blutgefäßsystem des Körpers, passieren durch Peptid- und Proteintransportprozesse die Blut-Hirn-Schranke und erreichen die Gehirnregion. Die proinflammatorische Signallage der Darmregion wird so von Mikroglia im Bindegewebe des zentralen Nervensystems registriert und, indem sie selbst entzündliche Reaktionen vermitteln, im Gehirn gespiegelt. Übermäßig hohe und lang andauernde, als Hyperzytokinämie bezeichnete, Zytokin-Freisetzungen werden in diesem Zusammenhang als krankheitsauslösender Faktor für Angststörungen und Depression in Erwägung gezogen. Auch aktivierte Immunzellen können aus dem Darm in die Gehirnregion migrieren (s. auch ▶ Abschn. 3.3). Hierdurch erhöht sich die Sekretion von Neurotransmittern im zentralen Nervensystem, die nicht nur als neurologische, sondern auch als immunologische Botenstoffe fungieren und dort die entzündliche Situation manifestieren. Zudem können Gliazellen und neuronale Zellen des Hypothalamus aktiviert werden und selbst Zytokine exprimieren. Diese neuroendokrine Signallage kann wiederum über die Stressachse vom Gehirn zum enterischen Nervensystem in den Darmbereich zurückgeführt werden, die durch Erniedrigung des Serotoninsignals die Motilität und Barrierefunktion der Darmwand verringern und eine dysbiotische Ausprägung des Darmmikrobioms begünstigen. Tierstudien zufolge findet sich dieser Sachverhalt insbesondere in der Reduktion an *Lactobacillus*-Arten im Darmmikrobiom wieder.

Der Entzündungsimpuls für eine Dysbiose des Darmmikrobioms kann auch direkt vom zentralen Nervensystem durch chronisches Stressempfinden ausgehen. Ein durch die Sympathisch-Adrenerg-Medulläre-Achse vermitteltes akutes Stresssignal ist hierbei weniger relevant als eine langanhaltende Erregung der Hypothalamus-Hypophysen-Nebennierenrinden-Achse. Das daraus resultierende starke Cortisolsignal erniedrigt das Serotoninsignal des enterischen Nervensystems, wodurch die Aktivität der peripheren Immunabwehr modifiziert und die Darmmotorik geschwächt sowie die Sekretion von Verdauungssäften verringert wird. Eine dysbiotische Entzündungssituation der Darmbarriere kann so begründet sein. Beim Burnout-Syndrom zum Beispiel wird diskutiert, ob eine chronisch hohe Cortisolkonzentration im Blut und eine damit einhergehende Cortisolresistenz der Signalrezipienten mit einer sich stetig verringernden Cortisolsignalleistung die neuroendokrine Signalhomöostase der Darm-Hirn-Achse des Körpers entgleisen lässt und somit als ein Faktor für die charakteristischerweise vollkommene körperliche und emotionale Erschöpfung der Betroffenen zu sehen ist. Grundsätzlich wirkt die vagale Aktivität der Stresserregung entgegen und hemmt Entzündungsreaktionen. Eine Stimulation des Nervus vagus durch motorische Übungen, Temperaturreize, aber auch durch Nahrungssupplementationen mit Prä- und Probiotika wird therapeutisch genutzt, um Stressreizen entgegenzuwirken. In Mausstudien konnte jedoch auch gezeigt werden, dass bei Infektionsgeschehen im Darm viszeral sensorische, also den Darm betreffende, und angstassoziierte Hirnregionen über vagale Nervenbahnen sehr schnell aktiviert wurden.

Signale neuroaktiver Metabolite von Darmmikroorganismen können zum einen vom enterischen Nervensystem erfasst und über den Nervus vagus dem zentralen Nervensystem übermittelt werden und Hirnfunktionen beeinflussen. Zum anderen gelangen viele dieser Moleküle durch das Blutsystem direkt zum Gehirn. Durch den Verzehr von lebensmittelassoziierten Mikroorgansimen mit neuroaktiven Eigenschaften oder von Präbiotika zur Wachstumsförderung neuroaktiver Mikroorganismen im Darm, wird versucht psychischen Erkrankungen zu begegnen. Verschiedene klinische Studien konnten zeigen, dass die Einnahme von *Bifidobacterium breve*, *B. bifidus*, *B. longum*, *Clostridium butyricum*, *Lactobacillus acidophilus*, *L. casei*, *L. delbrueckii* subsp. *bulgaricus*, *L. rhamnosus* oder *Streptococcus thermophilus* positive Effekte bei Patienten mit Stresssymptomen, Angststörungen oder Depression bietet.

2.5.3 Mikroorganismen als ernährungstherapeutischer Ansatz bei psychologischen Störungen

Viele spezifische Bakterien- und Hefearten des Darmmikrobioms interagieren mit dem neuroendokrinen System des menschlichen Wirtes und beeinflussen dadurch direkt dessen metabolische, immunologische und psychische Funktionen. Hierdurch zeigt sich deutlich die phylogenetische Kopplung zwischen dem Menschen und seinen Mikroorganismen der physiologischen Haut- und Schleimhautbesiedlung. Sie produzieren neuroaktive Metabolite sowie deren Stoffwechselvorstufen, die durch die Darmbarriere in das Blutsystem gelangen und teilweise auch die Blut-Hirn-Schranke passieren können, sodass sie direkt neurologische Regulationsfunktionen sowohl des enterischen als auch des zentralen Nervensystems beeinflussen können (⬤ Abb. 2.6).

Zudem sind diese neuronalen Botenstoffe meist auch potente immunologische Signale, die Entzündungsprozesse entscheidend prägen.

Aminosäureabkömmlinge sind eine große Gruppe relevanter Neurotransmitter des Körpers, die auch von verschiedenen darm- und lebensmittelassoziierten Mikroorganismen produziert werden (⬤ Tab. 2.6).

Diese können in der Regel vom Darmlumen über das Blutsystem kommend die Blut-Hirn-Schranke nicht passieren und können die Gehirnregion nicht erreichen. Eine proinflammatorische Signallage erhöht allerdings die Permeabilität der Blut-Hirn-Schranke für diese Stoffe. Mikrobiell gebildeten Aminosäurevorstufen ist dies jedoch nicht verwehrt, sodass diese die Synthese von entsprechenden Neuro-

◘ Tab. 2.6 Von Aminosäuren ableitbare Neurotransmitter und endokrine Faktoren und deren Wirkung auf das Immunsystem

Metabolit		Darmbakterium	Wirkung auf das Nerven- und Immunsystem
Tyrosin	Adrenalin (Epinephrin)	*Escherichia coli*	*Neurologische Funktion*: Neurotransmitter und endokriner Faktor der Stressreaktion, Feinkoordination der Stressreaktion zusammen mit Dopamin, Noradrenalin und Serotonin, erhöht Sinneswahrnehmung und kognitive Verarbeitung *Enterisches Nervensystem*: Steigert den Blutdruck und die Durchblutung des Magen-Darm-Traktes, steigert die Sekretion von Gallensäure und anderer Verdauungssekrete *Immunologische Funktion*: Reguliert Aktivität von Immunzellen mit β2-Adrenozeptoren
	Dopamin (Prolactostatin)	*Bacillus sp.*, *E. coli*, *Havnia alvei* (NCIMB, 11999)	*Zentrales Nervensystem*: Stimulierend wirkender Neurotransmitter und endokriner Faktor, reguliert Stimmungen, fördert das Glücksgefühl, Feinkoordination der Stressreaktion zusammen mit Adrenalin, Noradrenalin und Serotonin, erhöht Sinneswahrnehmung und kognitive Verarbeitung *Enterisches Nervensystem*: Steigert die Durchblutung des Verdauungstraktes *Immunologische Funktion*: Reguliert die Proliferation, Differenzierung und Migration von T-Lymphozyten und Mikroglia
	Noradrenalin (Norepinephrin)	*Bacillus sp.*, *E. coli*	*Zentrales Nervensystem*: Ein aus Dopamin gebildeter, stimulierend wirkender Neurotransmitter und endokriner Faktor, Feinkoordination der Stressreaktion zusammen mit Adrenalin, Dopamin und Serotonin *Enterisches Nervensystem*: Steigert die Durchblutung des Verdauungstraktes *Immunologische Funktion*: Reguliert Aktivität von Immunzellen mit β2-Adrenozeptoren

(Fortsetzung)

◻ Tab. 2.6 (Fortsetzung)

Metabolit		Darmbakterium	Wirkung auf das Nerven- und Immunsystem
Tryptophan	Serotonin (5-Hydroxy-tryptamin)	*E. coli,* *L. bulgaricus,* *L. plantarum,* *Lactococcus latis* subsp. *cremoris* *Morganella morganii* (NCIMB, 10466) *S. thermophilus*	*Zentrales Nervensystem*: Dämpfend wirkender Neurotransmitter und endokriner Faktor, reguliert Stimmungen, fördert das Glücksgefühl, Feinkoordination der Stressreaktion zusammen mit Adrenalin, Dopamin und Noradrenalin *Enterisches Nervensystem*: Regulation des Vaguskreislaufes und der Darmmotilität *Immunologische Wirkung*: Signalmolekül für Immunzellen mit 5-HT-Rezeptoren, induziert die Migration von Immunzellen aus den Blutgefäßen in das periphere Gewebe, aktiviert angeborene und adaptive Abwehrreaktionen
	Melatonin	*Bifidobacterium sp.,* *Lactobacillus sp.*	*Zentrales Nervensystem*: Ein aus Serotonin gebildetes neurotransmitterartiges Hormon, welches den Wach-Schlaf-Rhythmus reguliert *Enterisches Nervensystem*: Entspannung der glatten Muskulatur des Darms *Immunologische Funktion*: Stimuliert die Bildung von Immunzellen der angeborenen Abwehrreaktion, stimuliert die Bildung proinflammatorischer Zytokine

◼ **Tab. 2.6** (Fortsetzung)

Metabolit		Darmbakterium	Wirkung auf das Nerven- und Immunsystem
Glutamat	γ-Amino-butansäure	*Bifidobacterium adolescentis, B. dentium, B. angulatum, E. coli, L. casei, L. paracasei, L. plantarum, L. reuteri, L. rhamnosus, Leuconostoc mesenteroides, Saccharomyces cerevisiae var. boulardii*	*Zentrales Nervensystem*: Dämpfend wirkender Neurotransmitter und endokriner Faktor, passiert die Blut-Hirn-Schranke, Antagonist zu L-Glutamat *Enterisches Nervensystem*: Reguliert die Darmmotilität, die Sekretion von Verdauungssäften und die Durchblutung des Darms *Immunologische Funktion*: Stimuliert Immunzellen und induziert deren Migration
	L-Glutamat	*Corynebacterim glutamicum, L. plantarum, L. paracasei, Lactococcus lactis*	*Zentrales Nervensystem*: Stimulierend wirkender Neurotransmitter, passiert die Blut-Hirn-Schranke, Antagonist zur γ-Aminobutansäure, vermittelt Sinneswahrnehmungen, reguliert das Appetitempfinden, Beteiligung an höheren Gehirnfunktionen (Aufmerksamkeit, Lernen, Motivation) *Enterisches Nervensystem*: Faktor der Darmmotilität *Immunologische Funktion*: Unterstützt Proliferation von Immunzellen und die Zytokinsynthese

transmittern im Gehirn Vorschub geben können. Serotonin beispielsweise leitet sich von Tryptophan ab. Bakterielles Serotonin kann direkt auf das enterische Nervensystem wirken und die Darmmotilität verlangsamen. Zusammen mit Adrenalin, Noradrenalin und Dopamin, welche sich von Tyrosin ableiten, koordiniert Serotonin auch die Stressreaktion des Körpers. Tryptophan und Tyrosin sind essenzielle bzw. semi-essenzielle Aminosäuren. Eine dysbiotische Darmbesiedlung mit Mikroorganismen, welche diese Aminosäuren und deren Neurotransmitter nicht synthetisieren und dem Körper zur Verfügung stellen, sondern sie aus dem Nahrungsbrei im Darm ziehen und für den eigenen Stoffwechsel verwerten, kann zur Limitation dieser Stoffe mit entsprechenden Funktionsveränderungen innerhalb der Darm-Hirn-Achse führen. Auch immunfunktional kann sich ein solcher Aminosäuremangel auswirken. Kynurenin ist eine weitere nicht-proteinogene Aminosäure, die sich vom Tryptrophan ableitet. Sie wird im Syntheseweg kompetitiv zu Serotonin gebildet. Indolamin-2,3-Dioxygenase, welche Tryptophan zu N-Formylkynurenin umformt, ist hierbei das regulative Schlüsselenzym. Das proinflammatorische INFγ-Signal induziert die Aktivität dieses Enzyms, sodass Tryptophan vermehrt zu Kynurenin anstatt zu Serotonin umgesetzt wird. Kynurenin ist ein den Immunstatus rückkoppelndes Signalmolekül. Es initiiert einerseits in der frühen Abwehrphase Reaktionen der angeborenen Abwehr, andererseits hemmt es weiterführende immunologische Abwehrprozesse (s. auch ▶ Abschn. 6.1). Solche Regulationsabläufe sind bei immunologischen Abwehrprozessen vielfältig vorhanden (siehe hierzu auch ▶ Abschn. 5.2.3). Bei einem ausgeprägten Tryptophanmangel können Darmentzündungen über diese Regulation nicht adäquat begrenzt werden. Diesbezüglich werden auch fehlende antioxidative und neuroprotektive Wirkungen des Kynurenins als pathogenetische Faktoren bei entzündungsgekoppelten psychologischen Störungen diskutiert.

Mikrobielle γ-Aminobutansäure passiert über Transportmechanismen die Blut-Hirn-Schranke und wirkt auf das zentrale Nervensystem beruhigend und dämpft die neuronale Erregung. Er gilt als regulatorischer Antagonist zum stimulierenden Neurotransmitter L-Glutamat. Das enterische Nervensystem wird wiederum aktiviert und verschiedene Darmfunktionen gesteigert. Immunologisch aktiviert diese nichtproteinogene Aminosäure Immunzellen im Darm und fördert dort entzündliche Prozesse. Daher wird es als wichtiger Kopplungsfaktor von immmunologischen und pyschologischen Störungen diskutiert.

Eine weitere große Gruppe neuroaktiver Metabolite des Darmmikrobioms sind kurzkettige Fettsäuren. Neben direkten enteralen Effekten kurzkettiger Fettsäuren, wie die Erhöhung der Serotoninsekretion durch enterochromaffine Zellen und damit einhergehende Steigerung der Darmmotilität, werden auch Effekte auf das zentrale Nervensystem erwogen. Kurzkettige Fettsäuren können vom Darmlumen in den Blutkreislauf gelangen und mittels Monocarboxylattransporter die Blut-Hirn-Schranke passieren. Im Gehirn können sie energetisch die Entwicklung und die Funktion von Neuronen unterstützen. Daneben zeigen kurzkettige Fettsäuren auch immunologische Effekte, die bei Entzündungsreaktionen des Darmepithels relevant sind. Butyrat beispielsweise moduliert die Rekrutierung von neutrophilen Granulozyten zum Entzündungsort.

Darüber hinaus werden weitere neuroaktive Moleküle von Mikroorganismen im Darm gebildet, wie der zentrale Neurotransmitter Acetylcholin. Er ist ein enterischer regulativer Faktor der Darmmotilität und an höheren Gehirnfunktionen, wie Aufmerksamkeit, Lernen und Motivation beteiligt. Diese zum Beispiel durch *Lactobacillus plantarum* gebildete quartäre Ammoniumverbindung passiert die Blut-Hirn-Schranke und kann sowohl auf das enterische als auch zentrale Nervensystem wirken. Acetylcholin ist auch an der Regulation von Entzündungsprozessen beteiligt, indem es die Migration von Immunzellen aus den Blutgefäßen in das periphere Gewebe induziert (s. auch ▶ Abschn. 3.2).

Auch ein breites Portfolio biogener Amine werden von Mikroorganismen produziert, wie das Phenylethylamin durch *Enterococcus faecalis*, welches Einfluss auf die psychologische Impuls- und Stimmungskontrolle nehmen kann. Diese Komponente findet bereits als funktionaler Bestandteil zur Stimmungsaufhellung in Lebensmitteln Anwendung.

Die Erforschung der pathophysiologischen Relevanz eines dysbiotischen Darmmikrobioms und die damit verbundene Entzündungssituation als pathogener Faktor psychischer Störungen und degenerativer Erkrankungen des Gehirns ermöglicht die Entwicklung von Ernährungskonzepten mit immunfunktionalen Lebensmittelkomponenten, die diesen Erkrankungen entgegenwirken oder diese positiv beeinflussen können.

Exkurs II: Formulierungskonzepte für immunfunktionale Lebensmittel

Verstärkung der Wirkeffizienz immunfunktionaler Lebensmittelkomponenten durch spezifische Formulierungen

Die Art und Weise, wie eine immunfunktionale Lebensmittelkomponente in eine Produktmatrix eingebunden ist, entscheidet über deren Wirkeffizienz bei oraler Applikation deutlich mit. Die Löslichkeit und die Stabilität des Wirkstoffs sind entscheidende technologische Parameter einer optimalen Bioverfügbarkeit und Wirksamkeit. Viele sekundäre Pflanzenstoffe oder Peptide aus Ei und Milch beispielsweise sind oft empfindlich gegenüber Oxidation oder proteolytischem Verdau. Zudem ist die Resorption dieser Stoffe im Körper zumeist begrenzt. Viele traditionelle Speisen sind im Sinne einer guten Wirksamkeit ihrer Inhaltsstoffe oft vorbildlich. Die „Masala" genannten Gewürzmischungen Südasiens und Nordafrikas, woher sich auch das Curry ableitet, kombinieren beispielsweise bis zu 23 verschiedene, synergistisch wirkende Inhaltsstoffe miteinander. Hochreine Wirkstoffe zeigen gegenüber nativen Mischmatrices bisweilen eine niedrigere Wirkeffizienz. Molekulare Strukturierungen, die Einfluss auf Löslichkeitseigenschaften und die molekulare Stabilität von Wirkstoffen nehmen, sowie Begleitstoffe, die rezeptorvermittelte Resorptionskinetiken und der Stoffwirkung entgegengerichtete Enzymreaktionen modifizieren, sind wichtige Elemente einer die Bioverfügbarkeit von Immunwirkstoffen verstärkenden Produktmatrix.

Strukturierung von Wirkstoffen

Flavonoide, Terpene, Anthocyane und andere sekundäre Pflanzenstoffe sind zwar gut wasserlöslich, aber oft unzureichend zellmembrangängig. Dies verringert die Bioverfügbarkeit dieser Stoffe. Hydro- oder Oleogele aus kreuzverknüpften Kohlenhydratpolymerketten, wie zum Beispiel Alginat, Chitosan, Chondroitin, Dextran, Guarkernmehl, Methylcellulose oder Xanthan-Gummi, die als dreidimensionales Netzwerk Wasser oder Öle binden, ohne ihren stofflichen Zusammenhalt zu verlieren, oder auch disperse Systeme, wie Doppelemulsionen und wässrige Gele aus Gelier- oder Verdickungsmitteln, können die Löslichkeit und Stabilität von Wirkstoffen in Produkten verbessern. Auch lipidbasierte Formulierungssysteme, wie Liposomen, die auch als *Ethosomes, Niosomes, Pharmacosomes* oder *Transferosomes* mit jeweils spezifischen Eigenschaften bezeichnet werden, bieten mit ihrer Lipid- oder Detergenzien-Sphäre ein wasserlösliches Applikationsvesikel, welches die zelluläre Wirkstoffaufnahme erhöhen kann. Liposomen können durch Rotationstrocknung von organi-

2

schen Lösungsmittel-Wasser-Systemen innerhalb von Dünnfilmhydratations- verfahren, durch Ultraschall oder durch Mikro-Extruder-Verfahren hergestellt werden. Durch ihre polare Lipidaußen- hülle sind sie definierter strukturiert als wässrige Emulsionen mit Fettsäuren, Gallensalzen oder Eilecithin. Diese im Durchmesser 0,025 bis 2,5 µm großen Vesikel tragen den wasserlöslichen Wirk- stoff eingebunden im Lumen der Lipid- sphäre.

Eine weitere Form der Strukturie- rung von Wirkstoffen sind Nanopartikel- Formulierungen. Hierbei werden funk- tionale Lebensmittelbestandteile ent- weder an polymerbasierte Nanopartikel oder an Nano-Metallpartikel mit einem Durchmesser von 50–100 nm an Metall- ionen gebunden oder sie werden durch eine triangulare Molekülstruktur in Goldmolekülprismen oder in sphärische Silbernanopartikel eingebettet. Für wasserunlösliche Wirkstoffe finden auch sogenannte Fest-Lipid-Nanopartikel aus Bienenwachs oder Carnaubawachs Anwendung. Generell stabilisieren diese Nanostrukturen Wirkstoffe chemi- co-physikalisch, was die Bioverfügbar- keit gegenüber der unstrukturierten Form deutlich erhöht.

Cyclodextrine sind Wirkstoff- stabilisatoren und Lösungsvermittler. Mit ihrer molekular-zirkulären, becher- förmigen Struktur mit einem hydro- phoben Innenraum und hydrophilem Äu- ßeren bilden sie mit fettlöslichen Wirk- stoffen sogenannte Inklusionskörper. Sie bestehen aus α1,4-glykosidisch ver- bundenen Glucopyranoseringen, welche aus Stärke durch die Cyclodextrin-Glyko- syl-Transferase-Kupplungsreaktion ent- stehen. Je nach α-, β- oder γ-Typ werden 6, 7 oder 8 Glucoseeinheiten von der Stärke-

helix in eine molekulare Ringstruktur überführt. Obwohl alle Formen und alle Derivate des Cyclodextrins für orale Ap- plikationen als amylase-unverdauliches Zuckerpolymer eingesetzt werden können, ist zu bedenken, dass β-Cyclodextrin und verschiedene Cyclodextrin-Methyl- derivate innerhalb parenteraler Gabe toxi- sche Effekte zugeschrieben werden. Wasserunlösliche Wirkkomponenten bin- den nichtkovalent durch Ladungs- oder Van-der-Waals-Wechselwirkungen im hydrophoben Innenraum der becher- förmigen Cyclodextrinstruktur. Dort inse- riert, kann der äußere hydrophile Bereich die gewünschte Wasserlöslichkeit für das Wirkmolekül vermitteln. Auch der Trans- fer wasserunlöslicher Wirkstoffmoleküle durch unpolare, biologische Barrieren wird gefördert. Der Wirkstoff wird zudem vor Oxidation, Photodestruktion und en- zymatischem Verdau geschützt. In der Pharmakologie werden Cyclodextrine ins- besondere für Medikamente in Kombina- tion mit verschiedenen Liposomentypen und Nanopartikeln eingesetzt.

Enzym- und Membrantrans- porter-modifizierende Begleitstoffe und Darmresorptionsverstärker

Wirkstoffabbauende Enzyme des Darms und der Leber, z. B. Hydrolasen und Glykosyl-Transferasen sowie zelluläre Efflux-Pumpen, wie das *multidrug-resis- tance-protein* 1, die als transmembranäre, aktive Transporter unter Adenosin- triphosphat(ATP)-Verbrauch zelltoxische Stoffe aus der Zelle befördern, können die Aktivität von Wirkstoffen verringern. Spezifische Begleitstoffe einer Lebens- mittelmatrix können hier Einfluss neh- men. Der phenolische Gelbfarbstoff der Gelbwurzel (*Curcuma longa*), Curcumin, wird traditionell im Curry mit Piperin der

Pfeffersorten *Piper nigrum* oder *Piper longum* kombiniert. Das 1-Piperoylpiperidin des Pfeffers ist ein Säureamid-Alkaloid und verstärkt die Bioverfügbarkeit von oral aufgenommenem Curcumin und vielen anderen immunfunktionalen Lebensmittelkomponenten, indem Oxygenasen und Effluxpumpen, welche der zellulären Wirkstoffaufnahme entgegenwirken, kompetitiv gehemmt werden. Auch das Genistein der Sojabohne hemmt transmembranäre Transporter, und das Flavonoidglykosid Naringin aus Grapefruit (*Citrus paradisi*) oder das Flavonoid Quercetin, welches ebenfalls in Zitrusfrüchten vorkommt, hemmen das *multidrug-resistance-protein* 1 und Oxygenasen der intestinalen Mucosa, welche die zelluläre Resorption von Wirkstoffen reduzieren können.

Auf der anderen Seite kann die Resorptionsleistung des Darms durch Resorptionsverstärker unterstützt werden. Für Piperin wird eine lokale Durchblutungsförderung des Darms durch rezeptorvermittele Vasodilatation diskutiert, welche die intestinale Resorptionsleistung erhöht. Andere Resorptionsverstärker destabilisieren die Darmbarriere und erhöhen so den parazellulären Durchfluss zwischen den Endothelzellen. Das in Pilzen und Krabben vorkommende Polyglucosamin Chitosan, insbesondere Trimethylchitosan, schwächt zum Beispiel partiell die F-Aktin-Struktur des endothelialen Zytoskeletts. Calciumbindende Chelate, wie das Ethylendiamintetraacetat, erniedrigen die extrazelluläre Calciumkonzentration und schwächen so ebenfalls endotheliale Zell-Zell-Verbindungen.

Grundsätzlich sind Wirkstoffstrukturierungen und die Zugabe von Begleitstoffen hilfreiche Elemente einer modernen effektiven Applikation immunrelevanter Wirkstoffe aus Lebensmitteln. Sie haben aber auch ihre Anwendungsgrenzen. Die Funktion eines Wirkstoffes kann auch durch Strukturierungen begrenzt sein, da dessen Wirkmechanismus eine Freisetzung der Komponente aus der Strukturierungsform bedarf. Auch die Verträglichkeit von Begleitstoffen und Resorptionsverstärkern, insbesondere bei Medikamenten, von kann ein limitierender Anwendungsfaktor sein.

Formulierungen von Probiotika für orale Applikationen

Damit Probiotika ihre physiologischen Funktionen im Gastrointestinaltrakt vollends entfalten können, sollte eine höchstmögliche Vitalität und Aktivität der Bakterien innerhalb der oralen Applikation erreicht werden. Diesem stehen Herstellungsprozesse, Lagerung und das Milieu in der Magen-Darm-Passage mit Magensäure, Gallensalzen sowie gastrischen und pankreatischen Verdauungsenzymen entgegen. Die Weltgesundheitsorganisation fordert für probiotisch ausgelobte Lebensmittel ein Minimum von einer Million aktive Keime pro Gramm Produkt.

Für Supplemente und Lebensmittel können die Probiotika in Alginate, Carragenane-, Celluloseester und andere Hydrokolloid-Matrices mit verschiedenen Trocknungs-, Extrusions- oder Emulsionsprozessen eingearbeitet werden. Ein weiteres interessantes Matrixmaterial ist das Molkenprotein. Molke ist ein günstiges

2

Abfallprodukt der Käseherstellung, mit guten technologischen Eigenschaften und einer physiologisch hochwertigen Aminosäure- und Polarlipidzusammensetzung. Wichtige Verfahrensparameter, die Einfluss auf die bakterielle Vitalität nehmen, sind thermische Belastungen, zu geringe Feuchtigkeit der Formulierung und oxidativer Stress, der auf die Bakterien wirkt. Extrusions- und Emulsionsverfahren produzieren in diesem Zusammenhang unkritische Nasspartikel, welche für Getränke, Cremes und Pasten kompatibel sind. Für Anwendungen mit Trockenpartikeln, wie Riegel und verschiedene Pulver, lassen sich im Sprühtrocknungsverfahren relativ große Partikel um 4–6 μm Durchmesser erzeugen, die eine Restfeuchtigkeit gut halten können. Generell sollte hierbei ein Feuchtegehalt von 3–7 % angestrebt werden. Als zusätzliche Feuchthaltemittel können niedrigmolekulare Kohlenhydrate, wie Trehalose oder Sorbitol, hilfreich sein. Wenn neben der Granulierung auch noch Partikel mit einer Schutzschicht als Austrocknungs- und Oxidationsschutz ummantelt werden, bietet sich die Wirbelschichttrocknung als Formulierungsverfahren an, da beide notwendigen Trocknungs- und Granulierungsprozesse kombiniert in einem Verfahren erstellt werden können. Bei solchen Verfahren ist die Trocknungstemperatur für die Überlebensrate der Bakterien immer entscheidend. Bei der Sprühtrocknung sollte eine Outlet-Temperatur von 55 °C (Inlet-Temperatur 90 °C) nicht überschritten werden. Vorteil gegenüber der Sprühtrocknung bietet wieder die Wirbelschichttrocknung, da mit deutlich niedrigeren Temperaturen gearbeitet werden kann. Aber auch hier ist eine Trocknungstemperatur über 50 °C ungünstig. Um die

Überlebensrate bei thermischen Formulierungsverfahren zu verbessern, kann eine physiologische Konditionierung der Bakterien an Temperaturstress hilfreich sein. Durch kurzzeitige Hitzeeinwirkung von 70–80 °C für 2–5 min in der Vermehrungskultur vor Prozessierung wird die Expression von Hitzeschockproteinen oder Chaperonen induziert, welche die Proteinstrukturen der Bakterien stabilisieren und diese resistenter gegenüber hohen Temperatureinwirkungen werden lassen.

Über die Art der Formulierung kann auch die Freisetzung der Bakterien am Wirkungsort im Darm gesteuert werden. Grundsätzlich kann die Freisetzung von Probiotika aus Partikeln über die Verweildauer des Produktes innerhalb der gastrointestinalen Passage bestimmt werden. Eine Formulierung bei oraler Gabe muss bis zu 6 h dem sauren Milieu des Magens und anschließend bis zu 3 h den Verdauungssäften des Dünndarms standhalten. Das Milieu des Gastralraums ist mit einem pH-Wert unter 2 als mikrobiologische Kontaminationsbarriere zu sehen. Nur säure- und pepsinresistente Keime können die Magenschleimhaut direkt besiedeln (Exkurs II ◘ Abb. 2.7).

Die nachfolgenden Dünndarmabschnitte Duodenum, Jejunum und Ileum sind aufsteigend mit bis zu 10^7 Mikroorganismen pro Gramm Faeces besiedelt. Erst im Übergangsbereich vom Ileum zum Colon, welche die Ileozäkalklappe mechanisch voneinander trennt, steigen die Keimgehalte auf bis zu 10^{13} Mikroorganismen pro Gramm Faeces an. Ziel vieler probiotischer Ernährungskonzepte ist es, die gegebenen Bakterien erst im Colon freizusetzen, da dort die mikrobielle Fermentations-

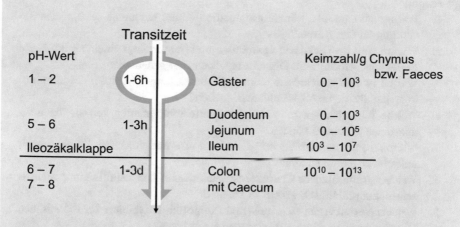

◘ Abb. 2.7 Exkurs II Keimgehalte und pH-Werte des Gastrointestinaltrakts

leistung erfolgt und im assoziierten Caecum eine intensive Interaktion der Bakterien mit dem darmassoziierten Immunsystem stattfindet. Der Gastrointestinaltrakt zeichnet sich durch ein aufsteigendes Profil des pH-Wertes aus. Mit entsprechenden säure- oder laugensensitiven Formulierungsmaterialien kann eine pH-Wert abhängige Freisetzung granulierter, verkapselter und ummantelter Bakterien gesteuert werden. Als Partikel-Ummantelung mit entsprechenden Eigenschaften bieten sich aliphatische Polyhydroxysäuren, Terpene, Wachse oder Ethyl-Cellulose an. Auch Schellack (E904), ein natürlicher Polymerlack, ist extrem säurestabil, löst sich jedoch bei pH-Werten über 6 in wässrigem Milieu. Ein Säureschutz während der Magenpassage und eine kontrollierte, spätere Freigabe der Bakterien aus dem Partikel im Colon sind so gewährleistet.

Generell werden probiotische Bakterien im Herstellungsverfahren nach der Massenkultivierung gefriergetrocknet, um anschließend für die weitere Verarbeitung in der Formulierungsmatrix definiert gelöst werden zu können. Dieses Vorgehen kann vereinfacht werden, indem die Bakterienvermehrung innerhalb einer *slurry*-Kultivierung im Rührkesselreaktor durchgeführt wird. Das Anzuchtmedium mit einem Wassergehalt von 15–20 % ist gleichzeitig die Formulierungsmatrix für das präbiotische Produkt und ermöglicht so eine bakterienschonende, direkte Partikelformulierung im Sprüh- oder Wirbelschichtverfahren, ohne weitere Prozesszwischenschritte. Funktionale Formulierungen und stringent geführte Herstellungsprozesse können so einen wichtigen Beitrag zu qualitativ hochwertigen, probiotischen Lebensmittelapplikationen beitragen.

? Fragen

1. Warum hat eine lokale Immunstimulation immer auch eine systemische Bedeutung für den Körper?
2. Warum wird im Dickdarm anatomisch und immunologisch eine mikrobielle Besiedlung gefördert, im Dünndarm jedoch eher gehemmt?
3. Warum ist eine verminderte mikrobielle Besiedlung (Dysbiose) der immunologischen Barrieren oft krankheitsassoziiert?
4. Welche Eigenschaften müssen Lebensmittelkomponenten zeigen, um antimikrobiell wirken zu können?
5. Warum beinhalten Milch und Eier struktur- und funktionsähnliche antimikrobielle Komponenten?
6. Welches grundsätzliche Charakteristikum müssen Lebensmittelkomponenten zeigen, um präbiotisch wirken zu können?
7. Welcher Vorteil ergibt sich, Prä- und Probiotika kombiniert zur diätetischen Unterstützung von Immunfunktionen einzusetzen?
8. Warum beeinflussen abgetötete Mikroorganismen und Zellfragmente Immunfunktionen?
9. Warum kann die Adhäsion pathogener Keime an das Dünndarmepithel nicht durch die Gabe probiotischer Mikroorganismen verhindert werden?
10. Wie kann verhindert werden, dass Probiotika bei oraler Gabe während der Magenpassage abgetötet werden?

Weiterführende Literatur

Aitoro R, Paparo L, Amoroso A, Di Costanzo M (2017) Gut microbiota as a target for preventive and therapeutic intervention against food allergy. Nutrients 9(7). https://doi.org/10.3390/nu9070672

Alemao CA, Budden KF, Gomez HM, Rehman SF, Marshall JE, Shukla SD, Donovan C, Forster SC, Yang IA, Keely S, Mann ER, El Omar EM, Belz GT, Hansbro PM (2021) Impact of diet and the bacterial microbiome on the mucous barrier and immune disorders. Allergy 76(3):714–734. https://doi.org/10.1111/all.14548

Beermann C, Hartung J (2012) Current enzymatic fermentation processes for novel milk product applications. Eur Food Res Technol 235(1):1–12

Beermann C, Hartung J (2013) Physiological properties of milk ingredients released by fermentation. Food Funct 4(2):185–199

Beermann C, Euler M, Herzberg J, Boehm G (2009) Anti-oxidative capacity of enzymatically released peptides from soybean protein isolate. Eur Food Res Technol 229(4):637–644

Belitz HD, Grosch W, Schieberle P (Hrsg) (2008) Lehrbuch der Lebensmittelchemie. Springer Spektrum, Heidelberg

Boulangé CL, Neves AL, Chilloux J, Nicholson JK, Dumas ME (2016) Impact of the gut microbiota on inflammation, obesity, and metabolic disease. Genome Med 8(1):42

Carlson JL, Erickson JM, Lloyd BB, Slavin JL (2018) Health effects and sources of prebiotic dietary fiber. Curr Dev Nutr 2(3). https://doi.org/10.1093/cdn/nzy005

Castanys-Muñoz E, Martin M, Vazquez E (2016) Building a beneficial microbiome from birth. Adv Nutr 7(2):323–330. https://doi.org/10.3945/an.115.010694

Celiberto LS, Graef FA, Healey GR, Bosman ES, Jacobson K, Sly LM, Vallance BA (2018) Inflammatory bowel disease and immunonutrition: novel therapeutic approaches through modulation of diet and the gut microbiome. Immunology 155(1):36–52. https://doi.org/10.1111/imm.12939

Chatterton DE, Nguyen DN, Bering SB, Sangild PT (2013) Anti-inflammatory mechanisms of bioactive milk proteins in the intestine of newborns. Int J Biochem Cell Biol 45(8):1730–1747. https://doi.org/10.1016/j.biocel.2013.04.028

Chen X (2015) Human Milk Oligosaccharides (HMOS): structure, function, and enzyme-catalyzed synthesis. Adv Carbohydr Chem Biochem 72:113–190. https://doi.org/10.1016/bs.accb.2015.08.002

Conlon AM, Bird AR (2015) The impact of diet and lifestyle on gut microbiota and human health. Nutrients 7(1):17–44. https://doi.org/10.3390/nu7010017

Cryan JF et al (2019) The microbiota-gut-brain axis. Physiol Rev 99(4):1877–2013. https://doi.org/10.1152/physrev.00018.2018

De Santis S, Cavalcanti E, Mastronardi M, Emilio Jirillo E, Chieppa M (2015) Nutritional keys for intestinal barrier modulation. Front Immunol 6:612, https://doi.org/10.3389/fimmu.2015.00612

Demmelmair H, Prell C, Timby N, Lönnerdal B (2017) Benefits of lactoferrin, osteopontin and milk fat globule membranes for infants. Nutrients 9(8):817

Enck P et al (2016) Irritable bowel syndrome. Nat Res Dis Primers. https://doi.org/10.1038/nrdp.2016.14

Fernando O, Martinez FO, Gordon S (2014) The M1 and M2 paradigm of macrophage activation: time for reassessment. F1000Prime Rep 6(13):10.12703/P6-13

Geuking M, Köller Y, Rupp S, McCoy K (2014) The interplay between the gut microbiota and the immune system. Gut Microbes 5(3):411–418

Ghosh P, Sahoo R, Vaidya A, Chorev M, Halperin JA (2015) Role of complement and complement regulatory proteins in the complications of diabetes. Endocr Rev 36(3):272–288. https://doi.org/10.1210/er.2014-1099

Gidwani B, Vyas A (2015) A comprehensive review on cyclodextrin-based carriers for delivery of chemotherapeutic cytotoxic anticancer drugs. Biomed Res Int. https://doi.org/10.1155/2015/198268

Goulet O (2015) Potential role of the intestinal microbiota in programming health and disease. Nutr Rev 73(1):32–40

Hansson GC (2012) Role of mucus layers in gut infection and inflammation. Curr Opin Microbiol 15(1):57–62. https://doi.org/10.1016/j.mib.2011.11.002

Jantzen M, Göpel A, Beermann C (2013) Direct spray drying and microencapsulation of probiotic Lactobacillus reuteri from slurry fermentation with whey. J Appl Microbiol 115(4):923–1080

Kabir S (1998) Jacalin: A jackfruit (Artocarpus heterophyllus) seed-derived lectin of versatile applications in immunobiological research. J Immunol Methods 212:193–211. https://doi.org/10.1016/S0022-1759(98)00021-0

Kesarwani K, Gupta R (2013) Bioavailability enhancers of herbal origin: an overview. Asian Pac J Trop Biomed. https://doi.org/10.1016/S2221-1691(13)60060-X

Kesika P, Suganthy N, Sivamaruthi BS, Chaiyasut C (2021) Role of gut-brain axis, gut microbial composition, and probiotic intervention in Alzheimer's disease. Life Sci 1(264):118627. https://doi.org/10.1016/j.lfs.2020.118627

Neuman H, Debelius JW, Knight R, Koren O (2015) Microbial endocrinology: the interplay between the microbiota and the endocrine system. FEMS Microbiol Rev 39(4):509–521. https://doi.org/10.1093/femsre/fuu010

Orel R, Kamhi Trop T (2014) Intestinal microbiota, probiotics and prebiotics in inflammatory bowel disease. World J Gastroenterol 20(33):11505–11524

Singla V, Chakkaravarthi S (2017) Applications of prebiotics in food industry: a review. Food Sci Technol Int 23(8). https://doi.org/10.1177/1082013217721769

Smith KS, Greene MW, Babu JR, Frugé AD (2019) Psychobiotics as treatment for anxiety, depression, and related symptoms: a systematic review. Nutr Neurosci 20:1–15. https://doi.org/10.1080/1028415X.2019.1701220

Die Abwehrreaktion des angeborenen Immunsystems: Einflüsse von Lebensmittelkomponenten auf die frühe Phase der Immunantwort

Inhaltsverzeichnis

Ergänzende Information Die elektronische Version dieses Kapitels enthält Zusatzmaterial, auf das über folgenden Link zugegriffen werden kann [https://doi.org/10.1007/978-3-662-67390-4_3]. Die Videos lassen sich durch Anklicken des DOI-Links in der Legende einer entsprechenden Abbildung abspielen, oder indem Sie diesen Link mit der SN More Media App scannen.

▪▪ Zusammenfassung

Das Komplementsystem ist eine proteolytische Aktivierungskaskade mit vielfältigen, antimikrobiellen und immunregulativen Proteinelementen. Es stellt einen zentralen Initiationspunkt der angeborenen Abwehrreaktion dar. Aufgabe des Komplementsystems ist es, Mikroorganismen und apoptotische Zellen zu markieren und zu opsonisieren, mikrobielle Zellen durch zellmembranattackierende Poren zu lysieren und erste immunologische Abwehrreaktionen zu initiieren. Körperzellen sind vor Angriffen durch das Komplementsystem mithilfe verschiedener Inhibitoren geschützt. Lebensmittel-Lektine können sowohl stimulierend als auch inhibierend auf das Komplementsystem wirken. Diese multimeren, zumeist glykosylierten Proteinstrukturen können Kohlenhydratstrukturen binden. Zudem bilden zahlreiche Nutzpflanzen sowie lebensmittelassoziierte Hefen und Bakterien komplementsystemaktivierende β-Glucan-Strukturen.

Die angeborene Abwehrreaktion beginnt mit der Rekrutierung neutrophiler Granulozyten zum Entzündungsort. Wechselwirkungen zwischen glykosaminglykan-bindenden Rezeptoren und fucosylierten Kohlenhydrat-Liganden vermitteln die dafür notwendigen Zell-Gefäßwand-Affinitäten. Selektine und Integrine sind hierbei wichtige Signalproteine, die die Migration und Diapedese der Zellen aus den Blutgefäßen in das entzündete Gewebe ermöglichen. Fucosyl- und Acetylneuraminsäure-reiche sowie sulfatierte Lebensmittel-Oligosaccharide können innerhalb dieser Prozesse auf die interzellulären Bindungen beeinflussen.

Die oxidative Abtötung von Mikroorgansimen durch phagozytierende Zellen ist durch die Bildung hochreaktiver Stickstoff- und Sauerstoffradikale und Ionen mitbestimmt. Die Oxygenase und die Stickstoffmonoxid-Synthase sind hierbei Schlüsselenzyme. Ein transient hoher Ausstoß dieser Agenzien kann zu einer pathologischen Schädigung des Umfeldes führen. Daher kann es sinnvoll sein, diätetisch durch antioxidative Lebensmittelkomponenten diese an sich wichtige Abwehrreaktion zu begrenzen. Die Neutralisation chemischer Radikale wird immer durch die reduktive Komplettierung der hochreaktiven, ungepaarten Elektronenkonstellation erreicht. Oligomere Proanthocyanidine, Steroide, Tannine, Tocopherole, Tocotrienole, Thiole sowie Carotinoide und organische Säuren aus Lebensmitteln wirken antioxidativ. Auch Tri- bis Pentapeptide mit endständigen aromatischen oder thiolhaltigen Aminosäuren zeigen ein relevantes antioxidatives Potenzial.

Innerhalb der angeborenen Abwehr spannt sich ein Netzwerk zellulärer Signalstoffe und verschiedener Elemente des Komplementsystems zwischen den Gewebe- und Immunzellen auf. Die Zytokine IL-1, IL-6, IL-12 sowie TNFα vermitteln zelluläre Entzündungsreaktionen, IFNγ eine zytotoxische Reaktion. IL-4, IL-10 und TGFβ hingegen vermitteln eine immunologische Toleranz. Mφs differenzieren entsprechend zu immunregulativen Phänotypen aus. Die adaptive Abwehr führt diese Funktionsausrichtung entsprechend weiter. Zellbestandteile und Stoffwechselprodukte lebensmittelassoziierter Bakterien, Fruchtpektine und Milch-Oligosaccharide können diese funktionale Ausrichtung der Immunabwehr beeinflussen. Störungen dieses Signalnetzwerks bedingen unter anderem Stoffwechselkrankheiten.

3

**Immunogen-
erkennung**

Epithelzelle, Enterozyt

monozytäre Zellen
Granulozyten, Mastzelle

Komplementsystem

Effektoren

Phagozyten
- neutrophiler Granulozyt
- Makrophage

sekretorische Zellen
- Granulozyten, Mastzelle
- sekretorischer Enterozyt

Natürliche Killerzelle

Komplementsystem

antimikrobielle
Peptide

überleitende Aktivierung zur spezifischen Abwehr

Lernziele

- Welche funktionalen Elemente des Immunsystems sind in der angeborenen Abwehrreaktion aktiv?
- Wie wird die angeborene Immunabwehr initiiert und koordiniert?
- Welche diätetischen Faktoren beeinflussen das Komplementsystem, die Zellmigration, oxidative Reaktionen und das Signalnetzwerk innerhalb der angeborenen Abwehr?
- Inwieweit wirkt die angeborene Abwehr in die darauffolgende adaptive Abwehr hinein?
- Inwieweit sind Funktionselemente der angeborenen Immunabwehr als Ursache für die Stoffwechselerkrankung „Diabetes mellitus" zu sehen?

3.1 Lebensmittel-Lektine als Einflussfaktoren des Komplementsystems

Verschiedene lebensmittelassoziierte Lektine können sowohl stimulierend als auch inhibierend auf das Komplementsystem als Initiationselement der frühen Abwehrreaktion wirken und besitzen somit ein großes Potenzial für immunfunktionale Nahrungsmittelanwendungen. Generell sind Lektine multimere, zumeist glykosylierte Proteinstrukturen, die in pflanzlichen als auch tierischen Lebensmitteln weit verbreitet vorkommen. Mit ihrer Eigenschaft, Kohlenhydrate, wie *N*-Acetylglucosamin, Chitin oder Mannosestrukturen zu binden, sind sie zellphysiologisch an zahlreichen Stoffwechselvorgängen, wie der Zellteilung, der Proteinbiosynthese und der Proteinfaltung beteiligt. Als Signalstoffe auf Membranoberflächen vermitteln sie auch interzelluläre Kontakte. Einige Lektine, vorwiegend von Bakterien und Schimmelpilzen, sind toxisch und penetrieren Zellmembranen oder hemmen die Proteinbiosynthese.

3.1.1 Das Komplementsystem als Initiationselement der angeborenen Abwehrreaktion

Gelangen immunstimulierende Stoffe in relevanter Konzentration durch die geschwächte oder geschädigte Immunbarriere in das assoziierte periphere Gewebe, beginnen hocheffektive Abwehrmechanismen des Körpers darauf zu reagieren. Dieser Initiierung geht immer eine molekulare Strukturerkennung des stimulierenden Agens voraus. Bereits die Enterozyten der Darmbarriere erkennen solche Immunogene durch PRRs. Auch barriereassoziierte DCs, Granulozyten, Mastzelle, Mϕs und NK-Zellen tragen PRRs und erkennen PAMPs und gewebszerstörungsassoziierte molekulare Muster, sogenannte *destruction-associated molecular pattern* (DAMPs), was zur Zellaktivierung und Sekretion proinflammatorischer Zytokine führt (s. auch ▶ Abschn. 2.2.1). Ein weiteres zentrales Element der Erkennung immunogener Strukturen innerhalb der angeborenen Abwehrreaktion ist das Komplementsystem. Dieses, in der Leber gebildete Plasmaproteinsystem stellt eine proteolytische Aktivierungskaskade mit vielfältigen, antimikrobiellen und immunregulativen Proteinfaktoren dar. Die Aufgabe dieses Systems ist weitreichend und umfasst die Markierung und Opsonisierung von Mikroorganismen und apoptotischen Zellen, die Zelllysis durch zellmembranattackierende Poren, bis hin zur Stimulation erster immunologischer Abwehrreaktionen (◘ Abb. 3.1).

❓ Wie initiiert das Komplementsystem eine angeborene Abwehrreaktion?

Inflammationsmediatoren des Komplementsystems lassen chemotaktisch Immunzellen zum Ort des Geschehens migrieren und aktivieren dort verschiedene Effektoren der Immunabwehr. DCs, Mϕs, Granulozyten und NK-Zellen tragen spezifische Rezeptoren für diese Elemente des Komplementsystems. Die regulative

3

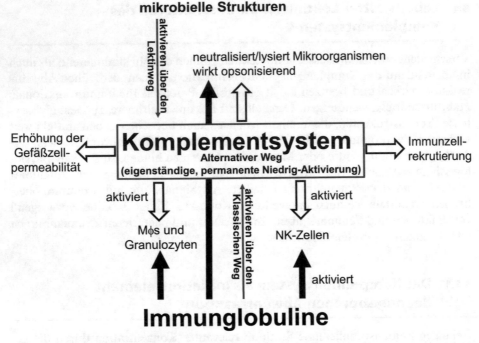

mikrobielle Strukturen

aktivieren über den Lektinweg

neutralisiert/lysiert Mikroorganismen
wirkt opsonisierend

Erhöhung der
Gefäßzell-
permeabilität

Komplementsystem
Alternativer Weg
(eigenständige, permanente Niedrig-Aktivierung)

Immunzell-
rekrutierung

aktiviert

Mφs und
Granulozyten

aktivieren über den Klassischen Weg

aktiviert

NK-Zellen

aktiviert

Immunglobuline

◻ Abb. 3.1   Aktivierungswege und Funktionen des Komplementsystems: Das Komplementsystem kann über den Lektinweg durch mikrobielle Strukturen, immunglobulinvermittelt über den klassischen Weg oder spontan durch den alternativen Weg ausgelöst werden. Funktionen des Komplementsystems umfassen die Markierung und Opsonisierung von Mikroorganismen, die Zelllysis durch zellmembranattackierende Poren und die Stimulation erster immunologischer Abwehrreaktionen

Funktion des Komplementsystems beschränkt sich nicht nur auf die frühe Antwort. Im weiteren Verlauf der Abwehrreaktion reguliert das Komplementsystem auch die Aktivität von Immunzellen innerhalb der adaptiven Immunantwort.

❱ Die Initiierung einer angeborenen Abwehr ist immer mit einer molekularen Strukturerkennung des stimulierenden Agens durch das Komplementsystem oder immunzellulären PRRs verbunden.

Das Komplementsystem kann über drei verschiedene Signalwege aktiviert werden, wobei der Lektinweg gegenüber dem klassischen und dem alternativen Weg in Bezug auf Lebensmittel am interessantesten ist (◻ Abb. 3.1). Der Lektinweg und der klassische Weg werden durch jeweils sehr ähnlich ausgebildete, supramolekulare Komplexe initiiert. Jeder Komplex hat mehrere Erkennungsuntereinheiten für verschiedene Zuckerpolymere und andere glykosylierte Molekülstrukturen, die durch kollagenähnliche Trägerstrukturen zu einer Funktionseinheit zusammengefasst werden. Sie erkennen Kohlenhydratstrukturmuster von Mikroorganismen und von zerstörten Zellen. Beim Lektinweg sind das mannosebindende Lektin (MBL) und Ficoline (FCN 1-3 oder Ficolin M, L und H) als Strukturerkennungs- und Start-

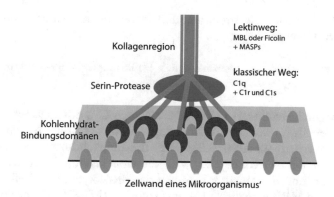

Lektinweg:
MBL oder Ficolin
+ MASPs

Kollagenregion

klassischer Weg:
C1q
+ C1r und C1s

Serin-Protease

Kohlenhydrat-
Bindungsdomänen

Zellwand eines Mikroorganismus'

◘ **Abb. 3.2** Strukturerkennungs- und Initiationsmoleküle des Komplementsystems: Mannosebindende Lektine und Ficoline des Lektinwegs sowie C1q (C1r+C1s) des klassischen Wegs binden an Kohlenhydratstrukturen mikrobieller Zelloberflächen. Interagierende Serin-Proteasen initiieren die proteolytische Kaskade des Komplementsystems. MASP: mannosebindende lektin-assoziierte Serin-Protease, MBL: Mannose bindendes Lektin

signalmoleküle involviert. MBL und Ficoline bilden mit ihren Kollagenregionen Multimere aus einzelnen Proteinsträngen mit mehreren Kohlenhydratbindungsdomänen (◘ Abb. 3.2). MBL bindet vorwiegend Mannose-, Fucose- und N-Acetylglucosaminreste, Ficoline binden insbesondere N-Acyl-Strukturen bakterieller und pilzlicher Zellwände. Beim klassischen Weg bindet das ähnlich strukturierte Multimer C1q die Fc-Fragmente zelloberflächengebundener Immunglobuline der Klassen IgM und IgG_{1-3}. Immunglobuline der Klassen IgA, IgE und IgD hingegen aktivieren das Komplementsystem nicht. Alternativ kann auch der Lektinweg über C1q immunglobulinunabhängig durch direkte Erkennung von Kohlenhydratstrukturen gestartet werden.

? Welche immunfunktionalen Lebensmittelkomponenten können die Aktivität des Komplementsystems modifizieren?

Lebensmittelassoziierte Hefen und probiotische Bakterien beispielsweise bilden zahlreiche komplementsystemaktivierende β-Glucanstrukturen. Neben den mikrobiellen sind auch pflanzliche β-Glucane relevant. Das komplementsystemstimulierende Pachyman $[Glc(\beta1,3)]_n Glc$ zum Beispiel findet sich bei der chinesischen Heilpflanze *Poria cocos mycelia* oder Pustulan $[Glc(\beta1,6)]_n Glc$ (an jeder 10/12 Glucoseeinheit der Grundstruktur ist eine Acetylgruppe gebunden) wird in großen Mengen von der Pustelflechte, *Lasallia pustulata,* gebildet. Auch die Gerste (*Hordeum vulgare*) beinhaltet das sogenannte Barley-β-Glucan $[Glc(\beta1,4)Glc(1,3)]_n Glc$, welches das Komplementsystem sowohl aktivieren als auch inhibieren kann. Zusammen mit den Elementen des Komplementsystems wirken APPs mit an der Immunogenerkennung und Aktivierung der angeborenen Immunabwehr. Auch diese werden von Lebensmittel-Glucanen stimuliert. Das C-reaktive Protein beispielsweise ist ein mikroorganismenmarkierendes Opsonin, das mit dem Barley-β-Glucan der Gerste interagiert und daraufhin das Komplementsystem aktivieren kann. Der

Einsatz diese Rohstoffe als Immunmodifikatoren in der Nahrungsmittelsupple-
mentation wird intensiv diskutiert.

? Wie werden immunogene Agenzien durch Strukturerkennungs- und Initiationsmoleküle des Komplementsystems genau erkannt?

3

Sowohl MBL und Ficolin des Lektinwegs als auch C1q des klassischen Wegs verbinden sich jeweils im weiteren Aktivierungsverlauf der proteolytischen Kaskade
mit Serin-Proteasen (◘ Abb. 3.2). Die Bindung induziert Konformationsänderungen in diesen Komplexen, was zu einer Autoaktivierung der Serin-
Proteasen führt und die weiteren Prozesse der proteolytischen Kaskade initiiert.
Die Ficolin- und MBL-assoziierten Serin-Proteasen (MASP 1–3), beziehungsweise
die C1q-assoziierten Komplementsystemelemente C1r und C1s zerteilen die Elemente C4 und C2 in jeweils a- und b-Fragmente (◘ Abb. 3.3).

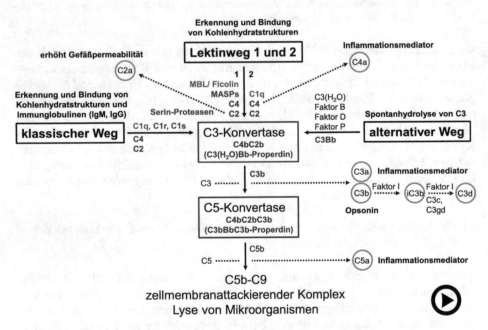

◘ **Abb. 3.3**   Die proteolytische Kaskade des Komplementsystems: Die das Komplementsystem initiierenden Serin-Proteasen, sowie die C3- und C5-Konvertase generieren verschiedene Inflammationsmediatoren, Opsonine und einen zellmembranpenetrierenden Komplex. MBL: Mannose bindendes
Lektin, MASP: MBL-assoziierte Serin-Proteasen (▶ https://doi.org/10.1007/000-b6y)

Das Element C2a führt zu Gefäßerweiterung und ist pathologisch an Ödembildungen beteiligt, C4a hingegen wirkt als Inflammationsmediator. Über den Lektin- oder den klassischen Weg bilden die Elementfragmente C4b und C2b die C3-Konvertase als ersten Meilenstein dieses Aktivierungsprozesses. Diese Konvertase kann auch über einen dritten, alternativen Weg generiert werden. Hierbei erfolgt eine spontane Autohydrolyse von C3 in $C3(H_2O)$, mit anschließender Bindung dieses Fragments an den Faktor B, welcher dann wiederum vom Faktor D in Ba und Bb gespalten wird. Die C3-Konvertase des alternativen Weges wird dann, wenn auch nur in sehr geringen Mengen, aus $C3(H_2O)Bb$ gebildet und mit Properdin (Faktor P) stabilisiert. Daraufhin kann das an eine Zelloberfläche assoziierte C3 von der C3-Konvertase in C3a und C3b gespalten werden. Aus C4bC2b und C3b wird im Lektin- oder im klassischen Weg dann die C5-Konvertase gebildet, die wiederum C5 in C5a und C5b spaltet. Die C5-Konvertase des alternativen Wegs entsteht durch Spontanhydrolyse aus C3 und wird durch Properdin stabilisiert. Die C3-Konvertase des alternativen Weges wird aus C3bBbC3b-Properdin gebildet. An dieser Stelle werden zwei weitere Inflammationsmediatoren, C3a und C5a, sowie ein phagozytoseverstärkendes C3b-Opsonin gebildet, welches durch den Faktor I in weitere funktionale C3b-Fragmente aufgespalten werden kann. C3a und C5a sind hochpotente Chemoattraktoren und leiten Immunzellen zum Ort der Entzündung. C3a, C3b, C3bi, C3d, C3dg, C4b und C5a werden von allen funktionalen Zellen der angeborenen Abwehr durch spezifische Rezeptoren erkannt und vermitteln so die Phagozytose von immunogenen Stoffen, regulieren die Proliferation sowie die Migration und Effektorleistung dieser Zellen (◘ Tab. 3.1).

❯ Das Komplementsystem ist nicht auf die Immunreaktionen der angeborenen Abwehr beschränkt, sondern reicht regulatorisch weit in die erweiterte adaptive Immunantwort hinein.

Auch Zellen der adaptiven Abwehr, wie T- und B-Lymphozyten, tragen C3aR, C5aR und CR1-4-Rezeptoren für alle C3-Fragmente und C5a. Da viele Immunzellen sowohl Rezeptoren für Elemente des Komplementsystems als auch für die Immunglobulinklassen IgM, IgG und IgA exprimieren, ergibt sich in diesem Zusammenhang ein sich ergänzendes Nebeneinander beider Immunproteinsysteme (◘ Tab. 3.1). Letztendlich formt C5b zusammen mit C6–C9 einen Zellmembranangriffskomplex. Diese Pore penetriert Zellmembranen und lässt betroffene Zellen lysieren und absterben. Die Körperzellen sind vor Angriffen durch das Komplementsystem mithilfe verschiedener Inhibitoren und Faktoren, wie dem C1-Esterase-Inhibitor oder dem *membrane co-factor protein* (CD46) und dem *decay accelerating factor* (CD55), geschützt. Apoptotischen Zellen hingegen fehlen durch ihre veränderte Zellmembranstruktur diese Schutzmechanismen und sie können vom Komplementsystem markiert und lysiert werden.

□ **Tab. 3.1** Aktivierung von Abwehrzellen der angeborenen Abwehr durch das Komplementsystem und durch Immunglobuline

Komplement	Rezeptoren								Immunglobuline
	Endothelzelle	DC	Mφ	NK-Zelle	Granulozyten N	E	B	Mastzelle	
C3a	C3aR	C3aR FcγRI	FcγRI	C3aR[1]	C3aR FcγRI			C3aR	IgG
C3b, C4b, iC3b	CR1, CD46	CR1, CD46 FcγRIIA	CR1 FcγRIIA		CR1 FcγRIIA	FcγRIIA			
C3d, iC3b, C3dg		CR2 FcγRIIB	FcγRIIB			FcγRIIB	FcγRIIB	FcγRIIB	
iC3b		CR3 FcγRIII	CR3 FcγRIII	CR3[1] FcγRIII	CR3 FcγRIII	FcγRIII		FcγRIII	
	CR4 FcεRII	CR4 FcεRI, II	CR4 FcεRII	CR4	CR4 FcεRII	FcεRI, -II	FcεRI, -II	FcεRI, -II	IgE
C5a	C5aR	CD55	C5aR FcαRI	C5aR	C5aR FcαRI			C5aR	IgA, IgM

B: basophil, E: eosinophil, N: neutrophil, FcγRI: CD64, FcγRIIA: CD32, FcγRIIB: CD32, FcγRIII: CD16, FcεRII: CD23, FcαRI: CD89; Komplementinhibitorrezeptoren: CD46 (*membrane co-factor protein*) und CD55 (*decay accelerating factor*); *C3a, iC3b sind negative Regulatoren der NK-Zellaktivität*

3.1.2 Lebensmittel-Lektine modifizieren die Komplementsystemaktivität

Lektine werden gemäß ihrer unterschiedlichen Bindungseigenschaften gegenüber Kohlenhydratstrukturen kategorisiert. Die Erkennungs- und Initiationsproteine des Komplementsystems, MBLs, Ficoline und C1q, sind C-Typ-Lektine. Die Strukturbindung an die Kohlenhydratbindungsdomäne der MBLs wird über Calciumionen vermittelt. Bei den Ficolinen ist dies ebenfalls calciumabhängig. Die fibrinogenartige Erkennungsdomäne beinhaltet mehrere *N*-Acyl-strukturaffine Adhäsionsbereiche. C1q hingegen zeigt eine globuläre Bindungstasche, welche calciumunabhängig, multivalent eine Vielzahl unterschiedlicher Kohlenhydrat-Liganden erkennt und bindet.

Das Lektin-Problem

Ernährungsphysiologisch werden Lebensmittel-Lektine nicht nur positiv gesehen. Antinutritive und toxische Eigenschaften von Lektinen gelten als kritische Risikofaktoren für Lebensmittelunverträglichkeiten. Eine generelle Vermeidungsdiät ist aufgrund ihrer Omnipräsenz jedoch kaum umsetzbar.

Lebensmittel-Lektine können mit verschiedenen Funktionselementen des Komplementsystems interagieren und deren Funktionen modifizieren. Die Mehrzahl relevanter lebensmittelassoziierter Lektine ist pflanzlichen Ursprungs. Verschiedene Getreidearten, Früchte der Nachtschattengewächse, wie Kartoffeln und Tomaten, sowie Früchte der Leguminosen, wie Bohnen, Linsen und Erbsen, als auch verschiedene Nussarten haben hohe Lektingehalte. Das Lektin Concanavalin A (s. auch ▶ Abschn. 2.2.2) der Jackbohne, *Canavalia ensiformis*, hemmt die Funktion der Elemente C1 und C2, die in der frühen Prozessphase der proteolytischen Kaskade des Komplementsystems wichtig sind. Jacalin ist ein galactosespezifisches Lektin des Jackfruchtbaumes (*Artocarpus heterophyllus*). Es aktiviert das Komplementsystem, indem der hochglykosylierte C1-Esterase-Inhibitor, der die Aktivierung des Komplementfaktors C1 kontrolliert, durch Bindung blockiert wird. Aber auch Lebensmittel aus tierischen Rohstoffen enthalten Lektinmoleküle, die oftmals als Agglutinine und Hämagglutinine bezeichnet werden. Galectine, die insbesondere β-galactosidische Zuckerstrukturen binden, sind unter anderem im Fleisch und Milch von Säugetieren weit verbreitet. Nicht zuletzt tragen auch lebensmittelassoziierte Mikroorgansimen, wie verschiedene *Lactobacillus*-Spezies und Hefen, Lektine bzw. lektinähnliche Strukturen auf ihren Zelloberflächen, die die Komplementsystemaktivierung beeinflussen können. Entweder wirken Sie selbst als Liganden von Ficolinen, MBLs oder C1q oder sie stören oder blockieren durch unspezifisches Abdecken der Bindungsdomänen die Detektion passender Liganden.

3.2   Die Zellmigration von Immunzellen und antiadhäsive Oligosaccharide

Die frühe Abwehrreaktion auf eine immunogene Stimulation beginnt mit der Rekrutierung von Effektorzellen. Neben DCs, Mɸs und NK-Zellen werden insbesondere neutrophile Granulozyten, die den Großteil der Abwehrreaktion bewältigen, zum Entzündungsort geleitet. Diese Heranführung von Immunzellen aus den Blutgefäßen hin zu peripherem Gewebe ist bestimmt durch molekulare Zelladhäsionen sowie durch zellaktivierende und chemoattraktivierende Signalstoffe. Vermittelt durch spezifische Kombinationen von Selektin- und Integrin-Interaktionen sowie Zytokin- und Chemokinsignalen können Immunzellen gezielt ihren explizit zugeordneten Wirkungsort finden. Dieser Verteilungsprozess von Immunzellen hin zu peripherem Gewebe oder lymphatischen Organen über das Gefäßsystem wird auch als *homing* bezeichnet.

Die Migration von Immunzellen aus dem Blutgefäß in das entzündliche Gewebe vollzieht sich in zwei Schritten. In einem ersten Schritt werden Immunzellen aus dem Blutfluss heraus an die Zelloberfläche des Gefäßendothels geleitet (◘ Abb. 3.4). Dies geschieht über eine Zell-Gefäßwand-Affinität, die durch Wechselwirkungen zwischen glykosaminoglykan-bindenden Rezeptoren und fucosylierten Kohlenhydrat-Liganden vermittelt wird. Die frühen Inflammationssignale TNFα und IL-1β, beide meist von Mɸs direkt am Inflammationsort gebildet, bewirken, dass Endothelzellen zuerst P-Selektin und später auch E-Selektin (CD62P, CD62P) als Adhäsionsglykoproteine an der Zelloberfläche exprimieren. Die Liganden neutrophiler Granulozyten heften sich an diese Lektine an, reißen jedoch, bedingt durch die Scherkräfte des Blutstroms, wieder los, sodass eine Anheftungs- und Rollbewegung der Immunzelle entlang dem Gefäßwand-Endothel entsteht. Andersherum haftet das L-Selektin (CD62L) des Granulozyten an einen Mucin-Liganden der Endothelzelle. Durch weitere Inflammationssignale, wie IL-6 und die als Anaphylatoxine bezeichneten Komplementsystemelemente C3a, C4a und C5a, werden die Endothelzellen weiter aktiviert. Das Element C2b erweitert zudem die Blutgefäße, verlangsamt dadurch den Blutfluss und verstärkt die interzelluläre Anbindung.

Im zweiten Schritt bewirkt das proinflammatorische TNFα-Signal die Expression von VCAMs und ICAMs als Integrin-Liganden durch Endothelzellen. Lediglich ICAM-2 wird von Endothelzellen gleichbleibend, konstitutiv exprimiert. Die als Integrine fungierenden Bindungsproteine *very late antigen-4* (VLA-4) und LFA-1 sowie der Komplementrezeptor CR3 auf neutrophilen Granulozyten binden die endothelialen Liganden VCAM-1 und ICAM-1. Ein vom Ort der Inflammation ausgehender Chemokingradient, hier *CXC-chemokine ligand* CXCL 1–3, 7 und 8, wird von Rezeptoren der Immunzelle registriert und löst eine Konformationsänderung der Integrin-Bindungsdomänen aus. Strukturell richten sich die Integrine durch dieses Signal auf und strecken ihre Bindungsdomäne dem Bindungspartner verstärkt entgegen. Die Zell-Endothel-Anbindung manifestiert sich und der Diapedese genannte Durchtritt der Zelle durch die Gefäßwand wird

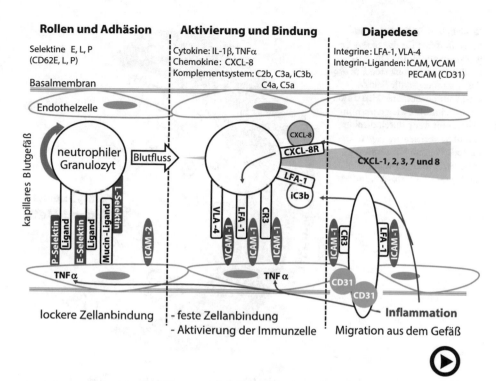

Rollen und Adhäsion

Selektine E, L, P
(CD62E, L, P)

Basalmembran

Aktivierung und Bindung

Cytokine: IL-1β, TNFα
Chemokine: CXCL-8
Komplementsystem: C2b, C3a, iC3b,
C4a, C5a

Diapedese

Integrine: LFA-1, VLA-4
Integrin-Liganden: ICAM, VCAM
PECAM (CD31)

lockere Zellanbindung

- feste Zellanbindung
- Aktivierung der Immunzelle

Inflammation
Migration aus dem Gefäß

◾ **Abb. 3.4** Immunzellmigration und Diapedese: Eine regulierte Abfolge von Signalstoffen und interzellulären Anbindungen vermittelt die Rekrutierung von Immunzellen aus den Blutgefäßen in das entzündete periphere Gewebe. Sie erfolgt durch anfängliche Roll- und Anheftungsbewegungen der Immunzelle entlang des Endothels, der Zellaktivierung und Anbindung der Immunzelle an die Gefäßwand und dem Austreten der Immunzelle aus dem Gefäß in das umliegende Gewebe. CXCL: *CXC-chemokine ligand*, ICAM: *intercellular adhesion molecule*, LFA: *lymphocyte function-associated antigen*, PECAM: *platelet endothelial cell adhesion molecule*, TNF: *tumor necrosis factor*, VCAM: *vascular cell adhesion molecules*, VLA: *very late antigen* (▶ https://doi.org/10.1007/000-b6x)

vorbereitet. Auch hierbei wirken die Anaphylatoxine und IC3b des Komplementsystems immunzellaktivierend. Beidseitig gebildetes *platelet endothelial cell adhesion molecule-1* (PECAM-1, CD31) vermittelt die Diapedese. Metalloproteasen der beteiligten Immunzellen lösen die Basalmembran des Gefäßendothels auf und die Immunzelle kann in das umgebende Gewebe migrieren. Dieser Vorgang wird auch „Extravasation" genannt.

❯ Fucosylierte, sulfatierte oder neuramin-/sialinsäurereiche Polymerstrukturen können die Migration von Immunzellen beeinflussen.

Pflanzliche Pektine und Harze beinhalten verschiedene Strukturen mit diesen Eigenschaften. Apfel- und Zitruspektine weisen einen hohen Fucosylierungsgrad auf. Diese können beispielsweise an das Fucose-Bindungsmotiv der P-Selektin-Bindungsdomäne binden und so native Liganden kompetitiv verdrängen.

◘ Abb. 3.5 P-Selektin-Bindungsdomäne für das Sialyl-Lewis^x-Ligand-Motiv: Die Anbindung der exponierten Fucose des Liganden an die Selektin-Bindungsdomäne wird durch ein Calciumion, die Neuraminsäureanbindung durch direkte Ladungswechselwirkungen vermittelt. Weitere Wasserstoffbrückenbindungen verstärken die Ligand-Selektin-Anbindung

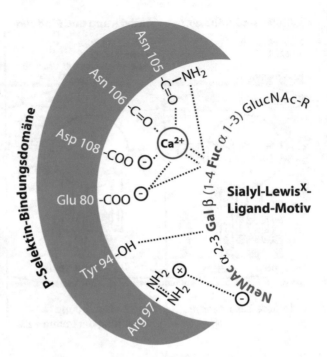

Der Arginin-Rest 97 der Selektin-Bindungsdomäne bindet über Ladungswechselwirkungen die *N*-Acetylneuraminsäure des Sialyl-Lewis^x- Motivs (◘ Abb. 3.5). In boviner Milch und anderen Milchen tragen Sialyl-Oligosaccharide neben Fucoseverzweigungen auch *N*-Acetylneuraminsäure an ihrer Grundstruktur ([Gal(β1-3/4)GlcNAc β1–]$_n$Gal(β1-4)Glc) und bieten dem Lektin somit ein weiteres Bindungsmolekül an. Interessanterweise werden auch Sulfatreste von dieser Aminosäure mit noch höherer Affinität gebunden. Daher sind auch sulfatierte Ligandenstrukturen adäquate Bindungspartner für Selektine. Sind Fucosen und Sulfatgruppen in einer Struktur vereint, können sie eine Lektin-Ligand-Bindung von hoher Affinität vermitteln. Beeindruckend zeigt dies die von verschiedenen Braunalgenarten (*Phaeophyceae*) stammende sulfatierte Polyfucose Fucoidan. Dieses Polymer wird für medizinische Anwendungen zur Blockierung neuronaler Stoffadhäsionen und als Antiadhäsivum gegenüber Metastasierungen bei Krebserkrankungen erprobt. Ähnliche Eigenschaften weist das in der Medizin als Thrombose-Prophylaxemittel eingesetzte körpereigene, in der Leber synthetisierte Heparin, ein sulfatiertes und verzweigt-fucosyliertes Kohlenhydratpolymer mit Galactose-, Glucose-, Glucuronsäure-, Mannose- und Xylose-Einheiten. Als Antikoagulans hemmt es interzelluläre Adhäsionen, indem Bindungsdomänen kompetitiv gegenüber dem natürlichen Liganden blockiert werden. Solche funktionalen Komponenten in relevanter Konzentration im Blut können die Rekrutierung von Immunzellen modifizieren, indem sie gegenüber den natürlichen Liganden um die gleichen Selektin-Bindungsstellen konkurrieren. Chronische Inflammationssituationen ließen sich so eingrenzen und auflösen.

Interessanterweise scheint die Zusammensetzung der Ernährung Einfluss auf die Syntheseleistung und auf den molekularen Aufbau von Lektin-Liganden und somit direkt auf die Effektorrekrutierung und auf das *homing* von Immunzellen zu nehmen. Eine Diät, die reich an Guarkernmehl oder Weizenkleie ist, soll die Bildung von Glykosaminglykanen verstärken, das Phytoöstrogen Genistein der Sojabohne soll hingegen als Genexpressionsinhibitor die Synthese senken. Der für die Adhäsion bestimmende Sulfatierungsgrad von Glykosaminglykanen scheint durch die Aufnahme von diätetischem Mangan aus Getreide, Heidelbeeren (*Vaccinium myrtillus*) oder Nüssen als metabolischer Synthese-Kofaktor zu beeinflussen.

3.3 Lebensmittel-Antioxidanzien wirken chemischen Radikalen aus Abwehrreaktionen entgegen

Bei einer Entzündung migrieren phagozytierende Mɸs und neutrophile Granulozyten aus den Blutgefäßen in das umgebende Gewebe. Zytokinsignale des Gefäßendothels, wie der *granulocyte-macrophage colony-stimulating factor* (GM-CSF) und der *macrophage colony-stimulating factor* (M-CSF), führen zu einer Zellreifung und Entfaltung der vollständigen Abwehrkompetenz dieser Effektoren. Anaphylatoxine des Komplementsystems, insbesondere das C5a, wirken hierbei ebenfalls aktivierend. Durch das Element C3b opsonisierte Mikroorganismen werden durch den Rezeptor CR3a an die Zellmembranoberflächen von Phagozyten gebunden. Später werden Mikroorganismen auch durch Immunglobuline markiert, die dann auch als Antikörper-Immunkomplexe von Phagozyten über ihren FcγR erkannt und gebunden werden können. Die darauf in ein intrazelluläres Phagosom eingeschlossenen Mikroorganismen werden dann chemisch-enzymatisch zersetzt (◘ Abb. 3.6). Um dies zu erreichen, fusionieren innerhalb der Zelle „Lysosomen" genannte granuläre Vesikel mit dem Phagosom und bilden zusammen das sogenannte Phagolysosom aus.

? Welche Funktion haben Sauerstoff und Stickstoffradikale im Phagolysosom?

Die Lysosomen sind mit Proteasen, wie Elastasen und Gelatinasen sowie mit verschiedenen antimikrobellen Peptiden beladen. Zudem enthalten sie Enzyme, die hochreaktive, biozide Sauerstoffsubstanzen generieren. Sie fusionieren intrazellulär mit dem Phagosom und bilden zusammen das Phagolysosom. Die Abtötung der darin eingefangenen Mikroorganismen muss schnell erfolgen, bevor diese ihrerseits durch Lipase-Aktivitäten die Membran des Phagolysosoms durchbrechen können. Der pathogene Fleischverderber *Listeria monocytogenes* zum Beispiel ist dafür bekannt, sich nach Phagozytose aus dem Phagosom zu befreien, um sich intrazellulär zu vermehren. Durch den Phagozytosevorgang steigt der Sauerstoffverbrauch in den Granula neutrophiler Granulozyten bzw. in den granulären Lysosomen von Mɸs an. Schlüsselenzym hierbei ist die NADPH-abhängige Oxygenase (NOX 1–4), welche membranständig sowohl in den granulären Vesikeln als auch an der Zellmembran selbst vorliegt. Unterstützt wird dieser Vorgang durch das

3

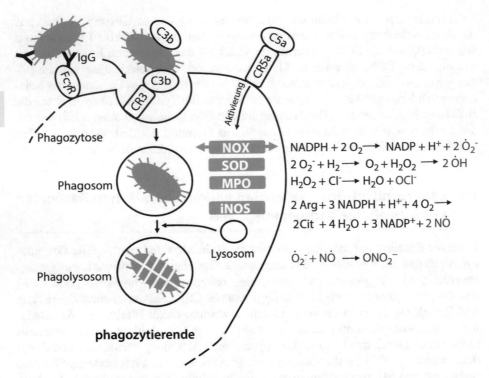

$$NADPH + 2O_2 \longrightarrow NADP + H^+ + 2\dot{O}_2^-$$

$$2O_2^- + H_2 \longrightarrow O_2 + H_2O_2 \longrightarrow 2\dot{O}H$$

$$H_2O_2 + Cl^- \longrightarrow H_2O + OCl^-$$

$$2\,Arg + 3\,NADPH + H^+ + 4\,O_2 \longrightarrow$$

$$2Cit + 4\,H_2O + 3\,NADP^+ + 2\,N\dot{O}$$

$$\dot{O}_2^- + N\dot{O} \longrightarrow ONO_2^-$$

◻ Abb. 3.6 Generierung reaktiver Stickstoff- und Sauerstoff-Spezies: Phagozyten generieren entlang einer Enzymkaskade hochreaktive, biozide Substanzen. Phagozytoseaktivität und Komplementsystemsignale initiieren hierzu die NADPH-abhängige Oxygenase als Schlüsselenzym. Die oxidative Abtötung von Mikroorganismen gipfelt in eine *respiratory burst* genannte zelluläre Sekretion hochreaktiver Stickstoff- und Sauerstoffsubstanzen. MPO: Myeloperoxidase, NOX: NADPH-abhängige Oxidase, SOD Superoxid-Dismutase, iNOS: induzierte Stickstoffmonoxid-Synthase

Komplementsystemelement C5a-Signal. Die NADPH-Oxygenase synthetisiert Superoxidradikale, die wiederum durch das Enzym Superoxid-Dismutase (SOP) zu chemisch relativ stabilem Hydroxygenperoxid umgesetzt werden können. Das Hydroxygenperoxid kann jedoch spontan zu Hydroxylradikalen zerfallen oder wird innerhalb des Phagolysosoms von der Myeloperoxidase mit Chloridionen zu einem hochreaktiven Hypochlorid-Anion umgesetzt. Solche Substanzen können auch aus verschiedenen organischen Stickstoffverbindungen generiert werden. Die induzierbare Stickstoffmonoxid-Synthase (iNOS 1–3) beispielweise bildet NADPH-abhängig ausgehend von den Aminosäuren Arginin und Citrullin das Stickstoffmonoxid-Radikal, welches selbst wiederum zusammen mit dem Superoxid-Radikal zum reaktiven Peroxynitrit-Anion reagieren kann. Es entsteht letztendlich ein vielfältiges Portfolio an chemischen Radikalen und Ionen, die unspezifisch Lipid- und Proteinstrukturen zerstören und dadurch Organismen und Gewebe zersetzen. Die oxidative Abtötung von Mikroorgansimen gipfelt in eine *respiratory burst* genannte zelluläre Sekretion hochreaktiver Stickstoff- und Sauerstoffsubstanzen. Interessanterweise hemmen verschiedene pflanzliche Scharfstoffe, wie das 6-Gingerol und das 6-Shogaol des Ingwers (*Zingiber officinale*), die intrazellulären iNOS-Induktionswege und reduzieren somit entzündungsbedingten oxidativen Stress.

❓ Welche Lebensmittelkomponenten können die Phagozytoseleistung und den *respiratory burst* von Phagozyten beeinflussen?

Verschiedene phytomedizinische Applikationen aus Blätter- oder Wurzelextrakten aus Ginseng (*Panax ginseng*), Sonnenhut (*Echinacea spec.*) oder Pelagonium (*Pelagonoium sidoides*) haben zum Ziel, die Funktionalität von Phagozyten zu verstärken. Diese Wirkstoffe werden zumeist präventiv zur Stärkung der Infektionsabwehr eingesetzt und sind kommerziell sehr erfolgreich auf dem Markt etabliert. In diesen Pflanzen enthaltene Polysaccharide, Alkylamide und verschiedene Phenolsäuren werden als Wirkstoffe diskutiert, die über TLR-4-abhängige und TLR-4-unabhängige Signalwege Immunzellen aktivieren und neben der Phagozytoseleistung die Synthese- und Sekretion von Stickoxidradikalen durch neutrophile Granulozyten und Mφs steigern. Die Chicoréesäure, eine prominent im Sonnenhut vorkommende immunaktive Phenylpropansäure, findet sich auch in Chicorée (*Cichorium intybus* var. *foliosum*) und macht dieses Gemüse zu einem interessanten Kandidaten für ein immunfunktionales Lebensmittel.

Körpereigene Enzyme, wie die Katalase und das selenabhängige Glutathion-Peroxidase/Gluthation-disulfid-Reduktase-Enzymsystem sowie antioxidative Substanzen, wie beispielsweise Albumine und Harnsäure, wirken naturgemäß oxidativen Reaktionen chemischer Radikale entgegen. Ein transient hoher *respiratory burst* kann jedoch diese physiologische Eingrenzung durchbrechen und zu einem oxidativen Stress mit pathologischer Schädigung des Umfeldes führen. Daher kann es sinnvoll sein, diätetisch durch antioxidative Lebensmittelkomponenten die an sich immunologisch wichtigen Abwehrreaktionen zu begrenzen helfen. In der Pathogenese der Artherosklerose zum Beispiel sind von Mφs gebildete Sauerstoffradikale beteiligt, da in der Tunica intima der morphologisch dreilagigen Arteriengefäßwand inkorporierte Lipoproteine mit geringer Dichte durch sie oxidiert werden. Mφs nehmen diese hochoxidierten Lipoproteine CD36-vermittelt auf und werden zu Schaumzellen, welche akkumuliert letztendlich die Gefäße verengende Plaque bilden.

Die Neutralisation chemischer Radikale wird immer durch die reduktive Komplettierung der hochreaktiven, ungepaarten Elektronenkonstellation erreicht. Entweder werden Elektronen oder direkt ein Wasserstoffatom an das Radikal abgegeben. Antioxidative Moleküle, die nach einer solchen Reaktion chemisch stabil bleiben, zeichnen sich zumeist durch Hydroxylgruppen als Elektronen- oder Wasserstoffatom-Donatoren aus. Diese sind an aromatische Molekülstrukturen assoziiert, welche den entstehenden Elektronenverlust auf das gesamte delokalisierte π-Elektronensystem verteilen können.

3

Antioxidative Kapazität

Analytisch wird die Kapazität von Molekülen, das Oxidationspotenzial chemischer Radikale zu neutralisieren, oft als relativer Wert, bezogen auf die antioxidative Tocopherol-Kapazität, angegeben. Hierfür wurden alle Tocopherol- und Tocotrienol-Isoformen und Derivate des Vitamin E begrifflich zusammenfasst. Eine weit verbreitete Variante dessen ist der Bezug der Wirkeffizienz eines Stoffes auf ein Trolox genanntes Modellmolekül (6-Hydroxy-2, 5, 7, 8-Tetramethylchrom an-2-carbonsäure). Oder die antioxidative Kraft wird als mittlere effektive Konzentration EC_{50} des eingesetzten Stoffes definiert.

In der Lebensmitteltechnologie werden verschiedene Molekülkonstellationen als Antioxidanzien verwendet, die dieser Ratio entsprechen. Die synthetischen, hoch-antioxidativ wirkenden tertiär-Butylhydroquinon (E319), tertiär-Butylhdroxyanisol (E320) und tertiär-Butylhydroxyltoluen (E321) beispielsweise sind phenolartige Strukturen mit unterschiedlichen Löslichkeitscharakteristiken von eher fett- bis gut wasserlöslich. Auch Naturstoffe besitzen eine hohe antioxidative Kompetenz, wie Steroide, Tocopherole und Tocotrienole, Tannine, verschiedene Thiolkomponenten sowie organische Säuren und Carotinoide. L-(+)-Ascorbinsäure (E300) ist eine hoch antioxidative, vierfach hydroxylierte, zyklische Carbonsäure. Sie kommt in Höchstmengen in der tropischen Buschpflaume *Terminalia ferdinandiana* vor. Aber auch die Hagebutte und die Sanddornbeere sind reich an diesem auch als Vitamin C bezeichneten Wirkstoff. Interessanterweise scheint eine Kombination mit Tocopherol das antioxidative Potenzial dieses Vitamins signifikant zu verbessern. Ein weit verbreitetes antioxidatives Carotinoid in gelben bis orangenen Früchten ist Zeaxanthin. Es ist auch der Gelbfarbstoff im Eigelb. Die Strukturverwandte Astaxanthin befindet sich als violett-rötliches Carotinoid-Pigment vorwiegend in Wasserlebewesen, wie Algen, Krill und Lachs, aber auch in vielen Früchten, wie der Heidelbeere und Johannesbeere. Überhaupt zeigen farbgebende Moleküle in Lebensmitteln aus unterschiedlichsten Stoffklassen generell ein antioxidatives Potenzial (◘ Tab. 3.2). Insbesondere oligomere Proanthocyanidine sind hierbei hochpotente Antioxidanzien. Die zur großen Gruppe der Flavonoide gehörenden Moleküle sind aus Catechin(Flavan-3-ol)-Einheiten aufgebaut, die jeweils zwei aromatische Ringe und eine Hydroxylgruppe in ihrer trizyklischen Struktur beinhaltenden (◘ Tab. 3.3). Das Epigallocatechin-Gallat beispielsweise verleiht dem Grüntee eine prägnante antioxidative Kapazität.

Auch Peptide können eine effektive antioxidative Wirkung aufweisen. Neben dem physiologischen Tripeptid Glutathion, welches in Verbindung mit Peroxidase- und Reduktase-Enzymen Radikale entschärft, sind es besonders kleine Tri- bis

◻ **Tab. 3.2** Farbstoffe von Lebensmitteln mit antioxidativer Wirkung

Farbstoff	Stoffklasse	Farbe	Vorkommen
Betain	Quartäre Ammonium-verbindung	rot-violett	Krabben (*Brachyura*) Miesmuschel (*Mytilida*e) Rote Bete (*Betula vulgaris*)
Lutein	Carotinoid Xanthophyll		Grünkohl (*Brassica oleracea var. sabellica*) Spinat (*Spinacia oleracea*)
Lycopen	Carotinoid Tetraterpen		Tomate (*Solanum lycopersicum*)
Capsanthin Capsorubin	Carotinoid Xanthophyll	rot	Paprika (*Capsicum sp.*)
α-Carotin β-Carotin	Carotin	orange-gelb	Karotte (*Daucus carota* ssp. *sativus*) Grünkohl (*Brassica oleracea var. sabellica*)
Curcumin	Polyphenol		Gelbwurz (*Curcuma longa*) Safran (*Crocus sativus*)
Cyanidin	Anthocyan Flavan-3-ol		Brokkoli (*Brassica oleracea var. italica*) Rotkohl (*Brassica oleracea* convar. *capitata* var. *rubra*)

Pentapeptide, die antioxidativ wirken. Strukturell weisen sie oft in der Peptid-sequenz gepaart, endständige aromatische Aminosäuren, wie Phenylalanin, Tryp-tophan und Tyrosin oder thiolhaltige Aminosäuren, wie das Cystein, auf. Diese Peptide können physiologisch im Körper durch pankreatischen Proteinverdau durch die Serin-Protease Chymotrypsin, die vorwiegend Proteine an der Carboxyl-Seite von aromatischen Aminosäuren schneidet, entstehen. Sie können auch bio-technologisch durch Proteolyse mit technischen Serin-Proteasen, wie von Soja-bohnen (*Glycine max* (L.) Merr.), Süßlupinenmehl (*Lupinus L.* ssp.) oder auch tie-rischen Proteinmatrices aus Fleisch und Fisch dargestellt werden. Der immunologischen Relevanz all dieser diätetisch einsetzbaren, antioxidativen Wirk-stoffe liegt letztendlich die Begrenzung und Reduktion von oxidativem Stress innerhalb einer ausbordenden Entzündungsreaktion zugrunde.

3

> ◼ **Tab. 3.3**   Pflanzen mit hohen Gehalten an oligomeren Proanthocyanidinen
> (Flavan-3-ol Di- und Trimer und Oligomere)

Rinde

Seekiefer (*Pinus pinaster*)

Zimt (*Cinnamomum cassia*, *Cinnamomum verum*)

Samen- oder Fruchtschale

Apfelbeere (Aronia-Beere, *Aronia*)

Hagebutte (*Rosa canina*)

Heidelbeere (*Vaccinium myrtillus*)

Johannisbeeren (*Ribes sp.*)

Moosbeere (Cranberries, *Vaccinium macrocarpon*, Syn.: *Oxycoccus macrocarpos*)

Preiselbeere (*Vaccinium vitis-idaea*)

Sanddornbeere (*Hippophae rhamnoides*)

Traubenkernextrakt der Weintraube (*Vitis vinifera* ssp. *vinifera*)

3.4   Lebensmittelkomponenten beeinflussen das Signalstoffnetzwerk der frühen Abwehrreaktion

Innerhalb der angeborenen Abwehr spannt sich ein initiales Netzwerk zellulärer Signalstoffe und verschiedener Elemente des Komplementsystems zwischen den Gewebs- und Immunzellen. Diese erste Abwehrausrichtung wird später von der adaptiven Abwehr gespiegelt und verstärkt (◼ Abb. 3.7).

Das opsonisierende C3b-Element des Komplementsystems ist ein zentrales proinflammatorisches Signal in der angeborenen Abwehrreaktion. Es regt die Phagozytoseaktivität neutrophiler Granulozyten und Mϕs an. Diese zelluläre Aufnahme von Organismen und Stoffen ist für die Immunabwehr existentiell. Eine Beeinträchtigung oder ein Ausfall dieser Zellfunktion ist immer fatal, wie sich zum Beispiel in der hohen Letalität der Pesterkrankung zeigt. Die hohe Virulenz des dafür verantwortlichen bakteriellen Erregers *Yersinia pestis* ist vornehmlich in der erzeugten Hemmung der Phagozytoseleistung von Mϕs begründet. Auch zytotoxische NK-Zellen werden durch C3-Fragmente des Komplementsystems aktiviert. Auch endokrine Gewebe, Endo- und Epithelzellen sowie Immunzellen sezernieren verschiedene Signalpeptide, die als Wachstums- und Differenzierungsfaktoren oder Signalmoleküle wirken. Die Zytokine IL-1, IL-6, IL-12 sowie TNFα vermitteln zelluläre Entzündungsreaktionen. Eine zytotoxische Reaktion ist immer mit Interferon (IFNγ) assoziiert. Demgegenüber stehen IL-4, IL-10 und TGFβ als antiinflammatorische Signale, die an der Vermittlung einer peripheren Toleranz gegenüber Stimulationen beteiligt sind. Aber sie stehen auch im Kontext mit auf Granulozyten und Mastzellen basierenden Immunreaktionen gegen pathogene Pilze und Parasiten.

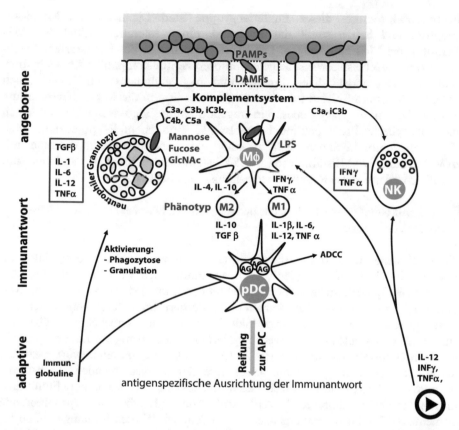

Abb. 3.7 Signalnetzwerk der angeborenen Abwehrreaktion: Ein Netzwerk zellulärer Signalstoffe und verschiedener Elemente des Komplementsystems reguliert die angeborene Immunantwort zwischen granulozytärer oder zellulär-zytotoxischen Reaktionen. Kohlenhydratstrukturen können hierbei die Differenzierung von Mɸs in einen proinflammatorischen oder die Immuntoleranz induzierenden Phänotyp lenken. Die adaptive Immunreaktion führt die Funktionsausrichtung der angeborenen Immunreaktion antigenspezifisch fort. ADCC: *antibody-dependent cellular cytotoxicity*, AG: Antigen, DAMPs: *destruction-associated molecular pattern*, PAMPs: *pathogen-associated molecular patterns*, pDC: plasmazytoide DC, IL: Interleukine, IFN: Interferon, Mɸ: Makrophage, TNF: *tumor necrosis factor*, TGF: *transforming growth factor* (▶ https://doi.org/10.1007/000-b6w)

❓ Welche Auswirkungen hat die immunologische Signallage für Phagozyten?

Mɸs differenzieren bei vorangeschrittener Entzündungsreaktion entsprechend der Signalumgebung zu einem entzündungsfördernden M1- oder zu einem toleranz-vermittelnden M2-Phänotyp. Der M2-Phänotyp differenziert sich in weitere drei Subtypen M2a, b und c aus. Diese dichotome Phänotypisierung wird einerseits über eine LPS-Erkennung durch CD14/TLR-4 als starke Entzündungsstimulans, oder andererseits von Kohlenhydrat-Liganden des Mannoserezeptors hervor-gerufen. Hieraus ergeben sich unterschiedliche Möglichkeiten, diätetisch Einfluss auf diese funktionale Mɸ-Phänotypisierung zu nehmen. Die Zellwände von Milch-säurebakterien des Sauerkrauts und anderer milchsauer fermentierter Lebens-mittel bestehen zu großen Teilen aus Mannose und *N*-Acetylglucosamin. Auch

Stoffwechselprodukte dieser Bakteriengruppe sind Liganden des Mannose-rezeptors und haben somit das Potenzial, einen toleranzvermittelnden M2-Phänotyp bei Mφs zu erzeugen. Die Exopolysaccharide des Kefirstarters *Lactobacillus cremoris* beispielsweise zeigen mannoserezeptor-kompatible Kohlenhydrat-strukturen mit endständigen Fucose- und *N*-Acetylglucosamin-Resten. Auch andere Lebensmittel bieten interessante Strukturen, um die Mφ-Differenzierung zu modifizieren. *N*-acetylglucosamin-tragende saure Oligosaccharide der Milch und fucosylierte Fruchtpektine beispielsweise sind ebenfalls potenzielle Mφ-Mannoserezeptor-Liganden. Zuletzt sind alle Lebensmittelkomponenten mit PAMPs- oder DAMPs-ähnlichen Molekülstrukturen immer Kandidaten, um modifizierend auf diese Regulationsmechanismen einzuwirken.

❓ Inwieweit beeinflussen sich die frühe und adaptive Abwehrphase regulatorisch über das Signalnetzwerk?

Die angeborene und adaptive Abwehrphase der Immunreaktion sind regulatorisch und funktional eng miteinander verbunden. Zum einen wird die Funktionsaus-richtung des Signalstoffnetzwerks der angeborenen Immunabwehr von der adaptiven Abwehrreaktion regulativ übernommen und präzisiert. Im weiteren Verlauf der Ent-zündungsreaktion nehmen plasmazytoide DCs, die vom Knochenmark über das Blutsystem in das entzündete Gewebe migriert sind, dort Antigene auf, um später in den Lymphfollikeln als professionelle APCs die adaptive Immunantwort spezifisch auszurichten (s. auch ▶ Abschn. 4.1.2). Die daraus resultierenden Wachstums-faktoren und Zytokine unterstützen wiederum rückwirkend die etablierte Funktions-ausprägung der angeborenen Abwehr. Auch Immunglobuline und opsonisierende Elemente des Immunsystems ergänzen sich funktional. Werden Immunglobuline ge-bildet, vermitteln diese im Zusammenspiel mit dem Komplementsystem die Phago-zytose von Mφs und neutrophilen Granulozyten, initiieren die Zytotoxizität von NK-Zellen, die dann als *antibody-dependent cellular cytotoxicity* bezeichnet wird, und lösen Degranulationsprozesse von basophilen oder eosinophilen Granulozyten sowie von Mastzellen aus. Zusammengenommen bedeutet dies, dass die Beeinflussung des Signalstoffnetzwerkes in der frühen Phase der Abwehrreaktion durch Lebensmittel-komponenten immer auch die nachfolgenden Abwehrereignisse mitprägt.

3.5 Das Komplementsystem als pathologischer Faktor für Diabetes mellitus Typ-2

Diabetes mellitus ist eine Stoffwechselerkrankung, die durch eine chronische Hyperglykämie bestimmt ist. Insulin ist ein essenzielles Hormonsignal für Zellen, um Glucose aus dem Blut aufnehmen zu können. Beim Diabetes Typ 1 fehlt dieser Signalstoff, da die insulinproduzierenden β-Inselzellen des Pankreas' durch Auto-immunreaktionen zerstört sind. Diabetes Typ 2 hingegen ist im Symptom-Chorus des Metabolischen Syndrom-X zusammen mit Adipositas, Atherosklerose und Hypertonie zu sehen. Das Komplementsystem ist hierbei ein wichtiger Faktor in der Pathogenese. Charakteristisches Merkmal diese Erkrankung ist eine „Insulinresistenz" genannte, fehlende, vom Glucosetransporter-4 abhängige Glucoseaufnahme von Zellen trotz gegebener Insulinsignallage. Dies führt einerseits zu einer Energieunterversorgung von Geweben und Organen, andererseits zu anhaltend hohen Blutzuckerwerten.

? Wie führt das Insulinsignal zu einer zellulären Glucoseaufnahme?

Der zellmembranständige Insulinrezeptor ist auf Muskel-, Fett- und Leberzellen stark exprimiert. Wenn Insulin an den passenden Rezeptor bindet, wird eine intrazelluläre Kinase-Signalkaskade initiiert, die bestimmte Serin- und Threoninreste des Insulinrezeptor-Substrates (IRS) 1 und 2 phosphorylieren. Dies wiederum aktiviert die Phosphatidylinositol-3 Kinase, ein zentrales, substratphosphorylierendes Enzym der intrazellulären Signaltransduktion (◘ Abb. 3.8). Letztendlich werden endosomal gebundene Glucosetransporter-4 aufgrund dieses Signals aus dem Zelllumen zur Zellmembran transloziert. Eine insulininduzierte Aufnahme von Glucose in die Zelle ist somit gegeben.

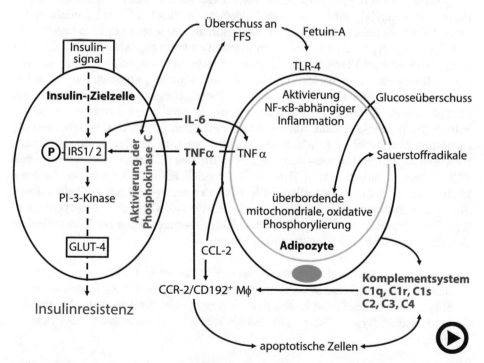

◘ Abb. 3.8 Das Komplementsystem als pathologischer Faktor für Diabetes mellitus Typ 2: Der intrazelluläre Signalweg, welcher die insulinabhängige Zuckeraufnahme in die Zelle vermittelt, kann durch chronisch-inflammatorische Reaktionen des Fettgewebes, bedingt durch eine metabolische Überladung des Stoffwechselsystems und oxidativem Stress, gestört werden. Auch andere Entzündungsereignisse im Körper, wie beispielsweise eine langandauernde Gingivitis, können die Signalwege des Insulins beeinflussen. Elemente des Komplementsystems sind hierbei zentrale Mediatoren. CCR-2: Chemokin-Rezeptor-2, FFS: Freie Fettsäuren, GLUT-4: Glucosetransporter-4, CCL-2: Chemokin-Ligand-2, TLR: *Toll-like receptor*, IRS 1/2: Insulinrezeptor-Substrat 1 und 2, PI-3 Kinase: Phosphatidylinositol-3-Kinase (▶ https://doi.org/10.1007/000-b6z)

? Wie wird das Insulinsignal durch eine Entzündung beeinflusst?

Die Phosphokinase C hat eine zentrale Bedeutung in der intrazellulären Signaltransduktion. Sie wird unter anderem durch das proinflammatorische TNFα-Signal aktiviert. Eine persistierende Entzündungssituation des Fettgewebes, bedingt durch eine Überladung des Stoffwechselsystems durch freie Fettsäuren (FFS) und Kohlenhydrate, aktiviert die Phosphokinase C. Die insulinabhängige Phosphorylierung von IRS kann durch eine vorzeitige kompetitive Phosphorylierung durch die aktivierte Phosphokinase C gestört werden und ist somit als primäre Ursache für Insulinresistenz zu sehen. Ein hoher Glucoseüberschuss, der dann auf Adipozyten zu flutet, führt katabolisch zu einer überbordenden, mitochondrialen oxidativen Phosphorylierung und zu einer damit einhergehenden Bildung von Sauerstoffradikalen. Ein Überschuss an aus der Nahrung stammenden oder durch Zellen abgegebenen FFS werden vom Blut-Bindeprotein Fetuin-A komplexiert und als solche durch TLR-4 von Adipozyten erkannt. Beides, oxidativer Stress und die FFS-Erkennung durch Adipozyten, erzeugt inflammatorische Reaktionen des Fettgewebes. Adipozyten sind neben ihrer Eigenschaft, metabolische Energie in Form von Triacylglycerolen in ihren Vakuolen zu speichern, hochpotente endokrine Zellen, die neben verschiedenen Adipokinen, Angiotensinogenen und Proteinen des fibrinolytischen Systems auch immunrelevante Signalstoffe, wie Chemokine, Zytokine und Elemente des Komplementsystems, sezernieren. Von aktivierten Adipozyten sezerniertes TNFα ist ein zentrales proinflammatorisches Zellsignalpeptid innerhalb der Diabetes-Pathogenese. Die Aktivierung der Phosphokinase C durch TNFα blockiert die intrazelluläre Insulinsignalweiterleitung der Insulin-Zielzelle. Auch das von Fettzellen gebildete IL-6 blockiert die Insulinsignalweiterleitung, jedoch durch einen anderen Mechanismus. IL-6 aktiviert Zytokinsignal-Suppressoren, die wiederum eine frühzeitige Degradation von IRS einleiten. Zudem erhöht IL-6 die TNFα-Sekretion und verstärkt die Freisetzung von FFS durch Fettzellen. FFS selbst werden von Insulin-Zielzellen durch Transportersysteme aufgenommen und aktivieren über den Diacylglycerol-Signalweg ebenfalls die Phosphokinase C. Durch weitere Signalstoffe manifestiert sich die chronische Gewebsentzündung weiter.

❯ Eine Überladung des Stoffwechselsystems mit Glucose und FFS sowie der dadurch bedingte zelluläre oxidative Stress stört die insulinabhängige intrazelluläre Kinase-Signalkaskade und ist eine zentrale Ursache der Insulinresistenz bei Diabetes mellitus Typ 2. TNFα ist hierbei ein zentrales proinflammatorisches Zellsignal.

Das adipozytogene *monocyte chemoattractant protein-1* (Chemokinligand-1, CCL-1) führt ebenso wie Fetuin-A Mφs vom Blut ins Fettgewebe. Diese sezernieren ebenfalls TNFα und nehmen fettüberladene, apoptotische Adipozyten auf. Unterstützt wird dieser Prozess von durch Adipozyten sezernierten Elementen des Komplementsystems. Durch Anbindung von C1q an apoptotische Adipozyten und Mφs und der damit einhergehenden Aktivierung der Serin-Proteasen C1r und C1s werden die Inflammationsmediatoren C2b, C3a und C4a freigesetzt und verstärken den chronischen Entzündungsstatus im Fettgewebe. Zudem exprimieren Adipozyten die Faktoren B und D und ermöglichen eine kontinuierliche Aktivierung des Komplementsystems über den alternativen Weg. Als Folge davon migrieren weitere Mφs in das betroffene Fettgewebe. Komplementsystemelemente führen so den Entzündungszustand des Fettgewebes fort und erhalten die Insulinresistenz von Zielzellen aufrecht.

Einer Ausbildung von Insulinresistenz zu begegnen, heißt somit die persistierend-chronische Inflammation, die vom Fettgewebe ausgeht, zu reduzieren. Aus einähungsphysiologischer Sicht ist natürlich in erster Instanz eine Zufuhrreduzierung diätetischer Fette und Zuckerkomponenten sinnvoll. Darüber hinaus ist die Gabe von inflammationssuppressiven Lebensmittelkomponenten interessant. Lebensmittel-Lektine beispielsweise, die einer Komplementaktivierung entgegenwirken, und Antioxidanzien, die den oxidativen Stress im Fettgewebe vermindern, können den chronischen Verlauf der Entzündung durchbrechen helfen.

Exkurs III: Die Beeinflussung der postprandialen Kinetik von Nahrungsfetten durch spezifische Formulierungen der Lebensmittel-Fettkomponenten

Eine postprandiale Hypertriglyceridämie, also eine unphysiologisch hohe und langanhaltende Fettkonzentration im Blutplasma nach der Nahrungsaufnahme, ist ein hochrelevanter Risikofaktor für Adipositas, entzündliche Herz-Kreislauf-Erkrankungen und Diabetes Typ 2. Ernährungsphysiologisch wird für Kohlenhydrate ein langsamer pankreatisch-intestinaler Verdau mit verzögerter Darmepithelresorption durch langkettige, oft derivatisierte Stärke sowie Fruktose oder Zuckeralkohole enthaltene Polysaccharide angestrebt, um hohe Insulinausschüttungen als hormonelle Antwort zu vermeiden. Im Gegensatz dazu ist bei Nahrungsfetten eine kurzzeitig hohe Fettkonzentration mit schneller Blutfett-Klärung günstig. Chronischen Entzündungssituationen in Gefäßen und Geweben durch langanhaltende Fettakkumulationen wird so vorgebeugt.

Die Geschwindigkeit des Verdaus, der Resorption und der Verlauf der weiteren Verstoffwechselung von Nahrungsfetten wird von der Menge, der Zusammensetzung sowie der molekularen Struktur bestimmt. Ein weiterer wichtiger Faktor ist die Art der Einbindung von Fettanteilen in Vesikeln oder Emulsionen. Die Hydrolyse von Nahrungsfetten durch die pankreatische Lipase im Lumen des Intestinums bestimmt primär die postprandiale Kinetik (Exkurs III, ◘ Abb. 3.9). Die hydolysierten Fette werden in Form von vesikulären Micellen vom Darmepithel resorbiert, metabolisiert und dort gespeichert. Bei einer fetthaltigen Mahlzeit werden erst etwa 30 min nach der Aufnahme, ausgelöst durch ein Gehirnsignal des Hypothalamus, erste Fette vom Darmepithel ins Blut freigesetzt; 3–4 h danach erscheint das Nahrungsfett in Form von „Chylomikronen" genannten Lipoproteinen im

3

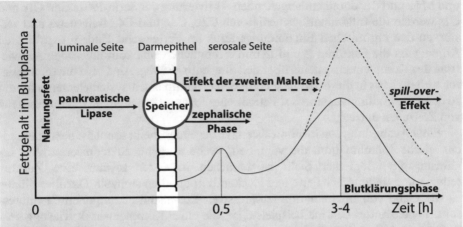

☐ **Abb. 3.9**   Postprandiale Kinetik von Nahrungsfetten: Eine verzögerte Klärung des Blutfetts, bedingt durch vielzählige, kleine Chylomikronen im Blut, durch einen ausgeprägten Effekt der zweiten Mahlzeit und durch einen *spill-over*-Effekt, sind wichtige Risikofaktoren einer Hypertriglyceridämie nach der Nahrungsaufnahme

Blut. Die Fettmenge dieser ersten Chylomikronen-Freisetzung ins Blut kann als sogenannter Effekt der zweiten Mahlzeit deutlich höher sein, wenn die Mahlzeit zuvor bereits fetthaltig war. Erscheinen nach dem Fettverzehr nicht veresterte Fettsäuren im Blutplasma, spricht man von einem *spill-over*-Effekt. Die Verstoffwechselung von Nahrungsfetten ist dann unvollständig. Dies bewirkt eine Verteilung von Fettsäuren in Geweben und Organen außerhalb der Lipoprotein-Transportwege. Ein starker Anstieg der Anzahl kleiner Chylomikronen im Blut sowie ein ausgeprägter Effekt der zweiten Mahlzeit und die dadurch bedingte langsame Klärung des Blutfetts, als auch ein prägnanter *spill-over*-Effekt, der dem oxidativ-katabolischen Abbau von Fettsäuren in der Leber und Geweben entgegenwirkt, sind Risikofaktoren für eine postprandiale Hypertriglyceridämie und die damit zusammenhängenden Erkrankungen.

Um eine schnelle postprandiale Kinetik von Nahrungsfetten mit geringer Gefäß- und Gewebeakkumulation zu erreichen, sind strukturgebende Emulgationsstrategien von Fettanteilen in Lebensmitteln, beispielsweise mit Gyceriden, Fettsäureverbindungen, Lecithin und Phosphatsalzen, interessant. Grundsätzlich bieten emulgierte Fette für die pankreatische Lipase eine große Angriffsoberfläche und fördern einen effektiven Fettverdau. Kohlenhydrat- oder proteinbasierte Emulsionen, zum Beispiel mit Succinatstärke oder Molkeproteinen, sind hingegen ungünstig, da entweder die Kohlenhydrate gegenüber den Fetten bevorzugt oxidiert werden oder die Proteine den Lipase-Substratkontakt stören und damit den Fettverdau verzögern. Ein effizienter Lipaseverdau von Fettemulsionen erzeugt postprandial wenige, große Chylomikronen im Blut. Hierdurch können sich weder der Effekt der zweiten Mahlzeit noch der *spill-over*-Effekt stark ausprägen, was einen ungestörten katabolischen Fettstoffwechsel und eine geringere Einlagerung der Fette in Gefäße, Gewebe und Organe bedingt.

Die Fließhomöostase aus Zu- und Ablauf von Kohlenhydraten und Fetten im Blutplasma postpranidal nach Verzehr sind kompetitiv miteinander verbunden. Die Speicherung und Zuteilung von Zuckern und Fetten innerhalb des Körpers, sowie kata- und anabolische Stoffwechselvorgänge beeinflussen sich gegenseitig. Eine gleichzeitige Gabe von diätetischen Fetten und hohen Zuckerdosen verursacht eine verringerte Fettoxidation und gesteigerte Fettakkumulation in Geweben, da Glucose gegenüber Acylketten vom Stoffwechselsystem bevorzugt katabol oxidiert wird. Andererseits stimuliert Insulin die Lipoprotein-Lipase-Aktivität, was zu einer besseren Blutfett-Klärung und erhöhten Fettaufnahme in das Gewebe führt. Die postprandiale Kinetik von Milchfett und Milchzucker entspricht genau dieser Logik. Der glykämische Index ist ein relatives Maß für die Wirkung von Lebensmitteln auf den Blutzuckerspiegel, bezogen auf Glucose. Je höher der Wert ist, desto mehr Zucker ist im Blut. Der postprandiale Anstieg (2–3 Stunden) des Blutzuckerspiegels nach Verzehr von Lactose mit einem glykämischen Index von 45,5 ist gering und entspricht dem postprandialen Verhalten von Vollkornbrot. Der Fettanteil der Milch ist in sogenannten Milchfettglobuli strukturiert. Die Neutralfette sind hierbei im Lumen eines Vesikels aus einer polaren Lipiddoppelschicht eingebunden. Die Hydrolyse dieser Globuli erfolgt über ein System aus pankreatischer Lipase, Colipase und Gallensalzen. Der direkte Kontakt der Lipase mit den Globuli-Membranen ermöglicht einen effektiven Fettverdau, die Gallensalze als Störsubstanz und die Colipase unterstützen den Vorgang und erhöhen die Geschwindigkeit der Fetthydrolyse. Die Homogenisierung handelsüblicher Milch, bei der sie unter hohem Druck durch feine Düsen gepresst wird, um das Aufrahmen der Milchfettphase zu verhindern, zerstört die Milchglobuli. Die hierdurch freigesetzten Neutralfette bilden zusammen mit Casein eine stabile Emulsion, die von der pankreatischen Lipase nur verzögert verdaut werden kann. Eine technologische Strukturierung der Fett- und Molkephase, ohne Proteinemulgation durch beispielsweise extrudierte Polarlipid-Liposomen oder Micellen, kann die postprandiale Kinetik von homogenisierter Milch verbessern.

Eine sinnvolle Strukturierung der Fettphase in Lebensmittelapplikationen ist ein wichtiger ernährungsphysiologischer Faktor, um Einfluss auf die metabolische Balance zwischen Fettoxidation, -speicherung und der Verteilung von Fetten in Geweben und Organen zu nehmen.

3

❓ Fragen

1. Welche Aufgaben hat das Komplementsystem innerhalb der immunologischen Abwehr?
2. Inwieweit können Lebensmittel-Lektine die Aktivität des Komplementsystems beeinflussen?
3. Welche Konsequenzen ergeben sich, wenn die Serinproteasen des Komplementsystems inaktiv sind?
4. Warum kann man mit Acetylneuraminsäure-reichen, fucosylierten oder sulfatierten Lebensmittelkomponenten Einfluss auf die Rekrutierung von Immunzellen zum Ort der Entzündung nehmen?
5. Welche molekularen Struktureigenschaften müssen antioxidativ wirkende Lebensmittelkomponenten besitzen?
6. Warum ist eine unzureichende antioxidative Kapazität des Organismus oft krankheitsassoziiert?
7. Inwieweit sind die angeborene und adaptive Abwehr in ihrer Funktionsausrichtung regulatorisch miteinander verbunden?
8. Warum können Lebensmittelsaccharide die Funktionsausrichtung der angeborenen Abwehrreaktion beeinflussen?
9. Wie können Antioxidationen aus Lebensmittelproteinen generiert werden?
10. Welche diätetische Intervention ist sinnvoll, wenn Initiationsmoleküle des Komplementsystems durch oxidativen Stress zerstörtes Gewebe erkennen und so weitere Makrophagen rekrutiert werden, die wiederum Sauerstoff- und Stickstoffradikale bilden?

Weiterführende Literatur

Carlsen et al (2010) The total antioxidant content of more than 3100 foods, beverages, spices, herbs and supplements used worldwide. Nutrition 9:3. https://doi.org/10.1186/1475-2891-9-3

Kawai T, Akira S (2010) The role of pattern-recognition receptors in innate immunity: update on Toll-like receptors. Nat Immunol 11(5). https://doi.org/10.1038/ni.1863

Kesarwani K, Gupta R (2013) Bioavailability enhancers of herbal origin: an overview. Asian Pac J Trop Biomed 3(4):253–266. https://doi.org/10.1016/S2221-1691(13)60060-X

Kopp ZA, Jain U, Van Limbergen J, Stadnyk AW (2015) Do antimicrobial peptides and complement collaborate in the intestinal mucosa? Front Immunol 30(6):17. https://doi.org/10.3389/fimmu.2015.00017

Kościuczuk EM, Lisowski P, Jarczak J, Krzyżewski J, Zwierzchowski L, Bagnicka E (2014) Expression patterns of β-defensin and cathelicidin genes in parenchyma of bovine mammary gland infected with coagulase-positive or coagulase-negative Staphylococci. BMC Vet Res 10:246. https://doi.org/10.1186/s12917-014-0246-z

Kulinich A, Liu L (2016) Human milk oligosaccharides: the role in the fine-tuning of innate immune responses. J Pediatr 432:62–70

Lambert JE, Parks EJ (2012) Postprandial metabolism of meal triglyceride in humans. Biochim Biophys Acta 1821(5):721–726. https://doi.org/10.1016/j.bbalip.2012.01.006

Lopez C (2010) Lipid domains in the milk fat globule membrane: specific role of sphingomyelin. Lipid Technol 22(8):175–178

Min X, Liu C, Wei Y, Wang N, Yuan G, Liu D, Li Z, Zhou W, Li K (2014) Expression and regulation of complement receptors by human natural killer cells. Immunobiology 219(9):671–679. https://doi.org/10.1016/j.imbio.2014.03.018

Murray PJ, Thomas AW (2011) Protective and pathogenic functions of macrophage subsets. Nat Rev Immunol 11(11):723–737

Pandey KB, Rizvi SI (2009) Plant polyphenols as dietary antioxidants in human health and disease. Oxid Med Cell Longev 2(5):270–278. https://doi.org/10.4161/oxim.2.5.9498

Parkar DR, Jadhav RN, Pimpliskar Mukesh R (2015) Antibacterial activity of lactoferrin: a review. Int J Pharm Pharmaceut Res Human 4(2):118–127

Perron NR, Brumaghim JL (2009) A review of the antioxidant mechanisms of polyphenol compounds related to iron binding. Cell Biochem Biophys 53(2):75–100. https://doi.org/10.1007/s12013-009-9043-x

Peterson LW, Artis D (2014) Intestinal epithelial cells: regulators of barrier function and immune homeostasis. Nat Rev Immunol 14(3):141–153. https://doi.org/10.1038/nri3608

Phieler J, Garcia-Martin R, Lambris JD, Chavakis T (2013) The role of the complement system in metabolic organs and metabolic diseases. Semin Immunol 25(1):47–53. https://doi.org/10.1016/j.smim.2013.04.003

Plaza-Díaz J et al (2017) Evidence of the anti-Inflammatory effects of probiotics and synbiotics in intestinal chronic diseases. Nutrients 9(6):555

Rehner G, Daniel H (2010) Biochemie der Ernährung. Springer Spektrum, Heidelberg

Rivera AC, Siracusa MC, Yap GS, Gause WC (2016) Innate cell communication kick-starts pathogen-specific immunity. Nat Immunol 17:356–363

Schell D, Göpel A, Beermann C (2014) Fluidized bed microencapsulation of Lactobacillus reuteri with sweet whey and shellac for improved acid resistance and in-vitro gastro-intestinal survival. Food Res Int 62:308–314

Schumacher G, Bendas G, Stahl B, Beermann C (2006) Human milk oligosaccharides affect P-Selectin binding capacities: in vitro investigation. Nutrition 22(6):620–627

Shadid R, Haarman M, Knol J, Beermann C, Schendel DJ, Koletzko BV, Susanne Krauss-Etschmann S (2007) Effects of prebiotic supplementation during pregnancy on maternal and neonatal microbiota and immunity – a randomized, double-blind, placebo controlled study. Am J Clin Nutr 86:1426–1437

Shi N, Li N, Duan X, Niu H (2017) Interaction between the gut microbiome and mucosal immune system. Mil Med Res 4:14. https://doi.org/10.1186/s40779-017-0122-9

Sullivan AM, Laba JG, Moore JA, Lee TD (2008) Echinacea-induced macrophage activation. Immunopharmacol Immunotoxicol 30(3):553–574. https://doi.org/10.1080/08923970802135534

Wald M, Schwarz K, Rehbein H, Bußmann B, Beermann C (2016) Detection of antibacterial activity of an enzymatic hydrolysate generated by processing rainbow trout by-products with trout pepsin. Food Chem 205:221–228

Die adaptive Abwehrreaktion: physiologisches und pathologisches Stimulationspotenzial von Lebensmittelkomponenten in der antigenspezifischen Immunantwort

Inhaltsverzeichnis

Ergänzende Information Die elektronische Version dieses Kapitels enthält Zusatzmaterial, auf das über folgenden Link zugegriffen werden kann [https://doi.org/10.1007/978-3-662-67390-4_4]. Die Videos lassen sich durch Anklicken des DOI-Links in der Legende einer entsprechenden Abbildung abspielen, oder indem Sie diesen Link mit der SN More Media App scannen.

■■ **Zusammenfassung**

Bei langwährender immunogener Stimulation wird eine antigenspezifische, adaptive Abwehrreaktion initiiert. Die etablierte Signallage der angeborenen Abwehrphase wird von den beteiligten Immunzellen durch PRRs und CRs in die adaptive Phase der Abwehrreaktion transferiert. Verschiedene lebensmittelassoziierte Kohlenhydrat- und Peptidstrukturen, Fettsäuren sowie Bakterien und Hefen können adaptive Immunreaktionen hierdurch bereits indirekt beeinflussen. Lebensmittel sind für die Ausbildung und den Erhalt dieser Immunfunktionen essenziell, sie können jedoch auch pathologisch-immunologische Hyperreaktionen bedingen.

Die Funktionsausrichtung der adaptiven Immunantwort wird durch eine differenzierte Antigenpräsentation durch APCs initiiert. Die Stimulationsintensität des Antigens wird durch die molekulare Beschaffenheit, die Menge und durch den Präsenszeitraum im System bestimmt. Endogene, auf MHC-Klasse I präsentierte Antigene führen zu einer adaptiven, zellulär-zytotoxischen Abwehrreaktion. Exogene, auf MHC-Klasse II präsentierte Protein-Antigene oder auf CD1-Molekülen präsentierte Lipid-Antigene führen entweder zu einer IFNγ-geprägten Th_1-Lymphozyten-Hilfe, die eine zellulär-zytotoxische Abwehrreaktion unterstützt, oder zu einer IL-4-geprägten Th_2-Hilfe, die eine humorale Reaktion unterstützt. Diese dichotome T-Lymphozyten-Hilfe ist gegenläufig reguliert.

Die stark proinflammatorische Th_1-Antwort aktiviert MHC-Klasse-I -restringierte, antigenkompatible $CD8^+$-CTL sowie Mφs und NK-Zellen. Zudem werden Immunglobuline mit zytotoxischer Potenz gebildet. Pathophysiologisch neigt diese Abwehrausrichtung zu Autoimmunreaktionen, die beispielsweise zum Krankheitsbild der Zöliakie führen können. Mögliche therapeutische Wege zur Behandlung dieser zellulär getriebenen, pathologischen Hyperreaktion sind zum einen die Vermeidung der allergischen Stimulation, zum anderen die spezifische Blockierung pathogenese-relevanter Enzyme und immunologischer Signalwege.

Die Th_2-Lymphozyten-Hilfe ist primär gegen ein- oder mehrzellige Parasiten gerichtet und initiiert die Bildung von IgE und IgG. Granulozyten werden durch diese Immunglobuline sensibilisiert und aktiviert. Daneben fokussieren weitere Th_9-, Th_{17}- und Th_{22}- Hilfen funktional auf die Rekrutierung von neutrophilen Granulozyten und auf die Mastzellaktivierung oder unterstützen die B-Lymphozyten-Kostimulation, was wiederum zur Immunglobulinsekretion führt. Die T_{fh} -Hilfe unterstützt die Immunglobulinbildung in den Lymphfollikeln, während die T_{reg}-Hilfe immunologische Toleranz induziert und die Lymphozyten-Homöostase reguliert. Pathophysiologisch neigt diese Abwehrausrichtung zu allergischen Typ-1-Hyperreaktionen, wie IgE-abhängige Lebensmittelallergien. Therapeutisch ist diese humoral getriebene pathologische Hyperreaktion mit einer Allergenvermeidung, einer Hyposensibilisierung und durch die Induktion einer Immuntoleranz gegenüber dem Allergen behandelbar. Eine physiologisch balancierte Neuausrichtung der pathologischen Abwehrreaktion durch immunfunktionale Lebensmittelkomponenten wird diskutiert.

Diese von einer T-Lymphozyten-Hilfe abhängigen, antigenspezifischen Abwehrreaktionen werden in den Follikeln lymphatischer Gewebe initiiert. Aus peripherem Gewebe kommende antigenbeladene professionelle APCs werden hier räumlich mit die Immunreaktion vermittelnden T-Lymphozyten, deren TCRs responsiv zur Antigenpräsentation sind, und immunglobulinproduzierenden B-Lymphozyten zusammengeführt. Neben der MHC-Klasse-II-restringierten CD4$^+$-T-Lymphozyten-Hilfe können bei Initiierung einer humoral-adaptiven Immunantwort auch CD1-restringierte γδ-T- und NKT-Lymphozyten als vermittelnde Helferzellen beteiligt sein. Immunglobuline können sowohl gegen hydrophile Protein- als auch gegen hydrophobe Lipid-Antigenstrukturen gerichtet sein. Lebensmittelassoziierte Glyko- und Phospholipide sowie Lipoproteine können somit neben Proteinstrukturen ein zusätzliches immunstimulierendes Potenzial zeigen, welches bei der Einschätzung von immunologischen Risiken von Lebensmitteln zu berücksichtigen ist.

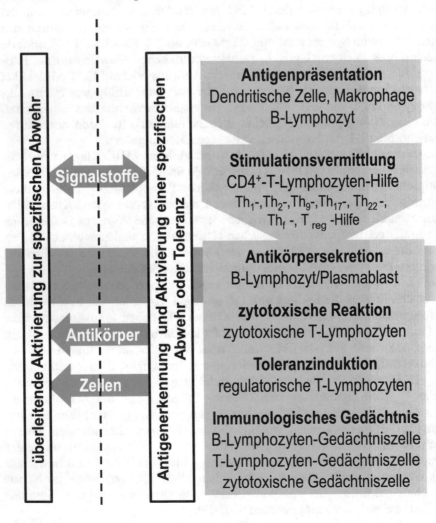

⊛ Lernziele

— Welche funktionalen Elemente des Immunsystems sind in der adaptiven Abwehrreaktion aktiv?
— Wie wird die adaptive Immunabwehr initiiert und koordiniert?
— Welche diätetischen Faktoren beeinflussen die funktionale Ausrichtung der adaptiven Abwehr?
— Wie lösen Lebensmittelkomponenten pathologisch-immunologische Hyperreaktionen aus?

4.1 Lebensmittelkomponenten sind grundlegende Stimulanzien zur Funktionsausrichtung der adaptiven Immunantwort

Bei fortdauernd relevanter immunogener Stimulation wird die angeborene Immunantwort nach 4–6 Tagen durch eine antigenspezifische, adaptive Abwehrreaktion unterstützt und fortgeführt. Vorrausetzung dieser Reaktion sind drei Faktoren: Der erste Faktor ist die Präsentation eines Antigens durch APCs, das der Initiationspunkt dieser Reaktion ist. Der zweite Faktor ist die Stimulationsintensität des Antigens, welche durch die molekulare Beschaffenheit, die Menge sowie durch den Präsenszeitraum im System bestimmt wird (◻ Abb. 4.1.) Zudem muss eine die adaptive Immunreaktion vermittelnde T-Lymphozyten-Hilfe vorliegen, deren TCRs responsiv zur Antigenpräsentation sind. Die klonale Selektion einer antigenkompatiblen T-Lymphozyten-Hilfe aus einer Vielzahl unterschiedlicher T-Lymphozyten sowie deren klonale Expansion in viele identische Helferzellen führen zu einer verstärkten und zielgerichteten adaptiven Abwehr (s. auch ▶ Abschn. 5.1.1). Der dritte Faktor ist die bereits in der frühen Abwehrreaktion etablierte Signallage. Die Erkennung von PAMPs durch PRRs, wie TLRs und

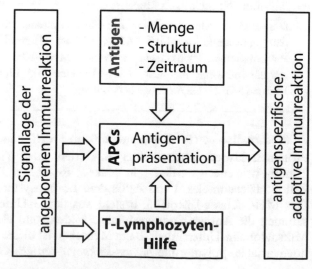

◻ **Abb. 4.1** Voraussetzungen für eine adaptive Immunreaktion: Die molekulare Beschaffenheit und Menge des Antigens sowie dessen Präsenszeitraum im System bestimmen die Stimulationsintensität für eine antigenspezifische, adaptive Abwehrreaktion. Nach der Antigenpräsentation durch APCs vermittelt eine kompatible T-Lymphozyten-Hilfe die antigenspezifische Abwehrreaktion. Die Signallage der angeborenen Immunreaktion bestimmt die funktionale Ausrichtung der adaptiven mit. APC: *antigen-presenting cell*

NODs, sowie das Regulationspotenzial des Komplementsystems führen bereits in der frühen Abwehrphase zu einer funktionalen Vorabausrichtung der adaptiven Immunreaktion. Neben DCs, Mϕs und anderen Immunzellen tragen auch die an einer adaptiven Abwehr direkt beteiligten T- und B-Lymphozyten PRRs und Komplementsystemrezeptoren und transferieren die Signallage aus der angeborenen in die adaptive Abwehrphase. Diese Ausrichtungsinformation bleibt erhalten und wird durch die Präsentation antigener Strukturen durch APCs und der daraus resultierenden adaptiven Abwehrreaktion präzisiert, die sich je nach T-Lymphozyten-Hilfe entweder zellulär-zytotoxisch oder humoral mit antigenspezifischer Immunglobulinbildung ausformt. Durch diese immunologische Vorprägung können beispielsweise Fructane, Glucane, Mannane und lebensmittelassoziierte Bakterien und Hefen adaptive Immunreaktionen bereits in der frühen Phase der Abwehr nachhaltig beeinflussen.

Lebensmittelkomponenten, wie Peptide und Lipide, sind aber auch neben ihrem immunregulativen Potenzial direkt als antigene Stimulanzien an der Funktionsausrichtung der adaptiven Immunantwort beteiligt. Lebensmittel als prägnanter Umweltfaktor sind für die Ausbildung und den Erhalt dieser Immunfunktionen essenziell, sie können jedoch auch pathologisch-immunologische Hyperreaktionen bedingen.

4.1.1 Funktionale Ausrichtung der adaptiven Immunantwort durch differenzierte Antigenpräsentation

Durch eine differenzierte Präsentation von verschiedenen, außerhalb oder innerhalb der Zelle befindlichen Antigenmolekülen durch APCs wird die funktionale Ausrichtung der adaptiven Immunreaktionen bestimmt. Endogene Antigene führen zu einer adaptiven, zellulär-zytotoxischen Abwehrreaktion, exogene Protein- oder Lipid-Antigene führen zu einer distinkten T-Lymphozyten-Hilfe.

> **Initiation der adaptiven Abwehr**
>
> Die adaptive Abwehrreaktion des Immunsystems wird durch eine spezifische Antigenpräsentation durch APCs initiiert. Hierbei sind drei verschiedene Präsentationsmolekülklassen relevant: MHC-Klasse-I-Moleküle für intrazellulär-endogene Antigene, CD1-Moleküle für Lipid-Antigene und MHC-Klasse-II-Moleküle für exogene Antigene.

■ **Präsentation von Peptid-Antigenen durch MHC-Klasse I**

Proteinstrukturen intrazellulärer Bakterien oder Viren, aber auch endogene Tumor-Antigene werden in der Regel auf dem MHC-Klasse-I-Zelloberflächenmolekül von APCs dem Immunsystem präsentiert (◘ Abb. 4.2). Das MHC-Klasse-I-Molekül besteht aus den 3 Untereinheiten α_{1-3}, welche zusammen die Antigenbindungsdomäne bilden, und einer kleinen, globulären β_2-Mikroglobulin-Untereinheit. Beim Menschen ist dieser Molekülkomplex durch die hochvariable, polymorphe *human-leukocyte-antigen*-Genloci-Klasse Ia: HLA-A,

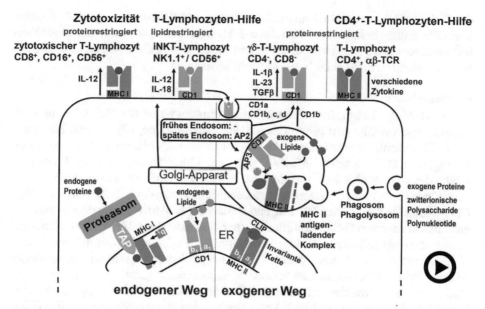

□ Abb. 4.2 Präsentation endo- und exogener Antigene: Durch eine differenzierte Präsentation von verschiedenen, außerhalb oder innerhalb der Zelle befindlicher Antigenmolekülen durch APCs wird die funktionale Ausrichtung der adaptiven Immunreaktionen bestimmt. Exogene Protein- oder Lipid-Antigene führen eher zu einer humoralen, endogene zu einer zellulär-zytotoxischen Abwehrreaktion. AP: Adapter-Proteinkomplexe, CLIP: *Class II-associated invariant chain peptide*, MHC: *major histocompatibility complex*, NKT-Lymphozyt: Natürlicher Killer-T-Lymphozyt, TAP: transmembranäre Antigentransporter (▶ https://doi.org/10.1007/000-b71)

HLA-B, HLA-C bestimmt. Nicht klassische Ib MHC-Klassen mit den Genloci HLA-E, HLA-F, HLA-G begünstigen je nach individueller Ausprägung pathologische Autoimmunreaktionen wie Zöliakie.

Zu Beginn des Beladungsprozesses befinden sie sich membrangebunden im ER der Zelle. Die Antigenbindungsregion der a_1-Kette wird zunächst durch das Lektin-Chaperon Calnexin blockiert. Erst im Verlauf der Antigenbeladung wird die b_1-Kette und die a_1-Kette des MHC-Klasse-I-Moleküls zusammengeführt, wodurch sich eine Bindungstasche öffnet und für intrazelluläre Antigene zugänglich wird. Dieser Vorgang wird durch das Chaperon Calreticulin, welches das Calnexin ablöst, strukturell stabilisiert. Die Beladung des Präsentationsmoleküls wird durch einen aus weiteren, verschiedenen Chaperonen bestehenden *peptide-loading complex* unterstützt. Dieser MHC-Klasse-I-Molekülkomplex lagert sich nun an Tapasin, einem Teil des TAP, an. Im Zytoplasma befindliche endogene Proteine werden von einem lokal assoziierten Proteasom fragmentiert und durch den Proteintransporter in das Lumen des ER überführt. Aus diesem proteolytischen Verdau ergibt sich eine definierte Antigen-Peptidgröße von 8–10 Aminosäuren, die in der randbegrenzten, hydrophilen Bindungstasche des MHC-Klasse-I-Moleküls gebunden wird. Nach der Beladung des Präsentationsmoleküls mit einem endogenen Antigen fällt das Calreticulin vom Molekülkomplex ab und das antigenbeladene MHC-Klasse-I-Molekül wird durch vesikulären Transport über den Golgi-Komplex an die Zelloberfläche gebracht. Durch diesen endogenen Weg der Antigenpräsentation kann das antigenbeladene MHC-Klasse-I-Molekül zusammen mit weiteren Oberflächenrezeptoren sowie einer IL-12-Sekretion CD8$^+$-CTL aktivieren und eine adaptive, zellulär-zytotoxische Immunabwehr induzieren.

■ **Präsentation von Lipid-Antigenen durch CD1-Moleküle**
Der CD1-Molekülkomplex präsentiert dem Immunsystem sowohl endo- als auch exogene, hydrophobe Antigenstrukturen, wie Lipoproteine, Glyko- und Phospholipide. Das membrangebundene CD1 liegt im Lumen des ER vor und ist strukturell analog zum MHC-Klasse-I-Molekül mit dem Unterschied, dass die Bindungstasche des CD1-Moleküls hydrophob ist. Fünf CD1-Isoformen a–e sind bekannt, wobei jede Isoform ihrem eigenen intrazellulären, vesikulären Transportweg folgt. CD1-Moleküle werden im ER mit endogenen Lipid-Antigenen beladen und danach direkt über den Golgi-Komplex an die Zelloberfläche geführt. CD1-Moleküle präsentieren oft zelleigene, endogen-hydrophobe Antigene. Invariante NKT- und γδ-T-Lymphozyten erkennen diesen CD1-Antigen-Komplex und wirken entweder als zytotoxische Effektoren oder vermitteln eine immunregulative T-Lymphozyten-Hilfe, die Abwehrreaktionen anderer Effektoren aktiviert oder supprimiert. Zur Präsentation von exogenen Lipid-Antigenen werden zelloberflächenständige CD1-Moleküle in Endosomen in das Zellinnere zurückgenommen, mit exogenen Lipid-Antigenen beladen und an die Zelloberfläche rezykliert. Hierfür sind verschiedene Beladungswege, innerhalb eines frühen oder späten Endosoms, beziehungsweise innerhalb eines Phagolysosoms für CD1-Moleküle möglich. Welcher Weg beschritten wird, ist zum einen abhängig von der Topographie der hydrophoben Bindungstasche und der Alkylkettenlänge des Lipid-Antigens. Zum anderen entscheidet die spezifische Anbindung von verschiedenen endosomalen Adapter-Proteinkomplexen (APs) an eine zytoplasmatische Strukturdomäne von CD1-Molekülen über den Beladungsweg. Diese APs markieren jeweils die unterschiedlichen endosomalen Membrankompartimente und regulieren deren intrazellulären Transport. CD1a-Moleküle ohne jegliche Domänensignale befinden sich lediglich in zelloberflächennahen, rezyklierenden, frühen Endosomen. Die Domänenstruktur von CD1c und d erkennt den AP2 und befindet sich vorwiegend in späten Endosomen. Die Isoform CD1b ist die einzige, die über ihre Domäne mit dem AP3 interagiert und somit innerhalb des MHC-Ii-Antigen-ladenden Komplexes genannten Endosoms exogene Lipidstrukturen in die Bindungstasche aufnehmen kann, wo auch MHC-Klasse-II-Moleküle mit exogenen Antigenen beladen werden. Hierbei wird in der Regel zuvor auf CD1-Molekülen gebundenes endogenes Material, katalysiert durch „Saposine" genannte Glykoproteine, mit neu aufgenommenen, exogenen Lipiden aus dem Endosom ausgetauscht. Das Antigenpräsentationsmolekül CD1d beispielsweise trägt in der Bindungsfurche α-Galactosylceramide oder Phosphatidylcholine. Lebensmittel mit diesen Komponenten, wie Ei-, Fleisch und Milchprodukte, haben somit neben Proteinen ein weiteres immunstimulierendes Potenzial, welches bei der Einschätzung von immunologischen Risiken von Lebensmitteln mit zu berücksichtigen ist.

■ **Präsentation von Peptid-Antigenen durch MHC-Klasse-II-Moleküle**

Exogene Proteinstrukturen werden auf dem MHC-Klasse-II-Zelloberflächenmolekül dem Immunsystem präsentiert. Analog zu MHC-Klasse-I-Molekülen werden auch MHC-Klasse-II-Moleküle im ER generiert. Ein MHC-Klasse-II-Molekül besteht aus einer symmetrisch angeordneten a- und einer b-Kette mit jeweils zwei Untereinheiten. Die a_1- und b_1-Ketten bilden zusammen die Antigenbindungsdomäne. Die a_2-Kette und die b_2-Kette, die den Molekül-komplex an die Retikulumsmembran fixieren, werden ebenso wie beim MHC-Klasse-I-Molekül zunächst durch Calnexin strukturell stabilisiert. Bei der For-mung des MHC-Klasse-II- a_2-b_2-Heterodimers wird die sich bildende hydrophile Antigenbindungsregion mit dem *class-II-associated-invariant-chain-peptide* (CLIP)-Fragment, das an der membranständigen invarianten Kette hängt, ver-schlossen. Dieser gesamte Komplex wird durch vesikulären Transport über den Golgi-Komplex innerhalb der Zelle einem Phagosom zugeführt. Das Phagosom ist ein Zellmembrankompartiment und umschließt während der Phagozytose exoge-nes Protein. In einem weiteren Schritt fusionieren proteasenhaltige Lysosomen mit dem Phagosom und bilden gemeinsam das Phagolysosom. Im Phagolysosom ver-schließt CLIP zunächst noch die Antigenbindungsstelle des MHC-Klasse-II-Molekülkomplexes. Erst im MHC- li-antigenladenden Komplex des Phagolyso-soms, wenn dort ein „HLA-DM" genanntes Chaperon an den MHC-Klasse-II-Molekülkomplex anbindet, löst sich CLIP, und ein exogenes Antigen-Peptid wird in die hydrophile Bindungstasche aufgenommen. Die offene hydrophile Bindungs-tasche des MHC-Klasse-II-Moleküls trägt Peptid-Antigene mit einer Mindest-größe von 10 Aminosäuren. Abschließend wird das Antigen auf der Zelloberfläche präsentiert.

❓ Welche Eigenschaften müssen Lebensmittelproteine zeigen, um auf MHC-Klasse-II-Molekülen präsentiert werden zu können?

Für Lebensmittelproteine bestimmt die Hydrophilizität der Aminosäuresequenz und deren Länge das Potenzial, eine adaptive Immunreaktion auszulösen. Für hypoallergene Nahrungen beispielsweise wird dieser Sachverhalt ausgenutzt, indem Peptide proteolytisch in kleinste Fragmente gespalten werden. Beim Men-schen ist dieser Molekülkomplex durch die variantenreichen Genloci HLA-DM, HLA-DO (A, B), HLA-DQ$_{A1, B1, 2-9}$, HLA-DP$_{A1, B1}$ und HLA-DR$_{A1, B1-5}$ bestimmt. Die polymorphe Vielfalt des HLA-Genkomplexes zeigt sich insbesondere in der Antigenbindungsdomäne des MHC-Moleküls. Je nach Ausprägung der Gene er-geben sich für den Träger individuelle Antigenpräsentationsmuster, die mit einer spezifischen Peptidbindungscharakteristik und den daraus resultierenden Abwehr-reaktionen, wie einer hohe Allergieanfälligkeit gegenüber bestimmten Lebens-mitteln, einhergehen können. Neben Proteinstrukturen werden auch zwitterionisch geladene Polysaccharide, die ähnlich wie Peptide mit ihren positiven und negativen Funktionsgruppen durch die zwei Bindungsdomänen des MHC-Klasse-II-Moleküls gehalten werden können, auf diesem Wege dem Immunsystem präsen-tiert. Auch negativ geladene Polynukleotide, wie virale oder bakterielle DNA und

RNA, werden von APCs auf MHC-Klasse-II-Molekülen präsentiert. Vor diesem Hintergrund bekommen auch aminierte, carboxylierte, phosphorylierte, sialysierte und sulfatierte Polysaccharidstrukturen aus Lebensmitteln eine zumindest theoretische antigene Bedeutung.

In diesem Zusammenhang werden beispielsweise Polysaccharide aus β-glykosidisch verknüpften Glucose- und Mannoseeinheiten aus Weizen als Antigene diskutiert.

Zuletzt wird das beladene MHC-Klasse-II-Molekül durch das vesikuläre Transportnetzwerk intrazellulär an die Zelloberfläche geführt, um dort zusammen mit weiteren Oberflächenrezeptoren und Signalstoffen eine CD4$^+$-T-Lymphozyten-Hilfe zu induzieren.

4.1.2   Die T-Lymphozyten-Hilfe

■ Stimulationsabhängige APC-Phänotypisierung der T-Lymphozyten-Hilfe

Eine Antigenpräsentation durch MHC-Klasse-II-Moleküle vermittelt eine CD4$^+$-T-Lymphozyten-Hilfe, welche die molekularen Strukturinformationen an Effektoren weitergibt und zusammen mit verschiedenen Signalstoffen eine adaptive Immunreaktion bewirkt. Bereits in der frühen Phase der Abwehrreaktion werden professionellen APCs durch PRR-Stimulation funktional ausgerichtet. Immature DCs, die durch virale Nukleotide oder durch DNA und RNA von intrazellulären bakterienerkennenden NLR, RLR, TLR-3 und TLR-9 vorstimuliert sind, differenzieren zu einem eine zellulär-zytotoxische Th$_1$-Lymphozyten-Hilfe initiierenden DC1-Phänotyp (s. auch ▶ Abschn. 2.2.1). Auch eine TLR-4-Stimulation, beispielsweise durch LPS Gram-negativer Bakterien, führt ebenfalls zu diesem Phänotyp, kann aber unter besonderen Stimulationsbedingungen auch in einem DC2-Phänotyp resultieren, der eine humorale abwehrreaktionsvermittelnde Th$_2$-Lymphozyten-Hilfe initiiert. Der DC2-Typ ist zudem stringent mit einer extrazellulären Stimulation von TLR-2 (TLR-1 und -6) assoziiert. Durch fehlende oder zu schwache Stimulationen verweilen DCs in einem unreifen Zustand und erzeugen eine immunsuppressive Antigentoleranz (s. auch ▶ Abschn. 6.1). Die immunologische Stimulationssituation der frühen Phase wird somit auf die adaptive Phase der Abwehrreaktion übertragen. Dies bietet die Möglichkeit, mit immunogen wirkenden Lebensmittelkomponenten Einfluss auf die Funktionsausrichtung nachfolgender Abwehrreaktionen zu nehmen.

❓ Welche Lebensmittelkomponenten können die funktionale Ausrichtung der adaptiven Immunantwort durch PRRs beeinflussen?

Neben Probiotika, Kohlenhydrat- und Peptidstrukturen können auch Lebensmittel-Fettsäuren hierdurch immunmodulativ wirken. Da LPS molekular-strukturell einen hydrophoben Lipid-A-Membran-Anker aufweist, erkennt TLR-4 unpolare Strukturen, wie beispielsweise langkettige aliphatische Acylketten. Eine Bindung von gesättigten Fettsäuren an den CD14-TLR-4-MD2-Komplex kann zum Beispiel eine inflammatorische Abwehrreaktion induzieren. Ungesättigte Fettsäuren hingegen scheinen eine solche Signalinitiation eher zu behindern. Diese Einflussmöglichkeiten sind insbesondere interessant, um einer immunologischen Dysbalance und Hyperreaktionen der Abwehrreaktionen nutritiv entgegenzuwirken. Eine gänzlich andere antiinflammatorische Wirkungsweise zeigen „Saponine" genannte glykosylierte Steroide. Soja-Saponine beispielsweise zeigen durch 11 freie Hydroxylgruppen eine hohe Bindungsaffinität gegenüber TLR-2 und TLR-4 und beeinflussen deren PAMP-Erkennungskapazität. Durch diese Stoffblockierung können LPS-Stimulationen von APCs nicht mehr adäquat erfasst und in entzündliche Reaktionssignale umgesetzt werden. Therapeutisch sind diätetische Interventionen mit solchen Komponenten denkbar, um Th_1-geprägte Hyperreaktionen einzugrenzen.

■ **MHC-Klasse-II-restringierte T-Lymphozyten-Hilfe**
Generell können MHC-Klasse-II-restringierte T-Lymphozyten entweder eine Th_1- oder eine Th_2-Abwehreaktion vermitteln (◘ Abb. 4.3). Das Zytokin IFNγ propagiert eine zytotoxisch-zelluläre Antwort gegenüber einer IL-4-abhängigen humoralen Antwort. Um eine stabil etablierte, immunologische Polarisation der T-Lymphozyten-Hilfe aufzulösen, bedarf es einer relevanten Gegenstimulation oder einer entsprechenden Signalhemmung. Damit eine Abwehrreaktion pathologisch nicht zu einer Th_1-polarisierten, autoimmunen Gewebszerstörung oder zu einer allergischen Th_2-Hyperreaktion entgleist, wird mit einer IL-10- und TGFβ-dominierten Signallage (s. auch ► Abschn. 6.1) immunsuppressiv gegenreguliert.

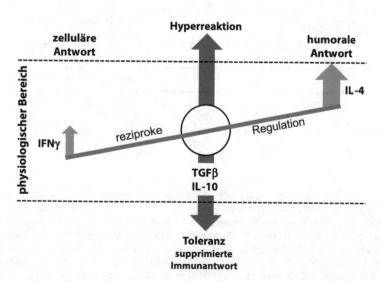

◘ **Abb. 4.3** Reziproke Regulation von zellulärer und humoraler Abwehrreaktion: Die Th_1- und Th2-Lymphozyten-Hilfe sind gegenläufig reguliert. Das Zytokin IFNγ propagiert eine zellulär-zytotoxische, IL-4 eine humorale Antwort. TGFβ und IL-10 sind immunsuppressive Signale und regulieren die Prägnanz der jeweiligen Reaktion. Um eine immunologische Polarisation aufzulösen, sind relevante Gegenregulationen mit Signalstoffen oder entsprechende Signalhemmungen nötig. IL: Interleukin, IFN: Interferon, TGF: *transforming growth factor*

> Eine T-Lymphozyten-Hilfe für eine zellulär-zytotoxische oder humorale Abwehr-
> reaktion ist grundsätzlich durch diametrale Immunsignale gegenläufig reguliert.

Eine durch Th$_1$-Lymphozyten-Hilfe vermittelte zellulär-zytotoxische Antwort ist nebenTNFα auch INFγ-geprägt (◘ Abb. 4.4). DC1 sezernieren zudem IL-12 und IL-15, durch die antigenkompatible, MHC-Klasse-I-restringierte CD8$^+$-CTLs aktiviert werden. Diese Effektoren können dann im weiteren Verlauf der Abwehrreaktion zu Gedächtniszellen und regulatorischen Zellen ausdifferenzieren. Begleitet wird diese stark proinflammatorische Reaktion von Immunglobulinen (IgG$_{2a}$) mit zytotoxischer Potenz. IFNγ und TNFα aktivieren zudem Mφs und NK-Zellen und spiegeln so die adaptive, antigenabhängige Funktionsausrichtung auf Effektoren der angeborenen Abwehrphase zurück. Auf diesem Wege aktivierte

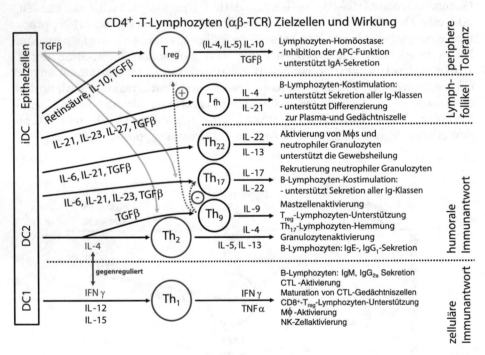

◘ **Abb. 4.4**   Funktionsausrichtung der MHC-Klasse-II-restringierten CD4$^+$-T-Lymphozyten-Hilfe: Geprägt durch die vorliegende Immunsituation aktivieren entsprechend phänotypisierte APCs MHC-Klasse-II-restringierte CD4$^+$-T-Lymphozyten, welche entweder durch TNFα und IFNγ eine zellulär-zytotoxische Antwort oder eine IL-4-geprägte humorale Immunantwort vermitteln, die sich entsprechend der Zytokinsignallage in eine Th$_9$-, Th$_{17}$- oder eine Th$_{22}$-T-Lymphozyten-Hilfe für spezifische Granulozyten-, Mastzellen- und B-Lymphozyten-Aktivierungen weiter differenzieren kann. In den Lymphfollikeln wird die Kostimulation von B-Lymphozyten durch T$_{fh}$-Lymphozyten unterstützt. Vermittelt durch Retinsäure und TGFβ wird die Lymphozyten-Homöostase innerhalb der Abwehrreaktion durch T$_{reg}$-Lymphozyten reguliert. APC: *antigen-presenting cell*, CTL: *cytotoxic T-lymphocyte*, DC: *dendritic cell* (Phänotyp 1 oder 2), iDC: *imature dendritic cell*, DTH: *delayed-type hypersensitivity reaction*, Überempfindlichkeitsreaktion vom verzögerten Typ, IL: Interleukin, IFN: Interferon, Ig: Immunglobulin, TCR: *T-cell receptor*, TGF: *transforming growth factor*, TNF: *tumor necrosis factor*, NK-Zelle: Natürliche Killerzelle

Mϕs können eine TNFα-geprägte, sogenannte *delayed-type-hypersensitivity*-Reaktion initiieren, die im Zusammenspiel mit neutrophilen Granulozyten und CD8$^+$-CLTs intrazelluläre Mikroorganismen abwehrt. Als Überreaktion kommt es zu sichtbaren Rötungen, Schwellungen und Verhärtungen des betroffenen Gewebes. Pathophysiologisch kann diese zellulär-zytotoxische Abwehrausrichtung zu Autoimmunreaktionen, wie beispielsweise Zöliakie, entgleisen.

Eine IL-4-geprägte Th$_2$-Lymphozyten-Hilfe ist primär gegen ein- oder mehrzellige Parasiten gerichtet. Sie ist durch die funktionale Sekretion von IgG$_1$ geprägt und initiiert einen Immunglobulinklassenwechsel zu IgE. Eine Sensibilisierung und Aktivierung von basophilen und eosinophilen Granulozyten sowie von Mastzellen wird dadurch ermöglicht. Th$_2$-Lymphozyten sezernieren zudem IL-5 und IL-13. Pathophysiologisch neigt diese Abwehrausrichtung zu allergischen Typ1-Hyperreaktionen, wie IgE-abhängige Lebensmittelallergien.

> Neben der Th$_2$-Lymphozyten-Hilfe sind weitere lymphozytäre Vermittlungen für distinkte Immunfunktion bekannt, die vom DC2-Phänotyp ausgehen.

Abgesehen von der direkten Th$_2$-Polarisation gibt es weitere assoziierte T-Lymphozyten-Subpopulationen mit jeweils spezifischen Funktionsschwerpunkten, deren Differenzierung durch TGFβ und jeweils verschiedene Interleukine bestimmt wird. Der zelluläre Wachstumsfaktor TGFβ wird in erster Linie von DC2 und toleranzinduzierenden DCs gebildet. Er wird aber innerhalb von Abwehrgeschehnissen auch von verschiedenen Epithelzelltypen des Darms, der Lunge und anderer Gewebe sezerniert.

Th$_9$-Lymphozyten werden im Zusammenhang mit Abwehrreaktionen gegenüber mehrzelligen, endoparasitären Würmern gesehen. Sie entstehen unter TGFβ-Einfluss und sind durch die dominante Sekretion von IL-9 charakterisiert, welches insbesondere das Wachstum und Überleben von Mastzellen im Gewebe unterstützt. Th$_9$-Lymphozyten kommen daher vermehrt im peripheren Blut bei Atopikern und Allergietyp-1-Patienten vor. Alle T-Lymphozyten-Subpopulationen sind immer auch ein Teil eines regulativen Netzwerks. So können Th$_9$-Lymphozyten zum Beispiel antiinflammatorisch wirken, indem sie die Aktivität von T$_{reg}$-Lymphozyten fördern und diejenige von Th$_{17}$-Lymphozyten hemmen.

Die IL-17- und IL-22-sezernierenden Th$_{17}$-Lymphozyten wirken proinflammatorisch auf Gewebezellen, indem sie bei Endo- und Epithelzellen sowie Fibroblasten, beispielsweise in Haut- und Lungengewebe, eine Chemokin- und Zytokinsynthese induzieren, die neutrophile Granulozyten attraktiert und aktiviert. Die Th$_{17}$-Lymphozyten-Hilfe generiert sich unter IL-6-, IL-21-, IL-23- und TGFβ-Einfluss und unterstützt zudem die Immunglobulinbildung durch Kostimulation von B-Lymphozyten. Interessanterweise kann diese T-Lymphozyten-Subpopulation durch IL-12- oder IL-4-Einfluss in Th$_1$- oder Th$_2$-Lymphozyten konvertieren, wodurch sich ein hochflexibles, der akuten Abwehrsituation schnell anpassbares Netzwerk von Immunvermittlern ergibt. Pathophysiologisch wird eine Th$_{17}$-Lymphozyten-Hilfe im Zusammenhang mit Autoimmunität diskutiert.

Die Th$_{22}$-Lymphozyten-Hilfe wirkt vorwiegend innerhalb der Aufrecht-erhaltung der epithelialen Barrieren der Haut, der Lunge und des Darms. Sie unterstützt antimikrobielle Abwehrreaktionen durch Mφs und neutrophile Granulozyten, wird aber auch im Zusammenhang mit Heilungsprozessen von Gewebe benötigt. Diese T-Lymphozyten-Hilfe wird durch eine IL-6-, IL-21- und TGFβ-Signallage initiiert.

Follikulare T$_{fh}$-Lymphozyten befinden sich innerhalb lymphatischer Follikel von Lymphknoten, Milz und Peyer'scher Plaques. T$_{fh}$-Lymphozyten differenzieren sich durch eine von IL-21, IL-23, IL27 und TGFβ bestimmten Signallage, wahrscheinlich unabhängig von der Th$_{2}$-Lymphozyten-Entwicklungslinie. Durch ihre antigenspezifische B-Lymphozyten-Kostimulation unterstützt die T$_{fh}$-Lymphozyten-Hilfe die Reifung von B-Lymphozyten zu Plasmazellen und somit die Bildung aller Ig-Klassen. Zusammen mit follikulären DCs führen T$_{fh}$-Lymphozyten B-Lymphozyten in den Differenzierungsweg zur B-Lymphozyten-Gedächtniszelle (■ Abb. 4.5).

? Wie wird innerhalb der T-Lymphozyten-Differenzierung eine periphere, immuno-logische Toleranz induziert?

DCs, die trotz Antigenpräsens in einem unreifen Reifestadium verbleiben, exprimieren keine kostimulatorischen CD80/CD86 Liganden an ihrer Zelloberfläche und initiieren unter einer retinsäure- und TGFβ-bestimmten Signallage die Differenzierung von T$_{reg}$-Lymphozyten (s. auch ► Abschn. 1.3.3 und 6.1). Diese immaturen iDCs werden dann als toleranzinduzierende oder tolerogene DCs bezeichnet. Andersherum scheinen auch T$_{reg}$-Lymphozyten die Expression von CD80/CD86 und CD40-T-Lymphozyten-Kostimulationsmolekülen bei maturen DCs sowie deren Bildung proinflammatorischer Zytokine zu supprimieren. Das abwehr-induzierende Potenzial von DCs wird so relevant verringert. T$_{reg}$-Lymphozyten zeichnet eine hohe Expression des Transkriptionsfaktors FOXP3 und des an der Lymphozytenreifung beteiligten Interleukin-7-Rezeptors (IL-7R; CD127) aus.

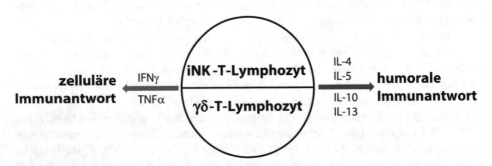

■ **Abb. 4.5** Funktionsausrichtung CD1-restringierter T-Lymphozyten: CD1-restringierte iNKT- und γδ-Lymphozyten sind Effektoren einer INFγ-geprägten zellulär-zytotoxischen Immunreaktion. Unter einer IL-4-, IL-5-, IL-10- und IL-13-Signallage können diese Zellen jedoch auch eine lipidantigenassoziierte Th$_{2}$-artige, humorale Immunantwort vermitteln. IL: Interleukin, IFN: Interferon, iNKT-Lymphozyt: invarianter natürlicher Killer-T-Lymphozyt, TNF: *tumor necrosis factor*

Diese immunsuppressiven Zellen vermitteln insbesondere durch IL-10-Sekretion eine immunologische Toleranz gegenüber Eigen- und peripheren Umweltantigenen und Lebensmittelkomponenten. Das wachsende Verständnis über die Regulationsmechanismen und Funktionsweisen von tolerogenen DCs und regulatorischen T-Lymphozyten gibt Hoffnung, diese bei durch immunologische Hyperreaktionen bedingte Stoffwechsel- oder Darmerkrankungen therapeutisch zu nutzen.

■ **CD1-restringierte T-Lymphozyten-Hilfe**

$\gamma\delta$-T-Lymphozyten und iNKT-Lymphozyten werden durch endo- und exogene Lipid-Antigene aktiviert, die auf CD1-Molekülen von APCs präsentiert werden. Ähnlich wie MHC-Klasse-I-restringierte T-Lymphozyten sind sie Effektoren einer IFNγ-geprägten zellulär-zytotoxischen Immunreaktion (■ Abb. 4.5). CD1-restringierte Zellen erweitern zudem das Netzwerk der T-Lymphozyten-Hilfe. Unter einer IL-4-, IL-5-, IL-10- und IL-13-bestimmten Signallage vermitteln diese als Helferzellen eine lipidantigenassoziierte, Th_2-artige, humorale Immunantwort. In den sekundären lymphatischen Organen initiieren $\gamma\delta$- und iNKT-Lymphozyten dann die Bildung von Immunglobulinen. Hinzu kommt, dass auch Th_{17}- und Th_{22}-Lymphozyten CD1-präsentierte endo- und exogene Antigene erkennen. Die antigene Stimulationskraft ist also nicht nur auf Proteine beschränkt, sondern auch Lipidstrukturen können verschiedene Immunreaktionen initiieren, mit allen charakteristischen Facetten ihrer pathologischen Hyperreaktionen.

■ **Einfluss von Lebensmittelkomponenten auf die Polarisation
der T-Lymphozyten-Hilfe**

Um innerhalb der reziproken Funktionsausrichtung die T-Lymphozyten-Hilfe bei immunologischen Hyperreaktionen nutritiv zu verändern, bedarf es einer starken gegensteuernden Stimulation oder einer Immunsuppression (■ Abb. 4.3). Ein gutes Beispiel, inwieweit Lebensmittelkomponenten die funktionale Ausrichtung der adaptiven Abwehr beeinflussen können, ist die Ernährung von Neugeborenen. Während der Schwangerschaft ist sowohl die Mutter als auch der Fötus in seiner Th_1-Lymphozyten-Hilfe blockiert, um einen immunologisch bedingten Abort zu vermeiden. Das Neugeborene etabliert durch Umweltstimuli erst nach der Geburt eine ausbalancierte T-Lymphozyten-Hilfe. Lebensmittelkomponenten der frühen Ernährung nehmen hier Einfluss. Sialysierte und fucosylierte Oligosaccharide, Fructane, Galactane, Xylane als auch Glykoproteine und Nukleotide unterstützen durch ihr immunogenes Stimulationspotenzial generell die Ausprägung einer Th_1-Lymphozyten-Hilfe. Dieser Effekt wirkt der postnatalen Dominanz der Th_2-Lymphozyten-Hilfe beim Neugeborenen ausgleichend entgegen. Muttermilch entspricht in ihrer Zusammensetzung genau diesem Funktionsprinzip.

Auch probiotische Bakterien und Bakterienfragmente stärken die Ausprägung einer zellulären Abwehrreaktion und wirken so einer möglichen Manifestation einer Th_2-Lymphozyten-Hilfe-assoziierten, allergischen Hyperreaktion entgegen. Kurzkettige Fettsäuren als bakterielle Fermentationsprodukte probiotischer Bakterien sind hierbei wichtige Botenstoffe. Insbesondere Propionat und Butyrat werden intraepithelial von G-Protein-gekoppelten Rezeptoren für freie Fettsäuren verschiedener Immunzellen erkannt und modifizieren die Synthese von Zytokinen.

Generell wirken diese kurzkettigen Fettsäuren eher antiinflammatorisch, indem sie beispielsweise die IL-12- und TNFα-Synthese von Mϕs und DCs vermindern und die Ausdifferenzierung von naiven T-Lymphozyten zu T_{reg}-Lymphozyten fördern. Andererseits bedingen Propionat und Butyrat bei gegebener Immunstimulation auch die Generierung von Th_1- und Th_{17}-T-Lymphozyten und einer zellulär-zytotoxischen Abwehrreaktion.

Eine andere Fettsäureklasse, die PUFAs, sind als regulatorische Vorläufer von Lipidmediatoren direkt mit der Polarisation der Abwehr verbunden (s. auch ▶ Abschn. 6.2). Prostaglandine (PGs) der E-Serie leiten sich von PUFAs ab und sind prominente Regulatoren der T-Lymphozyten-Hilfe. Das PGE_2 leitet sich von der Arachidonsäure (C20:4 n6, AA) ab und modifiziert ebenso wie PGE_1 und PGE_3 die Polarisation der T-Lymphozyten-Hilfe. Damit scheint es möglich, durch die Gabe bestimmter PUFA-Spezies aus Pflanzen oder Fischölen Einfluss auf die immunologische Funktionsausprägung der Abwehrreaktion zu nehmen. Eine besondere Form der PUFAs ist die konjugierte Linolsäure (cC18:2 n6, CLA), ein Stellungsisomer der Linolsäure (C18:2 n6, LA) mit konjugierten Doppelbindungen. Verschiedene CLA-Isomere, insbesondere das *cis*-9, *trans*-11-CLA-Isomer, kommen in Milch und Milchprodukten vor und entstehen durch bakterielle Fermentation im Pansen von Kühen und werden in das Milchfett transferiert. CLA beeinflusst den PUFA-Syntheseweg und modifiziert so die assoziierte Lipidmediatorbildung. Das Potenzial von CLA, die Funktionsausrichtung der Abwehrreaktion innerhalb einer Diät zu modifizieren, wird kontrovers diskutiert.

▶ Ionisch geladene, langkettige polymere Strukturen sowie spezifische Fettsäuren und zweiwertige Metallionen aus Lebensmitteln als auch lebensmittelassoziierte Bakterien und deren Zellfragmente können direkt die Polarisation der T-Lymphozyten-Hilfe beeinflussen.

Zuletzt können auch nutritive, zweiwertige Ionen die Polarisation der T-Lymphozyten-Hilfe beeinflussen. Intrazelluläres, freies Zink beispielsweise modifiziert die Aktivität verschiedener Kinasen, die an der lymphozytären Zellreifung und Proliferation als auch an der intrazellulären Signalweiterleitung proinflammatorischer Reize und davon abhängiger Zytokinexpression beteiligt sind (s. auch ▶ Abschn. 7.3). Lammfleisch und Kürbissamen sind zinkreiche Nahrungsmittel. Eine Zinkunterversorgung schwächt die Ausbildung einer echten Th_1-getriebenen Entzündung, indem die Bildung von IFNγ, jedoch nicht die Synthese der Th_2-Hilfe-Zytokine IL-4, IL-6 und IL-10 gehemmt ist.

4.1.3 Lymphfollikel als Initiationsort der adaptiven Immunantwort

Zur Generierung einer antigenspezifischen Immunantwort werden drei Funktionselemente des Immunsystems räumlich in den Follikeln der Lymphknoten, der Peyer'schen Plaques, der Tonsillen und anderer lymphatischer Gewebe zusammen-

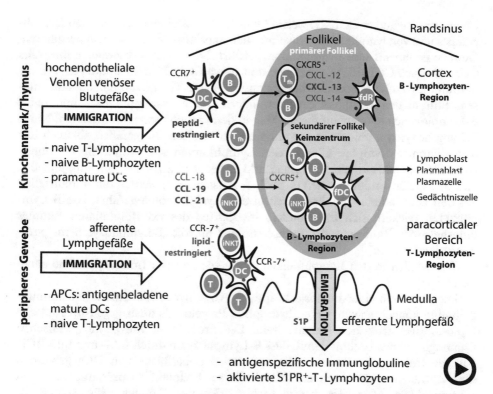

□ **Abb. 4.6** Initiation der adaptiven Abwehrreaktion im Lymphfollikel: Eine adaptive Immun-reaktion wird durch die räumliche Zusammenführung antigenbeladener professioneller APCs, T-Lymphozyten und immunglobulinproduzierender B-Lymphozyten in den Lymphfollikeln initiiert. Immunzellen gelangen entweder über die hochendothelialen Venolen venöser Blutgefäße oder über afferente Lymphgefäße zum Lymphknoten. Die antigenspezifische zelluläre oder humorale Funktionsausrichtung der Abwehrreaktion erfolgt durch im Follikel räumlich geordnete Inter-aktionen der beteiligten Immunzellen. Gebildete Immunglobuline und reife, immunfunktional aus-gerichtete T-Lymphozyten werden über efferente Lymphgefäße von Lymphknoten ins periphere Ge-webe transportiert. fdR: follikuläre dendritische Retikulumzelle, fDC: follikuläre DC, iNKT: in-varianter NKT-Lymphozyt, S1P: Sphingosin-1-phosphat, T_{fh}: follikulärer T-Lymphozyt (▶ https://doi.org/10.1007/000-b70)

geführt: Dendritische Zellen als antigenbeladene professionelle APCs, die eine Immunreaktion vermittelnden T-Lymphozyten und immunglobulinproduzierende B-Lymphozyten (□ Abb. 4.6). Auch die in den Blutkreislauf eingeschaltete Milz, wenn auch organisch anders strukturiert, dient neben anderen Aufgaben dieser Funktion.

❓ Wie wird die adaptive Immunantwort in den Lymphfollikeln umgesetzt?

Immunzellen der adaptiven Abwehrreaktion gelangen entweder über die feinveräs-telten, hochendothelialen Venolen venöser Blutgefäße oder über afferente Lymph-gefäße zum Lymphknoten. In einem ersten initiierenden Schritt werden antigen-beladene, Chemokinrezeptor-7-positive (CCR-7⁺) DCs chemotaktisch mit dem

Chemokin-Liganden CCL-21, welcher von Endothelzellen des afferenten Lymphgefäßes und von lymphatischen Stromazellen exprimiert wird, aus dem peripherem Gewebe kommend zum Lymphknoten geführt. Diese Zellen sezernieren ihrerseits CCL-19 (auch CCL-18) und ziehen damit naive CCR-7$^+$-B-Lymphozyten an, die daraufhin, vom Knochenmark beziehungsweise vom Thymus kommend, aus venösem Blut in den Lymphknoten einwandern. Auch prämature DCs und naive B-Lymphozyten können auf diesem Weg in den Lymphknoten immigrieren. Naive T-Lymphozyten immigrieren sowohl aus den venösen Blutgefäßen als auch aus den afferenten Lymphgefäßen in den Lymphknoten ein. Durch die richtungsweisende Interaktion von Selektinen und Integrinen zwischen den Immunzellen und den Gefäß-Endothelzellen (s. auch ▶ Abschn. 3.2) werden die Immunzellen aus den Blut- oder Lymphkapillaren in den Lymphknoten geführt. Die B-Lymphozyten reichern sich insbesondere im Cortex des extrafollikulären Raumes unterhalb des Randsinus des Lymphknotens an, die T-Lymphozyten im paracorticalen Bereich.

Wie werden in den Lymphfollikeln antigenspezifische Immunglobuline generiert?

Die innerhalb einer humoral-adaptiven Abwehrreaktion generierten Immunglobuline können sowohl gegen hydrophile Protein- als auch gegen hydrophobe Lipid-Antigenstrukturen gerichtet sein. Die Produktion von peptidspezifischen Immunglobulinen beginnt damit, dass B-Lymphozyten durch IgM- und IgD-BCR Antigenstrukturinformationen, die auf der Zelloberfläche von DCs gebunden sind, aufnehmen und dann auf MHC-Klasse-II-Molekülen präsentieren. Auch subsinusoidale Mφs des lymphatischen Gewebes können eine solche B-Lymphozyten-Differenzierung initiieren. T$_{fh}$-Lymphozyten, die zuvor selbst von antigenbeladenen DCs aktiviert wurden, unterstützen diese B-Lymphozyten durch CD40-CD40L-Bindung sowie IL-4- und IL-21-Sekretion in ihrer follikulären Reifung. Doch erst eine antigenkompatible T-Lymphozyten-Hilfe führt zu einer weiteren Ausdifferenzierung des B-Lymphozyten zum immunglobulinproduzierenden Plasmablasten. Aktivierte B-Lymphozyten bilden sich entweder noch im Cortex des Lymphknotens direkt zu IgM-produzierenden, extrafollikulären Plasmablasten aus oder exprimieren den Chemokinrezeptor CXCR-5. Dieser erkennt den Chemokin-Liganden CXCL-13 (auch CXCL-12 und -14), der von DCs im Follikel des Lymphknotens gebildet wird. CXCR-5$^+$-B- und T$_{fh}$-Lymphozyten werden so chemotaktisch in das Keimzentrum des sekundären Follikels geführt. Auf ihrem Weg dorthin stellen dendritische Retikulumzellen im primären Follikel den B-Lymphozyten zudem Antigene zur weiteren Prozessunterstützung bereit. Im sekundären Follikel bilden DCs ein dichtes Zellnetzwerk aus und unterstützen auch dort durch stete Antigenpräsentation die Proliferation antigenkompatibler B-Lymphozyten sowie deren Ausdifferenzierung zu primär IgG-produzierenden, follikulären Plasmablasten oder alternativ zur B-Lymphozyten-Gedächtniszelle. Diese Zelle hält die Option einer schnellen Neusynthese von zu dieser Antigenstrukturinformation kompatiblen Immunglobulinen im Follikel aufrecht.

❓ Können auch lipidaffine Immunglobuline gebildet werden?

B-Lymphozyten können auch mit invarianten NKT-Lymphozyten im extrafollikulären Raum interagieren und ermöglichen so die Bildung von glykolipidaffinen Immunglobulinen. NKT-Typ-2-Lymphozyten zeigen eine weitgefächerte Vielfalt ihrer Immunkompetenz. Neben ihrer zytotoxischen Effektoraktivität können sie als regulatorische Zellen auch aktivierend oder suppressiv auf die Immunreaktion wirken. In diesem Zusammenhang werden von DCs auf CD1-Molekülen Lipid-Antigene präsentiert. CD1-restringierte NKT-Lymphozyten unterstützen analog zur T_{fh}-Lymphozyten-Hilfe die Prozessierung follikulärer B-Lymphozyten auf ihrem Weg zum Plasmablasten. Reife Plasmablasten generieren lipidaffine IgM und IgG, sind jedoch relativ kurzlebig und differenzieren nicht zu Gedächtniszellen aus. Die gebildeten Immunglobuline werden über efferente Lymphgefäße vom Lymphknoten ins periphere Gewebe transportiert. Eine weitere mögliche Differenzierungshilfe für B-Lymphozyten wird durch ebenfalls CD1-restringierte γδ-T-Lymphozyten vermittelt. Diese wird insbesondere im Zusammenhang mit Autoimmunreaktionen gegenüber körpereigenen Lipid-Antigenen diskutiert.

? Werden auch naive T-Lymphozyten im Lymphknoten aktiviert?

Neben der Aktivierung von B-Lymphozyten wird auch die funktionale Ausrichtung der T-Lymphozyten-Hilfe im Lymphknoten umgesetzt. In Abhängigkeit von der immunologischen Signallage differenzieren naive $CD4^+$-Lymphozyten entweder zu einer Th_1-Hilfe für eine zelluläre Immunantwort oder zu einer eine humorale Antwort vermittelnden Th_2-Hilfe. Stromazellen des „Medulla" genannten Lymphknotenausgangs und assoziierte Lymphgefäß-Endothelzellen sezernieren Sphingosin-1-phosphat (S1P). Reife, funktional ausgerichtete T-Lymphozyten erkennen mit S1P-Rezeptoren dieses Signalmolekül und emigrieren chemotaktisch geleitet aus dem Lymphknoten durch die efferenten Lymphgefäße in das periphere Gewebe.

4.2 Lebensmittelbedingte, pathologische Hyperreaktionen der adaptiven Immunabwehr

Die allergische Überreaktion auf Umweltstoffe und Reize ist mechanistisch getrennt von Unverträglichkeitsreaktionen, wie Pseudoallergien und Intoleranz, zu sehen, auch wenn sich die Symptome ähneln. Das charakteristische Erscheinungsbild einer allergischen Reaktion ist je nach betroffener Körperregion unterschiedlich. Allergische Hautreaktionen sind durch Exantheme, also schnell auftretende Quaddeln und Rötungen, sowie IgE-abhängige atopische Ekzeme bestimmt. Das Verdauungssystem hingegen reagiert auf allergische Stimulation mit einer Diarrhö. Sind mehrere Organsysteme innerhalb einer allergischen Akutreaktion betroffen, entsteht eine Anaphylaxie, die bei einer systemischen Signallage im Körper zu einem Schock führen kann.

Allergische hypersensitive Reaktionen

Abhängig von den immunologischen Reaktionsmechanismen werden allergische Hyperreaktionen in vier Typen eingeteilt:

- Der Allergietyp-1 oder anaphylaktischer Typ wird durch eine allergenbedingte Kreuzvernetzung membranständiger Immunglobuline der Klasse E auf eosinophilen und basophilen Granulozyten sowie Mastzellen ausgelöst. Dieser Allergietyp ist mit einer überreagierenden Th2-Lymphozyten-Hilfe assoziiert und im Gegensatz zu den anderen Typen nicht erst nach Stunden, sondern direkt nach Stimulation präsent. Die Lebensmittelallergie gehört zu diesem Typus.

- Der Allergietyp-2 oder zytotoxische Typ ist durch Immunglobuline der Klassen M und G bestimmt. Diese vermitteln eine immunglobulinabhängige zelluläre Zytotoxizität und aktivieren das Komplementsystem (C3a und C5a). Dieser Typus ist in Bezug auf Nahrungsmittelallergien nicht relevant.

- Der Allergietyp-3 oder Immunkomplextyp ist durch die Bildung von zellgebundenen und frei flottierenden Immunkomplexen mit IgM und IgG charakterisiert. Das Komplementsystem wird ähnlich wie beim Typ-2 immunglobulinabhängig aktiviert. Zudem lösen die gebildeten Immunkomplexe eine Freisetzung von gewebsschädigenden, granulären Proteasen und Lipasen durch Granulozyten aus. Auch dieser Typus ist in Bezug auf Nahrungsmittelallergien nicht relevant.

- Der Allergietyp-4 oder verzögerte Typ wird durch eine allergenspezifische Th1-Lymphozyten-Hilfe vermittelt und ist durch eine lokale Infiltration des betroffenen Gewebes mit aktivierten, zytotoxischen Lymphozyten und MΦs geprägt. Neben der Kontaktallergie, beispielsweise gegenüber Nickel, gehört die durch Glutenkomponenten aus Getreide ausgelöste Zöliakie zu diesem Typus.

4.2.1 Humoral getriebene pathologische Hyperreaktion: Allergietyp-1

■ **Pathogenese einer hypersensitiven Typ-1-Reaktion gegenüber Nahrungsmit teln**

Eine IgE-vermittelte Nahrungsmittelallergie ist in zwei Phasen unterteilt (◻ Abb. 4.7). In der Sensibilisierungsphase werden beim Erstkontakt Allergene von APCs lokal phagozytiert, prozessiert und auf MHC-Klasse-II-Molekülen präsentiert, die von kompatiblen, allergenspezifischen CD4$^+$-T-Lymphozyten dort erkannt werden. Die daraus resultierende IL-4-, IL-5- und IL-13-geprägte Th$_2$-Lymphozyten-Hilfe regt ihrerseits allergenbeladene B-Lymphozyten zur Produktion von allergenaffinem IgE an. Mastzellen sowie basophile und eosinophile Granulozyten werden durch IL-4, IL-5 und TNFα aktiviert. MΦs können durch TNFα-, IL-1- und CXCL-8 -Signale diesen Prozess unterstützen. Diese Effektorzellen binden IgE mit Fc-Rezeptoren an der Zelloberfläche und sind dadurch befähigt, bei erneutem Allergenkontakt direkt mit einer Degranulierung zu reagieren. In diesem Zusammenhang wird diskutiert, inwieweit Flavonoide und Saponine

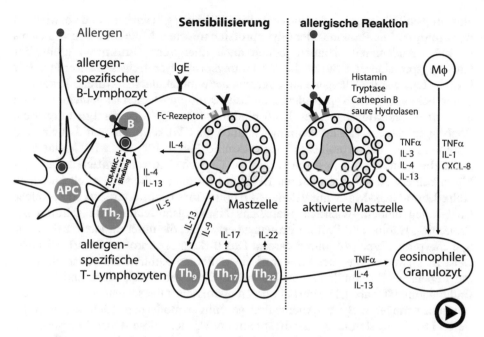

◻ Abb. 4.7 Hypersensitive allergische Reaktion vom Typ-1: In der Sensibilisierungsphase werden Effektorzellen durch eine Th$_2$-Lymphozyten-Hilfe mit allergenspezifischem IgE versehen. Bei erneutem Allergenkontakt können diese dadurch dann direkt mit einer Degranulierung reagieren. Zudem können Th$_9$-, Th$_{17}$- und Th$_{22}$-Lymphozyten an einer Allergie-Pathogenese beteiligt sein. APC: *antigen-presenting cell*, B: B-Lymphozyt, CXCL: *CXC-chemokine ligand*, Fc: *fragment crystallisable*, IL: Interleukin, Th: T-Lymphozyten-Hilfe, TNF: *tumor necrosis factor* (▶ https://doi.org/10.1007/000-b72)

einer Degranulation entgegenwirken können, indem sie die FcR-Expression verringern und die Zellmembran stabilisieren. Neben den eigentlichen Th$_2$-Lymphozyten sind weitere lymphozytäre Subpopulationen an der Allergie-Pathogenese beteiligt. Allergenspezifische Th$_9$-Lymphozyten aktivieren Mastzellen mit IL-9. Th$_{17}$-Lymphozyten können durch einen von IL-17 ausgelösten *stem cell factor* die Proliferation von Mastzellen anregen.

Darüber hinaus scheinen Th$_{17}$- und Th$_{22}$-Lymphozyten jedoch eher an der Initiation von auf neutrophilen Granulozyten basierenden allergischen Reaktionen beteiligt zu sein. Aktivierte Mastzellen spiegeln ihrerseits die Th$_2$-Lymphozyten-Hilfe, indem sie IL-4, IL-13 und TNFα sezernieren und die allergische Reaktion verstärken. Die Abwehrreaktion der Effektoren wird durch eine Kreuzbindung zweier zelloberflächenständiger IgEs durch ein Allergen ausgelöst, wobei direkt intrazellulär vorliegende Granula ausgeschüttet und Histamin und verschiedene proinflammatorische Lipidmediatoren sowie Proteasen lokal freigesetzt werden. Klinische Symptome einer Nahrungsmittelallergie können Hautreaktionen, Erbrechen, Durchfall und Schleimhautschwellungen sein.

❓ Wie sind Allergene aus Lebensmitteln strukturell beschaffen?

4

Nahrungsmittelallergene, die eine orale Sensibilisierung bewirken, sind vorwiegend verdauungsstabile Proteine oder Glykoproteine mit einer Molekülmasse von 10 bis 80 kDa. Andererseits können jedoch auch allergische Strukturen globulärer Nahrungsproteine erst durch die Verdauungsproteolyse freigesetzt werden. Für Protein-Lebensmittelallergene sind verschiedene molekularstrukturelle Besonderheiten bekannt. Allen Typ-1-allergenen Lebensmittelproteinen ist gemein, dass sie in ihren Aminosäuresequenzen hoch bindungsaffine Epitope für IgE aufweisen. Wichtig in diesem Zusammenhang ist auch das Vorkommen von Leucin und Threonin, die als prominente Anker-Aminosäuren für die MHC-Klasse-II-Anbindung eines Antigens gesehen werden. Tierische Nahrungsmittelallergene gehören zumeist zu den sogenannten EF-Hand-Proteinen, die strukturell durch ein Helix-Loop-Helix-Motiv mit geladenen Aminosäuren charakterisiert sind, welche Ca^{2+}-Ionen binden. Wichtige pflanzliche Nahrungsmittelallergene gehören zur Prolamin-, Cupin- und Profilin-Proteinsuperfamilie, die unter anderem zahlreiche Speicherproteintypen zusammenfassen. Das Birkenpollenprofilin Bet v1 beispielsweise ist ein weit verbreitetes, inhalatorisches Allergen. Zahlreiche Kreuzreaktionen mit Lebensmittelbestandteilen, insbesondere Obst, wie Apfel, Birne und Kirsche, sind bekannt (◘ Tab. 4.1). Hierbei werden historische Obstsorten wegen einer postulierten geringeren Bet-v1-Allergenität gegenüber modernen Züchtungen präferiert. Die Progesteronrezeptor-10-roteinfamilie, der diese Obst-Allergene zugeordnet werden, basiert allerdings auf einem phylogenetisch konservierten Gencluster. Alte wie neue Obstsorten besitzen dieses Gencluster. Jedoch sind alle Bet-v1-Isomere mit pflanzlichen Stressreaktionen assoziiert. Mögliche Unterschiede in der Allergenität von Obstsorten sind daher am ehesten in der Stressresistenz der Pflanzen und der damit verbundenen Expression dieser Allergie-Proteine begründet.

Auch Lipide können an der Entwicklung einer allergischen Typ-1-Hyperreaktion beteiligt sein. Glyko-, Phospholipide und Lipoproteine werden von $CD1^+$-DCs präsentiert. NKT-Lymphozyten oder andere CD1-restringierte T-Lymphozyten werden so zur IL-4-Sekretion angeregt. Andererseits zeigen diese Zellen aber auch immunregulatorisches Potenzial, indem sie durch IL-10- und TGFβ-Sekretion die Ausbildung einer peripheren Toleranz gegenüber Lebensmittelallergenen unterstützen.

◘ **Tab. 4.1**   Allergische Kreuzreaktion von Birkenpollen und Lebensmitteln

Inhalationsallergen	Lebensmittel	
Bet v 1 Birkenpollen-Allergen *Betula pendula* Syn. *B. verucosa*	Apfel	Haselnuss
	Ananas	Karotte
	Aprikose	Kirsche
	Banane	Sellerie
	Birne	Sojabohne
	Erdnuss	Litschi

■ **Nutritiv-therapeutische Möglichkeiten bei einer Nahrungsmittelallergie**

Der erste therapeutische Ansatz bei einer Nahrungsmittelallergie ist die Allergenvermeidung. Hierzu kann im Rahmen einer Allergen-Suchdiät das immunprovozierende Lebensmittel ermittelt werden. Basierend auf einer allergenarmen Grundlage werden sukzessiv Nahrungskomponenten hinzugefügt und die allergische Reaktion darauf bestimmt. Nach einer Allergenkarenz durch Nicht-Verzehr der allergenen Komponente sollte sich die Symptomatik verbessern.

Eine andere Form der Allergenvermeidung ist die Hydrolysat-Nahrung, oder auch hypoallergene Nahrung, wobei potenzielle allergieprovozierende Proteine, proteolytisch oder thermisch, in Peptidfragmente zerteilt werden und diese so ihre MHC-Klasse-II-Bindungsaffinität und ihre Immunglobulin-Epitop-Eigenschaften verlieren. In der Neugeborenen- und Kleinkindernährung werden zudem proteinfreie Ernährungskonzepte zur Prävention und Therapie von Lebensmittelallergien eingesetzt, die eine Mischung aus Aminosäuren als Proteinsurrogat beinhalten.

❯ Therapeutische Möglichkeiten gegen allergische Hyperreaktionen sind die Vermeidung von Allergenen und die Auflösung oder Neuausrichtung der allergischen T-Lymphozyten-Hilfe durch immunfunktionale Lebensmittelkomponenten.

Ein weiterer nutritiver Therapieansatz ist die Hyposensibilisierung. Hierbei wird versucht, durch die langsam in der Dosis ansteigende und wiederholte orale Gabe des Nahrungsmittelallergens einerseits die Allergenklärung durch Mϕs stimulativ zu stärken und andererseits eine Auflösung der dominierenden allergischen Th_2-Lymphozyten-Hilfe durch eine immunologische Toleranzinduktion zu bewirken.

Eine Neuausrichtung der Abwehrreaktion lässt sich auch durch die orale Aufnahme von Prä- und Probiotika bewirken. Die naturgegebene immunologische Th_2-Dominanz von Neugeborenen wird durch Muttermilch-Oligosaccharide und erste bakterielle Stimulationen der Umwelt aufgebrochen. PRR von Zellen der angeborenen Abwehrphase sind hierbei entscheidend. Insbesondere TLR-4 und TLR-9 unterstützen bei einer Stimulation eine durch IL-12p70-Sekretion geprägte Th_1-Lymphozyten-Hilfe. Das Fehlen einer solchen TLR-Stimulation hingegen führt zu einer Th_2-Polarisation der spezifischen Abwehrreaktion. In der Ernährung von Neugeborenen kann durch eine gezielte PRR-Stimulation Th_2-Lymphozyten-Hilfe-assoziierten allergischen Hyperreaktionen vorgebeugt werden. Die orale Gabe von probiotischen Bakterien oder Bakterienfragmenten, wie Flagellinen, Zellwandbestandteilen, *heat shock proteins* sowie DNA und RNA, oder die Aufnahme von diätetischen Oligosacchariden oder polaren Lipidverbindungen mit LPS-ähnlichen Strukturmotiven kann helfen, die T-Lymphozyten-Hilfe neu auszurichten.

Zuletzt sind diätetische PUFAs ein weiteres regulatives Element in der Polarisation der T-Lymphozyten-Hilfe und werden als wichtiges funktionales Element einer antiallergenen Ernährung gesehen. Der immunologische Lipidmediator PGE_2, welcher im Verlauf des Biosyntheseweges aus AA resultiert, unterdrückt selektiv die zellulär-zytotoxische Th_1-Lymphozyten-Hilfe. PGE_1 und PGE_3 wirken diesem Signal regulativ entgegen. PGE_1 leitet sich von der γ-Linolensäure (GLA,

C18:3n6), PGE_3 von der Eicosapentaensäure (EPA, C20:5n3) ab, was die Möglichkeit nahelegt, durch den Verzehr spezifischer Speiseöle einer PGE_2-bedingten Th_2-dominanten, allergischen Immunausrichtung entgegenwirken zu können (s. auch ▶ Abschn. 6.2.2).

4.2.2 Zellulär getriebene pathologische Hyperreaktion: Zöliakie, Allergietyp-4

■ Pathogenese der Zöliakie

Zöliakie (◘ Abb. 4.8) ist eine durch Gliadin ausgelöste, enteropathische, allergische Typ-4-Hyperreaktion, welche durch eine Th_1-Lymphozyten-Hilfe vermittelt wird. Gliadine, die in α-, β- und γ-Subgruppen unterschieden werden, sind glutamin- und prolinreiche Proteinbestandteile des Stoffgemenges Gluten oder Kleber-Eiweiß, welcher insbesondere im Weizenkorn enthalten ist (◘ Tab. 4.2). Die zellulär-zytotoxisch getriebene Autoimmunerkrankung zeichnet sich durch Gewebeschädigungen des Darmepithels, charakterisiert durch Zottenatrophie und Krypten-Hyperplasie, aus,

gestörte Darmbarriere	- Nicht verdaute Fragmente von Gliadin-Speicherproteinen werden von Enterozyten durch den Chemokinrezeptor CXCR3 erkannt. - Dies führt zu einer Zonulin-Sekretion durch Enterozyten, ein Signal-Glykoprotein, welches wiederum von einem *epidermal-growth-factor*-Rezeptor von Enterozyten erkannt wird. - Dieses Proliferationssignal bedingt eine Lockerung des Darmepithelzusammenhalts und eine Freisetzung von *Tight-Junction*-Proteinen.
IL-15-Signal	- Gliadine passieren die Darmbarriere und akkumulieren im subepithelialen Raum. - Enterozyten sezernieren daraufhin IL-15. - IL-15 aktiviert subepitheliale CTL und NKT-Lymphozyten, was zu einer zytotoxischen Reaktion gegenüber dem Darmepithel führt. - T_{reg}-Lymphozyten werden durch IL-23 gehemmt und so die periphere Toleranz blockiert.
Transglutaminase-Freisetzung	- Das zytotoxisch geschädigte Gewebe setzt Transglutaminasen frei, die Gliadine deaminieren und quervernetzen. - Die modifizierten Gliadine werden auf hochaffinen MHC-Klasse-II-Molekülen (HLA – DQ2/DQ8) antigenkompatiblen $CD4^+$-T-Lymphozyten präsentiert, die eine adaptive, zytotoxische Reaktion gegenüber Enterozyten vermitteln. - Im weiteren Verlauf entstehen Immunglobuline mit Bindungsspezifitäten gegenüber Gluten-Bestandteilen, Transglutaminase, *Tight-Junction*-Proteinen und Eigengewebe.

Autoimmunreaktion gegen das mucosale Epithel und die Lamina propria

◘ **Abb. 4.8** Pathogenese der Zöliakie: Ausgangspunkt dieser enteropathischen, allergischen Typ-4-Hyperreaktion ist eine gestörte Darmbarriere. Gelangen Gliadine in den subepithelialen Raum des Darmepithels, entsteht eine IL-15-vermittelte zytotoxische Immunreaktion. Gewebsassoziierte Transglutaminasen des Typs 2 quervernetzen Gliadine, was eine zellulär-zytotoxische Autoimmunreaktion auslösen kann, die das mucosale Epithel und die Lamina propria schädigt. CXCR: *CXC-chemokine receptor*, CTL: *cytotoxic T-lymphocyte*, NKT-Lymphozyt: Natürlicher Killer-T-Lymphozyt, MHC: *major histocompatibility complex*, HLA: *human-leukocyte antigen*

◻ **Tab. 4.2**   Glutenhaltige Getreide und Pseudogetreide

glutenhaltige Getreidepflanzen	
Einkorn (*Triticum monocornum*)	Weizen (*Triticum*)
Emmer (*Triticum dicornum*)	
Dinkel (*Triticum aestivum* ssp. *spelta*) Grünkern (grüner Winterdinkel)	
Kamut (*Triticum turgidum* × *Polonicum*, Khorasan-Weizen)	
Triticale (*Secale* × *Triticum*)	
Gerste (*Hordeum vulgare*)	Gerste (*Hordeum*)
Roggen (*Secale cereale*)	Roggen (*Secale*)
glutenfreie Getreide und Pseudogetreide	
Hafer (*Avena*)	Getreide: Süßgräser (*Poaceae*)
Hirse (*Sorgum*)	
Reis (*Oryza sativa*)	
Mais (*Zea mays*)	
Teff, (*Eragrostis tef,* Zwerghirse)	
Amaranth (*Amaranthus,* Fuchsschwanz)	Pseudogetreide: Knöterichgewächse (*Polygonaceae*)
Buchweizen (*Fagopyrum esculentum*)	
Quinoa (*Chenopodium quinoa*)	

die symptomatisch mit Malabsorption und chronischer Diarrhö verbunden sind. Verschiedene genetische Prädispositionen sind hierzu bekannt.

Die Pathogenese der Zöliakie lässt sich in drei kausale Hauptabschnitte unterteilen: gestörte Darmbarriere, IL-15-Signallage und eine unphysiologische Transglutaminase-Freisetzung (◻ Abb. 4.8). Ausgangspunkt dieser Erkrankung ist eine Akkumulation von Gliadinen im subepithelialen Raum der Darmbarriere. Voraussetzung hierfür ist eine gestörte Funktion der Darmbarriere. Daher sind alle immunologischen Konstellationen, die eine Schwächung des epithelialen Gewebeabschlusses bedingen, Risikofaktoren für eine Zöliakie. Verschiedene, 13 bis 33 Aminosäuren lange Sequenzen von Gliadinfragmenten sind relevante Stimulationsepitope innerhalb der Zöliakie. Das Gliadin-Peptid p261-277 wird vom Chemokinrezeptor CXCR-3 erkannt und löst im Endothel ein Zonulin-Peptidsignal aus. Der *epidermal growth factor receptor* wird direkt durch das Glykoprotein Zonulin aktiviert. Ein indirekter Aktivierungsweg erfolgt über *den protease-activating receptor 2*. Beides initiiert eine epidermale Proliferation der Enterozyten und führt zu einer Öffnung des Darmepithel-Zusammenhalts und zur Freisetzung von Tight-Junction-Proteinen, was letztendlich die Permeabilität der Darmbarriere erhöht.

4

? Inwieweit ist die Pathogenese der Zöliakie durch genetische Prädispositionen bestimmt?

Eine erste ausgeprägte Anfälligkeit für Zöliakie ergibt sich aus einer genetisch bedingten Überexpression und Fehlplatzierung von gliadinbindenden Rezeptoren auf der Epithelzellenmembran. Gliadine können hierdurch parazellulär durch die offene Zona occludens die Darmbarriere überwinden und im subepithelialen Raum der Darmbarriere akkumulieren. Ein IgA- und Transferrinrezeptor(CD71)-vermittelter transzellulärer Gliadintransport wirkt hierbei unterstützend. Diese Vorgänge lösen eine erste proinflammatorische Reaktion der Enterozyten aus. Bei Zöliakie-Patienten sind CXCR-3 und CD71 als weitere genetische Prädisposition luminal durch Enterozyten überexprimiert. Freigesetztes IL-15 aktiviert subepitheliale CTLs, die zytotoxisch gegenüber dem Darmepithel reagieren. Diese IL-15-initiierte Zytotoxizität wird durch nicht-klassische MHC-Klasse-I-Moleküle (MHC Ib) vermittelt, die mit dem Zelloberflächenrezeptor NKG2/CD94 von NK-Zellen, γδ-T-Lymphozyten und CTLs interagieren. Das α-Gliadin-Peptid p31-43 beispielsweise wird neben den Epithelzellen auch von Mɸs und DCs durch TLR-4 erkannt, die daraufhin IL-1, IL-8, IL-15 und TNFα sezernieren und die zytotoxische Abwehrreaktion weiter antreiben. Zudem wird die periphere Toleranz an der Darmbarriere aufgehoben, indem darmepithelassoziierte APCs IL-23 sezernieren und so die immunsuppressive Wirkung von T_{reg}-Lymphozyten blockieren. In diesem Zusammenhang zeigen sich weitere genetische Risikofaktoren. Bestimmte Zytokin-Gencluster, die eine zellulär-zytotoxische Immunreaktion präferieren oder die Ausbildung einer peripheren Toleranz beeinflussen, werden als Prädispositionen für Zöliakie diskutiert.

? Welche weiteren Risikofaktoren gibt es noch?

Generell scheint eine autoimmune Vorerkrankung, wie Diabetes Typ I, Autoimmunthyreoiditis oder Autoimmunhepatitis, das Risiko an Zöliakie zu erkranken, zu erhöhen. Das zytotoxisch geschädigte Abschlussgewebe des Darmes setzt gewebsassoziierte Transglutaminasen des Typs 2 frei, welche normalerweise die posttranslationale Modifikation von Proteinen katalysieren. Zum einen werden Glutaminreste von Gliadinen über Transglutaminase-Katalyse desaminiert, zum anderen findet durch Iso-Peptidbindung zwischen gliadingebundenen Glutamin- und Lysinresten eine Quervernetzung statt. Die jetzt negativ geladenen, komplexierten Gliadine werden von APCs auf MHC-Klasse-II-Molekülen dem Immunsystem präsentiert und eine zellulär-zytotoxische Autoimmunreaktion initiiert, die durch IL-15, IL-18, IFNγ und TNFα geprägt ist und die das mucosale Epithel und die Lamina propria schädigt. Das HLA-DQ2/DQ8 zeigt gegenüber diesen modifizierten Gliadinen eine hohe Bindungsaffinität und begünstigt als weitere genetische Prädisposition die Entstehung von Zöliakie. Durch MHC-Klasse-II-Moleküle aktivierte Th_1-Lymphozyten sezernieren IL-21 und verstärken dadurch synergistisch das bereits vorliegende, initiale IL-15-Signal. Innerhalb dieser Signallage werden Immunglobuline mit Bindungsspezifitäten gegenüber Glutenbestandteilen, Transglutaminase, Tight-Junction-Proteinen und Eigengewebe gebildet, welche die zöliakietypischen autoimmunen Gewebszerstörungen weiter vorantreiben.

■ **Nutritiv-therapeutische Möglichkeiten bei Zöliakie**

Die Vermeidung des allergischen Potenzials durch eine glutenfreie Diät ist der wichtigste therapeutische Ansatz, wobei laut Codex Alimentarius nur Lebensmittel mit weniger als 20 ppm Gluten genutzt werden dürfen. Gluten ist in allen Weizensorten und Weizenhybriden als auch in Gerste als Hordenine und Roggen als Secaline vorhanden (◻ Tab. 4.2). Da Mehle dieser Getreidesorten nicht nur für Backwaren, sondern generell auch als Dickungsmittel und Textur-Stabilisatoren in Lebensmitteln und Kosmetikaanwendung verwendet werden, bedeutet eine glutenfreie Diät eine bedeutende Einschränkung in der Ernährungsweise und Beeinträchtigung der Lebensqualität. Sie ist auch immer eine Mangelernährung, wobei Nährstoffdefizite insbesondere von Calcium, Eisen und Folsäure, Kalium, Magnesium, Adenosylcobalamin (Vitamin B_{12}) und Zink durch Supplementation aufgefangen werden müssen.

Die Herstellung von glutenfreien Produkten ist technologisch problematisch. Um die fehlenden Eigenschaften des Klebereiweißes zu kompensieren, sind glutenfreie Produkte oft einerseits kohlenhydrat- und fettreich, andererseits ballaststoffarm. Der Trend einer glutenrestriktiven Ernährung ohne Indikation ist aus diesem Grund kritisch zu sehen.

❯ Eine glutenfreie Kost ist nur in Zusammenhang mit einer diagnostizierten Zöliakie sinnvoll. Sie birgt immer das Risiko einer ballaststoffarmen Mangelernährung.

Als glutenfreie Getreide gelten Hirse, Reis und Mais sowie verschiedene Pseudogetreide. Auch die prolinreiche Avenine des Hafers zeigen keine glutin-analogen, allergischen Aminosäuresequenzen. Der Einsatz von Haferproteinen zur Verbesserung der Backeigenschaften, *Lactobacillus*-fermentierter Sauerteig mit reduziertem Glutengehalt oder der Einsatz von gentechnisch veränderten Weizensorten sind mögliche Wege zu adäquaten Lebensmitteln für Zöliakie-Patienten. In diesem Zusammenhang wird die nasale Gabe von Gluten zur immunologischen Hyposensibilisierung und Gluten-Toleranzinduktion als weitere therapeutische Option diskutiert, die eine Einnahme von Gluten, wenn auch in reduzierten Mengen, wieder ermöglichen würde. Ähnlich wie bei Colitis ulcerosa und Morbus Crohn (s. auch ▶ Abschn. 2.4.2) ist Zöliakie durch eine manifeste Darmdysbiose, insbesondere durch eine deutlich erhöhte Anzahl von *Corynebacterium sp.*, *Gemella sp.* und *Clostridium sensu stricto* und eine verringerte *Bifidobacterium*-Präsenz, charakterisiert. Ob diese krankheitsbedingte, unphysiologische Darmflora ursächlich oder symptomatisch zu werten ist, ist unklar. Letztendlich ist sie zusammen mit einer ballaststoffarmen, glutenfreien Ernährung ein die Entzündungssituation verstärkender Faktor. Die orale Einnahme von präbiotischen Oligosacchariden und Probiotika, insbesondere *Clostridium leptum*, *Bifidobacterium longum* und *B. breve*, könnte deshalb eine präventiv-therapeutisch hilfreiche Option sein. In diesem Zusammenhang wird diskutiert, inwieweit bakterielle, kurzkettige Fettsäuren als darm-mikrobiomassoziierte Fermentationsprodukte Einfluss auf die Mucusbildung und die T-Lymphozyten-Hilfe nehmen. Ob sich daraus erfolgsversprechende Therapiemöglichkeiten für Zöliakie ergeben, muss sich noch zeigen.

Als mögliche darm-intraluminale Therapiemöglichkeiten werden zum einen der enzymatische Verdau von Gluten durch Prolyl-Oligopeptidasen oder Prolyl-Endoproteasen oder die Neutralisation von Gluten durch spezifische Ei- oder Kuhmilch-Immunoglobuline oder durch Polyhydroxymethacrylat diskutiert.

Transepidermal kann eine Hemmung der Transglutaminase, beispielsweise mit Cystamin, einem organischem Disulfid, in Betracht gezogen werden. Immunologisch wäre die Blockierung von HLA-DQ2/8, die Gabe von Anti-IL-15-Immunglobulinen oder eine IL-10-Gabe denkbar.

4

Exkurs IV: Nachweisproblematik zur Wirkung immunfunktionaler Lebensmittelkomponenten vom *In-vitro*-Experiment bis zur klinischen Studie

Um bestimmte Auswirkungen von Lebensmittelkomponenten auf die adaptive Abwehr des Immunsystems medizinisch ausloben zu können, müssen alle relevanten Effekte in der Anwendung allgemeingültig dargestellt werden. Dies wird oft durch eine geringere Effektgröße der Wirkkomponenten erschwert, die häufig indirekt durch gekoppelte Mechanismen wirken, zum Beispiel durch mikrobielle Stoffwechselprodukte einer induzierten Veränderung des Darm-Mikrobioms. Weitere Hindernisse in der Funktionsdarstellung immunrelevanter Lebensmittel sind zum einen, dass im Vergleich zu pharmakologischen Studien in der Regel keine hochdosierten Reinsubstanzen für diätetische Applikationen eingesetzt werden. Zum anderen ist die Einflussnahme von Lebensmitteln auf das adaptive Immunsystem oft an modulierende Effekte der angeborenen Abwehrreaktion gebunden und zeigt dadurch eine langsame Wirkkinetik in Bezug auf fassbare klinische Parameter. Präbiotische Oligosaccharide beispielsweise müssen zunächst das Darm-Mikrobiom verändern, welches dann über veränderte PPR-Stimulationsmuster von APCs auf die Funktionsausrichtung des adaptiven Immunsystems einwirken kann.

Generell beginnt jede Funktionsdarstellung mit Zellkultur- und Tierstudien, die bestenfalls durch mathematische Simulationsmodelle relevanter biochemischer Prozesse unterstützt werden (Exkurs IV ◼ Abb. 4.9). *In-vitro*-Studien haben den Vorteil, dass in einem zellulären Modell einzelne, definierte Aspekte des Wirkmechanismus' von immunfunktionalen Nahrungsbestandteilen gut darstellbar sind. Jedes Zellsystem kann mit seinen spezifischen Vorzügen auf die jeweilige Fragestellung abgestimmt werden. Eine auf Gewebebiopsien beruhende primäre Zellkultur ist zwar weniger artifiziell als eine Zelllinie, die aus Krebszellen oder immortalisierten Zellen besteht. Allerdings birgt die primäre Zellkultur gegenüber der Zelllinie deutliche Schwächen in der Reproduzierbarkeit der experimentellen Aussagen, da die primäre Zellkultur im Gegensatz zur Zelllinie immer wieder neu aus Zellmaterial erstellt werden muss und dadurch ein höherer Grad an Heterogenität des Modells gegeben ist. Dies ist ein generelles Problem für die Funktionsanalyse von Wirkstoffen. Ein unsegregiert-unstrukturiertes Experimentalmodell ist zwar oft artifiziell, ermöglicht jedoch durch den idealisierten Charakter eine

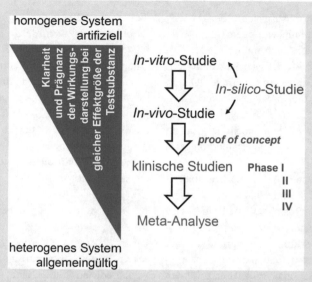

homogenes System
artifiziell

Klarheit
und Prägnanz
der Wirkungs-
darstellung bei
gleicher Effektgröße der
Testsubstanz

In-vitro-Studie

In-silico-Studie

In-vivo-Studie

proof of concept

klinische Studien   Phase I
                           II
                           III
                           IV

Meta-Analyse

heterogenes System
allgemeingültig

◻ **Abb. 4.9** Einfluss des Studienmodells auf den Wirkungsnachweis immunfunktionaler Lebensmittelkomponenten: Für eine Funktionsdarstellung eines Wirkstoffes werden präklinische Zellkultur- und Tierstudien, begleitet von mathematischen Simulationsmodellen, sowie klinische Prüfungen durchgeführt. Metaanalysen bewerten verschiedene Studien eines Themas auf Allgemeingültigkeit. Die Prägnanz einer Funktionsdarstellung eines Wirkstoffes durch artifiziell-homologe Modellsysteme (zelluläre Modelle) verringert sich bei gleicher Effektgröße bei ansteigender Heterogenität der Modellsysteme (Tiermodelle und klinische Prüfungen). Die Allgemeingültigkeit der experimentellen Aussagen nimmt zu

hohe Prägnanz der Aussage. Je realistischer Modellsysteme in Bezug auf die Anwendung des Wirkstoffes werden, desto allgemeingültiger wird die Aussage des Experimentes. Desto größer wird aber auch das Risiko, die eigentliche Funktionsaussage für die gegebene, gleichbleibende Effektgröße der Lebensmittelkomponente zu verlieren. Zudem sind multifaktorielle oder indirekte Wirkmechanismen durch homologe Einkomponenten-Modelle oft nicht darstellbar. Für solche immunologischen Fragestellungen werden dann innerhalb von *In-vivo*-Studien vorwiegend Maus- und Rattenmodelle verwendet. Apodiktische Aussagen in der Zellkultur können bereits in solchen Tiermodellen im Zusammenspiel mit unterschied-lichen Geweben und Organen mitunter nicht wiedergegeben werden. Nicht immer muss dies an einer zu geringen Funktionsrelevanz der Lebensmittelkomponente liegen. Eine geringe Gesamtkonzentration des Wirkstoffs im Lebensmittel oder eine stoffwechselabhängige, langsame Wirkkinetik erschweren den adäquaten Funktionsnachweis. Aus diesen Gründen ist eine direkte Übertragung von Zell- und Tiermodellen für pharmakologische Fragestellungen auf den Lebensmittelbereich nicht immer gegeben. Insbesondere die Sensitivität dieser Modelle gegenüber geringen Effektgrößen von Lebensmitteln muss im Versuchsaufbau entsprechend angepasst werden. Eine Ausweitung der Versuchsgruppen für einen

4

statistischen Ausgleich der Mess-streuung ist nur bedingt zielführend, da sich hierdurch auch immer die Hetero-genität des Modellsystems vergrößert. Vielmehr sind eine geringe Daten-streuung durch möglichst kleine Mess-fehlerbereiche in der Analytik und mög-lichst kleine Untersuchungsgruppen innerhalb des Experimentkontextes hilfreich.

Nachdem in präklinischen Experi-menten die Wirkmechanismen der Wirk-substanz dargestellt worden sind, wird innerhalb einer ersten, klinischen *Proof-of-concept*-Studie die grundsätzliche Wirkeffizienz des Applikationskonzeptes im Menschen überprüft. Hierzu werden im besten Fall placebokontrollierte, doppelt-blind geführte Studien durch-geführt, bei dem keinem direkt an der Studiendurchführung Beteiligten die Zuordnungen der Placebo- oder Ve-rum-Gruppe bekannt sind. Nur bei Wirkstoffzulassungen für Arzneimittel-zulassungen schließt sich hieran eine genau festgelegte Abfolge klinischer Prüfungen in 4 Phasen an. In den frühen Phasen 1 und 2 einer klinischen Prüfung werden mit immer größer werdenden Probanden- und Patienten-Kohorten pharmakodynamische Charakteristika, Toleranz- und Sicherheitsaspekte sowie die Wirkeffizienz der Applikation mit zunehmender Dosis ermittelt. Klinische Prüfungen der Phasen 3 und 4 bewerten die Langzeiteffekte der Applikation. Im Gegensatz dazu fordern Zulassungs-prozedere von Lebensmitteln diese klini-schen Prüfungen nicht. Um die Präg-nanz der Wirkungsdarstellung immun-relevanter Lebensmittelkomponenten optimal zu gestalten, sind möglichst kleine, klar definierte und in Bezug auf die anthropometrischen Parameter homogene Kohorten sowie eine mono-kausale Symptomatik der betrachteten Erkrankung hilfreich.

In Metaanalysen, wie beispielsweise bei *Cochraine-reviews* für eine effizienz-basierte Medizin, werden mit statisti-schen Mitteln systematisch Daten von verschiedenen Studien eines Themas zu-sammenfassend analysiert und die All-gemeingültigkeit der experimentellen Aussagen bewertet. Die hierbei gegebene hohe Heterogenität der Datenlage schwächt in der Regel die Prägnanz der Wirkungsdarstellung. Aufgrund der unterschiedlichen Studienkonzepte geht die Wirkeffizienz von funktionalen Lebensmittelapplikationen hierbei oft verloren. Letztendlich gilt es immer, die Allgemeingültigkeit der Wirkungsdar-stellung gegenüber der gegebenen Effektgröße abzuwägen, damit einerseits irrelevante Wirkungen verworfen und andererseits mögliche Therapieansätze im Lebensmittelbereich herausgearbeitet werden können.

❓ Fragen

1. Welche Voraussetzungen sind für die Initiation einer adaptiven Abwehr maßgeblich?
2. Inwieweit wird die funktionale Ausrichtung der adaptiven Abwehr von vorherigen Abwehrreaktionen beeinflusst?
3. Inwieweit können Lebensmittelkomponenten die Funktionsausrichtung der adaptiven Abwehr beeinflussen?
4. Welche Aufgabe haben Lymphfollikel innerhalb der adaptiven Abwehr?
5. Können zwitterionische Oligosaccharide eine MHC-Klasse I-abhängige zellulär-zytotoxische Immunreaktion auslösen?
6. Welche pathologischen Hyperreaktionen können sich aus einer Th_1- und Th_2-Lymphozyten-Hilfe ergeben?
7. Kann ein Allergen eine allergische Reaktion sowohl vom Typ-1 als auch vom Typ-4 auslösen?
8. Können Lebensmittellipide grundsätzlich eine allergische Reaktion auslösen?
9. Welche Konsequenzen ergeben sich, wenn extrazelluläre Bakterien eine zellulär-zytotoxische Abwehrreaktion auslösen?
10. Welche direkten diätetischen Interventionen sind bei Allergien möglich?

Weiterführende Literatur

Borghini R, Di Tola M, Salvi E, Isonne C, Puzzono M, Marino M, Picarelli A (2016) Impact of gluten-free diet on quality of life in celiac patients. Act Gastro Enterol Belg 79(2):447–453

Cenit MC, Olivares M, Codoñer-Franch P, Sanz Y (2015) Intestinal microbiota and celiac disease. cause, consequence or co-evolution? Nutrients 7(8):6900–6923. https://doi.org/10.3390/nu7085314

Diller ML, Kudchadkar RR, Delman KA, Lawson DH, Ford ML (2016) Balancing inflammation: the link between th17 and regulatory t cells. Mediators Inflamm. https://doi.org/10.1155/2016/6309219

Dustin ML, Choudhuri K (2016) Signaling and polarized communication across the T cell immunological synapse. Ann Rev Cell Dev Biol 32:303–325. https://doi.org/10.1146/annurev-cellbio-100814-125330

Faria AM, Gomes-Santos AC, Gonçalves JL, Moreira TG, Medeiros SR, LPA2 D, DC2 C (2013) Food components and the immune system: from tonic agents to allergens. Front Immunol Mucosal Immunity 4(102). https://doi.org/10.3389/fimmu.2013.00102

Fußbroich D, Schubert R, Schneider P, Zielen S, Beermann C (2015) Impact of soyasaponin I on TLR2 and TLR4 induced inflammation in the MUTZ-3-cell model. Food Funct 6:1001–1010. https://doi.org/10.1039/C4FO01065E

Girbovan A, Sur G, Samasca G, Lupan I (2017) Dysbiosis a risk factor for celiac disease. Med Microbiol Immunol 206(2):83–91. https://doi.org/10.1007/s00430-017-0496-z

Gobbetti M, Pontonio E, Filannino P, Rizzello CG, Angelis M, Di Cagno R (2017) How to improve the gluten-free diet. The state of the art from a food science perspective. Food Res Int. https://doi.org/10.1016/j.foodres.2017.04.010

Harald Renz H, Allen KJ, Sicherer SH, Lack G, Beyer K, Oettgen H (2018) Food allergy. Nat Rev Dis Primers 4. https://doi.org/10.1038/nrdp.2017.98

Kaukinen K, Lindfors K (2015) Novel treatments for celiac disease. Glutenases and beyond. Dig Dis 33(2):277–281. https://doi.org/10.1159/000369536

Kidd P (2003) Th1/Th2 balance: the hypothesis, its limitations, and implications for health and disease. Altern Med Rev 8(3):223–246

Kumar J, Kumar M, Pandey R, Chauhan NS (2017) Physiopathology and management of gluten-induced celiac disease. J Food Sci 82(2):270–277. https://doi.org/10.1111/1750-3841.13612

Martinello F, Roman CF, Souza P (2017) Effects of probiotic intake on intestinal bifidobacteria of celiac patients. Arq Gastroenterol 54(2):85–90. https://doi.org/10.1590/S0004-2803.201700000-07

Netea MG, Van der Meer JWM, Sutmuller RP, Adema GJ, Kullberg B-J (2005) From the Th1/Th2 paradigm towards a toll-like receptor/T-helper bias. Antimicrob Agent Chemother 49(10):3991–3996

Pinto-Sánchez MI, Causada-Calo N, Bercik P, Ford AC, Murray JA, Armstrong D, Semrad C, Kupfer SS, Alaedini A, Moayyedi P, Leffler DA, Verdú EF, Green P (2017) Safety of adding oats to a gluten-free diet for patients with celiac disease. Systematic review and meta-analysis of clinical and observational studies. Gastroenterology 153(2):395–409. https://doi.org/10.1053/j.gastro.2017.04.009

Ruggiero F, Angelis M, Rizzello CG, Noemi C, Dal BF, Gobbetti M (2017) Selected probiotic lactobacilli have the capacity to hydrolyze gluten peptides during simulated gastrointestinal digestion. Appl Environ Microbiol 83(14). https://doi.org/10.1128/AEM.00376-17

Saeidnia S, Manayi A, Abdollahi M (2015) From in vitro experiments to in vivo and clinical studies; pros and cons. Curr Drug Discov Technol 12(4):218–224

Sicherer SH, Sampson HA (2018) Food allergy: a review and update on epidemiology, pathogenesis, diagnosis, prevention, and management. J Allergy Clin Immunol 141(1):41–58. https://doi.org/10.1016/j.jaci.2017.11.003

Tao L, Reese TA (2017) Making mouse models that reflect human immune responses. Trends Immunol 38(3):181–193. https://doi.org/10.1016/j.it.2016.12.007

Van Neerven R, Savelkoul H (2017) Nutrition and allergic diseases. Nutrients 9(7):762. https://doi.org/10.3390/nu9070762

Einfluss von Mikro- und Makronährstoffen auf die klonale Phase der adaptiven Immunantwort

Inhaltsverzeichnis

Ergänzende Information Die elektronische Version dieses Kapitels enthält Zusatzmaterial, auf das über folgenden Link zugegriffen werden kann [https://doi.org/10.1007/978-3-662-67390-4_5]. Die Videos lassen sich durch Anklicken des DOI-Links in der Legende einer entsprechenden Abbildung abspielen, oder indem Sie diesen Link mit der SN More Media App scannen.

■ ■ **Zusammenfassung**

In der klonalen Abwehrphase der adaptiven Immunantwort wird die Abwehrreaktion durch die sogenannte klonale Selektion und Expansion von Lymphozyten umgesetzt. Die Effizienz dieser Abwehrphase hängt direkt vom Versorgungsstatus des Körpers mit Mikro- und Makronährstoffen ab. Der Zellteilungszyklus
durchläuft eine Synthesephase, wobei der Chromosomensatz der Zelle verdoppelt
wird, eine in drei *gap*-Phasen unterteilte, die Zelle auf die Teilung vorbereitende
Interphase und die mitotische Zellteilungsphase. Die G1- und G2-
Zellwachstumsphasen sind durch eine hohe Kohlenhydrat-, Lipid- und Protein-
syntheseaktivität gekennzeichnet. Vitamine der B-Gruppe und Zink sind unent-
behrliche Kofaktoren von Schlüsselenzymen der Kohlenhydrat-, Lipid-, Protein-
und der DNA-Synthese.

Für die Regulation der Immunfunktionen sind die para- und autokrinen Signaleffekte des Cholecalciferols relevant. Prinzipiell wirkt das aktive 1,
25-Dihydroxy-Cholecalciferol in der adaptiven Abwehrphase als eine gegenregulative Eingrenzung der Zellproliferation. Es fördert Th_2- Lymphozyten-Hilfe
und unterdrückt gleichzeitig die Lymphozytenproliferation. Generell korreliert die
Prävalenz autoimmuner oder allergischer Erkrankungen mit einem Cholecalciferolmangel.

Auch der nutritive Versorgungsstatus des Organismus' mit Makronutrients beeinflusst die Immunfunktion. Kohlenhydrate, Lipide und Proteine liefern zum
einen innerhalb katabolischer Stoffwechselprozesse biochemische Energie, zum
anderem anabolisch präformierte Strukturmoleküle für den Zellaufbau. Protein-
und Energiemangelsituationen, welche sich mit unterschiedlichen Krankheitsbildern äußern, bedingen immer eine Schwächung der Immunkompetenz. Beim
Kwashiorkor liegt vorwiegend eine Unterversorgung mit Nahrungsproteinen vor.
Beim Marasus fehlt vorwiegend die zur Energiegewinnung notwendige Kohlenhydratzufuhr aus der Nahrung.

Der Ernährungsstatus wird von endokrin-aktiven Adipozyten des Fettgewebes
auf die Immunzellfunktion übertragen und angepasst. Immunregulativ wichtige
Adipokine sind das Leptin und das Adiponektin. Die Leptinkonzentration im
Blutserum korreliert proportional, die Adiponektinkonzentration antiproportional
zur viszeralen Fettgewebemasse. Leptin stimuliert eine T-Lymphozyten-
Proliferation und unterstützt zellulär-zytotoxische Abwehrreaktionen. Adiponektin reguliert das immunologische Abwehrpotenzial herab. Sowohl eine Energieüberversorgung als auch eine -unterversorgung limitieren die Effizienz einer adaptiven Abwehrreaktion.

5

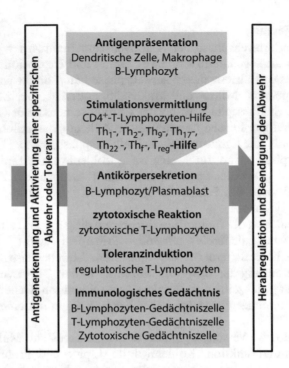

🔁 **Lernziele**

— Welches sind die zentralen Mechanismen der klonalen Selektion und Expansion von Lymphozyten in der antigenspezifischen Abwehrreaktion?

— Welche Mikro- und Makronährstoffe treiben die Umsetzung der adaptiven Abwehrreaktion an?

— Inwieweit ist Cholecalciferol für die Ausprägung immunologischer Hyperreaktionen relevant?

— Inwieweit verändert der Protein- und Energieversorgungsstatus die Funktion der adaptiven Abwehr?

5.1 Einfluss von Mikronährstoffen auf die Zellproliferation in der klonalen Abwehrphase

Nach antigenspezifischer Stimulation von Lymphozyten durch APCs in den Lymphfollikeln wird die Abwehrreaktion in der sogenannten klonalen Phase der adaptiven Immunantwort umgesetzt. Es erfolgt eine explosionsartige Proliferation von T-Helfer-Lymphozyten, B-Lymphozyten oder auch CTLs und anderen lymphozytären, zytotoxisch wirkenden Effektoren. Diese zelluläre Proliferationsleistung wird durch eine hohe kata- und anabole Stoffwechselaktivität angetrieben. Durch den Abbau von Kohlenhydraten und Lipiden wird mit der metabolisch gekoppelten oxidativen beziehungsweise Substratkettenphosphorylierung die biochemische Energie gewonnen, die zur Biosynthese von Polynukleotid-, Lipid- und Proteinstrukturen für die Zellreplikation benötigt wird.

Die Effizienz dieser Abwehrphase hängt direkt vom Versorgungsstatus des Körpers mit verschiedenen Mikronährstoffen ab. Mineralstoffe, zumeist in anorganischer Form vorliegende Metallionen, sowie Vitamine, zumeist kleine organische Verbindungen, werden im Organismus in der Regel nur unzureichend gespeichert und müssen kontinuierlich mit der Nahrung aufgenommen werden. Für die enzymatischen Stoffwechselprozesse der Zellproliferation sind sie essenzielle Kofaktoren. Kovalent an ein Enzym gebunden, sind sie als prosthetische Gruppe unerlässlich für die katalytische Aktivität des Enzyms, als dissoziierbares Koenzym nehmen sie innerhalb der Enzymreaktionen chemische Gruppen, Protonen oder Elektronen auf oder geben diese ab oder sind als Metallionen enzymgebunden für die Katalyse erforderlich.

5.1.1 Klonale Selektion und Expansion antigenaktivierter Lymphozyten

Die klonale Selektion und Expansion von Lymphozyten ist ein entscheidender Schritt in der effizienten Umsetzung einer antigenspezifischen Abwehrreaktion. Naive Vorläuferzellen, die ein bestimmtes Antigen-Epitop spezifisch erkennen, differenzieren nach Stimulation durch APCs in verschiedene Helfer- oder Effektorphänotypen und proliferieren. Bei der klonalen Selektion wird ein spezifischer T-Lymphozyt durch die selektive Anbindung des kompatiblen TCRs an den MHC-Antigen-Komplex eincs APCs passgenau aktiviert. Durch das TCR-Signal, das CD28-Kostimulationssignal und durch die Sekretion von IL-2, IL-7 und weiteren Wachstumsfaktoren wird die klonale Expansionsphase mit hoher zellulärer Reproduktionsleistung initiiert und die Effizienz der adaptiven Abwehrreaktion maximal verstärkt. Es werden T-Lymphozyten-Klone mit jeweils identischen Antigenrezeptoren gebildet. $CD4^+$-T-Lymphozyten maturieren daraufhin zu antigenspezifischen T-Helfer-Lymphozyten. Dieses Prinzip der klonalen Selektion und Expansion gilt prinzipiell auch für MHC-Klasse-I-restringierte $CD8^+$-CTLs und CD1-restringierte $\gamma\delta$-T- und NKT-Lymphozyten. Auch B-Lymphozyten werden durch eine antigenspezifische BCR-Anbindung klonal selektiert und aktiviert. Aktivierte B-Lymphozyten können dann, vermittelt durch eine antigenkompatible Th_2-Lymphozyten-Hilfe, proliferieren und daraufhin zu immunglobulin-produzierenden Plasmazellen maturieren (◘ Abb. 5.1). Die Lymphozytenproliferation beginnt etwa 1 Tag nach der Infektion.

In der klonalen Expansionsphase wird eine metabolische Aktivierung und Reprogrammierung bei den Lymphozyten ausgelöst, wobei die energieproduzierende, katabole Glykolyse und Lipolyse sowie der anabole Stoffwechsel zur Aminosäure-, Lipid-, Nukleotid und Zuckersynthese hochreguliert werden, um die Zellreproduktion umzusetzen.

5

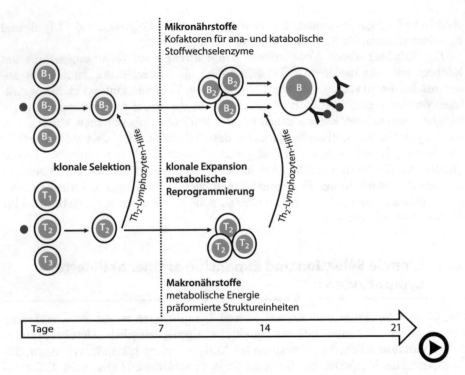

☐ **Abb. 5.1** Einfluss von Mikro- und Makronährstoffen auf die klonale Expansion antigen-aktivierter Lymphozyten: Bei der klonalen Selektion wird ein T-Lymphozyt durch die selektive Anbindung des kompatiblen TCR an den MHC-Antigen-Komplex einer APC spezifisch aktiviert. Durch das TCR-Signal, das CD28-Kostimulationssignal und durch die Sekretion von IL-2, IL-7 und weiteren Wachstumsfaktoren wird die klonale Expansionsphase mit hoher zellulärer Reproduktionsleistung initiiert und die Effizienz der adaptiven Abwehrreaktion maximal verstärkt. $CD4^+$-T-Lymphozyten maturieren daraufhin zu antigenspezifischen T-Helfer-Lymphozyten. Das Prinzip der klonalen Selektion und Expansion gilt für MHC-Klasse-I- und MHC-Klasse-II-restringierte T-Lymphozyten sowie für CD1-restringierte γδ-T- und NKT-Lymphozyten. Auch B-Lymphozyten werden durch eine antigenspezifische BCR-Anbindung klonal selektiert und aktiviert. Sie können dann, vermittelt durch eine antigenkompatible Th_2-Lymphozyten-Hilfe proliferieren und daraufhin zu immunglobulinproduzierenden Plasmablasten maturieren. APC: *antigen-presenting cell*, BCR: *B-cell receptor*, IL: Interleukin, MHC: *major histocompatibility complex*, NKT-Lymphozyt: Natürlicher Killer T-Lymphozyt, TCR: *T-cell receptor* (▶ https://doi.org/10.1007/000-b75)

5.1.2 Die Vitamin-B-Gruppe und Zink treiben als essenzielle metabolische Kofaktoren die lymphozytäre Zellproliferation an

Die Mikronährstoff-Homöostase des Körpers ist ein Schlüsselfaktor für die Aufrechterhaltung eines gesunden Immunsystems. In der klonalen Phase der adaptiven Abwehr sind verschiedene Mikronährstoffe essenzielle Kofaktoren für Schlüsselenzyme, die an den Zellteilungsprozessen sich verdoppelnder Lymphozyten beteiligt sind. In der orthomolekularen Medizin wird insbesondere ein Mangel an Vitaminen der B-Gruppe sowie an Zink kausal mit einer Limitation der Immunkompetenz verknüpft. Blutserum-Normalwerte für die Vitamine der B-Gruppe

□ Tab. 5.1 Blutserum-Normalwerte bei Erwachsenen für die Vitamine der B-Gruppe

	Name	aktive Form	Blutserum-Normalwert
B_1	Thiamin	Thiaminpyrophosphat	75–375 nmol/L
B_2	Riboflavin	Flavinadenindinukleotid Flavinmononukleotid	106–638 nmol/L
B_3	Nicotinsäure	Nicotinamidadenindinukleotid	–
B_5	Pantothensäure		1,57–2,66 µmol/L
B_6	Pyridoxin Pyridoxal Pyridoxamin	Pyridoxalphosphat	20–30 nmol/L
B_7	Biotin	D-(+)-Biotin	100–250 nmol/L
$B_{9/11}$	Folat		2,2–6,6 nmol/L
B_{12}	Cobalamin		158–638 pmol/L

sind in □ Tab. 5.1. angegeben. Ein Zinkmangel ist laut dem *Vitamin and Mineral Nutrition Information System* der *World Health Organisation* (WHO) bei einer Blutserumkonzentration von unter 9 nmol/L gegeben.

? In welchen Phasen vollzieht sich die Zellteilung von Lymphozyten?

Der Zellteilungszyklus teilt sich auf in eine Synthesephase (S), in der sich der Chromosomensatz der Zelle verdoppelt, in drei *gap*-Phasen (G0, G1 und G2) unterteilte Interphase und die mitotische Zellteilungsphase, in der der doppelte Chromosomensatz zu gleichen Teilen auf die entstehenden Tochterzellen aufgeteilt wird. Nach Initiation der Zellteilung verlässt die Zelle zunächst die G0-Ruhephase und tritt in die intermitotische G1-Phase des Zellteilungszyklus' ein. Diese erste Zellwachstumsphase ist durch eine hohe Kohlenhydrat-, Lipid- und Protein-syntheseaktivität gekennzeichnet. Zellmembranen werden bei anwachsendem Zellvolumen vergrößert und zusätzliche Organellen gebildet.

Eine gute Versorgungslage mit Nährstoffen entscheidet an dieser Stelle darüber, ob die Zelle im Zellteilungszyklus in die S-Phase eintritt oder bei Unterversorgung in der G1- Phase verweilt oder zurück in die G0-Phase geführt wird. Die Abfolge der Phasen innerhalb des Zellteilungszyklus' wird von A-, B-, D- und E-Zyklinen reguliert. Diese Signalproteine aktivieren verschiedene zyklinabhängige Kinasen und initiieren dadurch eine definierte Signalabfolge durch Substrat-phosphorylierungen. Zyklin D leitet die G1-Phase, Zyklin E die S-Phase, Zyklin A die G2-Phase und Zyklin B schließlich die Mitose ein. In der S-Phase wird der Chromosomensatz mit einer hohen DNA- und Histon-Protein-Syntheseleistung repliziert. In der nachfolgenden G2-Phase findet weiteres Zellwachstum mit einer hohen Proteinsyntheseleistung statt. Die vergrößerte Ausgangszelle teilt sich dann während der mitotischen Phase in einem hochregulierten Zytokineseprozess in zwei neue Zellen.

❯ Durch die klonale Expansion wird ein einziges antigenspezifisches Stimulationsereignis in multiple Abwehrreaktionen gegenüber einem festgelegten Ziel umgesetzt und dessen Effizienz maximal verstärkt.

Bei proliferierenden Zellen sind sowohl katabole, biochemische energieliefernde als
auch anabole strukturgenerierende Stoffwechselprozesse aktiv. Hierbei sind in vielfältiger Weise B-Vitamine als Enzym-Kofaktoren bei der Glykolyse und der
Fettsäure-β-Oxidation sowie bei der Aminosäure-, Fettsäure- und Nukleotidsynthese
als auch bei der Gluconeogenese beteiligt (◻ Abb. 5.2). Vitamine der B-Gruppe sind
sowohl als Einzel- oder als Gruppen-Supplemente auf dem Markt gut etabliert.

■ Vitamine der B-Gruppe

Das Thiaminpyrophosphat wirkt als aktive Form des Thiamins (Vitamin B_1) bei
der Übertragung von Hydroxyalkylresten mit, beispielsweise bei der Nukleotidsynthese als prosthetische Gruppe der Transketolase innerhalb des Pentose-
phosphatwegs. Riboflavin (Vitamin B_2) ist als Vorstufe der Flavin-Coenzyme Flavinadenindinukleotid und Flavinmononukleotid, ebenso wie die Nicotinsäure

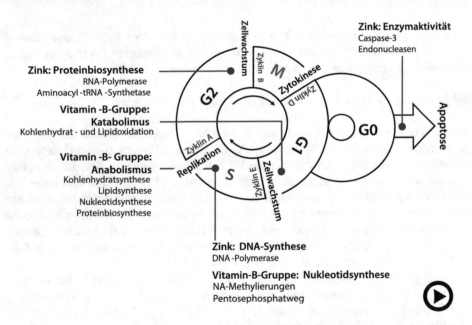

◻ **Abb. 5.2** Einfluss von B-Vitaminen und Zink auf die Phasen der mitotischen Zellteilung: Der
Zellteilungszyklus durchläuft eine Synthesephase (S), in der sich der Chromosomensatz der Zelle
verdoppelt, eine in drei *gap*-Phasen (G0, G1 und G2) unterteilte Interphase und die mitotische
Zellteilungsphase, wobei der doppelte Chromosomensatz zu gleichen Teilen auf die entstehenden
zwei Zellen aufgeteilt wird. Die metabolischen Abläufe der Zellproliferation sind direkt an die
Versorgungssituation des Körpers mit Vitaminen der B-Gruppe und mit Zink gekoppelt.
DNA: *deoxyribonucleic acid*, RNA: *ribonucleic acid*, tRNA: *transfer-ribonucleic acid*
(▶ https://doi.org/10.1007/000-b74)

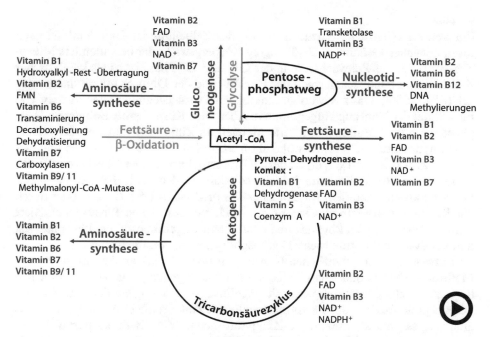

◻ Abb. 5.3 Abhängigkeit kata- und anaboler Stoffwechselprozesse von der Vitamin-B-Gruppe: B-Vitamine sind als Kofaktoren von Enzymen kata- und anaboler Stoffwechselprozesse beteiligt. FAD: Flavinadenindinukleotid, FMN: Flavinmononukleotid, NAD: Nicotinamidadenindinukleotid, NADP: Nicotinamidadenindinukleotidphosphat (▶ https://doi.org/10.1007/000-b73)

(Vitamin B$_3$), welche die Vorstufe des Coenzyms Nicotinamidadenindinukleotid ist, an Oxido-Reduktase-Reaktionen, zum Beispiel durch Dehydrogenasen, zentral an Stoffwechselprozessen des Zellaufbaus beteiligt (◻ Abb. 5.3). Die Pantothensäure (Vitamin B$_5$) ist als Teil des Coenzyms A an der Übergangsstelle von Kata- zum Anabolismus wirksam, welches den Transfer von Acetylgruppen katalysiert. Pyridoxalphosphat, die aktive Verbindung des Pyridoxins (Vitamin B$_6$), ist ein wichtiges Coenzym des Aminosäurestoffwechsels und an enzymatischen Transaminierungs-, Decarboxylierungs- und Dehydratisierungsreaktionen beteiligt. Für den Auf- und Abbau von Kohlenhydraten, Lipiden und Proteinen ist das Biotin (Vitamin B$_7$) als Kofaktor verschiedener Carboxylasen entscheidend, wie beispielsweise innerhalb der Fettsäuresynthese bei der Acetyl-CoA-Carboxylase-Reaktion. Bei der Gluconeogenese und bei der Cholesterinsynthese sind Carboxylase-Reaktionen von Biotin abhängig. Katabol ist Biotin an dem Abbau ungeradzahliger Fettsäuren und verzweigter Aminosäuren beteiligt. Von den 8 Stereoisomeren ist das D-(+)-Biotin enzymatisch. Folat (Vitamin B$_{9/11}$) ist zusammen mit Riboflavin (Vitamin B$_2$), Pyridoxin (Vitamin B$_6$) und Cobalamin (Vitamin B$_{12}$) bei Methylierungsreaktionen innerhalb der RNA- und DNA-Nukleotidsynthese beteiligt (s. auch ▶ Abschn. 7.2.1) und ist bei Zellteilungs- und Wachstumsprozessen von Lymphozyten in der klonalen Abwehrphase unentbehrlich. Folat wirkt außer bei Methylierungsreaktionen auch als Kofaktor bei Methylmalonyl-CoA-Mutase-katalysierten Reaktionen an der Synthese von Fettsäuren und Aminosäuren mit.

5

■ **Zink**

Ein weiterer essenzieller nutritiver Faktor der Zellteilung ist Zink. Zink ist nach Eisen mit einem Gehalt von 20–30 mg/kg Körpergewicht der bedeutendste Mikronährstoff. Für das Zellwachstum in der G1- und G2-Phase ist es als katalytischer Kofaktor von Schlüsselenzymen der Protein- und der DNA-Synthese unentbehrlich (▢ Abb. 5.2). Das zweiwertige Zinkion wird vorwiegend über den Verzehr von Fleisch mit der Nahrung aufgenommen. Aber auch Kürbiskerne, Bohnen und verschiedene Nüsse enthalten relevante Mengen an Zink. Allerdings bindet pflanzliche Phytinsäure, ein Speichermolekül für Phosphat von Hülsenfrüchten und Getreiden, Zinkionen und verringert dessen Bioverfügbarkeit. Der Gehalt von Phytinsäure solcher Rohstoffe kann jedoch reduziert werden. Eine Fermentation mit Phytase-aktiven Bakterien, wie *Lactobacillus acidophilus* oder *L. casei* oder durch die Keimung von Getreidekörnern, wodurch pflanzeneigene Phytasen aktiviert werden, führt zu einem Phytinsäureabbau. Phytasen gehören zu den Phosphatasen und katalysieren die stufenweise Dephosphorylierung von Phytinsäure.

In tierischen und pflanzlichen Nahrungsmitteln ist Zink an Aminosäuren, wie Methionin, Cystein oder Histidin, oder an kurzkettige Peptide gebunden. In Milch liegt Zink als Chelatkomplex mit Picolinsäure oder gebunden an Casein-Oligopeptide vor. In Nahrungssupplementen ist Zink oft als Zinksulfat oder Zinkgluconat, seltener als Zinkorotat, Zinkpantothenat oder als Zinkaspartat formuliert. Neuere Zink-Histamin- oder Zink-Methionin-Formulierungen zeigen gegenüber Zinksulfat eine deutlich höhere Bioverfügbarkeit.

In den G1- und G2-Zellwachstumsphasen ist Zink insbesondere für die Proteinbiosynthese ein essenzieller Kofaktor. Als Teil der Zink-Finger-Domäne der RNA-Polymerase, eine DNA-bindende, tetraedrisch um ein Zinkion gefaltete Proteinstruktur, für die Transkription relevant. Zudem stabilisiert das Metallion die Gesamtstruktur des Holoenzyms. Auch zinkabhängige Transkriptionsfaktoren besitzen eine definierte DNA-Bindungsdomäne und regulieren die Genexpression. Eine weitere Zinkanhängigkeit wird bei der für die Translation wichtigen Aminoacyl-tRNA-Synthetase vermutet (s. auch ▶ Abschn. 7.1). Bei der Aminosäuresynthese unterstützt Zink als enzymatischer Kofaktor die Transaminierungsreaktion, beispielsweise durch die Glutamat-Dehydrogenase. Verschiedene Dehydrogenasen, Peptidasen und Phosphatasen des katabolen und intermediären Stoffwechsels sind Zink-Metalloenzyme.

Zellen, die in der G0-Phase verweilen und sich nicht teilen, können durch Apoptose absterben. Dieser programmierte Zelltod wird in der frühen Apoptosephase durch „Caspasen" genannte cysteinyl-aspartat-spezifische Proteasen reguliert. Zink ist ein potenter konzentrationsabhängiger Regulator des apoptotischen Schlüsselenzyms Caspase-3. Auch die Aktivität von Endonukleasen in der späten Apoptosephase wird durch Zink reduziert und verhindert Zellverlust in der klonalen Phase der adaptiven Abwehr.

❯ Nur wenn alle limitierenden mikro-nutritiven Faktoren ausreichend vorliegen, kann die Lymphozytenproliferation in der klonalen Phase der Abwehrreaktion adäquat umgesetzt werden.

Die Thymusfunktion ist ein weiterer zinkabhängiger Faktor der Lymphozyten-reifung und -proliferation. Ein durch Zinkmangel gewebereduzierter, atrophischer Thymus beeinträchtigt die Reifung von T-Lymphozyten. Das Hormon Thymulin wird von Thymus-Epithelzellen gebildet und mit Zink als Kofaktor aktiviert. Es in-duziert bei T-Lymphozyten die Expression von IL-2-Rezeptoren, wodurch das IL-2-Proliferationssignal von den Zellen erkannt und umgesetzt werden kann. Zudem ist außerhalb des Thymus Zink selbst ein Signalmolekül der interzellulären Kom-munikation von T-Lymphozyten, DCs und anderen Immunzellen. Zinkvermittelte Signale können die Expression von verschiedenen Zelloberflächenrezeptoren und verschiedenen Zytokinen modifizieren und wirken direkt auf die Lymphozyten-proliferation.

5.2 Cholecalciferol wirkt der klonalen Lymphozytenexpansion in der adaptiven Immunantwort entgegen

Das Cholecalciferol (Vitamin D_3) gehört zur Vitamin-D-Familie, die in enger Be-ziehung zur Calcium- und Phosphat-Homöostase des Körpers steht. Cholecalcife-rol ist ein Schlüsselvitamin bei der Regulation adaptiver Abwehrreaktionen. Alle Lymphozyten, Enterozyten, Granulozyten, Mastzellen, Mϕs und DCs erkennen die aktivierte Form des Cholecalciferol durch einen Vitamin-D_3-Rezeptor. Zudem exprimieren Immunzellen cholecalciferolaktivierende Enzyme, um davon ab-hängige, regulatorische Signallagen innerhalb einer Abwehrreaktion selbst gene-rieren zu können. Das Cholecalciferol zeigt somit sowohl endokrine, an ver-schiedene Organe gerichtete Hormonsignale, als auch para- und autokrine Hormonsignale, die innerhalb einer Zelle oder zwischen verschiedenen Zellen wir-ken können. Ein Cholecalciferolmangel wird in Zusammenhang mit verschiedenen Dysfunktionen des Immunsystems diskutiert.

5.2.1 Der Cholecalciferolmetabolismus

Das Cholecalciferol (Vitamin D_3) ist ein aus dem Cholesterolstoffwechsel ab-geleitetes Secosteroidhormon. Strukturell ist es durch ein aufgebrochenes Steroid-ringsystem mit drei miteinander verbundenen 6-Kohlenstoffatomringen und einem 5-Kohlenstoffatomring, die mit einer einfach verzweigten, 8 Kohlenstoffatomen langen aliphatischen Kette, verknüpft sind. Es wird von Keratinozyten der Haut gebildet. Durch eine Photoisomerisierung mittels UVB-Licht (λ 290–329 nm) öff-net sich zunächst ein Ring (Kohlenstoffnummer 5–10) des Provitamins 7-Dehydrocholesterol. Durch eine darauffolgende Thermoisomerisierung, wobei sich drei konjugierte Doppelbindungen aus dem geöffneten Ring bilden, entsteht Cholecalciferol. Dieses fettlösliche Vitamin kann auch durch den Verzehr von Avocado-Birnen (*Persea americana*), Eiern, Milch und Seefisch sowie sonnenbe-schienenen Speisepilzen mit der Nahrung aufgenommen werden. Das beispiels-weise in Champignons (*Agaricus bisporus*) enthaltene Ergocalciferol (Vitamin D_2)

ist hierbei das pilzliche Pendant des humanen Cholecalciferols. Es leitet sich von Ergosterol ab und unterscheidet sich strukturell vom Cholecalciferol lediglich in einer weiteren dritten Verzweigung des aliphatischen Restes. Ergocalciferol wird genauso wie Cholecalciferol im weiteren Stoffwechselverlauf in seine aktive Hormonform überführt. Cholecalciferol kann im Fett- und Muskelgewebe mit großer Kapazität gespeichert werden.

> ❯ Die aktive Form des Cholecalciferols zeigt sowohl ein endokrines, systemisch im Körper wirkendes, als auch ein para- und autokrines, zellulär wirkendes Signalpotenzial.

5

Der Grad der Hydroxylierung der Steroidstruktur bestimmt die hormonelle Aktivität des Cholecalciferols. Nach der Synthese des Cholecalciferols in der Haut wird das Steroid an das vitamin-D-bindende Protein angebunden und durch das Blutsystem zur Leber transportiert (❏ Abb. 5.4). Dort wird es an der 25-Kohlenstoffatom-Position des Steroidringsystems durch die 25-Hydroxylase zu 25-Hydroxy-Cholecalciferol hydroxyliert. Letztendlich wird diese Struktur in der Niere durch die 1α-Hydroxylase in das 1, 25 -Dihydroxy-Cholecaliferol umgesetzt. Dass aus dieser Reaktion resultierende 1, 25-Dihydroxy-Cholecalciferol ist die aktive Form des Vitamin D_3. Durch eine weitere Hydroxylierung des 25-Hydroxy- oder des 1, 25-Dihydroxy-Cholecalciferols durch die 24-Hydroxylase werden beide Steroidstrukturen inaktiviert und so die Konzentration der aktiven Hormonform in der Niere reguliert. In der Zielzelle wird das 1, 25-Dihydroxy-Cholecalciferol an

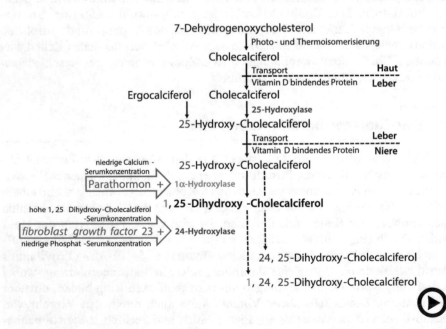

❏ **Abb. 5.4**   Der Cholecalciferolmetabolismus: Das Cholecalciferol (Vitamin D_3) ist ein von Cholesterol abgeleitetes Secosteroidhormon. Es wird von Keratinozyten der Haut durch eine Photoisomerisierung und Thermoisomerisierung gebildet (▶ https://doi.org/10.1007/000-b76)

ein intrazelluläres Rezeptorprotein gebunden und in den Zellkern transportiert. Dort wirkt es als induktiver Ligand für Transkriptionsfaktoren für eine Vielzahl verschiedener hormonsensitiver Gene der angeborenen und der adaptiven Abwehr. Das Parathormon, welches von den Nebenschilddrüsen sezerniert wird, und der von Osteozyten des Knochenmarks gebildete *fibroblast growth factor 23* regulieren wechselseitig innerhalb der Calcium- und Phosphat-Homöostase die Bildung von aktivem 1, 25-Dihydroxy-Cholecalciferol. Generell erhöht das Parathormon die Aktivität der 1α-Hydroxylase-Reaktion und bewirkt dadurch eine verstärkte Signallage durch 1, 25-Dihydroxy-Cholecalciferol. Die Sekretion des Parathormons wird durch eine niedrige Calcium-Serumkonzentration induziert. Eine hohe 1, 25-Dihydroxy-Cholecalciferolkonzentration im Blutserum inhibiert hingegen die Parathormonsekretion. Gegenregulator des Parathormons ist hierbei das Calcitonin, ein von der Schilddrüse stammendes Peptidhormon, welches die Calciumkonzentration im Blutserum senkt. Interessanterweise kommen sowohl das Parathormon als auch das Calcitonin in relevanten Mengen in Milch, insbesondere in Kolostralmich vor. Durch eine weitere Hydroxylierung des 25-Hydroxy- oder des 1, 25-Dihydroxy-Cholecalciferols durch die 24-Hydroxylase werden beide Steroidstrukturen inaktiviert. Hohe Konzentrationen von 1, 25-Dihydroxy-Cholecalciferol und eine niedrige Phosphat-Serumkonzentration führen über den *fibroblast growth factor 23* zu einer Aktivitätserhöhung der dafür zuständigen 24-Hydroxylase-Reaktion und bedingen damit eine Reduktion des aktiven 1, 25-Dihydroxy-Cholecalciferols im Blutserum. Da diese Hormone die Ausprägung des Vitamin-D_3-Signals mitbestimmen, ist diese Rückkopplungsregulation in der Steuerung von vitamin-D_3-vermittelten Funktionen von Immunzellen eingebunden.

5.2.2 Wirkung von Cholecalciferol auf Zellfunktionen in der angeborenen und adaptiven Immunabwehr

Für die Regulation der Immunfunktionen sind die para- und autokrinen Signaleffekte des Cholecalciferols relevant. Das 1, 25-Dihydroxy-Cholechalciferol als aktive Form des Cholecalciferols wirkt als induzierender Ligand eines zellnukleären, als Vitamin-D_3-Rezeptor bezeichneten Transkriptionsfaktors. Aktivierte T- und B-Lymphozyten, Granulozyten, Mφs und DCs exprimieren diesen Steroidrezeptor, welcher hochspezifisch 1, 25-Dihydroxy-Cholecalciferol bindet und anschließend mit sich selbst dimerisiert. Das so gebildete Ligand-Homodimer verstärkt daraufhin die Expression verschiedener Gene, die für die Zellproliferation und Zelldifferenzierung sowie für die Immunregulation relevant sind (s. auch ▶ Abschn. 7.3). Insbesondere unreife und sich in der frühen Phase der Reifung befindliche Zellen sind für das Cholecalciferolsignal, bedingt durch eine generell hohe Vitamin-D_3-Rezeptor- und 1α-Hydroxylase-Expression, empfänglich.

Prinzipiell ist das 1, 25-Dihydroxy-Cholecalciferol als überwiegend antiinflammatorisches Regulativ der adaptiven Immunantwort zu sehen. Dies zeigt sich bereits in der frühen Abwehrphase (◘ Abb. 5.5).

angeborene ┊ adaptive
Immunabwehr ┊ Immunabwehr

1, 25 -Dihydroxy-Cholecalciferol

| Unterstützung der antimikrobiellen Abwehr
Mφs:
- verstärkte Chemotaxis
- verstärkte Phagozytoseleistung
- verstärkte AMP-Expression
- verstärkte TLR-Expression | Induktion einer peripheren Immuntoleranz
DCs:
- Phänotypisierung zu tolerogenen DCs
- reduzierte MHC-Klasse-II- und CD1-Expression
- reduzierte CD40-, CD80- und CD86-Expression
- blockierte IL-2-, IL -6-, IL-12-, IL -23- und TNFα-Expression
- verstärkte IL -10-und CCL22-Expression |
| **Blockierung einer zytotoxischen Abwehr**
Mφs-
- M2-Phänotypisierung
- blockierte IL -1-, IL -6- und TNFα-Expression | T-Lymphozyten -Hilfe:
- Induktion einer Th$_2$- und Th$_{reg}$-Hilfe
- verstärkte IL -4-, IL -5-, IL -10-, IL -13- und TGFβ-Expression
- blockierte IL-17- und INF γ-Expression |

◨ **Abb. 5.5** Immunmodulatorische Wirkung von Cholecalciferol: In der frühen immunologischen Abwehrphase fördert 1, 25 Dihydroxy-Cholecalciferol antimikrobielle Funktionen von Mφs. Im weiteren Verlauf der Abwehrreaktionen wirkt es überwiegend als antiinflammatorisches Regulativ. AMP: antimikrobiell wirkendes Peptid, CCL: Chemokin-Ligand, DC: Dendritische Zelle, IL: Interleukin, INF: Interferon, MHC: *major histocompatibility complex*, TGF: *transforming growth factor*, TLR, *toll-like receptor*, TNF: *tumor necrosis factor*

　　In der frühen Phase fördert es zwar zunächst antimikrobielle Funktionen von Mφs, wie Chemotaxis und TLR-Expression sowie die AMP-Sekretion und die Phagozytoseaktivität. Letztendlich wird jedoch im weiteren Verlauf der Abwehrreaktionen die Ausdifferenzierung von Mφs durch dieses Vitamin in einen toleranzinduzierenden M2-Phänotyp gelenkt. Eine zytotoxische Abwehrreaktion, unterstützt durch IL-1-, IL-6- und TNFα-sezernierende Mφs wird blockiert. In der adaptiven Abwehrphase wird diese Funktionsausrichtung weitergeführt. Sich in der Reifung befindliche DCs werden unter Vitamin-D$_3$-Einfluss als tolerogene DCs in die gleiche immunologische Funktionsausrichtung geleitet. Grundsätzlich verringert sich unter 1, 25-Dihydroxy-Cholecalciferoleinfluss das Potenzial von APCs, T-Lymphozyten zu stimulieren. Reifungsinduzierte Kostimulatoren, wie CD40, CD80 und CD86, sowie Antigenpräsentationsmoleküle, wie CD1 und MHC-Klasse-II-Moleküle, werden von DCs unter dem regulatorischen Einfluss von 1, 25-Dihydroxy-Cholecalciferol nur gering exprimiert. Dies bedingt eine tolerogene, Th$_2$-Phänotypisierung von DCs, die zu einer toleranzinduzierenden T$_{reg}$-Lymphozyten-Hilfe führt (s. auch ▶ Abschn. 6.1). Ausdifferenzierte DCs sezernieren selbst 1, 25-Dihydroxy-Cholecalciferol, welches dann parakrin die Reifung von Lymphozyten entsprechend modifiziert.

❱ 1, 25-Dihydroxy-Cholecalciferol wirkt sowohl auf die angeborene als auch auf die adaptive Abwehr. Die frühen antimikrobiellen Immunreaktionen werden unterstützt, eine zytotoxische Abwehr hingegen blockiert. Die Ausbildung einer peripheren Toleranz wird induziert.

Die gewebe- und zellspezifische Sekretion von 1, 25-Dihydroxy-Cholecalciferol ist für die Regulation der adaptiven Immunantwort essenziell. Es beeinflusst die Proliferation, Differenzierung und Funktion von Lymphozyten. Die Expression des Vitamin-D_3-Rezeptors steigt nach Stimulation bei der Zellproliferation an. 1, 25-Dihydroxy-Cholecalciferol fördert eine durch IL-4-Sekretion vermittelte Th_2-Hilfe durch T-Lymphozyten, reduziert jedoch gleichzeitig die Expression des T-Lymphozyten-Wachstumsfaktors IL-2 und unterdrückt somit die Lymphozytenproliferation. Durch 1, 25-Dihydroxy-Cholecalciferol ist also eine gegenregulative Eingrenzung der Zellproliferation gegeben. Th_1- und Th_{17}-Reaktionen werden durch diese Funktionsausrichtung unterbunden, indem die IL-6-, IL-12-, IL-23- und TNFα-Expression durch DCs inhibiert wird. Auf der Regulationsebene der T-Lymphozyten-Hilfe manifestiert sich dann eine Th_2-Lymphozyten-Hilfe-assoziierte Th_{reg}-Hilfe. T-Lymphozyten exprimieren unter 1, 25-Dihydroxy-Cholecalciferoleinfluss verstärkt IL-4, IL-5, IL-10, IL-13 und TGFβ. Bei Th_{17}-Lymphozyten hingegen unterdrückt 1, 25-Dihydroxy-Cholecalciferol die Sekretion der proinflammatorischen Zytokine IL-17 sowie IL-22 und hemmt dadurch die weitere Ausreifung dieser Zellen. Dieser Effekt zeigt sich auch bei γδ-T-Lymphozyten. In Reaktion auf 1, 25-Dihydroxy-Cholecalciferol wird die INFγ-Synthese und die Proliferation dieser Zellen unterdrückt. Insgesamt wird also die Ausprägung einer proinflammatorischen, zellulär-zytotoxischen Abwehrreaktion auf verschiedenen Regulationsebenen unterbunden. 1, 25-Dihydroxy-Cholecalciferol wirkt immunsuppressiv und immuntoleranzfördernd.

? Hat 1, 25-Dihydroxy-Cholecalciferol auch einen regulativen Einfluss auf die Reifung und Proliferation von B-Lymphozyten?

Auch bei unreifen B-Lymphozyten inhibiert 1, 25-Dihydroxy-Cholecalciferol die Zellproliferation und Ausreifung zur IgM- und IgG-synthetisierenden Plasma- und zur B-Lymphozyten-Gedächtniszelle. Die Sekretion von IL-10 durch B-Lymphozyten hingegen wird induziert. Zudem kann die Apoptose solcher Zellen durch dieses Vitaminsignal eingeleitet werden. Die Immunglobulinsekretion wird so weitgehend unterdrückt. Interessanterweise wird bei sich bereits terminal ausdifferenzierenden B-Lymphozyten die Entwicklung zur Plasmazelle durch 1, 25-Dihydroxy-Cholecalciferol gefördert. Insgesamt zeigt sich auch auf lymphozytärer Ebene eine toleranzinduzierende, antiinflammatorische Regulationsrichtung des 1, 25-Dihydroxy-Cholecalciferols auf die adaptive Immunantwort. Inflammatorischen Hyperreaktionen wird so entgegenreguliert.

5.2.3 Pathophysiologische Auswirkungen von Cholecalciferolinsuffizienz auf die adaptive Immunabwehr

Generell korreliert die Prävalenz autoimmuner oder allergischer Erkrankungen mit Cholecalciferolmangel. Zu den wichtigsten Risikogruppen für einen Cholecalciferolmangel gehören Schwangere, ausschließlich brustgestillte Säuglinge, Kinder und ältere Menschen sowie Menschen mit dunkler Hautpigmentierung. Relevante Verhaltensfaktoren sind die Vermeidung von Sonneneinstrahlung auf die Haut sowie eine Ernährung mit geringem Cholecalciferolgehalt und Malabsorption. Ein Vitamin-D_3-Mangel ist laut WHO bei einer Blutserumkonzentration von Cholecalciferol unter 50 nmol/L gegeben.

Die immunmodulatorischen Wirkungen des Cholecalciferols prägen sich pathologisch sowohl bei autoimmunen, durch eine Th_1-Lymphozyten-Hilfe getriebenen, als auch bei allergischen, durch eine Th_2-Lymphozyten-Hilfe getriebenen, Hyperreaktionen aus. Grundsätzlich wird eine Cholecalciferolinsuffizienz eher eine proinflammatorische Th_1- und Th_{17}-Immunreaktion, eine ausreichende Cholecalciferolversorgung hingegen eine Th_2- und T_{reg}-Immunreaktion fördern.

? Inwieweit ist eine Vitamin-D_3-Insuffizienz bei allergischen Erkrankungen relevant?

Allergische IgE-vermittelte Hyperreaktionen sind gekennzeichnet durch ein Zytokinmuster der Th_2-Lymphozyten-Hilfe (IL-4, IL-5, IL-13), durch die Sekretion von IgE, IgG und IgM durch B-Lymphozyten, durch eine intensive Gewebeinfiltration mit eosinophilen Granulozyten und eine hohe Mastzellaktivität (s. auch ► Abschn. 4.2.1). 1, 25-Dihydroxy-Cholecalciferol induziert tolerogene DCs und T_{reg}-Lymphozyten innerhalb einer allergischen Sensibilisierungsphase und vermindert so hyperreaktive Immuneffekte. Bei allergischem Asthma beispielsweise zeigt sich, dass ein Vitamin-D_3-Mangel bereits in der fetalen und frühen postnatalen Phase die Entwicklung dieser chronischen Lungenerkrankung begünstigen kann. Demgegenüber scheinen Vitamin-D_3-Supplementationen die Anzahl an IgE-produzierenden B-Lymphozyten und zirkulierenden Granulozyten zu senken und die der IL-10-sezernierenden Zellen zu erhöhen (s. auch ► Abschn. 6.3). Auch die „Exazerbation" genannte gesundheitliche Verschlechterung von Asthmapatienten im Verlauf der Erkrankung scheint durch Vitamin-D_3-Supplementation abzumildern. In Bezug auf Asthma wird die Vitamin-D_3-Supplementation bei Betroffenen zur Verringerung der Entzündungssituation und zur Verbesserung der Lungenfunktion intensiv diskutiert. Diese medizinischen Supplementationsstrategien streben einen Cholecalciferolgehalt im Serum von 2030 ng/mL während des ganzen Jahres an.

? Inwieweit ist eine Vitamin-D_3-Insuffizienz bei autoimmunen Erkrankungen relevant?

Auch ein kausaler Zusammenhang zwischen einer autoimmunen, durch eine über INFγ und TNFα vermittelte Th_1-Lymphozyten-Hilfe-getriebene Hyperreaktion und Cholecalciferolmangel wird diskutiert. Grundsätzlich bewirkt eine Insuffizienz an Cholecalciferol eine zellulär-zytotoxische Funktionsausrichtung des Immunsystems durch eine verringerte Anzahl an IL-10- sezernierenden Zellen und eine M1-Phänotypisierung von Mφs, die vermehrt IL-23 und TNFα exprimieren. Autoimmune Gewebeschädigungen gehen von autoreaktiven zytotoxischen Effektorzellen der adaptiven Abwehrreaktion aus. Die Autoreaktivität von CTLs, zytotoxischen TH_{17}- und γδ-T-Lymphozyten sowie NKT-Zellen scheint abhängig von der auto- und parakrinen Vitamin-D_3-Signallage zu sein, die von der zellulären Expression der 1α-Hydroxylase und des Vitamin-D_3-Rezeptors abhängen. Es wird angenommen, dass eine verminderte zelluläre Expression des Vitamin-D_3-Rezeptors die autoimmune Zytotoxizität dieser Zellen erhöht und durch eine zu schwache oder fehlende immunsuppressive Gegenregulation hyperreaktiv wird.

Bei chronischen, autoimmunen Darmentzündungen ist Cholecalciferol auch ein regulativer Faktor der intestinalen Epithelbarriere. Die Cholecalciferolsignallage beeinflusst hierbei sowohl die Funktion des mukosalen Immunsystems sowie die mikrobielle Zusammensetzung des Darm-Mikrobioms. Bei chronischen Darmentzündungen wird vermutet, dass eine epithelial reduzierte Expression der 1α-Hydroxylase und des Vitamin-D_3-Rezeptors einerseits die für die Darmbarriere wichtige Tight-Junction-Struktur zwischen den Darmepithelzellen stört, die Expression von Zelladhäsionsmolekülen, wie zum Beispiel dem calciumabhängigen Glykoprotein E-Catherin verringert und andererseits eine Fehlbesiedlung des Darmes verursachen kann. Auf der anderen Seite scheinen probiotische Darmbakterien die Expression des Vitamin-D_3-Rezeptors bei Enterozyten zu verstärken, woraus sich ein gegenseitiges, komplexes Effektgefüge zwischen dem Darmepithel und dem Darm-Mikrobiom ergibt.

> Sowohl bei allergischen als auch bei autoimmunen Hyperreaktionen der immunologischen Abwehr wird Cholecalciferol als entzündungshemmendes und als Dysregulationen ausgleichendes Vitamin erachtet.

Die orale Applikation von hochdosiertem Vitamin D_3 (bis $50.000 \times 0,025$ µg oder $65,0$ pmol Vitamin D_3 pro Tag) erhöht signifikant die Cholecalciferol-Blutserumkonzentration. Entsprechende Supplementationsstrategien zur Aufrechterhaltung oder Wiederherstellung von vitamin-D_3-abhängigen Immunfunktionen werden in zahlreichen Studien zurzeit untersucht. Cholecalciferol-Supplementationen müssen immer im Zusammenhang mit der Calcium-Homöostase des Körpers gesehen werden. Generell wird die Supplementation von Calcium in Form von Chlorid- oder Gluconatverbindungen, um die Adrenalinausschüttung bei allergischen Reaktionen zu reduzieren, seit Jahrzehnten kontrovers diskutiert. In Bezug auf eine gewünschte Immuntoleranzinduktion durch Cholecalciferol ist eine Calciumsupplementation eher kritisch, da durch die Parathormonregulation das Vitamin-D_3-Signal vermindert werden kann (◘ Abb. 5.4).

5.3 Einfluss von Makronährstoffen auf die adaptive Immunabwehr

Der Versorgungsstatus des Organismus' mit Makronutrients beeinflusst die Funktion des Immunsystems in der klonalen Abwehrphase. Kohlenhydrate, Lipide und Proteine liefern zum einen innerhalb kataboler Stoffwechselprozesse biochemische Energie, zum anderem anabol Strukturmoleküle für den Zellaufbau. Auch bereits präformierte Moleküle aus der Nahrung werden für die Synthese von zellulären Strukturen verwendet. Verzweigtkettige Aminosäuren oder Aminosäuren mit aliphatischen Seitenketten fließen als essenzielle und semiessenzielle Strukturelemente aus der Nahrung direkt in die Proteinbiosynthese ein. Sphingolipide, Ceramide, Ganglioside und andere komplexe Polarlipide, beispielsweise aus Ei, Milch oder Fleisch, werden ebenfalls direkt für den Aufbau von Zellmembranen verwendet. Darüber hinaus ist der von der Fett- und Kohlenhydratversorgung abhängige Energiestatus des Körpers regulativ eng an die funktionale Ausrichtung des Immunsystems gekoppelt. Bei einem Energieüberschuss werden Fette in Adipozyten des Fettgewebes gespeichert und bei Energiemangel reduziert sich die Fettgewebsmasse. Das Fettgewebe als Spiegel des Energiestatus ist hierbei das verbindende Element. Die endokrin hochaktiven Adipozyten vermitteln bei Energieüberschuss eine proinflammatorische oder bei Mangel eine immunsuppressive Immunregulation.

5.3.1 Einfluss von Protein- und Energiemangelerkrankungen auf die Immunkompetenz

Nach erfolgter Aktivierung proliferieren Lymphozyten, um die Abwehrreaktionen umzusetzen. Protein- und Energiemangelsituationen bedingen hierbei eine Schwächung dieser Proliferationsleistung, die zu einer signifikanten Reduktion von lymphozytären Immunzellen führt. Neben dem von der Fett- und Kohlenhydratzufuhr abhängigen Energiestatus ist die Versorgung des Organismus' mit hochwertigen Proteinen und Aminosäuren für eine adäquate Ausbildung lymphatischer Gewebe und für eine Vermehrung von Lymphozyten und anderer Immunzellen wesentlich. Somit ist Proteinmangel immer durch eine gewebereduzierte atrophische Milz bestimmt. Bei Kindern bewirkt Proteinmangel fast immer eine Atrophie der primären Lymphorgane, verbunden mit einem leukopenischen Blutbild, charakterisiert durch eine reduzierte Anzahl an B-Lymphozyten sowie CD4$^+$- und CD8$^+$-T-Lymphozyten im Vergleich zu Gesunden.

> Mangel- und Unterernährung sind immer mit einer Kompetenzschwächung der adaptiven Immunabwehr verbunden, wobei sich eine Immundefizienz und eine Nährstoffunterversorgung gegenseitig bedingen.

Abb. 5.6 Kausaler Zusammenhang zwischen Nährstoffunterversorgung und Immundefizienz: Aus den Wechselbeziehungen zwischen einer erhöhten, durch eine Immundefizienz bedingten Infektionsanfälligkeit sowie der Ausbildung von Anorexie, Diarrhö, Dysbiose und Malabsorption und einem krankheitsbedingten erhöhten Bedarf von Nährstoffen kann sich die Situation des Nährstoffmangels destruktiv verstärken

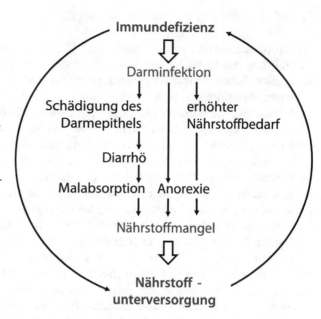

Eine Mangelversorgung mit Nährstoffen kann grundsätzlich durch eine verringerte Nährstoffzufuhr, einen erhöhten Nährstoffbedarf oder eine gestörte Nährstoffaufnahme und -Metabolisierung gegeben sein. Immundefizienz und eine Nährstoffunterversorgung bedingen sich gegenseitig. Aus den Wechselbeziehungen zwischen einer erhöhten, durch eine Immundefizienz bedingten Infektionsanfälligkeit kann eine Schädigung des Darmepithels entstehen, die dann oftmals mit einer Diarrhö mit assoziierter Dysbiose und Malabsorption einhergeht. Zudem steht in diesem Zusammenhang oft eine krankheitsbedingte Anorexie einem erhöhten Bedarf von Nährstoffen gegenüber, sodass sich die Nährstoffunterversorgung destruktiv verstärkt (**Abb. 5.6**).

Bei schweren PEM-Verläufen verschlechtern solche Verstärkungseffekte zunehmend den Gesundheitszustand von Betroffenen. Bei PEM werden zunächst im Hungerstoffwechsel die Glykogenspeicher des Muskelgewebes und die Lipidspeicher des Fettgewebes zur Energiegewinnung abgebaut. Fettsäuren werden hierbei zunehmend der Ketogenese und Gluconeogenese zugeführt (**Abb. 5.3**).

Der Proteinumsatz des Stoffwechsels wird reduziert und Muskelmasse abgebaut. Neben einer Hypoglykämie und dem Mangel an Aminosäuren zeichnen eine Unterversorgung mit Eisen und Kupfer sowie mit Pyridoxin (Vitamin B_6), Folat (Vitamin $B_{9/11}$) und Cobalamin (Vitamin B_{12}) eine PEM aus. Dieser Versorgungszustand limitiert die Stoffwechselleistung des Körpers mit Folgen für die Immunfunktion. Die Anzahl an Erythrozyten im Blut ist im Vergleich zu Gesunden anämisch reduziert. Das immunologische Abwehrpotenzial ist durch eine verringerte Anzahl an Leukozyten und eine durch IL-4 und IL-10 vermittelte immunsuppressive Funktionsausrichtung geschwächt.

? Welche verschiedenen Ausprägungen von PEM gibt es?

Anthropometrisch ist eine Mangel- und Unterernährung durch eine allgemeine Auszehrung mit Gewichtsverlust gekennzeichnet und äußert sich in zwei generell unterschiedlichen Krankheitsbildern, dem Kwashiorkor und dem Marasmus.

Beim Kwashiorkor liegt vorwiegend eine Unterversorgung mit Nahrungsproteinen vor, die zu einem raschen Abbau von Muskelmasse führt. Betroffene sind in der Regel appetitlos und apathisch. Typische Symptome des Kwashiorkor sind eine „Aszites" genannte Ansammlung von Flüssigkeit in der freien Bauchhöhle und Ödeme. Die Nährstoffresorption ist durch einen Dünndarmzotten-Gewebeschwund gestört, welches den Ernährungsstatus zusätzlich verschlechtert. Diese Gewebezerstörung resultiert insbesondere aus übermäßigem oxidativen Zellstress, wobei die oxidative Degradation von Lipiden (Lipidperoxidation) die Membranen von Geweben und Zellen zerstört. Dass aus den drei Aminosäuren Glutaminsäure, Cystein und Glycin gebildete Glutathion ist ein wichtiger Oxidationsschutz des Körpers (s. auch ▶ Abschn. 3.3). Die Glutathionsyntheserate hängt direkt von der externen Cysteinaufnahme durch die Ernährung ab. Kwashiorkor-Betroffene zeigen innerhalb des allgemeinen Proteinmangels einen relevanten Cysteinmangel und dadurch bedingte geringe Glutathionexpression. Der Oxidationsschutz ist somit bei Kwashiorkor suboptimal. Neben der antioxidativen Funktion ist Glutathion zudem ein essenzieller Faktor in der Lipidmediatorsynthese. LTC_4 wird aus LTA_4 durch die von der Glutathion-S-Transferase katalysierten Glutathionspaltung und dem Cysteinyl-Glycin-Gruppentransfer synthetisiert. Dieses Cysteinyl-Leukotrien ist ein potentes proinflammatorisches Signal (s. auch ▶ Abschn. 6.2.2). Auch die Synthese von PGD_2 und PGE_2 ist glutathionabhängig. Ein Fehlen dieser proinflammtorischen Lipidmediatorsignale könnte die supprimierte Funktion der Immunabwehr bei PEM mit erklären.

? Welche Aminosäuren sind in der Kwashiorkor-Pathogenese besonders relevant?

Ein Mangel an Glutamin und dem strukturverwandten Arginin limitieren die lymphozytäre Zellproliferation und verringern damit das immunologische Abwehrpotenzial. Glutamin und Arginin dienen im Anabolismus als Aminogruppen-Donatoren. Für die Nukleotidsynthese für RNA- und DNA-Polymerstränge beispielsweise ist Glutamin unabdingbar. Obwohl beide keine essenziellen Aminosäuren für den Menschen sind, kann eine fehlende Glutamin- und Argininaufnahme mit der Nahrung den Proliferationsstoffwechsel relevant einschränken.

Beim Marasus fehlt vorwiegend die zur Energiegewinnung notwendige Kohlenhydratzufuhr aus der Nahrung. Dies hat zur Folge, dass subkutanes Fettgewebe sukzessive abgebaut wird. Bei Marasmus-Betroffenen tritt kein Aszites auf, sondern es zeigt sich, insbesondere bei Kindern, ein gasgefülltes gewölbtes Abdomen. Die Nährstoffresorption im Intestinaltrakt ist ähnlich wie beim Kwashiorkor gestört. Bei unzureichender Versorgung des Organismus' mit Kohlenhydraten verändert sich die Ausrichtung kataboler, energiegewinnender Stoffwechselprozesse. Der Körper generiert die benötigte Stoffwechselenergie dann zunehmend durch die β-Oxidation von Fettsäuren sowie durch die Umsetzung glucoplastischer

Aminosäuren aus der Muskulatur und metabolisiert diese in energiereiche Keto-körper, wie Acetoacetat, β-Hydroxybutyrat und Aceton. Diese ketogene Stoff-wechsellage zeigt sich auch bei Diabetes und bei einseitiger, kohlenhydratarmer, je-doch protein- und fettreicher Ernährung, wie zum Beispiel bei der Atkins-Diät. In verschiedenen Tierstudien wird ein enger Zusammenhang zwischen einem ketoge-nen Stoffwechsel und einer Immundefizienz aufgezeigt. So wurde bei Wieder-käuern erkannt, dass sich durch Ketogenese die Expression früher Abwehr-faktoren, wie das CCL-2, APPs und Elemente des Komplementsystems, reduziert hat. Die proinflammatorische Funktionsausrichtung der adaptiven Abwehr wurde IL-10-vermittelt supprimiert. Übertragen auf den Menschen könnte eine ketogene Stoffwechselsituation eine Ursache für die reduzierte proinflammatorische Funktionsausrichtung der Immunabwehr bei Marasmus sein.

5.3.2 Fettgewebe verbindet den Energiestoffwechsel mit dem Immunsystem

Die Signallage durch Hormone und Zytokine bei Energieüberschuss oder -mangel ist direkt mit Änderungen der Immunfunktionalität verbunden. Das Bindeglied dieser Regulation ist das Fettgewebe. Ist die nutritive Versorgungslage gut, wird überschüssige Stoffwechselenergie als Fettreserve in Speichervakuolen von Adipo-zyten akkumuliert, die in ein lockeres, mesenchymales Bindegewebe eingefasst sind. Fettgewebe wird histologisch in weißes und braunes sowie funktional in sub-kutanes und viszeral-intraabdominales Fettgewebe differenziert. Das viszerale, frei in der Bauchhöhle vorliegende Fettgewebe hat im Vergleich zum subkutanen eine besonders hohe endokrine Aktivität und verbindet den Energiestoffwechsel regula-tiv mit dem Immunsystem. Auch strukturell ist das viszerale Fettgewebe eng mit dem lymphatischen System der Immunabwehr verbunden. Das funktionale Adipozyten-Netzwerk ist neben konvektiven Gewebefasern, Nerven und Blut-gefäßen auch von als *milky-spots* bezeichneten Lymphgefäßen und Lymphknoten durchzogen. Insbesondere bei Kindern sind diese globulären, mit Mϕs und ande-ren Immunzellen angefüllten Faserstrukturen prägnant ausgebildet. Adipozyten des viszeralen Fettgewebes sezernieren verschiedene Zytokine, Chemokine und Adipokine, die auto- und parakrin regulativ auf Immunzellen wirken (❑ Abb. 5.7).

❓ Wie wirken Adipokine auf die Immunabwehr?

Immunregulativ wichtige Adipokine sind das Leptin und das Adiponektin. Die Leptinkonzentration im Blutserum korreliert proportional zur viszeralen Fett-gewebsmasse. Ist die Energieversorgungslage gut, werden Fettreserven aufgebaut und die Leptin-Serumkonzentration steigt entsprechend an. Auch durch immuno-gene Stimulationen, beispielsweise durch LPS, kann eine Leptinexpression im Fett-gewebe induziert werden. Die Adiponektinkonzentration im Blutserum korreliert antiproportional zur viszeralen Fettgewebsmasse. Beide regulieren die fett- und zuckerstoffwechselbedingte Energie-Homöostase des Körpers. Immunologisch

5

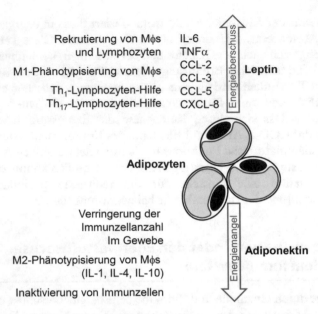

Rekrutierung von Mϕs
und Lymphozyten

M1-Phänotypisierung von Mϕs

Th₁-Lymphozyten-Hilfe
Th₁₇-Lymphozyten-Hilfe

IL-6
TNFα
CCL-2
CCL-3
CCL-5
CXCL-8

Energieüberschuss   Leptin

Adipozyten

Verringerung der
Immunzellanzahl
Im Gewebe

M2-Phänotypisierung von Mϕs
(IL-1, IL-4, IL-10)

Inaktivierung von Immunzellen

Energiemangel   **Adiponektin**

◨ **Abb. 5.7** Immunregulative Signalstoffe von Adipozyten: Der Ernährungsstatus wird von endo-krin-aktiven Adipozyten des Fettgewebes auf die Immunzellfunktion übertragen und angepasst. Immunregulativ wichtige Adipokine sind das Leptin und das Adiponektin. Die Leptinkonzentration im Blutserum korreliert proportional, die Adiponektinkonzentration antiproportional zur viszeralen Fettgewebemasse. Leptin stimuliert eine T-Lymphozyten-Proliferation und unterstützt zellulär-zyto-toxische Abwehrreaktionen. Adiponektin reguliert das immunologische Abwehrpotenzial herab. CCL: Chemokin-Ligand, CXCL: Chemokin-Ligand, IL: Interleukin, Mϕ: Makrophage, TNF: *tumor necrosis factor*

wirken beide Signalmoleküle auf die Funktionsausrichtung von Mϕs und Lym-phozyten. Der Ernährungsstatus wird so von den Adipozyten auf die Immunzell-funktionen übertragen und angepasst. Leptin ist ein Proteohormon, welches struk-turell dem T-Lymphozyten-Wachstumsfaktor IL-2 gleicht. Es stimuliert eine T-Lymphozytenproliferation und unterstützt durch IL-12 und INFγ geprägte zellulär-zytotoxische Abwehrreaktionen. Neutrophile Granulozyten, Monozyten und Lymphozyten exprimieren einen Leptinrezeptor. Generell erhöht das Leptin-signal die Phagozytoseaktivität von Mϕs und die Sekretion von IL-6 und TNFα. Auch Adipozyten sezernieren diese Zytokine und bewirken einen pro-inflammatorischen, durch eine Th₁- und Th₁₇-Lymphozyten-Hilfe getriebenen Immunstatus. Innerhalb dieser Signallage exprimieren Adipozyten zudem ver-schiedene Chemokine, die Mϕs und Lymphozyten in das Fettgewebe führen. Unter Einfluss von INFγ differenzieren Mϕs zu einen M1-Phänotyp, welcher durch IL-1β-, IL-6- und IL-12-Sekretion die immunfunktionale Polarisation im Gewebe ma-nifestiert. Infolgedessen werden neutrophile Granulozyten und Mastzellen durch lymphozytäres IL-17 aktiviert. Pathophysiologisch wird diese immunologische Signallage als eine Ursache für autoimmun-artige Erkrankungen, wie zum Beispiel Diabetes mellitus vom Typ 1 und Multiple Sklerose, diskutiert (s. auch ▶ Abschn. 3.5). Andererseits wird eine verringerte Sensitivität von Leptinrezeptoren gegenüber dem Signalmolekül, wie sie bei Übergewicht auftreten kann, mit einer höheren Infektanfälligkeit assoziiert.

> Sowohl eine Energieüberversorgung als auch eine -unterversorgung beeinflusst die Effizienz einer adaptiven Abwehrreaktion. Bei immunologischen Dysfunktionen muss durch eine gezielte Ernährungsweise entsprechend gegengesteuert werden.

Ist die Energieversorgungslage schlecht, werden Fettreserven abgebaut und die hormonelle Signallage ändert sich entsprechend. Die Leptin-Serumkonzentration sinkt und die Adiponektin-Serumkonzentration steigt. Adiponektin ist ein immunsuppressives Regulationssignal. Monozyten, Granulozyten und Lymphozyten exprimieren zwei Subtypen von Adiponektinrezeptoren. Adiponektin ist ein Peptidhormon, welches das Abwehrpotenzial herabreguliert und somit die Energiemangelsituation des Körpers auf die Funktionalität des Immunsystems spiegelt. In diesem Zuge wird die Proliferation von MΦs und Lymphozyten blockiert. Adiponektin verhindert eine Differenzierung von MΦs zu einem M1-Phänotyp, indem die Sekretion von IL-6, TNFα und CCL-3 durch Adipozyten herunterreguliert wird. Andererseits fördert Adiponektin die Ausdifferenzierung von MΦs zum M2-Phänotyp. Weiterhin blockiert Adiponektin, vermittelt durch den Adiponektinrezeptor 2, eine Aktivierung von DCs, eosinophilen und neutrophilen Granulozyten sowie von zytotoxisch wirkenden γδ-T-Lymphozyten und NK-Zellen.

Exkurs V: Soziokulturelle Einflüsse auf den Ernährungsstatus und die Immunkompetenz

Die Esskultur mit bestimmten Zubereitungspraktiken von Speisen und der Nutzung oder Restriktion von Nahrungsmitteln werden insbesondere von gesellschaftlichen Richtlinien und religiösethnischen Motiven bestimmt. Es sind gelernte Strategien der persönlichen Ernährung, welche einer eigenen inneren Logik entsprechen und die Funktionalität des Immunsystems beeinträchtigen können. Grundsätzlich müssen die täglich aufgenommenen Nährstoffe die Generierung und Funktionen von immunrelevanten Zellen und Geweben sicherstellen, damit die nötige Abwehr des Immunsystems für den Körper gegeben ist.

Zu fast allen religiös motivierten Ernährungsmotiven der Welt gehört das periodische Fasten, der Verzicht auf den Verzehr von bestimmten Fleisch-, Geflügel- und Fischsorten oder der generelle Verzicht von Lebensmitteln tierischen Ursprungs. Mag die ursprüngliche Motivation dieser Regeln der gesunde Umgang mit Nahrungsmitteln in Zeiten mit wenig hygienischen Schlachtungspraktiken und geringen Konservierungsmöglichkeiten liegen, so sind diese Esskulturen zudem ein Ausdruck der religiösen Identität. Ernährungsweisen sind somit immer auch ein Kommunikationswerkzeug und werden zur gesellschaftlichen Integration oder zur abgrenzenden Selbstdarstellung der eigenen Person genutzt. Modernes Essverhalten kann auch durch ideologische Überzeugungen geprägt sein, wie beispielsweise eine strikt vegane Ernährung, kann aber auch genussorientiert sein.

Fehl- und Mangelernährung, bedingt durch soziokulturelle Prägungen, können die Funktion des Immunsystems mit beeinflussen. Der Verzicht auf tierische Proteine beispielsweise kann das Blutbild von Betroffenen verändern. Vegetarier neigen zu einer geringeren Anzahl von Erythrozyten und Leukozyten, wenn auch zumeist innerhalb des physiologischen Rahmens. Funktionale Unterschiede zwischen sich vegetarisch und nicht-vegetarisch ernährenden Menschen scheinen sich im Alter stärker auszuprägen. Bei älteren, sich vegetarisch ernährenden Menschen werden eine verringerte Phagozytose- und *respiratory-burst*-Leistung von Makrophagen und neutrophilen Granulozyten sowie eine verringerte Proliferationsfähigkeit von T-Lymphozyten nach Stimulation diskutiert. Eine unausgewogene, strikt vegetarische Ernährungsweise kann zu einer Unterversorgung von immunrelevanten Lebensmittelkomponenten wie Adenosylcobalamin (Vitamin B_{12}) und Pyridoxin (Vitamin B_6), PUFAs sowie zu einem Zinkmangel führen, die als eine Ursache für eine limitierte Immunkompetenz gesehen werden können.

Ein weiteres Ernährungsmotiv ist die körperformende Restriktion der Energiezufuhr durch Nahrung, um gesellschaftlichen Idealen zu entsprechen. Die Magersucht ist in diesem Zusammenhang eine Essstörung, bei der das krankhafte Bedürfnis, Gewicht zu vermindern, zu einer relevanten Unterernährung führt. Der willentliche Nahrungsverzicht, oder Anorexia nervosa, betrifft insbesondere junge Frauen und kann unter anderem von dem gesellschaftlichen Konformitätswunsch, realitätsfernen Körperformen entsprechen zu wollen, geleitet werden. Im gleichen Kontext ist auch die Ess-Brech-Sucht oder Bulimia nervosa zu sehen, die sich bei Betroffenen durch Essattacken und anschließend herbeigeführtem Erbrechen äußert. Ursache der Anorexia athletica hingegen ist bei Sportlern der Wunsch nach körperlicher Leistungssteigerung. All diese Essstörungen können suppressiv auf die Abwehrfunktion des Immunsystems wirken.

Das Fasten ist ein fester Bestandteil von Ernährungsweisungen vieler Gesellschaften weltweit. Aber auch als Verhaltenselement des modernen Lebensstils wird zunehmend gefastet. Es wird angenommen, dass kurzzeitiges Fasten über 3–4 Tage die Funktionalität der Immunabwehr verbessern kann. Aufgrund des kurzfristigen Protein- und Energiemangels im System werden während des Fastens Leukoblasten generell aus dem Blut entfernt und abgebaut. Bei Beendigung des Fastens werden diese schnell ersetzt und verjüngen das Portfolio an Immunzellen. Auch für das Intervallfasten, wobei im Tagesablauf 16 h bewusst auf Nahrung verzichtet wird, ist ein regenerativer Effekt auf die Immunabwehr denkbar. Das Langzeitfasten über mehrere Wochen hingegen wird eher als schädlich für die Immunfunktion eingeschätzt. Ein Übersäuern des Verdauungssystems, Dysbiosen und nährstoffmangelbedingte immunsuppressive Effekte werden als Hauptrisikofaktoren diskutiert. Andererseits induziert längeres Fasten eine Hypoleptinämie, welche durch IL-1, IL-17 und INFγ vermittelte zellulär-zytotoxische Abwehrreaktionen reduzieren und so Auswirkungen autoimmuner Dysregulationen des Immunsystems abmildern kann.

Auch das Bildungsniveau und der sozioökonomische Status von Menschen bestimmen im hohen Maße das Ernährungsverhalten sowie den Genuss- und Suchtmittelkonsum und damit den Immunstatus. Erlernte Ernährungsmuster werden oft über die Erziehung von den Eltern an die Nachkommen tradiert.

Ein weiterer Faktor ist das Alter von Menschen. Das Krankheitsbild der Mangelernährung im Alter ist die Sarkopenie, die sich in einer signifikanten Verringerung von Muskelmasse zeigt. Die altersbedingte Anorexie, die mit abnehmendem Hungergefühl sowie einem verringerten Geschmacks- und Geruchsempfinden einhergeht, oder auch durch Schluckbeschwerden, die durch Polymedikamentation oder Demenz bedingt sein können, ist hierfür die Hauptursache. Bei Untergewicht im Alter durch Mangel- und Unterernährung steigt die Infektionsanfälligkeit. Um in diesem Zusammenhang einem Energiemangel bei älteren Menschen diätetisch begegnen zu können, wird eine Gabe von L-Carnitin diskutiert. Dieses Peptid ist als Teil des Carnitin-Acyltransferase-Systems für den Transport von Fettsäuren in das Membransystem von Mitochondrien innerhalb der energiegewinnenden Oxidationsprozesse zuständig. Im Alter scheint diese Funktion die Bildung von Immunzellen zu begrenzen.

Kein Mensch ist jemals frei von den Einflüssen seiner Lebensumstände. Für den Erhalt einer gesunden Immunabwehr ist es daher unerlässlich, die soziokulturellen Hintergründe eines jeden Menschen zu erkennen, kritisch zu hinterfragen und gegebenenfalls daraus resultierende Fehl- und Mangelernährung mit geeigneten Ernährungskonzepten auszugleichen.

❓ **Fragen**

1. Was ist der immunologische Sinn der klonalen Selektion und Expansion?
2. Warum ist die Versorgung des Körpers mit Mikro- und Makronährstoffen in der klonalen Abwehrphase so entscheidend für die Funktionsausprägung?
3. Warum ist die Versorgung des Körpers mit Zink und Vitaminen der B-Gruppe in der klonalen Phase der Abwehr essenziell?
4. Worin besteht der funktionale Unterschied zwischen kovalent gebundenen und dissoziierbaren Kofaktoren von Enzymen?
5. Wie unterscheiden sich physiologisch die Protein-Energiemangelerkrankungen Kwashiorkor und Marasmus?
6. Warum korreliert die Prävalenz autoimmuner oder allergischer Erkrankungen mit Cholecalciferol-Mangel?
7. Wie können sich niedrige Calcium- und Phosphat-Blutserumkonzentrationen auf die Immunregulation durch Vitamin D_3 auswirken?
8. Warum wirken sowohl eine nutritive Energieüberversorgung als auch eine Energieunterversorgung mit Nahrung suppressiv auf Immunfunktionen?
9. Inwieweit hängen Immundefizienz und Nährstoffunterversorgung kausal zusammen?
10. Warum wird Adipositas pathophysiologisch als Inflammation gesehen?

Weiterführende Literatur

Agathocleous M, Harris WA (2013) Metabolism in physiological cell proliferation and differentiation. Trends Cell Biol 23(10):484–492. https://doi.org/10.1016/j.tcb.2013.05.004

Ahmad S, Arora S, Khan S, Mohsin M, Mohan A, Manda K, Syed MA (2021) Vitamin D and its therapeutic relevance in pulmonary diseases. J Nutr Biochem 90:108571. https://doi.org/10.1016/j.jnutbio.2020.108571

Baltes W, Matissek R (2011) Lebensmittelchemie. Springer Spektrum, Heidelberg

Belitz HD, Grosch W, Schieberle P (2008) Lehrbuch der Lebensmittelchemie. Springer Spektrum, Heidelberg

Bender DA (2003) Nutritional Biochemistry of the Vitamins. 2nd revised Aufl. Cambridge University Press Cambridge, UK

Bielsalski HK, Bischoff SC, Puchstein C (Hrsg) (2010) Ernährungsmedizin. Georg Thieme, Stuttgart

Bonaventura P, Benedetti G, Albarède F, Miossec P (2015a) Zinc and its role in immunity and inflammation. Autoimmun Rev 14(4):277–285. https://doi.org/10.1016/j.autrev.2014.11.008

Bourke CD, Berkley JA, Prendergast AJ (2016) Immune dysfunction as a cause and consequence of malnutrition. Trends Immunol 37(6):386–398. https://doi.org/10.1016/j.it.2016.04.003

Dankers W, Colin EM, van Hamburg JP, Lubberts E (2016) Vitamin D in autoimmunity: molecular mechanisms and therapeutic potenzial. Front Immunol 7:697. https://doi.org/10.3389/fimmu.2016.00697

De Rosa V, Galgani M, Santopaolo M (2015) Nutritional control of immunity: Balancing the metabolic requirements with an appropriate immune function. Semin Immunol 27(5):300–309

Del Pinto R, Ferri C, Cominelli F (2017) Vitamin D axis in inflammatory bowel diseases: role, current uses and future perspectives. Int J Mol Sci 7:18(11). https://doi.org/10.3390/ijms1811236

Ellison DL, Moran HR (2021) Vitamin D: Vitamin or Hormone? Nurs Clin North Am 56(1):47–57. https://doi.org/10.1016/j.cnur.2020.10.004

Francisco V, Pino J, Campos-Cabaleiro V, Ruiz-Fernández C, Mera A, Gonzalez-Gay MA, Gómez R, Gualillo O (2018) Obesity, fat mass and immune system: role for leptin. Front Physiol 9:640. https://doi.org/10.3389/fphys.2018.00640

Gille D, Schmid A (2015) Vitamin B12 in meat and dairy products. Nutr Rev 73:106–115

Heilskov Rytter MJ, Kolte L, Briend A, Friis H, Brix Christensen V (2016) The immune system in children with malnutrition-a systematic review. PLoS One 9(8):e105017. https://doi.org/10.1371/journal.pone.0105017

Matissek R, Baltes W (2016) Lebensmittelchemie. Springer Spektrum, Heidelberg

Mikkelsen K, Stojanovska L, Prakash M, Apostolopoulos V (2017) The effects of vitamin B on the immune/cytokine network and their involvement in depression. Maturitas 96:58–71. https://doi.org/10.1016/j.maturitas.2016.11.012

Mirzakhani H, Al-Garawi A, Weiss ST, Litonjua AA (2015) Vitamin D and the development of allergic disease: how important is it? Clin Exp Allergy 45(1):114–125. https://doi.org/10.1111/cea.12430

Neubauerova E, Tulinska J, Kuricova M, Liskova A, Volkovova K, Kudlackova M (2007) The effect of vegetarian diet on immune response. Epidemiology 18(5):S196. https://doi.org/10.1097/01.ede.0000289012.66211.45

Savino W, Dardenne M, Velloso L (2007) The thymus is a common target in malnutrition and infection. Br J Nutr 98(1):11–16

Sharma DC (2017) Nutritional Biochemistry, 1. Aufl. CBS Nursing, Cambridge, UK

Sivan Cohen S, Danzaki K, MacIver NJ (2017) Nutritional effects on T-cell immunometabolism. Eur J Immunol 47(2):225–235. https://doi.org/10.1002/eji.201646423

Szymczak I, Pawliczak R (2016) The active metabolite of vitamin D3 as a potential immunomodulator. Scand J Immunol 83:83–91

Thirumdas R, Kothakota A, Pandiselvam R, Bahrami A, Barba FJ (2021) Role of food nutrients and supplementation in fighting against viral infections and boosting immunity: a review. Trends Food Sci Technol 110:66–77. https://doi.org/10.1016/j.tifs.2021.01.069

Wahyudi T, Puryatni A, Hernowati T (2016) Relationship between cysteine, interleukin (Il)-2, and interleukin (Il)-10 in children with marasmus type malnutrition. J Tropical Life Sci 6(1):53–55

Wei R, Christakos S (2015) Mechanisms underlying the regulation of innate and adaptive immunity by vitamin D. Nutrients 7(10):8251–8260

Weyermann M, Beermann C, Brenner C, Rothenbacher D (2006) Adiponectin and leptin in maternal serum, cord blood, and human milk. Clin Chem 52(11):2095–2102

Wolowczuk I, Verwaerde C, Viltart O, Delanoye A, Delacre M, Pot B, Grangette C (2008) Feeding our immune system: impact on metabolism. Clin Dev Immunol. https://doi.org/10.1155/2008/639803

Yan L, Meilian L (2016) Adiponectin: a versatile player of innate immunity. J Mol Cell Biol 8(2):120–128. https://doi.org/10.1093/jmcb/mjw012

Zhang Y, Wu S, Sun J (2013) Vitamin D, Vitamin D receptor and tissue barriers Tissue Barriers 1(1):e23118. https://doi.org/10.4161/tisb.23118

Begrenzung und Beendigung der Immunantwort: Einflüsse von Lebensmittelkomponenten auf die Herabregulation und Beendigung der immunologischen Abwehrreaktion

Inhaltsverzeichnis

Ergänzende Information Die elektronische Version dieses Kapitels enthält Zusatzmaterial, auf das über folgenden Link zugegriffen werden kann [https://doi.org/10.1007/978-3-662-67390-4_6]. Die Videos lassen sich durch Anklicken des DOI-Links in der Legende einer entsprechenden Abbildung abspielen, oder indem Sie diesen Link mit der SN More Media App scannen.

■ ■ Zusammenfassung

Immunreaktionen müssen räumlich und zeitlich begrenzt im Rahmen einer physiologischen Homöostase ablaufen. Spezifisch-funktionale Nahrungsmittelkomponenten können die Suppression chronischer und pathologisch-destruktiver Immunreaktionen unterstützen.

Grundsätzlich beendet die Elimination der immunologischen Stimulationsursache eine Abwehrreaktion. Die zellulär gesteuerte Suppression der adaptiven Immunantwort geht von $CD4^+$, $CD25^+$ und $FOXP^+$, natürlichen nT_{reg}- und induzierten iT_{reg}-Lymphozyten aus. Die bestimmenden regulatorischen Signale werden von immaturen iDCs durch Retinol, IL-10 und TGFβ vermittelt. 1, 25-dihydroxy-cholecalciferol-, carotinoid- und retinolreiche Lebensmittel können hierbei unterstützend wirken. Die Reduktion von essenziellen Wachstumsfaktoren und aktivierender Zellstimulationen sind das Grundprinzip dieser Regulation.

Auch Granulozyten, Mastzellen und Mφs sind durch entzündungsauflösende Lipidmediatoren, Lipoxine, Maresine, Protectine und Resolvine an der immunsuppressiven Regulation beteiligt. Diese Mediatoren begrenzen die etablierte Abwehrreaktion und verhindern eine unkontrollierte räumliche Ausweitung und pathologisch-destruktive Überreaktionen der akuten Abwehr. Langkettige, mehrfach ungesättigte Fettsäuren der n3- und n6-Gruppe können als nutritive, präformierte Vorläufermetaboliten dieser Lipidmediatoren den Regulationsmechanismus beeinflussen und eröffnen interessante diätetische Interventionsmöglichkeiten, um beginnende und bereits etablierte Immunreaktionen zu manipulieren. Die Ausbildung des Lipidmediatorprofils innerhalb des Eicosanoid-Biosynthesewegs hängt von der Verfügbarkeit von Fettsäuren als Substrat und von der Aktivität der relevanten Enzyme ab. Mit einer abgestimmten Gabe von PUFA-Spezies kann der Stoffwechselweg in die gewünschte Richtung gelenkt werden. Die Stoffwechselleistung der einzelnen an der Darstellung der Lipidmediatoren beteiligten Desaturasen, Elongasen, Phospholipasen und Oxygenasen ist zudem von nutritiven Faktoren, wie Pyridoxin, Magnesium und Zink, abhängig und durch verschiedene Polyphenole beeinflussbar. Die Berücksichtigung aller metabolisch-regulativen Faktoren zur immunsuppressiven Manipulation der Eicosanoid-Biosynthese bei diätetischen Behandlungsstrategien gegenüber akuten und chronischen Erkrankungen, wie beispielsweise dem allergischen Asthma bronchiale, kann helfen, deren Effizienz zu verbessern.

6

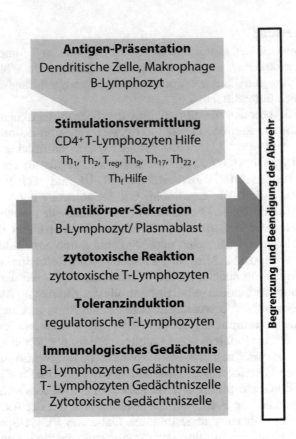

Antigen-Präsentation
Dendritische Zelle, Makrophage
B-Lymphozyt

Stimulationsvermittlung
CD4+ T-Lymphozyten Hilfe
Th₁, Th₂, Treg, Th₉, Th₁₇, Th₂₂,
Thf Hilfe

Antikörper-Sekretion
B-Lymphozyt/ Plasmablast

zytotoxische Reaktion
zytotoxische T-Lymphozyten

Toleranzinduktion
regulatorische T-Lymphozyten

Immunologisches Gedächtnis
B- Lymphozyten Gedächtniszelle
T- Lymphozyten Gedächtniszelle
Zytotoxische Gedächtniszelle

Begrenzung und Beendigung der Abwehr

🔁 **Lernziele**

 — Welche funktionalen Elemente des Immunsystems sind an der aktiven Herab-
   regulation der immunologischen Abwehrreaktion aktiv?
 — Wie wird die Herabregulation einer adaptiven Immunabwehr initiiert und ko-
   ordiniert?
 — Welche diätetischen Faktoren beeinflussen die Herabregulation der Immun-
   abwehr?
 — Wie können Lebensmittelkomponenten die Begrenzung von pathologisch-
   immunologischen Hyperreaktionen beeinflussen?
 — Inwieweit können Lebensmittelkomponenten die Pathogenese des allergischen
   Asthmas beeinflussen?

6.1 Zellvermittelte Begrenzung und Beendigung einer Immunreaktion

Ziel jeder immunologischen Abwehrreaktion ist es, möglichst effizient mikrobielle, zelluläre oder stoffliche Gefahren für die Gesundheit des Körpers zu neutralisieren. Immunreaktionen, insbesondere eine zytotoxische Abwehr, können auf den eigenen Organismus jedoch auch zerstörerisch wirken und müssen räumlich und zeitlich begrenzt im Rahmen einer physiologischen Homöostase ablaufen. Therapeutisch ist es in diesem Zusammenhang interessant, durch eine abgestimmte Gabe von spezifisch-funktionalen Lebensmittelkomponenten die Suppression chronischer und pathologisch-destruktiver Immunreaktionen zu unterstützen.

❓ Wie läuft die Herabregulation einer adaptiven Abwehrreaktion ab und welche Lebensmittelkomponenten nehmen hierauf Einfluss?

Bei der Begrenzung oder Beendigung von Abwehrreaktionen ist die Elimination der Stimulationsursache maßgeblich, da die Immunzellrekrutierung sowie die Aktivierung und Proliferation von T-Helfer-Lymphozyten und Effektorzellen hiervon direkt abhängen. Eine zellulär gesteuerte Suppression der adaptiven Immunantwort geht von $CD4^{+-}$, $CD25^{+-}$ und $FOXP3^{+}$-T_{reg}-Lymphozyten aus, die in zwei Subspezies, den natürlichen nT_{reg}- und den induzierten iTreg-Lymphozyten vorkommen (◻ Abb. 6.1). Die nT_{reg}-Lymphozyten reifen wie alle T-Lymphozyten im Thymus und migrieren nach der Zellreifung durch P-Selektin vermittelt an den Ort der Entzündung. Im Gegensatz dazu entstehen iT_{reg}-Lymphozyten im peripheren Gewebe direkt aus naiven $CD4^{+}$-T-Lymphozyten oder aus T-Lymphozyten-Gedächtniszellen. Toleranzvermittelnde immature iDCs erzeugen hierfür ein lokales Signalmilieu mit Retinolsäure, IL-10 und TGFβ. Zudem sezernieren sowohl ausdifferenzierte nT_{reg}- als auch iT_{reg}-Lymphozyten selbst IL-10. Zusammen bieten beide T_{reg}-Lymphozyten-Subspezies mit ihren hochvariablen, sich in der Bindungsspezifität ergänzenden αβ-TCRs weitreichende Reaktionsmöglichkeiten zur Immunsuppression gegenüber APC-präsentierten Antigenen.

Das Induzieren von iT_{reg}-Lymphozyten kann durch verschiedene Lebensmittel unterstützt werden. Zur Unterstützung der Retinoidsynthese durch iDCs sind carotinoid- und retinolreiche Lebensmittel, wie die Süßkartoffel, die Karotte und der Grünkohl, interessant. Ein weiterer diätetischer Faktor hierzu ist das 1, 25-Dihydroxy-Cholecalciferol (Vitamin D_3). APCs, wie DCs, Mφs und B-Lymphozyten, exprimieren das vitamin-D-umsetzende Enzym 1α-Hydroxylase, welches aus 25-Hydroxy-Cholecalciferol das 1, 25-Dihydroxy-Cholecalciferol bildet (s. auch ▶ Abschn. 5.2.1). Als Transkriptionsfaktorligand nimmt es Einfluss auf die Expression verschiedener immunrelevanter Gene zur Immuntoleranzinduktion (s. auch ▶ Abschn. 7.3). Auf diesem Wege ist 1, 25-Dihydroxy-Cholecalciferol an der Ausdifferenzierung von iDCs beteiligt und fördert die Bildung von T_{reg} Lymphozyten. Eine diesbezügliche Hypovitaminose wird kausal in Zusammenhang mit Autoimmunreaktionen, wie Diabetes mellitus Typ 1, Multiple Sklerose, Gewebeabstoßungen und chronischen Gefäßentzündungen, wie Athero-

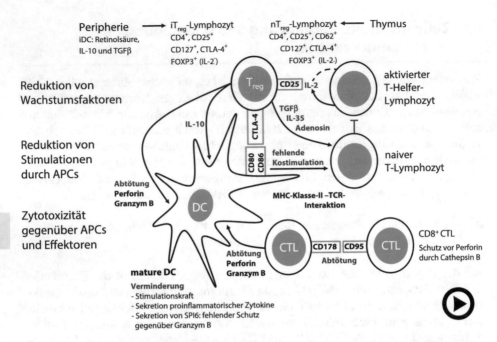

□ **Abb. 6.1** Herabregulieren einer adaptiven Abwehrreaktion: Fehlende immunogene Stimulation und beschränkte Wachstumsfaktoren für Immunzellen sind maßgebliche Faktoren zur Begrenzung einer immunologischen Abwehrreaktion. T_{reg}-Lymphozyten wirken zentral immunsuppressiv. Sie reduzieren die Verfügbarkeit von Wachstumsfaktoren, vermindern die proinflammatorische Stimulationskraft von APCs und ermöglichen eine aktive zytotoxische Reduzierung von Immunzellen am Entzündungsort. CTL: *cytotoxic T-lymphozyt*, CTLA-4: *cytotoxic T-lymphocyte-associated protein-4*, FOXP3: *forkhead box protein 3*, iDC: immature Dendritische Zelle, IL: Interleukin, iT_{reg}: initiiert regulatorischer T-Lymphozyt, nTreg: natürlich regulativer T-Lymphozyt, SPI-6: Serinprotease-Inhibitor-Protein-6 (▶ https://doi.org/10.1007/000-b7a)

sklerose und Angina pectoris, diskutiert. Gute Nahrungsmittelquellen für die Vitamin-D-Gruppe sind Eier, Seefisch und verschiedene Speisepilze (s. auch ▶ Abschn. 5.2.2).

❓ Warum ist der Lymphozytenwachstumsfaktor IL-2 bei der Herabregulation der adaptiven Abwehr entscheidend?

T_{reg}-Lymphozyten binden mit einem hochaffinen Interleukin-2-Rezeptor (αIL-2R, CD25) mit großer Kapazität IL-2. Die Eigensynthese von IL-2 dieser Zellen ist hingegen durch den spezifischen Transkriptionsfaktor FOXP3 blockiert. Die Anwesenheit von T_{reg}-Lymphozyten limitiert somit kompetitiv gegenüber anderen T-Lymphozyten diesen essenziellen Wachstumsfaktor und schwächt dadurch das Vermittlungspotenzial der etablierten Immunreaktion insgesamt. Die so verursachte Reduktion von T-Helfer-Lymphozyten wird als „klonale Kontraktion" bezeichnet. Die Expression von FOXP3 wird durch epigenetische Faktoren reguliert, ist also einer Regulation durch gezielte Genstilllegung unterworfen, welche auch von verschiedenen Lebensmittelkomponenten beeinflusst werden kann

(s. auch ► Abschn. 7.2.2). Zudem können T_{reg}-Lymphozyten mit einem weiteren hochaffinen Interleukin-7-Rezeptor (α-IL-7-R, CD127) DC- oder epithelzell-assoziiertes IL-7 als weiteres exklusives wachstumsförderndes Signal kompetitiv binden und die T-Lymphozyten-Homöostase beeinflussen.

❓ Welche immunsuppressiven Regulationsmechanismen sind beim Herabregulieren der Abwehr noch relevant?

Ein nächster immunsuppressiver Regulationsmechanismus ist die Anbindungs-kompetition zwischen T_{reg}- und T-Helfer-Lymphozyten um APC-assoziierte Stimulationsrezeptoren. Naive T-Lymphozyten benötigen für eine Aktivierung neben der Interaktion des TCR mit dem antigenbeladenem MHC-Klasse-II-Molekül auch eine Kostimulation von CD28 durch CD80/86. Diese können durch das *cytotoxic T-lymphocyte-associated protein 4* (CTLA-4, CD152) als Ober-flächenmarker von T_{reg}-Lymphozyten effizient blockiert werden. CTLA-4 antago-nistisch an CD80/CD86 von DCs, sodass T-Lymphozyten nicht mehr adäquat über CD28 kostimuliert werden können. Zudem inhibieren von T_{reg}-Lymphozyten sezerniertes TGFβ, IL-35 und Adenosin die Differenzierung von naiven T-Lymphozyten zu aktiven Helferzellen und deren klonale Proliferation (s. auch ► Abschn. 5.1.1). Der Nachschub an funktionalen T-Helfer-Lymphozyten wird so unterbunden. Auch die Stimulationseffizienz von APCs selbst wird durch diese Signalstoffe verringert. Von T_{reg}-Lymphozyten sezerniertes IL-10 senkt die Ober-flächenexpression von MHC-Klasse-II-Molekülen auf DCs und reduziert die Se-kretion proinflammatorischer Zytokine. Auch andere regulatorische T-Lymphozyten, wie beispielsweise NKT-Lymphozyten, sezernieren IL-10 und kön-nen immunsuppressiv wirken.

Motive der Herabregulation der immunologischen Abwehrreaktion

Die drei Hauptmotive der Herabregulation der adaptiven Abwehrreaktion sind die Reduktion von Lymphozytenwachstumsfaktoren und APC-Stimulationen sowie die Zytotoxizität gegenüber APCs und Effektoren.

Ein weiterer immunsuppressiver Regulationsfaktor ist die aktive zytotoxische Re-duzierung von Immunzellen. Neben der Reduzierung der T-Lymphozyten-Hilfe wird auch die Anzahl an APCs am Ort der Entzündung aktiv verringert. Ein wich-tiger Aspekt hierbei ist, dass mature DCs in der späten Phase einer Immunantwort ihren Schutz gegenüber zytotoxischen Attacken zu verlieren scheinen. Immuno-logische zelluläre Zytotoxizität wird unter anderem von zellmembrandurchlö-cherndem Perforin und dem DNA-fragmentierenden Granzym B vermittelt. Wäh-rend CTLs selbst durch das proteolytisch aktive Cathepsin B vor Perforin geschützt sind, können DCs durch ein Serinprotease-Inhibitor-Protein-6 (SIP-6) die Aktivi-tät vom Granzym B blockieren. Die Expression von SIP-6 verringert sich jedoch bei maturen DCs. CTLs können dann diese APCs lysieren und reduzieren dadurch die zentrale Immunstimulationskompetenz der akuten Inflammationsreaktionen vor Ort. Kommt es im Verlauf der Herabregulation der Abwehrreaktion zu einem Überschuss an CTLs, zerstören diese sich in Ermangelung anderer Ziele gegenseitig durch CD178-CD95-Interaktion.

Zuletzt sind auch an der Entzündungsreaktion beteiligte Effektoren, wie Granulozyten, Mastzellen und MΦs, in die immunsuppressive Regulation mit eingebunden. Die Änderung des für diese Zellen charakteristischen Lipidmediatoren-Portfolios, weg von einer proinflammatorischen Signallage, hin zu einer aktiven Auflösung der Entzündung, unterstützt unter anderem die zellulär vermittelte Immunsuppression und begrenzt oder beendet die Abwehrreaktion in der späten Phase. Diätetische Fettsäuren können als präformierte Vorläufermetaboliten dieser Lipidmediatoren diesen Regulationsmechanismus beeinflussen.

6.2 Begrenzung und Beendigung einer Immunreaktion durch Lipidmediatoren

Die Bildung von Lipidmediatoren ist abhängig vom Fettstoffwechsel und bietet somit die Möglichkeit, die Funktionalität des Immunsystems direkt durch diätetische Fettsäuren zu beeinflussen. Präformierte PUFAs aus der Nahrung werden vom Organismus resorbiert und als essenzielle Bestandteile in die Zellmembranen von Geweben und Blutzellen inkorporiert. Werden membrangebundene PUFAs dann enzymatisch aktiviert, können sie als Liganden für Transkriptionsfaktoren für immunrelevante Gene (s. auch ▶ Abschn. 7.3) oder als biosynthetische Vorstufen von immunregulativen Lipidmediatoren in vielfältiger Weise Einfluss auf die Immunantwort nehmen (◘ Abb. 6.2).

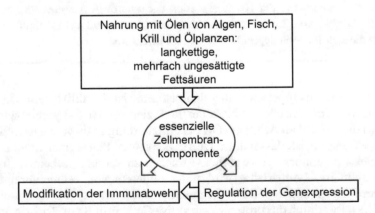

◘ **Abb. 6.2** Fettsäuren als direkte Verbindung zwischen Diät und Immunsystem: Präformierte PUFAs werden vom Organismus aus der Nahrung resorbiert und als essenzielle Bestandteile in die Zellmembranen inkorporiert. Als Transkriptionsfaktoren für immunrelevante Gene und als biosynthetische Vorstufen von immunregulativen Lipidmediatoren beeinflussen sie die Funktionsausrichtung der Immunantwort

6.2.1 Biosynthese von Eicosanoiden

PUFAs sind durch eine Acylkette von mindestens 18 Kohlenstoffatomen Länge und mindestens 2 Doppelbindungen charakterisiert (◘ Tab. 6.1). PUFAs mit einer 18 Kohlenstoffatom langen Acylkette zählen zu den *short-chain* (SC)-, PUFAs mit einer Acylkettenlänge von 20 und mehr Kohlenstoffatomen werden den *long-chain* (LC)-PUFAs zugeordnet. Die Nomenklatur der PUFAs leitet sich von der Anzahl an Kohlenstoffen bis zur ersten Doppelbindung, gezählt vom Methylende der Acylkette, ab. Die n6-PUFA-Gruppe geht biosynthetisch von der LA, die n3-PUFA-Gruppe von der α-Linolensäure (ALA, C18:3 n3) aus (◘ Abb. 6.3). Beide genannten Fettsäuren sind essenziell für den Menschen und müssen mit der Nahrung aufgenommen werden. Nur Pflanzen können diese Fettsäuren, ausgehend von der Ölsäure, mithilfe der Δ12- und Δ9-Desaturase synthetisieren. Alternierend werden dann im Verlauf der Biosynthese durch eine Kaskade von verschiedenen Desaturasen (Δ4-, Δ5- und Δ6-Desaturase) weitere Doppelbindungen in die Acylkette eingebracht, um darauf diese durch eine Elongase-Funktion um jeweils eine Acetyleinheit zu verlängern. Die Δ6-Desaturase ist hierbei das geschwindigkeitsbestimmende Enzym. Viele verschiedene Algen und Pilze folgen diesem Stoffwechselweg.

Der Mensch synthetisiert in etwa 8 % des PUFA-Bedarfs selbst, der Rest muss mit der Nahrung aufgenommen werden. Beim PUFA-Biosyntheseweg des Menschen steht, ausgehend von der LA beziehungsweise von der ALA, die Elongation der Acylkette vor der Desaturierung (◘ Abb. 6.3). Später im Verlauf des Syntheseweges werden, ausgehend von der Adrensäure (ADA, C22:4 n6) beziehungsweise von der Docosapentaensäure (DPA-n3, C22:5 n3), zunächst Fettsäurezwischenprodukte mit einer Acylkettenlänge von 24 Kohlenstoffen gebildet, die durch

◘ **Tab. 6.1** Nomenklatur mehrfach ungesättigter Fettsäuren

Abkürzung	Formel	Name
LA	C18:2n6	Linolsäure
ALA	C18:3n3	Alpha-Linolensäure
GLA	C18:3n6	Gamma-Linolensäure
SDA	C18:4n3	Stearidonsäure
DHGLA	C20:3n6	Dihomo-Gamma-Linolensäure
ETA	C20:4n3	Eicosatetraensäure
AA	C20:4n6	Arachidonsäure
EPA	C20:5n3	Eicosapentaensäure
DPA-n3	C22:5n3	Docosapentaensäure
DHA	C22:6n3	Docosahexaensäure

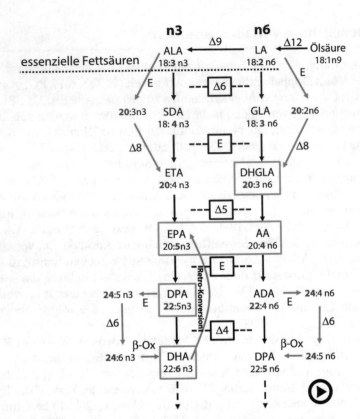

■ **Abb. 6.3** Stoffwechselwege von n-3- und n-6-Fettsäuren: Die Biosynthese der n6- und n3-PUFA-Gruppen geht beim Menschen von essenziellen Fettsäuren aus. Innerhalb einer Kaskade von Desaturasen, die weitere Doppelbindungen in die Acylkette der Fettsäuren einbringen, und einer die Acylkette jeweils um eine Acetyleinheit verlängernde Elongase-Funktion werden die einzelnen PUFA-Spezies gebildet. Im weiteren Verlauf des Syntheseweges werden langkettige mehrfach ungesättigte Fettsäuren durch Δ6-Desaturase-Konversion mit anschließender β-Oxidation gebildet. Auch eine Retrokonversion des Syntheseablaufes ist möglich. β-Ox: β-Oxidation, E: Elongase-Funktion (▶ https://doi.org/10.1007/000-b78)

Δ6-Desaturase-Konversion und anschließender β-Oxidation in DPA-n6 (C22:5 n6) beziehungsweise in DHA umgeformt werden. Interessanterweise kann die Docosahexaensäure (DHA, C22:5 n3) als einzige in ihren metabolischen Vorgänger EPA retro-konvertiert werden. Als Sinn hinter dieser Stoffwechselweg-Umkehrmöglichkeit wird eine DHA-Speicherfunktion für EPA vermutet.

❯ Die Bildung von Lipidmediatoren lässt sich direkt durch diätetische Gabe von tierischen und pflanzlichen PUFAs-enthaltenden Ölen beeinflussen.

Wichtig ist, dass sowohl n6- als auch n3-PUFAs im biosynthetischen Ablauf die gleichen Enzymfunktionen nutzen und somit als Substrate um die biosynthetischen Enzymaktivitäten konkurrieren. Dies bietet die Möglichkeit, über eine definierte Gabe von bestimmten PUFAs durch gewichteten Substratdruck das Produkt-Portfolio immunregulativer Lipidmediatoren direkt zu beeinflussen. Die Verbindung dieses Fettsäurestoffwechselwegs zum Immunsystem ist durch sogenannte Eicosanoide, hormonartig wirkende, mehrfach hydroxylierte, 18 bis 22 Kohlenstoffatome lange Lipidmediatoren, gegeben. Schlüssel-Fettsäuren hierbei sind einerseits die Dihomogamma-Linolensäure (DHGLA, C20:3 n6) und die AA aus der n6-PUFA-Gruppe, andererseits die Eicosapentaensäure (EPA, C20:5 n3), die DPA-n3 und die DHA aus der n3-PUFA-Gruppe.

Wie entstehen aus PUFAs immunologisch relevante Lipidmediatoren? Nicht an Glycerolstrukturen gebundene, freie PUFAs sind im Blut an Albumin gebunden. Sie diffundieren entweder direkt durch die Zellmembran oder werden durch ein Transportsystem, bestehend aus dem zellmembrandurchschreitenden *plasma membrane fatty acid-binding protein* (pmFABP), welches sich entlang der *fatty acid-translocase* (FAT, CD36) durch die Zellmembran gleiten lässt, ins Zytoplasma der Zelle geführt. Zudem können freie PUFAs mittels eines zellmembrandurchspannenden *fatty acid-transporter protein* (FATP) ins Zytoplasma gelangen. Dort werden sie von einem zytoplasmatischen *cytoplasmatic fatty acid-binding protein* (cFABP) aufgenommen. Triacylglycerol- oder phospholipidgebundene PUFAs sind im Blut an Lipoproteine mit geringer Dichte gebunden. Vermittelt durch den Lipoproteinrezeptor (LPR) werden diese dann an der Zellmembran in ein Vesikel eingeschlossen und durch das Zytoplasma zum ER transportiert. Auch freie PUFAs und Triacylglycerol-PUFAs können innerhalb der Zellmembranbiosynthese im ER an Phospholipide gebunden werden und in die Eicosanoidsynthese mit einfließen. Andererseits können cFABP-gebundene PUFAs auch direkt in den Zellkern gelangen und dort als Transkriptionsfaktoren wirken (s. auch ▶ Abschn. 7.3). Zytoplasmatische Phospholipasen des Typs A-2 (cPLA-2) setzen PUFAs, welche an der mittleren 2-Position der Glycerol-Grundstruktur des Phospholipids gebunden sind, als Substrat für die eicosanoidbildenden Oxygenasen aus der Zellmembran frei (◘ Abb. 6.8). Die Aktivität von cPLA-2 ist von Calciumionen abhängig. Das calciumkanal-öffnende Niacin (Vitamin B$_3$) ist hierbei ein limitierender Faktor und sollte bei nutritiven PUFA-Supplementationsstrategien mitberücksichtigt werden. Truthuhn- und Hühnerfleisch sowie Erdnüsse sind reich an diesem wasserlöslichen Vitamin. Die aus der Membran freigesetzten PUFAs werden daraufhin von den Oxygenasen zu Eicosanoiden umgesetzt, welche entweder als Liganden für Transkriptionsfaktoren in den Zellkern gelangen oder als immunregulatives Signalmolekül über intrazellulären vesikulären und Transferprotein-Transport aus der Zelle sezerniert werden. Die Eicosanoide werden im ER und an der Kernmembran durch membranständige Cyclooxygenasen (COX), Lipoxygenasen (LOX) und Cytochrom 450 aus PUFAs gebildet (◘ Abb. 6.4). Die COX-2 wird im Gegensatz zur COX-1 nicht konstitutiv, sondern induziert exprimiert und gilt daher als Inflammationsmarker.

Die zurückbleibenden Lysophospholipide können zum einen Vorläuferstrukturen für weitere Lipidmediatoren sein, zum anderen können sie durch eine Lysophospholipid-Acyltransferase-Reaktion wieder mit einer Fettsäure komplettiert werden. Dieser membranassoziierte Phospholipidregelkreis wird auch als Land's-Zyklus bezeichnet.

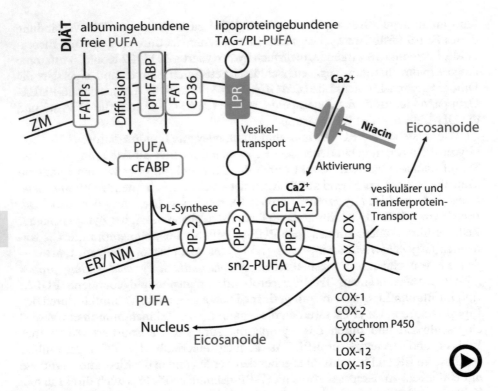

■ **Abb. 6.4** Synthese von Eicosanoiden aus PUFAs: Durch verschiedene Transportersysteme gelangen PUFAs in die Zelle und werden durch Phospholipasen und membranständige Oxygenasen
und Cytochrom 450 zu immunregulativen Eicosanoiden umgeformt. Diese Immunregulative wirken entweder als Liganden für Transkriptionsfaktoren im Zellkern oder werden als Signalstoffe aus
der Zelle transportiert. COX: Cyclooxygenase, cPLA-2: zytosolische Phospolipase-2, ER: Endoplasmatisches Retikulum, FABP: *fatty acid binding protein* (pm: plasmamembranassoziiert, c: zyto-
plasmaassoziiert), FAT: *fatty acid translocase*, LPR: Lipoproteinrezeptor, NM: Kernmembran,
PIP-2: Phosphatidylcholin-sn2-PUFA, PL: Phospholipid, TAG: Triacylglycerol, ZM: Zellmembran
(▶ https://doi.org/10.1007/000-b79)

Interessanterweise ändert sich durch Entzündungsereignisse die PUFA-
Zusammensetzung von Zellmembranen. Proinflammatorische IL-1- und IFNγ-
Signale der frühen Abwehrphase führen durch die beginnende Lipidmediatorensynthese zu einem vermehrten Einbau von PUFAs in die zellulären Membranli-
pide. Kann der PUFA-Bedarf in dieser Situation nicht adäquat bedient werden,
können chronische Entzündungsereignisse im weiteren Verlauf den Membranen
zunehmend diese immunfunktionalen Fettsäuren entziehen, was dann die Immunsituation und den Krankheitsverlauf negativ mitbestimmt. Um diese krankheitsbedingte Limitation an PUFAs auszugleichen, kann eine auf den jeweiligen Mangel angepasste diätetische Gabe spezifischer PUFA-Spezies hilfreich sein.

6.2.2 Die Entzündungsreaktionen regulierenden und auflösenden Lipidmediatoren

Die Schlüssel-PUFAs, welche den Fettsäurestoffwechsel direkt mit der Immunregulation verbinden, sind die zur n6-PUFA-Gruppe zugehörigen DHGLA und AA sowie EPA, DPA-n3 und DHA aus der n3-PUFA-Gruppe. Entzündungsereignisse gehen von AA-abhängigen Prostaglandinen (PGs) und Thromboxanen (TXs) der 2-Serie sowie von Leukotrienen (LTs) der 4-Serie und 12-Hydroxyeicosatetraensäure (12-HETE) aus, die von verschiedenen Immunzellen, Epithel- und Endothelzellen sezerniert werden (◘ Tab. 6.2). Unter-

◘ **Tab. 6.2** Proinflammatorische AA-abhängige Lipidmediatoren

	Synthesezelle	Wirkung
LTB_4	Mφ, Mastzellen, Monozyten, Epithelzellen, Granulozyten	– stark entzündungsfördernd: chemotaktisch und adhäsionsfördernd gegenüber Immunzellen und Gefäßzellen – fördert T-Lymphozyten-Proliferation
LTC_4 LTD_4 LTE_4	 basophile Granulozyten, Mastzellen	– blutgefäßerweiternd (vasodilatatorisch), erhöht Permeabilität der Gefäße – glatte Muskulatur zusammenziehend (bronchienverengend)
12-Hete	Mφ, Mastzellen, Monozyten, Epithelzellen, Granulozyten	chemotaktisch gegenüber Mφ und Granulozyten
PAF	Mφ, Mastzellen, Monozyten, Epithelzellen, Granulozyten, Thrombozyten	– vasodilatatorisch, erhöht Permeabilität der Gefäße, – chemotaktisch – glatte Muskulatur zusammenziehend (bronchienverengend)
PGD_2	Mφ, Mastzellen, Monozyten, Epithelzellen, Granulozyten	– vasodilatatorisch – inhibiert Thrombozytenaggregation – verringert T-Lymphozyten-Migration und Proliferation
PGE_2		– vasodilatatorisch – induziert Thrombozytenaggregation
PGF_2		glatte Muskulatur zusammenziehend (bronchienverengend)
PGI_2	Endothelzellen der Blutgefäße und des Herzens	– vasodilatatorisch – inhibiert Thrombozytenaggregation – verringert T-Lymphozyten-Migration und Proliferation
TXA_2	Thrombozyten	– blutgefäßverengend (vasokonstriktiv) – induziert Thrombozytenaggregation
TXB_2		vasokonstriktiv

schiedliche G-Protein-gekoppelte Rezeptoren von Lipidmediator-Zielzellen erkennen diese Signalmoleküle, worauf verschiedene entzündungsfördernde Mechanismen aktiviert werden.

Die LT-4-Serie hat hierbei ein prominentes proinflammatorisches Signalpotenzial. Das cysteinylfreie LTB4 ist ein zentrales Entzündungssignal und wirkt chemotaktisch auf Granulozyten und andere Immunzellen. Die Peptido-(Cysteinyl-)Leukotriene LTC4, LTD4 und LTE4 erweitern die Blutgefäße und erhöhen deren Permeabilität. Effektoren können somit effizient aus den Gefäßen in das entzündete Gewebe migrieren und leiten die Entzündungsreaktion ein. Die PG-2-Serie wirkt ebenfalls vasodilatatorisch, fördert den Blutfluss und unterstützt damit diese Reaktionsausrichtung.

? Welche Regulationsmotive werden von Lipidmediatoren noch umgesetzt?

Innerhalb der Eicosanoidserien finden sich viele gegenläufige Regulationsmotive. Die PGs und TXs der DHGLA-abhängigen 1-Serie wirken denen der AA-abhängigen 2-Serie entgegen. Während TXs der 2-Serie (A- und B-Typ) die Plättchenaggregation und Wundheilung stimulieren, blockieren TXs der 1-Serie diese Reaktionen. Auch die Polarisation der T-Lymphozyten-Hilfe innerhalb einer Abwehrreaktion ist durch die unterschiedlichen PG-Serien diametral reguliert. PGE_2 fördert eine allergenassoziierte Th_2-Lymphozyten-Hilfe, PGE_1 hingegen propagiert eine Th_1-Hilfe. Die PGs und TXs der 3-Serie sowie die LTs und TXs der von EPA abgeleiteten 5-Serie induzieren generell weniger stark Entzündungsreaktionen und können diese bisweilen sogar hemmen.

Regulationsfunktionen von Lipidmediatoren

Lipidmediatoren haben verschiedene Regulationsfunktionen: Entweder sie initiieren, fördern und halten entzündliche Reaktionen aufrecht oder sie schwächen und lösen diese aktiv auf.

Zur Eingrenzung oder Beendigung einer Immunantwort vollzieht sich ein sogenannter Lipidklassenwechsel, wodurch vermehrt entzündungsauflösende Immunmediatoren gebildet werden. Diese entzündungsauflösenden Eicosanoide flankieren gewissermaßen die etablierte Abwehrreaktion und verhindern eine unkontrollierte räumliche Ausweitung der Abwehr und pathologisch-destruktive Überreaktionen. Sie werden aus PUFAs durch stereoselektive enzymatische Oxidation, Epoxylierung und Hydrolysierung gebildet. Neben den definierten Hauptstrukturen jeder Serie werden zahlreiche, ebenfalls aktive Strukturepimere vorwiegend von neutrophilen Granulozyten, Mφs, Mastzellen und anderen Zellen der angeborenen Immunabwehr gebildet.

Die entzündungsauflösenden Lipidmediatoren werden zum einen ebenso wie proinflammatorische Eicosanoide von den Zielzellen durch G-Protein-gekoppelte Rezeptoren wahrgenommen. Antagonistisch blockieren sie die

Rezeptorbindung proinflammatorischer Eicosanoide, sodass sich die Produktion proinflammatorischer Zytokine, wie IL-1β, TNFα, chemotaxis-vermittelndes CXCL-8, und andere Signalstoffe durch die aktivierten Immunzellen vermindert. Andererseits wird die Sekretion von TGFβ angeregt, was zur Induktion von iT_{reg}-Lymphozyten beiträgt und die Entzündungsreaktionen auch auf zellregulatorischer Ebene weiter einschränkt. Zudem regt diese antiinflammatorische Signallage Mϕs an, apoptotische Zellen, Mikroorganismen und Zelldebris innerhalb eines „Efferozytose" genannten Prozesses aufzunehmen und somit die allgemeine Immunstimulation im betroffenen Gewebe weiter zu reduzieren. Diese Art von Mediatoren wird in vier verschiedene Klassen eingeteilt: Lipoxine, Maresine, Protectine und Resolvine. All diese entzündungsauflösenden Lipidmediatoren werden aus PUFAs synthetisiert und von verschiedenen COX- oder LOX-Isoformen in die jeweiligen Biosynthesewege eingebracht. Im Verlauf dieser Synthesen erfahren sie vielfältige Strukturmodifikationen und werden zu weiteren potenten Mediatoren umgeformt, um zusammen ein Regulationsnetzwerk mit eigener abgestimmter Wirkungskinetik zu bilden.

❓ Wie erfolgt die aktive Auflösung der Abwehrreaktion nach dem Lipidklassenwechsel?

Der Lipidmediatorenklassenwechsel wird durch ausgeprägte PGD_2- und PGE_2-Signal initiiert. Diese Signallage markiert wahrscheinlich einen gerade noch tolerierbaren Grenzbereich einer physiologisch-effektiven Abwehr. Eine weitere Eskalation der Inflammationssituation würde sich pathologisch-destruktiv auswirken und muss durch eine aktive Gegenregulation begrenzt werden. Hierdurch bildet die LOX-5 anstatt des proinflammatorischen LTB_4 immunsuppressives Lipoxin A_4 und B_4 aus AA. Zudem wird die Expression von LOX-15 Typ 1 initiiert, welches dann ebenfalls Lipoxine bildet. Das 15-HETE ist hierbei ein kurzlebiges metabolisches Zwischenprodukt. Da AA-abhängige Eicosanoide eigentlich für entzündungsauslösende Signalstoffe stehen, ist der Lipidmediatorenklassenwechsel an dieser Stelle besonders prägnant. Lipoxine fördern die Einwanderung von nicht-inflammatorischen Mϕs. Insbesondere Lipoxin A_4 ist ein starker Antagonist gegenüber LT-4-Serie-Rezeptoren. Ebenso bewirken diese Mediatoren eine Herabregulierung der entzündungsfördernden IL-5-, CXCL-8-, IL-12-, IL-13- und TNFα-Signale. Eine weitere Infiltration von neutrophilen und eosinophilen Granulozyten in das entzündete Gewebe wird so unterdrückt. Auch die Produktion von IgM und IgG wird gehemmt. Zuletzt wird auch die Zytotoxizität von NK-Zellen blockiert und somit eine dadurch bedingte, übermäßige Gewebeschädigung eingeschränkt. Die Durchblutung des Gewebes hingegen wird durch Lipoxine verbessert, indem sich die Blutgefäße erweitern und einer Blutgerinnung durch Thrombozytenaktivierung gegenreguliert wird. Der freie Fluss von Blut und Lymphflüssigkeit bleibt so am Ort der Entzündung erhalten.

❓ Welche immunsuppressiven Lipidmediatoren gibt es noch?

Maresin-1 ist neben den Lipoxinen einer der ersten, von Mφs sezernierten entzündungsauflösenden Mediatoren. Es wird durch die LOX-15 als initiierende Oxygenase aus DHA gebildet und durchläuft im Laufe der Synthese weitere Strukturmodifikationen. Die LOX-12 bildet weitere aktive Maresin-Derivate, wie die wundheilungsprozess-unterstützenden Maresinkonjugate, *maresin conjugates in tissue regeneration*. Maresin-1 wirkt ebenso wie Lipoxine antagonistisch gegenüber LTB$_4$, indem dessen spezifischer Zellrezeptor blockiert wird. Das chemotaktische Signal von LTB$_4$ zur Rekrutierung von Granulozyten und anderen aktiven Immunzellen wird so unterbunden.

Maresin-1 und Lipoxin A$_4$ können auch direkt eine zellvermittelte Begrenzung oder Beendigung einer Abwehrreaktion ansprechen, indem sie als potente Induktionssignale die Generierung von immunregulativen T-Lymphozyten bewirken. Beide Lipidmediatoren erzeugen eine starke TGFβ-Signallage, wodurch die Reifung von iT$_{reg}$-Lymphozyten im peripheren Gewebe gefördert wird.

Das Protektin D$_1$ (CD59) resultiert aus einer lymphozytären Th$_2$-Hilfe heraus und wird vorwiegend von monozytären Immunzellen initial durch LOX-15 aus DHA gebildet. Protektin D$_1$ vermittelt insbesondere zellprotektive Aktivität, indem die Apoptose-auslösende Caspase-Signal-Kaskade blockiert wird. Zudem wird vermutet, dass Protekin D1 antivirale Eigenschaften besitzt.

Resolvine sind eine weitere heterogene Signalstoffgruppe, die metabolisch von verschiedenen LC-PUFA der n3-Gruppe abgeleitet werden. Sie wirken antiinflammatorisch, gewebeprotektiv und unterstützen Wundheilungsprozesse. Resolvine der D-Serie entstehen durch die initiale Umformung von DHA durch LOX-15 und LOX-5. Resolvine der E-Serie werden durch COX-2 aus EPA beziehungsweise durch Cytochrom P450 gebildet. Zusätzliche aktive Formen werden durch weitere Umsetzungen der Strukturen durch LOX-5 dargestellt. Resolvine der 13-Serie und der D$_{DPA-n3}$-Serie sind in ihrer entzündungsauflösenden Wirkung hochpotent. Sie entstehen aus DPA-n3 durch die initiale Konversion durch COX-2, beziehungsweise durch LOX-5.

Die Abhängigkeit von PUFAs als Eicosanoidvorläuferstrukturen dieser durch Lipidmediatoren vermittelten Funktionsausrichtung von Abwehrreaktionen eröffnet interessante diätetische Interventionsmöglichkeiten, um beginnende und bereits etablierte Immunreaktionen zu manipulieren.

6.2.3 Beeinflussung des Lipidmediatoren-Profils durch diätetische Fettsäuren

Die Ausbildung des Produktprofils des Eicosanoid-Biosynthesewegs wird von den PUFA-Substraten und den Enzymen bestimmt. Das Potenzial der beteiligten Enzyme, innerhalb des Stoffwechselwegs Substrat katalytisch umzusetzen, wird durch die Verfügbarkeit von Substrat und notwendigen Kofaktoren für die katalytische Reaktion beeinflusst (◘ Abb. 6.5). Zudem können Moleküle, die das katalytische Zentrum des Enzyms blockieren, und eine verzögerte Dissoziation des Produktes

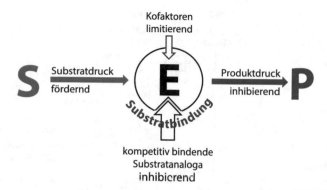

Abb. 6.5 Äußere Einflussfaktoren der enzymatischen Katalyse: Die Fähigkeit, Substrat an das katalytische Zentrum zu binden, bestimmt das katalytische Potenzial eines Enzyms. Äußere Einflussfaktoren sind die Substratverfügbarkeit (Substratdruck) bis zur Sättigungskonzentration, die Verfügbarkeit von Kofaktoren für die katalytische Reaktion sowie die Produktfreisetzung (Produktdruck) aus dem katalytischen Zentrum des Enzyms gegen die äußere Produktkonzentration. E: Enzym, P: Produkt, S: Substrat

vom Enzym, aufgrund einer hohen äußeren Produktkonzentration, die Substratbindung an das Enzym verringern. Es gibt zahlreiche Bestrebungen, durch eine orale Gabe von präformierten PUFAs und anderen nutritiven Faktoren, pathologischen Fehlreaktionen der Immunabwehr durch eine manipulierte Eicosanoid-Biosynthese zu begegnen. Die Synthese von Lipidmediatoren hängt beim Menschen in erster Instanz von der Verfügbarkeit der essenziellen LA und ALA ab (■ Abb. 6.6).

Die Δ6-Desaturase setzt diese Substrate zu GLA, respektive Stearidonsäure (SDA, C18:4 n3), um und ist somit das geschwindigkeitsbestimmende Enzym für alle nachfolgenden Acylketten-Elongations- und Desaturationsreaktionen des PUFA-Syntheseweges. Beide n6- und n3-PUFA Gruppen werden im PUFA-Syntheseweg von demselben Enzymsystem gleichermaßen umgesetzt, wobei eine leichte Präferenz des Biosyntheseablaufes zugunsten der n6-PUFAs besteht. LA konkurriert also mit ALA um die gleiche Bindungsstelle des aktiven Zentrums der Δ6-Desaturase und beeinflusst kompetitiv die Bildung von SDA aus ALA und umgekehrt. EPA hemmt über eine Produktinhibition ebenfalls die SDA-Synthese. SDA selbst hat einen inhibitorischen Effekt auf LOX-5. ALA und SDA erhöhen zusammen den Substratdruck für die Elongase und fördern die Bildung des EPA-Vorläufers ETA. EPA wiederum steht in direkter Substratkonkurrenz mit AA um die Δ5-Desaturase. Auch die im Lipidmediatorsyntheseweg weiterführenden Enzyme werden durch PUFA-Spezies in ihrer Aktivität beeinflusst. Sowohl EPA als auch DHA verringern die Effizienz des Substratumsatzes von COX.

> Die Bildungsabhängigkeit der Lipidmediatoren von PUFAs innerhalb eines kompetitiven Enzymsynthesesystems eröffnet interessante Interventionsmöglichkeiten, um Immunreaktionen diätetisch zu beeinflussen.

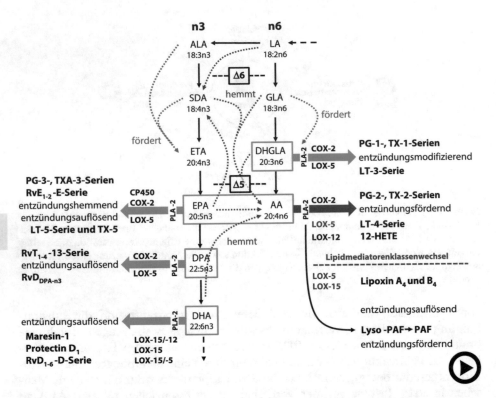

◼ **Abb. 6.6** Manipulation der n-3- und n-6-Fettsäuresynthese: Beide PUFA-Gruppen werden im Syntheseweg von demselben Enzymsystem umgesetzt. Mit einer abgestimmten Gabe von bestimmten PUFA-Spezies kann der Stoffwechselweg durch Substratdruck oder Produkthemmungseffekte in die gewünschte Richtung gelenkt werden. Die Stoffwechselleistung der einzelnen Desaturasen, Elongasen, Phospholipasen und Oxygenasen zur Darstellung von Lipidmediatoren ist zudem von weiteren nutritiven Faktoren abhängig, die ebenfalls zur Lenkung des Stoffwechsels genutzt werden können. COX: Cyclooxygenase, HETE: Hydroxyeicosatetraensäure, LOX: Lipoxygenase, LT: Leukotrien, PLA: Phospholipase, PG: Prostaglandin, RV: Resolvin, TX: Thromboxan (▶ https://doi.org/10.1007/000-b77)

Um beispielsweise die Synthesebalance zugunsten von entzündungsregulierenden Lipidmediatoren, die aus DHGLA, EPA, DPA-n3 und DHA gebildet wurden, gegenüber AA-abhängigen proinflammatorischen Mediatoren zu verschieben, muss einerseits die Desaturierung von DHGLA zu AA durch die Δ5-Desaturase blockiert werden, andererseits müssen ausreichend präformierte PUFA-Vorstufen für die gewünschten Lipidmediatoren vorliegen. Mit einer abgestimmten Gabe von bestimmten PUFA-Spezies kann der Stoffwechselweg in die gewünschte Richtung gelenkt werden.

Der Substratumsatz der einzelnen Desaturasen, Elongasen, Phospholipasen und Oxygenasen zur Darstellung von Lipidmediatoren ist zudem von weiteren nutritiven Faktoren abhängig, die auch zur Lenkung des Stoffwechsels genutzt werden können. Die Expression und die Aktivität von Schlüsselenzymen der Eicosanoid-Biosynthese werden von verschiedenen Mikronährstoffen als essenzielle Transkriptionsfaktoren zur Genexpression und als Kofaktoren für die

Enzymreaktion selbst beeinflusst. Die $\Delta 5$- und $\Delta 6$-Desaturase-Funktionen benötigen zum Beispiel Pyridoxin (Vitamin B_6), Magnesium und Zink als Kofaktoren. Einerseits kann eine Unterstützung durch solche essenziellen Mikronutrients der PUFA- und Eicosanoidsynthese die Effizienz einer PUFA-Supplementation verstärken. Andererseits führt eine Hemmung zu einer Suppression der Entzündungssituation und kann bei Ernährungsstrategien gegenüber immunologischen Hyperreaktionen hilfreich sein.

? Wie wird die Aktivität der Oxygenasen innerhalb der Lipidmediatorsynthese von Lebensmittelkomponenten beeinflusst?

Auch die COX- und LOX-Funktionen werden von Lebensmittelkomponenten beeinflusst (☐ Tab. 6.3.) Verschiedene pflanzliche Polyphenole inhibieren die Enzymaktivität von COX-1 und -2 sowie von LOX-5, was zu reduzierten, AA-abhängigen Inflammationssignalen in der akuten Entzündungssituation führen kann. Ver-

☐ **Tab. 6.3** Pflanzliche Oxygenase-Inhibitoren

Wirkstoff	Stoffklasse	Herkunft	Enzym
Allicin	Diallyl-Disulfid	Lauchpflanzen (*Allium sp.*)	LOX-5
Curcumin	Flavonoid	Rhizom der Gelbwurzel (*Curcuma longa*)	COX-2, LOX-5
Epicatechin	Catechin	Grüntee (*Camellia sinensis*)	LOX-5
Kaemperol	Flavonoid	Weißkohlblätter (*Brassica oleracea*)	COX-1
Kaffeesäure	Dihydroxyzimt-säure	Kaffeebeere (*Coffea arabica*) Ingwer (*Zingiber officinale*)	LOX-5
Luteolin	Flavonoid	Artischockenblätter (*Cynara scolymus*) Petersilie (*Petroselium crispum*)	LOX-5
Myricetin	Flavonoid	verschiedene Beeren, Nüsse und Trauben	LOX-5
Oleanolsäure	Triterpen	Zuckerrübe (*Beta vulgaris*)	COX-2
Piceatannol	Stilbenoid	Palmensamen (*Elaeis guineensis*)	LOX-5
Quercetin	Flavonoid	Apfel, Zwiebel, Brokkoli, grüne Bohnen	COX-2, LOX-5
Resveratrol	Flavonoid	Rote Weintraube (*Vitis vinifera*)	COX-1, COX-2
Theaflavin-Digallat	Flavonoid	Grüntee (*Camellia sinensis*)	LOX-5
Ursolsäure	Triterpen	Apfel (*Malus*, sp.) Thymian (*Thymus vulgare*)	COX-2, LOX-5

schiedene Stilbene, Flavonoide und Catechine binden als Substratanaloga, vermittelt durch ionische Wechselwirkungen und Wasserstoffbrückenbindungen, an zentrale Aminosäurereste und Metallionen der aktiven Zentren dieser Schlüsselenzyme der Eicosanoidsynthesewege und beeinflussen direkt die Ausprägung von Entzündungsreaktionen. Das Luteolin aus Karotten oder Brokkoli legt sich mit seinen drei aromatischen Phenolringen in die Bindungstasche des aktiven Zentrums von LOX-5, bindet dort an einen Histidin- und Threoninrest und deckt das zentrale Eisenatom ab. Das Enzym wird so kompetitiv gehemmt. Ähnlich interagieren Quercetin aus Orangen, Trauben und Pfeffer sowie Myricetin aus verschiedenen Beeren, Trauben und Nüssen mit dem Enzym. Das Flavonoid Quercentin und verschiedene Quercentin-Derivate verringern sowohl die Genexpression als auch die Enzymaktivität von COX. Auch das 1, 25-Dihydroxy-Cholecalciferol vermindert die Expression von COX-2-Genen auch unter immunogener Stimulation. Interessanterweise hat auch der traditionelle Wickel mit zerstoßenen Kohlblättern bei Gelenksschmerzen und Muskelzerrungen aus der Küchenmedizin seine Ratio in der Inhibition von Oxygenasen durch Kaemperol. Auch der Ziebelwickel oder der Zwiebelaufguss bei Ohrenschmerzen bezieht seine schmerzlindernde Wirkung aus dem Oxygenasen-hemmendem Allicin.

Um gezielt die Generierung bestimmter Lipidmediatoren gegenüber anderen zu verstärken, können auch die einzelnen PUFA-Spezies innerhalb des Stoffwechselwegs genutzt werden. Insgesamt führt jedoch nur die Berücksichtigung aller metabolisch-regulativen Faktoren zu einer effizienten Manipulation der Eicosanoidsynthese, woraus sich dann moderne immunsuppressive Behandlungsstrategien gegenüber akuten und chronischen Erkrankungen ableiten lassen.

6.3 Therapiemöglichkeiten bei allergischem Asthma bronchiale durch diätetische Fettsäuren

Asthma bronchiale ist gekennzeichnet durch eine chronische Entzündungssituation der Atemwege, bedingt durch bronchiale Hyperreaktivität. Grundsätzlich kann sich Asthma bronchiale als extrinsisches, allergisches Asthma oder als intrinsisches, zellulär-inflammatorisches, allergenunabhängiges Asthma, zum Beispiel ausgelöst durch einen Kältereiz oder körperliche Anstrengung, ausprägen. Symptome beider Formen ist Atemnot, bedingt durch eine Verengung der Bronchiolen in der akuten asthmatischen Situation. Dies ist oft begleitet von brummenden oder pfeifenden Atemgeräuschen, dem sogenannten Giemen, einem Engegefühl in der Brust und Hustenanfällen. Wie bei allen IgE-abhängigen, allergischen Immunreaktionen werden zunächst die granulären Effektorzellen innerhalb einer allergenspezifischen Th_2-Lymphozyten-Hilfe sensibilisiert (s. auch ▶ Abschn. 4.2.1). In den lymphatischen Keimzentren differenzieren dafür B-Lymphozyten zu allergen-spezifischen IgE-produzierenden Plasmazellen. Sezernierte IgE-Moleküle werden dann zunächst von FcεRI- beziehungsweise FcεRII-positiven Mastzellen und später auch von basophilen, eosinophilen und neutrophilen Granulozyten an deren Zelloberfläche gebunden. Nach dieser initialen Zellsensibilisierung ist die allergische

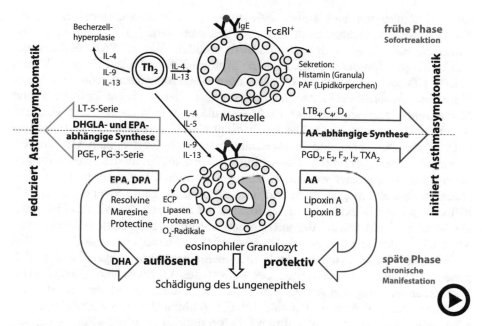

◘ Abb. 6.7 Lipidmediatoren in der Pathogenese des allergischen Asthmas: In der frühen Phase der Pathogenese wirken Prostaglandine und Thromboxane der 2-Serie sowie Leukotriene der 4-Serie chemotaktisch-entzündungsfördernd (LTB_4, LTC_4, LTD_4), vasodilatatorisch, ödembildend (PGE_2, PGD_2, PGI_2), bronchiokonstriktiv (PGF_2, TXA_2) und fördern die proallergische Th_2-T-Lymphozyten-Hilfe (PGE_2). Prostaglandine der 3-Serie und Leukotriene der 5-Serie wirken weniger stark inflammatorisch und steuern einer allergischen Th_2-Lymphozyten-Hilfe entgegen (PGE_1). In der späten Phase wird die asthmatische Reaktion aktiv aufgelöst. Ein Klassenwechsel der Lipidmediatoren wird auf dem Höhepunkt der Inflammation durch PGD_2 und PGE_2 ausgelöst. Granulozyten, Mast- und Epithelzellen wechseln von proinflammatorischen Mediatoren zu inflammationsauflösenden Lipoxinen. Darauffolgende Resolvine, Maresine und Protectine lösen aktiv die bestehende Inflammation auf und wirken einer Schädigung des Lungenepithels entgegen. ECP: *eosinophilic cationic protein*, IL: Interleukin, LT: Leukotrien, PAF: plättchenaktivierender Faktor, PG: Prostaglandin, TX: Thromboxan (▶ https://doi.org/10.1007/000-b7b)

Immunreaktion in der frühen Phase durch eine sogenannte Sofortreaktion und etwa vier Stunden später durch Spätreaktionen bestimmt (◘ Abb. 6.7.) Holzstaub, Mehl, Milbensekret, Pollen, Schimmelpilzsporen, Tierhaare und vieles mehr können Auslöser einer extrinsischen Asthmareaktion sein.

❓ Wie läuft die Pathogenese beim Asthma bronchiale genau ab?

In der frühen Phase der asthmatischen Reaktion kommt es akut zum Anschwellen der Lungenschleimhaut und zur Bronchokonstriktionen mit Atemnot. Th_2-Lymphozyten sezernieren zahlreiche Interleukine. Lymphozytäres IL-4 und IL-5 führen zu einer Kontraktion glatter Muskulatur der Bronchien. Zudem löst IL-4 zusammen mit IL-9 und IL-13 eine Becherzellhyperplasie des Lungenepithels mit übermäßiger Bildung von schwer abhustbarem, zähem Schleim aus. Im Bindegewebe der Lunge liegende Mastzellen werden durch IL-4 und IL-13 aktiviert sowie Granulozyten und andere Effektoren zum Entzündungsort rekrutiert. Kreuzbindet das Allergen dann an mastzellen-assoziierte IgEs, erfolgt eine Ausschüttung von Histamin, des plättchenaktivierenden Faktors (PAF) und anderer entzündungsfördernder AA-assoziierter Lipidmediatoren wie PGs der 2- und 4-Serie, LTs der 4-Serie sowie TXA$_2$. Das durch Decarboxylierung von der Aminosäure Histidin ableitbare Histamin wird von Mastzellen sowie von Epidermis- und Nervenzellen gebildet und löst nach vesikulärer Granulafreisetzung eine Erweiterung der kleinen Blutgefäße aus, bedingt eine Kontraktion der glatten Muskulatur der Bronchien und leitet eosinophile Granulozyten zum Ort der Inflammation. Pharmazeutische H1-Antihistaminika, die bei milden Asthmaformen therapeutisch eingesetzt werden, blockieren die Signalstoffrezeptoren der Zielzellen strukturell-antagonistisch und unterdrücken die akute Symptomatik. PAF befindet sich in Lipidkörperchen der Mastzelle und ist, ebenso wie das Histamin, ein Schlüsselsignalmolekül der allergischen Sofortreaktion. Seine Sekretion von Mastzellen führt ebenfalls zu lokalen Blutgefäßerweiterungen, zur Akkumulation eosinophiler Granulozyten und zur bronchialen Überreaktion gegenüber der allergenen Stimulation. Schwellungen des betroffenen Gewebes und Ödeme sowie Schmerzempfindung und Atemnot sind die resultierenden Symptome für den Betroffenen. Auch Thrombozyten sind bei der Asthma-Pathogenese wichtige verstärkende Faktoren. Sie werden durch IgE-Bindung an spezifische Rezeptoren aktiviert und unterstützen die Gewebeinfiltration durch eosinophile Granulozyten in die Lunge, vermittelt durch chemotaktische Botenstoffe, wie der *platelet factor 4*. Von Thrombozyten gebildetes PAF führt dann zu einer verstärkten Histaminsekretion durch eosinophile Granulozyten.

Pathogenese des allergischen Asthmas

Die Pathogenese des allergischen Asthmas ist bestimmt durch eine frühe Phase mit einer von Mastzellen ausgehenden akuten Immunreaktion, gefolgt von einer späten Phase, die durch eine massive Gewebsinfiltration durch eosinophile Granulozyten geprägt ist. Wird die die allergische Immunreaktion nicht aufgelöst manifestiert sie sich und wird chronisch.

In der späten Phase der asthmatischen Reaktion wird das Lungengewebe aufgrund der chemotaktischen Signallage von eosinophilen und neutrophilen Granulozyten sowie Mɸs infiltriert. Hierdurch werden erneut asthmafördernde Entzündungsmediatoren freigesetzt, die weitere Ödembildungen und eine Verengung der Bronchiolen hervorrufen. Zytotoxische Proteine der aktivierten Granulozyten, wie das *eosinophilic cationic protein* und Proteasen, schädigen die epitheliale Lungenbarriere, sodass sich nach dem Abklingen der Spätreaktion die bronchiale Hyperreaktivität gegenüber der allergischen Stimulation chronisch manifestieren kann. Zudem begünstigt die Barriereschwächung bakterielle Infektionen der Bronchien.

❓ Welche therapeutischen Ansätze sind mit PUFAs bei Asthma bronchiale möglich?

In der klinischen Therapie werden in der Regel bronchienerweiternde β-2-Antagonisten, entzündungshemmende Glucocorticoide und Leukotrien-Rezeptor-Antagonisten eingesetzt. Diese in der akuten Situation gut wirksamen Medikamente können jedoch durch Rezeptor-Desensibilisierung in der Langzeitanwendung oft ihre Wirkeffizienz verlieren. In diesem Zusammenhang kann eine spezifische PUFA-Supplementation, welche Eicosanoide mit antiallergisch wirkenden, inflammationsauflösenden Eigenschaften Lipidmediatoren mit proinflammatorischen, asthmasymptombedingenden kompetitiv gegenüberstellt, Therapie- und Präventionskonzepte gegenüber Asthma bronchiale diätetisch unterstützen. AA-abhängige Lipidmediatoren sind bei der Asthma-Pathogenese entscheidend. Die durch die COX gebildeten AA-abhängigen PGs und TXs der 2-Serie wirken chemotaktisch-entzündungsfördernd, vasodilatatorisch und damit ödembildend (PGE_2, PGD_2, PGI_2) und bronchiokonstriktiv (PGF_2, TXA_2). PGE_2 unterstützt zunächst zudem die im extrinisischen Asthma gegebene proallergische Th_2-T-Lymphozyten-Hilfe. Die durch Lipoxygenasen gebildeten LTs der 4-Serie wirken ebenfalls stark chemotaktisch-entzündungsfördernd und bronchienverengend (LTB4, LTC4, LTD4). Interessanterweise scheinen sich die Synthesen der Asthmasymptomatik-auslösenden PAF- und AA-abhängigen Lipidmediatoren gegenseitig zu verstärken (◘ Abb. 6.6). Das durch die PLA-2 freigesetzte Lyso-PAF, welches durch die PAF-Acyl-Transferase zu PAF (PAF_{C16}: 1-O-Hexadecyl-2-acetyl-sn-glycero-3-phosphocholin) umgesetzt wird, entsteht vorwiegend aus Phospholipiden, die AA in der Position 2 der Glycerolstruktur tragen. Diese PAF-Bildung fördert damit den AA-abhängigen PLA-2-Stoffwechsel durch Produktentzug aus dem Gleichgewicht dieser enzymatischen Reaktion. Eine Reduktion des AA-Stoffwechsel-Pools würde die metabolische Grundlage für die Ausbildung von Asthma vermindern. Leider ist dieser Fettsäure-Pool sehr stabil und lässt sich mit diätetischen Mitteln kaum verändern.

Im Gegensatz dazu wirken DHGLA- und EPA- abhängige PGs der 3-Serie und LTs der 5-Serie weniger stark inflammatorisch. Insbesondere das DHGLA-abhängige PGE_1 steuert einer Th_2-Lymphozyten-Hilfe entgegen. Eine Verschiebung der Eicosanoidsynthese in Richtung DHGLA- und EPA-abhängiger Eicosanoide durch gezielte diätetische Fettsäuregabe kann deshalb die Reduktion einer allergisch-asthmatischen Reaktion unterstützten.

Am Ende der späten Phase wird die asthmatische Reaktion aktiv aufgelöst. Der Klassenwechsel der Lipidmediatoren wird auf dem Höhepunkt der Inflammation durch PGD_2 und PGE_2 ausgelöst. Die AA-abhängige Eicosanoidsynthese der beteiligten Zellen, Granulozyten und auch Epithelzellen wechselt innerhalb des Lipidklassenwechsels das Syntheseportfolio von proinflammatorischen zu antiinflammatorischen, Immunreaktionen-auflösenden Lipoxinen, um Gewebeschädigungen und der damit verbundenen erweiterten Entzündungssituation vorzubeugen. Scheitert diese Auflösung, kommt es zu einer chronischen Manifestation von Asthma. Eine gezielte diätetische PUFA-Supplementation kann auch hier unterstützend wirken. EPA-, DPA-n3- und DHA-abhängige Resolvine, Maresine und Protectine lösen aktiv die bestehende Inflammation auf und können so einer Schädigung des Lungenepithels entgegenwirken. Eine antiasthmatische PUFA-Diät muss demnach die AA-abhängige Synthese von proinflammatorischen Eicosanoiden zunächst vermindern und im Gegenzug die Lipidmediatorensynthese, ausgehend von DHGLA, EPA, DPA-n3 und EPA, fördern, um die chronische Inflammationssituation aktiv aufzulösen. Eine ausgewogene Kombination von Vitaminen, Mineralstoffen, Polyphenolen und distinkten PUFA-Spezies, die auf die Aktivität von Schlüsselenzymen der Lipidmediatorstoffwechselwege zielen, wie die Δ5- und Δ6-Desaturase, PLA-2 sowie COX-1 und -2 als auch LOX-5 und -15, ist hierbei sicher hilfreich.

Exkurs VI: Rohstoffentwicklungen für immunfunktionale, diätetische Fettsäureapplikationen

Als essenzieller Bestandteil von Zellmembranen zeigen alle höheren Pflanzen und Tiere, aber auch viele Bakterien, Pilze und Algen, ein unterschiedlich ausgeprägtes PUFA-Profil. Moderne diätetische Applikationskonzepte für PUFAs versuchen möglichst nachhaltig und kostengünstig, diese verschiedenen Organismen als Rohstoffe zu nutzen (◨ Tab. 6.4). Ausgehend von verschiedenen Ölqualitäten der Seefische und Ölpflanzen werden zunehmend auch Ölextrakte biotechnologisch darstellbarer Mikroalgen, Diatomeen, Bakterien und Pilze in die Nutzung mit einbezogen Grundsätzlich können pflanzliche Öle SC-PUFAs mit 18 Kohlenstoff langen Alkylketten enthalten. Während klassische Ölpflanzen, wie die Sonnenblume (*Helianthus annuus*) oder der Olivenbaum (*Olea europaea*), eher geringe Mengen an PUFAs aufweisen, kann Borretsch- (*Borago officinalis*), Nachtkerzen- (*Oenothera biennis*) und Johannisbeerenöl (*Ribes nigrum*) mit hohen LA-Gehalten aufwarten. Das Öl der Natternköpfe (*Echium sp.*) ist beispielsweise für seine hohen GLA-Werte bekannt.

Verschiedene Meeresmuscheln, Krebstiere und hochwertige Fischsorten wie der Weißfisch (*Rutilus cutum*) weisen hohe LC-PUFA-Gehalte mit einer Alkylkette von 20 und mehr Kohlenstoffen Länge auf. Diese Rohstoffe sind aber für die Darstellung großer Mengen kostenintensiv. Reine Fisch-öl-Supplemente werden daher vorwiegend aus Lachsöl (*Salmo salar*) aus Aquakulturen generiert. Schwermetallbelastungen bei Meeresfischen oder Antibiotikabelastungen bei Nutzfischen aus Aquakulturhaltung sind hierbei ein wichtiger Qualitätsfaktor. Grundsätzlich zeigen diese Öle einen typisch strengen sensorischen Charakter mit der Tendenz zu Fehlaromen, die sich jedoch in der Produktapplikation mit Bananen-, Kaffee- oder Schokoladenaromen gut maskieren lassen. Im Vergleich dazu sind Öle aus Meereskrill (Zooplankton, *Euphausiaceae*) sensorisch weniger problematisch.

Alternative PUFA-Rohstoffe sind Öle aus Meeresalgen (Phytoplankton), wie z. B. *Crypthecodinium cohnii*, und Bakterien, wie *Shewanella putrefaciens*, sowie Öle von Pilzen, wie *Mortierella alpina*, die alle unter dem Begriff *single cell oils* firmieren. Diese Organismen lassen sich in gut kontrollierbaren Prozessen in großen Bioreaktoren kultivieren. Die Markttoleranz für diese Öle ist oft geringer im Vergleich zu klassischen Pflanzen- und Fischölen, da ihnen vom Verbraucher ihre Natürlichkeit oft abgesprochen wird. Andererseits ist mit Algenölen eine Produktkonzeption mit LC-PUFAs für den veganen Verbrauchermarkt möglich.

◘ Tab. 6.4 Rohstoffe für mehrfach ungesättigte Fettsäuren

Organismus	PUFA Gehalte [g/100g Gesamt-Öl]
Borretsch (*Borago officinalis*)	LA 40; ALA 1; GLA 21; SDA 0,1
Leinsamenöl (Flachs *Linum usitalssimum*)	LA 12–15; ALA 56–71
Nachtkerze (*Oenothera biennis*)	LA 65–80; ALA 0–1; GLA 10
Natternköpfe (*Echium sp.*)	LA 20; ALA 30; GLA 10; SDA 13
Schwarze Johannisbeere (*Ribes nigrum*)	LA 45; ALA 11; GLA 16; SDA 3
Atlantischer Lachs (*Salmo salar*)	EPA 0,7; DHA 1,5
Gold-Meeräsche (*Chelon aurata*)	EPA 7,5; DHA 3,8
Kaspischer Weißfisch (*Rutilus cutum*)	EPA 4,5; DHA 7,1
Makrele (*Scomber scombrus*)	EPA 0,5; DHA 0,7
Sardine (*Sardina pilchardus*)	EPA 0,5; DHA 0,5
Schellfisch (*Melanogrammus aegleifnus*)	EPA 0,1; DHA 0,2
Tunfische (*Thunnus sp.*)	EPA 1,0; DHA 1,4
Crypthecodinium cohnii (Dinoflagellat)	DHA-Darstellung
Mortierella alpina (Phycomycet)	AA- und EPA-Darstellung
Schizotrichium aggregatum (Dinoflagellat)	DHA-Darstellung
Shewanella putrefaciens (Bakterium)	EPA-Darstellung

Die sensorische Qualität von PUFA-Ölen hängt neben dem Rohstoffursprung auch stark von der Art der Gewinnungsprozesse ab. Durchgängig werden PUFAs aus Fisch und Ölpflanzen durch Hexan-Extraktionen aus der Rohstofftrockenmasse und anschließender Vakuumtrocknung des Hexan-Öl-Gemisches gewonnen. Die Triacylglycerole werden oft zur besseren Extraktion noch mit Natronlauge und Ethanol verseift. Die Öle von biotechnologisch dargestellten PUFA-Produzenten hingegen werden zumeist über einen proteolytischen Zellaufschluss mit anschließender Isopropanol-Extraktion aus dem Wachstumsmedium gewonnen. Alternativ kann das Öl auch durch eine Harnstoff-Methanol-Behandlung aus der Matrix extrahiert und über Auskristallisieren aufgereinigt werden. Danach wird das gewonnene Öl oft degummiert (Beseitigung von Phospholipiden), desodoriert und gebleicht (Fehlgerüche und Farben werden entfernt). Die ungesättigten PUFA-Acylketten haben generell eine hohe Oxidations- und Epoxylierungsneigung, die beim Extraktionsprozess durch Schutzgas-Atmosphären (CO_2 oder N_2) und in Produkten durch Antioxidationsmittel, wie Ascorbylpalmitat oder Tocopherol, begegnet werden muss.

6

Für die Applikation in Lebensmitteln werden verschiedene Formulierungsarten angewendet. Als Nahrungsergänzung werden PUFA-haltige Öle oft in schützende Gelatine- oder Alginat-Gelkaspeln eingebracht. Für Formulierungen als Schokoladenriegel oder für die Einarbeitung in Milchprodukte oder in Säfte können die Öle auch mit Wirbelschicht- oder Sprühtrocknungsprozessen mit Stärke oder anderen Hydrokolloiden zu Pulver granuliert werden.

Um die Wirkeffizienz von Fettsäuresupplementen zu erhöhen, kann es interessant sein, verschiedene PUFA-Spezies mit definierten und prägnanten Mengenverhältnissen zu kombinieren. Hierzu sind Rohstoffe notwendig, die hohe Gehalte möglichst nur einer PUFA-Spezies aufweisen. Solche fokussierten Anreicherungen von beispielsweise EPA, DHA oder AA werden durch flüssigchromatographische Trennverfahren oder durch eine Schmelzpunktfraktionierung erreicht. So können Ölqualitäten von bis zu 45 Gew.-% Gesamtöl pro Fettsäurespezies dargestellt werden.

Die Weiterentwicklung von innovativen Rohstoffkonzepten ist ein weiterer wichtiger Aspekt. Ein interessantes Ziel könnte zum Beispiel die ressourcenschonende Darstellung von Fischölqualitäten in Ölpflanzen sein. Um jedoch in pflanzlichen Expressionssystemen, beispielsweise in Raps (*Brassica napus*) oder Lein (*Lineum usitalssimum*) LC-PUFAs darzustellen, müssen gentechnologisch zumindest die Δ4-, die Δ5- und die Δ6-Desaturase-Funktionen sowie eine Elongase-Funktion in den pflanzlichen Biosyntheseablauf des Samenöles eingebracht werden. Das Einklonieren multipler Geninformationen in Pflanzen ist jedoch nach wie vor eine techno-logische Herausforderung. Ein anderes Ziel könnte die Generierung von noch nicht direkt darstellbaren immunaktiven Fettsäuren, wie DHGLA und ADA, in genetisch modifizierten Organismen sein. Ob die Produktionseffizienz allerdings in solchen Expressionssystemen adäquat dargestellt werden kann und ob die Markttoleranz gegenüber diesen Ölen für eine kommerzielle Umsetzung letztendlich gegeben ist, muss sich noch zeigen.

Die physiologische Wirkeffizienz einer PUFA-Supplementation hängt neben der Quantität der eingebrachten Fettsäuren auch von der molekularen Struktur des Fettsäure-Trägermoleküls ab (◘ Abb. 6.8). Grundsätzlich können PUFAs an Triacylglycerole oder an Phospholipide gebunden sein. Zudem können PUFAs auch als freie Fettsäuren oder als Methyl-, Ethyl- bzw. als Propylester formuliert sein. Sphingolipidassoziierte PUFAs oder PUFA-Cholesterylester, die in Milch und Ei in Spuren enthalten sind, sind in diesem Zusammenhang vernachlässigbar, da entsprechende Rohstoffquellen zur Produktdarstellung bisher fehlen. Bei Triacylglycerolen gibt es 3 Veresterungspositionen (sn1, 2, und 3) für Fettsäuren, bei Phospholipiden 2 (sn1 und 2). Zur Darstellung von Immunfunktionen mit PUFA-reichen Lipiden ist zu beachten, dass zellmembranassoziierte PUFAs, die an Position 2 eines Phospholipidglycerols gebunden sind, für die Eicosanoidsynthese präferiert werden. Bei der Fettverdauung im Duodenum spaltet die pankreatische Lipase die Fettsäuren der Positionen 1 und 3 vom Glycerol ab, während die Fettsäure an der Position 2 am Trägermolekül verbleibt. Die daraus resultie-

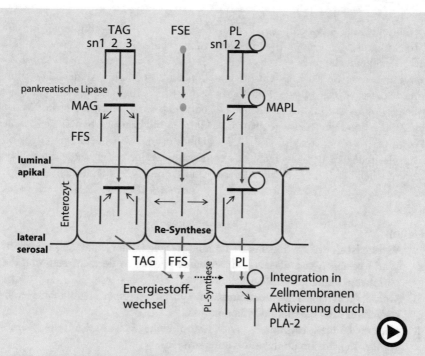

◻ Abb. 6.8 Resorption und Inkorporation von PUFAs: Bei Triacylglycerolen gibt es 3 Veresterungspositionen für Fettsäuren, bei Phospholipiden 2. Bei der intestinalen Verdauungsreaktion verbleibt lediglich die Fettsäure, die an der mittleren Position 2 des Glycerol-Trägermoleküls gebunden ist. Nach der Fettresorption im Intestinum verändern nur die an der Position 2 des Glycerols gebundenen Fettsäuren in der Re-Synthese in den Enterozyten ihre Glycerolbindungsstelle nicht. Triacylglycerolgebundene und freie Fettsäuren werden vorwiegend katabol verstoffwechselt, können aber auch in die Synthese von Phospholipiden einfließen. Letztendlich werden nur PUFAs, welche an die Position 2 des Phospholipidglycerols gebunden sind, enzymatisch für die Eicosanoidsynthese freigesetzt. FFS: freie Fettsäuren, FSE: Fettsäureester, MAG: Monoacylglycerol, MAPL: Monoacylphospholipid, PL: Phospholipide, PUFA: *polyunsaturated fatty acids*, TAG: Triacylglycerol (▶ https://doi.org/10.1007/000-b7c)

renden Monoacylglycerole, Monoacylphospholipide und die freien Fettsäuren werden von den Enterozyten resorbiert. Hier kann es innerhalb der Re-Synthese zwar zur Neukombination der Fettsäurebindungspositionen innerhalb der Lipidstrukturen kommen, die an die Position 2 des Glycerols gebundenen Fettsäuren verbleiben jedoch in der gleichen Strukturkonstellation. Anschließend werden die Lipide in Form von Chylomikronen über die Lymph- und Blutgefäßsysteme zur Leber transportiert und von dort, gebunden an weitere Lipoproteine, im Körper verteilt. An Triacylglycerol gebundene und freie Fettsäuren werden vorwiegend dem katabolen Energiestoffwechsel zugeführt, können aber in der Leber ebenfalls in die Synthese von Phospholipiden einfließen. Letztendlich werden nur PUFAs, welche an die Position 2 des Phospholipidglycerols gebunden sind, durch die PLA-2 im ER für die Eicosanoidsynthese freigesetzt und zeigen demnach die höchste immunologische Wirkeffizienz. Die Molekülstruktur von PUFA-Lipiden der Humanmilch und verschiedener Tiermilchen sowie vom Ei entspricht genau dieser Logik. Beide Rohstoffe zeigen hohe LA- und ALA-Gehalte. Die PUFAs sind hier vorwiegend an die Positionen 2 und 3 des Phospholipidglycerols gebunden. Um zu erreichen, dass immunfunktionale Lebensmittel PUFAs mit hoher Bioverfügbarkeit für die Eisosanoidsynthese enthalten, müssen neue Rohstoffkonzepte gefunden werden. Die Nutzung von Milch- und Ei-Lipiden als natürlich vorkommende Rohstoffe oder die biotechnologisch-enzymatische Umesterung, wobei Fettsäure-Glycerol-Konstellationen gezielt darstellbar sind, können hierzu hilfreich sein.

6

❓ Fragen

1. Warum ist eine fehlende zelluläre Immuntoleranz immer krankheitsassoziiert?
2. Worin bestehen grundlegende Unterschiede zwischen der zentralen und der peripheren immunologischen Toleranz?
3. Welche grundlegenden Mechanismen führen zu einer zellulären Herabregulation einer etablierten Inflammation?
4. Warum können carotinoid- und retinolreiche Lebensmittel die Herabregulation einer Immunreaktion unterstützen?
5. Inwieweit ist Vitamin D_3 an der Herabregulation einer Immunreaktion beteiligt?
6. Aus welcher strukturellen Gegebenheit ergibt sich die Aufteilung von langkettigen mehrfach-ungesättigten Fettsäuren in eine n3- und n6-Gruppe?
7. Was versteht man unter diätetischen Oxygenase-Inhibitoren?
8. Welche Konsequenzen für die Immunregulation ergeben sich aus einer dysbalancierten Fettsäurediät?
9. Welche Konsequenzen ergeben sich aus einer chronischen Inflammation für die Fettsäurezusammensetzung von Zellmembranen?
10. Was versteht man unter einem Lipidmediatorenklassenwechsel?

Weiterführende Literatur

Barning C, Frossard N, Levy BD (2018) Towards targeting resolution pathways of airway inflammation in asthma. Pharmacol Ther 186:98–113. https://doi.org/10.1016/j.pharmthera.2018.01.004

Beermann C, Neumann S, Zielen S, Fußbroich D (2016) Combinations of distinct long-chain polyunsaturated fatty acid species for improved dietary treatment against allergic bronchial asthma. Nutrition 32(11–12):1165–1170. https://doi.org/10.1016/j.nut.2016.04.004

Dalli J, Serhan CN (2017) Pro-resolving mediators in regulating and conferring macrophage function. Front Immunol. https://doi.org/10.3389/fimmu.2017.01400

Duvall MG, Bruggemann TR, Levy BD (2017) Bronchoprotective mechanisms for specialized pro-resolving mediators in the resolution of lung inflammation. Mol Aspects Med 58:44–56. https://doi.org/10.1016/j.mam.2017.04.003

Fussbroich D, Zimmermann K, Göpel A, Eickmeier O, Trischler J, Zielen S, Schubert R, Beermann C (2019) A specific combined long-chain polyunsaturated fatty acid supplementation reverses fatty acid profile alterations in a mouse model of chronic asthma. Lipids Health Dis 18(1):16. https://doi.org/10.1186/s12944-018-0947-6

Issazadeh-Navikas S, Teimer R, Bockermann R (2012) Influence of dietary components on regulatory T cells. Mol Med 18(1):95–110. https://doi.org/10.2119/molmed.2011.00311

Josefowicz SZ, Lu L-F, Rudensky AY (2012) Regulatory T cells: mechanisms of differentiation and function. Annu Rev Immunol 30:531–564. https://doi.org/10.1146/annurev.immunol.25.022106.141623

Makowski L, Hotamisligil GS (2004) Fatty acid binding proteins-the evolutionary crossroads of inflammatory and metabolic responses. J Nutr 134(9):2464S–2468S

Martel-Pelletier J, Lajeunesse D, Reboul P, Pelletier JP (2003) Therapeutic role of dual inhibitors of 5-LOX and COX, selective and non-selective non-steroidal anti-inflammatory drugs. Ann Rheum Dis 62(6):501–509

Pignitter M, Lindenmeier M, Andersen G, Herrfurth C, Beermann C, Schmitt JJ, Feussner I, Fulda M, Somoza V (2018) Effect of one and two months high dose alpha-linolenic acid treatment on (13) C-labeled alpha-linolenic acid incorporation and conversion in healthy subjects. Mol Nutr Food Res 62(20):e1800271. https://doi.org/10.1002/mnfr.201800271

Ronchese F, Hermans IF (2001) Killing of dendritic cells: a life cut short or a purposeful death? J Exp Med 194(5):f 23–ff 26

Schubert R, Kitz R, Beermann C, Rose MA, Lieb A, Sommerer PC, Moskovits J, Alberternst H, Böhles HJ, Schulze J, Zielen S (2009) Effect of n-3 polyunsaturated fatty acids in asthma after low-dose allergen challenge. Int Arch Allergy Immunol 148:321–329. https://doi.org/10.1159/000170386

Serhan CN, Levy BD (2018) Resolvins in inflammation: emergence of the pro-resolving superfamily of mediators. J Clin Invest 128(7):2657–2669. https://doi.org/10.1172/JCI97943

Sharma A, Rudra D (2018) Emerging functions of regulatory T cells in tissue homeostasis. Front Immunol. https://doi.org/10.3389/fimmu.2018.00883

Vignali DA, Collison LW, Workman CJ (2008) How regulatory T cells work. Nat Rev Immunol 8(7):523–532. https://doi.org/10.1038/nri2343

Willemsen L (2016) Dietary n-3 long chain polyunsaturated fatty acids in allergy prevention and asthma treatment. Eur J Pharmacol 785:174–186

Yao Y, Chen CL, Yu D, Liu Z (2021) Roles of follicular helper and regulatory T cells in allergic diseases and allergen immunotherapy. Allergy 76(2):456–470. https://doi.org/10.1111/all.14639

Immungenetik: Einflüsse von Lebensmittelkomponenten auf die Expression immunrelevanter Gene

Inhaltsverzeichnis

Ergänzende Information Die elektronische Version dieses Kapitels enthält Zusatzmaterial, auf das über folgenden Link zugegriffen werden kann [https://doi.org/10.1007/978-3-662-67390-4_7]. Die Videos lassen sich durch Anklicken des DOI-Links in der Legende einer entsprechenden Abbildung abspielen, oder indem Sie diesen Link mit der SN More Media App scannen.

▪▪ Zusammenfassung

Die Immunantwort ist in ihrer Basis eine hochregulierte Ausprägung relevanter Geninformationen, die innerhalb eines aus DNA und Histon-Proteinen bestehenden Heterochromatins codiert sind. Die Proteinbiosynthese ist unterteilt in die mRNA-bildende Transkription, die mRNA-Prozessierung und in die proteinbildende Translation. Relevante Expressionsregulationen sind epigenetische Mechanismen zur aktiven Genstilllegung sowie Regulationen durch Transkriptionsfaktoren, Regulationsmechanismen des posttranskriptionalen alternativen Spleißens und die prätranslatorische RNA-Interferenz. Der Ernährungsstatus und verschiedene Lebensmittelkomponenten beeinflussen als relevante Umgebungsfaktoren diese Regulationsmechanismen und bestimmen die Expression von immunrelevanten Genen entscheidend mit.

Strukturmodifikationen von genomischer DNA und assoziierten Histonen sind eine übergeordnete, sogenannte epigenetische Regulationsebene zur Genexpression. Die Epigenetik umfasst drei aufeinanderfolgende, sich in ihrer Wirkungsstringenz verstärkende Mechanismen zur Genstilllegung: DNA-Methylierung, Histon-Deacetylierung und -Methylierung. Verschiedene Lebensmittelkomponenten nehmen als epigenetische Faktoren Einfluss auf die Aktivität der hierbei beteiligten Enzyme.

Ein weiteres Regulativ der Genexpression sind Transkriptionsfaktoren, die mit jeweils eigenen Erkennungssequenzen an den Promotor oder an andere Kontrollsequenzen eines Zielgens anbinden und den Transkriptionsprozess von Zielgenen initiieren. Verschiedene immunrelevante Transkriptionsfaktoren können sich gegenseitig transrepressiv in ihrer Genaktivierungsfunktion verdrängen. Lebensmittelkomponenten interagieren als regulatorische Liganden mit verschiedenen Transkriptionsfaktoren und modifizieren das Expressionsprofil pro- oder antiinflammatorischer Gene mit.

Weitere Regulationsmechanismen der Genexpression befinden sich innerhalb der posttranskriptionalen mRNA-Prozessierung. Das alternative Spleißen von mRNA ermöglicht eine begrenzte, hochregulierte Neukombination von geninformationen-codierenden mRNA-Fragmenten (Exons). Bei vielen immunrelevanten Genen für zellmembranständige Rezeptoren und Immunglobuline können so vielfältige isomere Proteinstrukturen aus der gleichen Geninformation abgeleitet werden. Der Ernährungsstatus kann sich in diesem Prozess der mRNA-Reifung widerspiegeln.

Prätranslational greift ein dicht gewobenes Netzwerk aus interferierender RNA in die Genexpression regulativ ein, indem die ribosomale Translation von Geninformationen gezielt blockiert wird. Die Zelldifferenzierung von Immunzellen wird durch diesen Regulationsprozess mitbestimmt. Obwohl Lebensmittelkomponenten hierbei nicht direkt Einfluss nehmen, kann eine diätetisch bedingte Hemmung der epigenetischen Genstilllegung eine Überexpression von interferierender RNA zu pathophysiologischen Konsequenzen innerhalb der Zelldifferenzierung führen und die Immunkompetenz verändern.

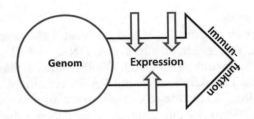

Lernziele

- Wie wird die Expression immunrelevanter Gene reguliert?
- Inwieweit sind epigenetische Genstilllegungen für die immunologische Abwehr relevant?
- Können Lebensmittelkomponenten die Expressionsregulation immunrelevanter Gene beeinflussen?
- Inwieweit sind ernährungsbedingte, epigenetische Expressionsregulationen immunrelevanter Gene für die Entstehung und Behandlung von Erkrankungen relevant?

7.1 Grundprinzipien der Genexpression

Die Immunantwort ist in ihrer Basis die hochregulierte Ausprägung relevanter Geninformationen, die innerhalb einer spezifischen Nukleotidsequenz codiert sind. Der Aufbau der genomischen DNA ist die Grundlage für verschiedene Regulationsmechanismen zur Genexpression. Die Nukleotide bilden ein helikal gewundenes DNA-Makromolekül. Es besteht aus zwei antiparallel ausgerichteten Strängen mit einer Abfolge von phosphorsäurediester-verknüpften Desoxyribosen, welche entweder mit den Purinbasen Adenin (A) und Guanin (G) oder den Pyrimidinbasen Cytosin (C) und Thymin (T) β-*N*-glykosidisch am C1-Atom des jeweiligen Pentose-Kohlenstoffrings der Desoxyribose verknüpft sind. Diese Nukleinbasen sind mit ihrem spezifischen Bindungspartner des gegenüberliegenden Stranges verbunden. Adenin verbindet sich über zwei Wasserstoffbrücken mit Thymin und Cytosin über drei Wasserstoffbrücken mit Guanin. Die DNA windet sich um eine Histon-Trägerproteinstruktur. Dieser DNA-Histon-Komplex wird als „Nucleosom" bezeichnet (□ Abb. 7.1). Ein Histon besteht aus den Dimeren H2A, H2B, H3 und H4, wobei das Clip-Protein H1 die DNA-Schleife fest an das Histon anheftet. Zahlreiche Oligopeptide ragen aus dem Histon in den freien Raum und interagieren mit der umwickelten DNA. Sie tragen *N*-terminal die positiv geladenen Aminosäuren Arginin oder Lysin und fixieren die aufgrund der Phosphorsäureanhydridbindungen negativ geladene DNA an das Histon. Diese kondensierte DNA-Struktur schützt auch vor enzymatischem Abbau.

❓ Wie ist ein Gen definiert und wie ist es in die Proteinbiosynthese eingebunden?

◻ Abb. 7.1 DNA-Struktur und Nucleosom: Die Purinbasen Adenin und Guanin und die Pyrimidinbasen Cytosin
und Thymin bilden unter einer Abfolge von phosphorsäurediester-verknüpften Ribosen zwei antiparallel ausgerichtete,
helikal gewundene Desoxyribonukleinsäure-Makro-
moleküIstränge aus. Adenin verbindet sich mittels zweier
Wasserstoffbrücken mit Thymin des gegenüberliegenden
Stranges und Cytosin über drei Wasserstoffbrücken mit
Guanin. Das Histon, welches die DNA-Struktur trägt, besteht aus den Dimeren HA2, H2B, H3 und H4. Diese
Struktur wird als Nucleosom bezeichnet. Das H1-Clip-Pro-
tein heftet die DNA fest an die Trägerstruktur. Histon-
assoziierte Oligopeptide tragen *N*-terminal positiv geladene
Arginin- oder Lysinreste und binden die negativ geladene
DNA. A: Adenin, C: Cytosin, G: Guanin, H: Histon,
p: Phosphorsäurediester, R: Ribose, T: Thymin

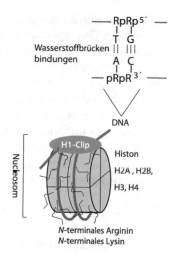

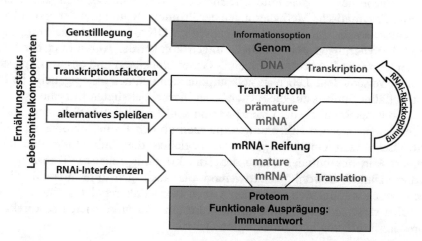

◻ Abb. 7.2 Genetischer Informationsfluss der Proteinbiosynthese: Das Genom umfasst alle Geninformationen eines Organismus' und ist ein hochregulierter Options-Pool der Proteinexpression.
Der Ernährungsstatus und spezifische Lebensmittelkomponenten nehmen als relevante Umgebungsfaktoren Einfluss auf die Aktivität von Genen. Relevante Regulationsmechanismen sind die aktive
Genstilllegung, Transkriptionsfaktoren, Regulationsfaktoren des alternativen Spleißens und
RNAi-Interferenzen. Bei der Proteinsynthese wird initial eine mRNA von der DNA als Sequenzäqui-
valent transkribiert. Diese reift im Zellkern durch einen Spleißprozess, der Strukturinformationen-
codierende Exons von nicht codierenden Introns trennt. Die mature RNA dient als Vorlage für eine
sequenzanaloge Aminosäurekette, die in den Ribosomen des ER innerhalb der Translation synthetisiert wird. Alle exprimierten Proteine eines Organismus' werden als „Proteom" zusammengefasst.
DNA: *deoxyribonucleic acid*, mRNA: *messenger ribonucleic acid*, RNAi: *interfering ribonucleic acid*

Generell ist ein Gen eine nukleotidsequenzbasierte Informationseinheit zur
Herstellung einer biologisch aktiven RNA. Alle Geninformationen eines Organismus' werden als Genom zusammengefasst (◻ Abb. 7.2). Da die Genexpression
vielfältig reguliert wird, kann das Genom immer nur eine Informationsoption für

die phänotypische Ausprägung von Strukturen und Funktionen sein. Strukturell besteht ein Gen mindestens aus einer die Genexpression initiierenden Promotorregion und der eigentlichen Informationseinheit.

Die Proteinbiosynthese ist unterteilt in die *messenger*-RNA-bildende Transkription, die mRNA-Prozessierung und die proteinbildende Translation. Im initialen Schritt der Genexpression erstellt beim Menschen das RNA-Polymerase-II-Holoenzym im Nucleus ein Transkript der DNA-Geninformation in Form einer einsträngigen mRNA. Hierzu öffnet die Polymerase die Doppelhelixstruktur der DNA partiell und bindet an die Promotorregion des Gens an. Die Expressionsintensität eines Gens liegt in der Bindungsaffinität der RNA-Polymerase zu dieser Promotorregion begründet.

❓ Welche grundlegenden Mechanismen zur Regulation der Genexpression gibt es?

7

Strukturmodifikationen von genomischer DNA und von assoziierten Histonen sind übergeordnete, sogenannte epigenetische Regulationsebenen zur Genexpression. Enzymatische Methylierungen der Promotorregion und der ersten Exons eines Gens sowie eine verstärkte gegenseitige DNA-Histon-Anlagerung durch Histon-Acetylierungen und -Methylierungen können die Anbindung der RNA-Polymerase an die Promotorregion eines Gens blockieren und dessen Expression hemmen. Verschiedene Lebensmittelkomponenten nehmen als epigenetische Faktoren vielfältig Einfluss auf die Aktivität der hierbei beteiligten Enzyme.

Ein weiteres Regulativ der Genexpression sind Transkriptionsfaktoren. Sie binden mit jeweils eigenen Erkennungssequenzen an den Promotor oder an andere Kontrollsequenzen eines Zielgens und begleiten die Anbindung der RNA-Polymerase in der initialen Phase des Transkriptionsprozesses. Transkriptionsfaktoren können sowohl genaktivierend als auch gensupprimierend wirken. Lebensmittelkomponenten interagieren auch hierbei als regulatorische Liganden mit vielen verschiedenen Transkriptionsfaktoren und modifizieren so direkt das Expressionsprofil von immunrelevanten Genen.

▶ Der Ernährungsstatus und spezifische Lebensmittelkomponenten beeinflussen die Regulationsmechanismen der Genexpression und bestimmen die Ausprägung von immunrelevanten Genen entscheidend mit.

Transkribiert die RNA-Polymerase den relevanten Genabschnitt, wird die daraus resultierende mRNA im Zellkern weiter prozessiert. Nicht codierende Sequenzbereiche, sogenannte Introns, werden hierbei aus der prämaturen mRNA herausgetrennt. Gleichzeitig werden die codierenden Exons innerhalb eines „Spleißosom" genannten RNA-Enzym-Komplexes zusammengesetzt. Bei vielen immunrelevanten Genen für zellmembranständige Rezeptoren oder Immunglobuline kann die Reihenfolge der Exons hierbei auch alternativ kombiniert werden, wodurch sich mehrere isomere Proteinstrukturen aus der gleichen Geninformation ergeben. Introns können Sequenzabschnitte für interferierende RNA-Fragmente

(RNAi) enthalten, welche später in der Proteinbiosynthese die ribosomalen Translationsprozesse verhindern können. Der Ernährungsstatus kann sich sowohl in diesen alternativen Spleißprozessen innerhalb der mRNA-Reifung als auch in der RNAi-Regulation der Genexpression widerspiegeln. In der Endphase einer Gentranskription wird die mRNA polyadenyliert und mit einer terminalen Guanosinkappe versehen. Beide Elemente sind ein Schutz vor Exonuklease-Abbau und enthalten Transportadressen für den intrazellulären Transport vom Zellkern zum ER. Erreicht die mRNA katalytisch aktive, ER-assoziierte Ribosomen, wird im Rahmen der Translation eine mRNA-Nukleotidsequenz-äquivalente Aminosäurekette synthetisiert. Alle sich daraus ergebenden zellstrukturbestimmenden, stoffwechselaktiven und immunrelevanten Proteine eines Organismus' werden als Proteom zusammengefasst.

7.2 Lebensmittelkomponenten beeinflussen als epigenetischer Faktor die Immunfunktion

7.2.1 Grundprinzipien der epigenetischen Genexpressionsregulation

Die Epigenetik umfasst drei aufeinanderfolgende, sich in ihrer Wirkungsstringenz verstärkende Mechanismen zur Genstilllegung. Sie alle stellen eine übergeordnete, DNA-sequenzunabhängige Regulationsebene zur Genaktivität dar. Relevante Einflüsse durch Umweltfaktoren, Lebensumstände und Ernährungsgewohnheiten können sich hierüber phänotypisch ausprägen. Epigenetische Genstilllegungen manifestieren sich durch DNA-Methylierungen, Histon-Deacetylierungen und Histon-Methylierungen. Grundsätzlich sind diese epigenetischen Stilllegungsinformationen reversibel, sie werden aber auch sowohl mitotisch auf somatische Zellen als auch meiotisch auf Keimzellen übertragen.

❓ Welche epigenetischen Mechanismen zur Genstilllegung gibt es?

Die Anbindung der RNA-Polymerase an die Promotorregion ist der Startpunkt jeder Genexpression. Die Promotorerkennung der RNA-Polymerase wird durch −10- und −35-Konsensussequenzen innerhalb des Promotors mit vielfachen Cytosin-Guanosin-Nukleotidmotiven vermittelt, die auch als „CpG-Motive" bezeichnet werden. Beim Menschen bindet die RNA-Polymerase an die TATA-Konsensussequenz der Goldberg-Hogness-Box. Zusammen mit regulativen Transkriptionsfaktoren und Enzymen, die diese Expressionsinitiation begleiten, bildet die RNA-Polymerase auf der Promotorregion des Gens einen sogenannten Transkriptionskomplex aus. Werden in einem ersten Stilllegungsschritt diese Abschnitte enzymatisch methyliert, wird die Anbindung der RNA-Polymerase und die Bildung des Transkriptionskomplexes an den Promotor blockiert. DNA-Methyl-Transferasen (DNMTs) methylieren hierbei das Cytosin von CpG-Motiven der Promotorregion und des ersten Exons zu 5-Methylcytosin. Durch fehlende Wiederherstellung verlorengegangener DNA-Methylierungen und durch die aktive enzymatische Entfernung der Methylgruppen durch DNA-Demethylasen (DNDMs) ist diese Form der Genstilllegung reversibel. Sie manifestiert sich erst, indem Methylgruppen-bindende Proteine (MBPs) die Promotorregion zusätzlich versiegeln und die DNA-Methylgruppen für die DNDMs nicht mehr erfasst werden können. Nachfolgende Stilllegungsmechanismen durch Histonmodifikationen können dann folgen. Bei aktiven Genen sind die *N*-terminalen Histon-Lysine grundsätzlich acetyliert und werden durch Histon-Acetylasen (HATs) katalysiert. Die HAT ist Teil des Transkriptionskomplexes. Die ansonsten kationisch-anionischen Wechselwirkungen zwischen DNA und Histon werden aufgehoben und dies schafft Raum für die RNA-Polymerase, ungehindert an die Promotorregion des Gens zu binden. MBP-affine Histon-Deacetylasen (HDACs) können nun durch Entfernen der Histon-gebundenen Acetylgruppen eine starke Anbindung der DNA an das Histon bewirken und die Genexpression verhindern. Gene mit bereits methylierten DNA-Abschnitten werden so verstärkt stillgelegt. Eine geringe oder fehlende Anbindung von Transkriptionsfaktoren an den Promotor kann einer DNA-Methylierung oder Histon-Deacetylierung vorangehen. Darauf können in einem letzten Schritt deacetylierte *N*-terminale Lysin- und Argininreste des Histons durch Histon-Methyl-Transferasen (HMTs) methyliert werden. Auch diese Reaktion ist reversibel und kann durch Histon-Demethylasen (HDMs) zurückgeführt werden. MBPs können auch hier unterstützend eine Methylierung der Histone adressieren. Die Histonmethylierungen können darauf mit Heterochromatin-Proteinen (HPs) dekoriert werden und die Stringenz der Genstilllegung weiter manifestieren.

Alle hier beschriebenen Genstilllegungsmechanismen werden über enzymatische Katalysen umgesetzt. Der Einfluss von Lebensmittelkomponenten auf epigenetische Mechanismen greift genau dort. Entscheidende Beeinflussungsfaktoren hierzu sind zum einen die Verfügbarkeit von Lebensmittelkomponenten als Substrat und als essenzielle Kofaktoren für die katalytische Reaktion. Zum anderen verändert die mehr oder weniger spezifische Blockierung katalytischer Zentren relevanter Enzyme durch bestimmte Lebensmittelkomponenten das Regulationspotenzial epigenetischer Genstilllegungen. ◘ Tab. 7.1 zeigt eine Übersicht aller Lebensmittelkomponenten mit einem Einfluss auf die Genstilllegung.

◘ **Tab. 7.1**   Lebensmittelkomponenten mit Einfluss auf Mechanismen der Genstilllegung

Wirkstoff	Wirkung	Vorkommen
Cholin Folat (Vitamin B$_9$, B$_{11}$) Pyridoxin (Vitamin B$_6$) Riboflavin (Vitamin B$_2$)	DNA- und Histon-Methylierung: – Methylgruppen-Donatoren – Stoffwechselkofaktoren	Eigelb Hülsenfrüchte Leber Nüsse
Calcium	DNA-Methylierung: essenzieller Kofaktor	Brokkoli (*Brassica oleracea var. italica*) Grünkohl (*Brassica oleracea var. sabellica*) Milch
Mangan	DNA-Methylierung: essenzieller Kofaktor	Getreide
Catechine	DNA-Methyl-Transferase (MT)-Inhibitor	Apfel (*Malus spec.*) Tee (*Camellia sinensis*)
Curcumin	DNA-MT-, HAT-, HDAC-Inhibitor	Gelbwurzel (*Curcuma longa*)
Kaffeesäure	DNA-MT-, HDAC-Inhibitor	Honig Kaffee (*Coffea spec.*)
Quercentin	DNA-MT-, HDAC-Inhibitor	Apfel (*Malus spec.*)
Diallylsulfide Butyrat Genistein Mercaptane Sulfuraphan	HDAC-Inhibitor	*Allium*-Arten mikrobieller Metabolit Sojabohne (*Glycine max*) *Asparagus*-Arten Brokkoli (*Brassica oleracea var. italica*)
Theophyllin Resveratrol	allosterischer Aktivator der HDAC	Tee (*Camellia sinensis*) Erdnüsse (*Arachis hypogaea*) Weintrauben (*Vitis vinivera*)

7.2.2 Der Einfluss von Lebensmittelkomponenten auf die DNA-Methylierung und Histonmodifikation als epigenetische Faktoren der Immunregulation

■ DNA-Methylierung

Sind Promotoren nicht von einem Transkriptionskomplex besetzt, kann dies zu einer Genstilllegung durch DNA-Methylierungen führen. Bei dieser Form der Genstilllegung werden durch verschiedene DNA(Cytosin-5)-Methyl-Transferasen die Cytosine von CpG-Motiven innerhalb der Promotorregion eines Gens in 5-Methylcytosin überführt (■ Abb. 7.3). Diese Methylierung bewirkt, dass sich kein Transkriptionskomplex mehr an diese Stelle bilden kann. Die DNMT 1 katalysiert hierbei den Erhalt von DNA-Methylierungsprofilen, die DNMT-3a/b setzt zudem neue DNA-Methylierungen. Beim Menschen katalysieren die DNMT-3a und die DNMT-3b Neumethylierungen der DNA und stellen gleichzeitig verlorene Methylierungen, zum Beispiel durch Zellteilungsprozesse, wieder her. DNMT3a wird hierzu durch MBPs zur Ziel-DNA rekrutiert und interagiert mit dem HP-1 im Zellkern, was unter anderem zur Genomstabilität beiträgt. Verluste von DNA-Methylierungsmustern werden auf diese Weise auch von einer DNMT-1 ersetzt. Diese Methyl-Transferasen sind funktional eng mit der Aktivität von HDACs und anderer epigenetisch wirkender Enzyme verknüpft.

Diese Art der Genstilllegung ist reversibel. Demethylierungen können durch DNDM Typ A katalysiert werden. Auch Methylgruppen-tragende Nukleotid-Exzisionsreparaturen, also eine gezielte Entfernung von methylierten Cysteinen aus einem DNA-Abschnitt, sowie oxidative und hydrolytische Eliminationen der Methylgruppe von der DNA sind mögliche Mechanismen, die zu einem Verlust von Methylierungsmustern der DNA führen können. Die DNA- und Histon-Methylierungsreaktionen sind von S-Adenosylmethionin (SAM) als Methylgruppen-Donator abhängig (■ Abb. 7.4). An der biosynthetischen Darstellung von SAM sind der metabolische Folat- und der Methionin-Zyklus beteiligt. Die Methylgruppe fließt entweder von Cholin über Betain, ein Oxidations-

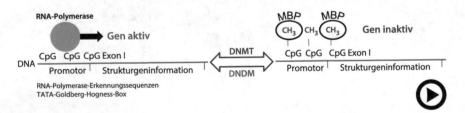

■ **Abb. 7.3** Genstilllegung durch DNA-Methylierung: Beim Menschen bindet die RNA-Polymerase an die TATA-Konsensussequenz der Goldberg-Hogness-Box des Promotors eines Gens. Werden Cytosin-Phosphat-Guanosin-Nukleotidmotive enzymatisch durch die DNA-Methyl-Transferase methyliert, wird die Anbindung der RNA-Polymerase an die Promotorregion blockiert und die Genexpression verhindert. Diese Genstilllegung ist reversibel, kann sich aber durch die Anbindung von Methylgruppen-Bindungsproteinen an die Cytosin-Methylgruppen manifestieren. DNDM: DNA-Demethylase, DNMT: DNA-Methyl-Transferase, MBP: Methylgruppen-Bindungsprotein (▶ https://doi.org/10.1007/000-b7j)

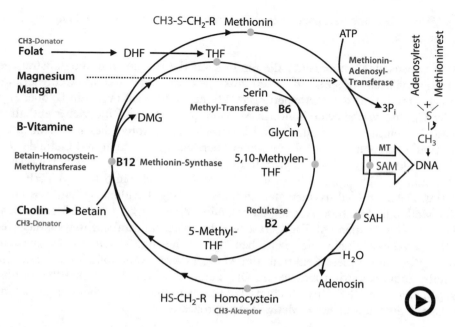

◨ Abb. 7.4 Stoffwechselweg für die DNA- und Histon-Methylierung: Auf Homocystein wird eine Methylgruppe übertragen, die sich von Cholin oder von Folat ableitet. Die Methylgruppe des Cholins fließt über Betain in die Methylierungsreaktion der Methyl-Transferase ein. Folat wird innerhalb des C1-Stoffwechselwegs durch verschiedene Dehydrogenase- und Methyl-Transferase-Reaktionen in 5-Methyl-Tetrahydrofolat umgeformt, welches dann eine Methylgruppe in die Methylierungsreaktion der Methioninsynthase einbringt. Die Vitamine B_2, B_6 und B_{12} sind für diese Stoffwechselvorgänge essenziell. Das gebildete Methionin wird durch die Methionin-Adenosyl-Transferase zu S-Adenosylmethionin umgesetzt. Magnesium und Mangan sind hierzu essenzielle Kofaktoren. Die Methylgruppe ist an ein Schwefelatom reaktiv gebunden und kann von einer Transferase auf ein Akzeptorsubstrat übertragen werden. Diese Methylierungsreaktion ist eine direkte Additions-Eliminierungs-Reaktion. Das verbleibende S-Adenosyl-Homocystein wird darauf in Homocystein und Adenosin gespalten. Alternativ kann Homocystein auch zu Cystein abgebaut werden. DHF: Dihydrofolat, DMG: Dimethylglycin, SAH: S-Adenosly-Homocystein, SAM: S-Adenosylmethionin, THF: Tetrahydrofolat (▶ https://doi.org/10.1007/000-b7e)

produkt des Cholins, in den Methylierungsstoffwechsel ein und wird durch die Betain-Homocystein-Methyl-Transferase auf Homocystein übertragen. Oder die Methylgruppe wird, ausgehend von Folat, welches innerhalb des C1-Stoffwechselwegs in reduziertes und transmethyliertes 5-Methyl-Tetrahydrofolat (Methyl-THF) umgeformt wird, durch die Methioninsynthase auf Homocystein übertragen. Das gebildete Methionin wird durch die Methionin-Adenosyl-Transferase mit ATP zu SAM umgesetzt. Die Methylgruppe ist an ein reaktives Schwefelatom an SAM gebunden und kann von einer DNA-Methyl-Transferase auf DNA übertragen werden. Das verbleibende S-Adenosyl-Homocystein wird dann in Homocystein und Adenosin gespalten. Das Homocystein steht dem zyklischen Methylierungsstoffwechsel als Methylgruppen-Akzeptor-Substrat zur Verfügung. Alternativ kann Homocystein auch zu Cystein abgebaut werden.

? Welche Lebensmittelkomponenten sind essenziell an der DNA-Methylierung beteiligt?

Jede Lebensmittelkomponente, die Einfluss auf die Enzyme und die Substratlage dieser Stoffwechselwege nimmt, beeinflusst die Kapazität der DNA-Methylierung. Ausgangssubstrate der Methylierungsreaktionen sind Folat (Vitamin B_9 oder B_{11}) oder Cholin, welche beide in hohen Mengen in Milch und Rinderleber enthalten sind. Verschiedene B-Vitamine sind essenzielle Kofaktoren dieser Stoffwechselleistung und kommen in Hülsenfrüchten, tierischen Produkten und Getreide vor. Die Funktion der 5,10-Methylen-Tetrahydrofolat-Reduktase ist von Riboflavin (Vitamin B_2) abhängig, welches die 5,10-Methylen-THF in 5-Methyl-THF umformt. Die Serin-Hydroxymethyl-Transferase benötigt Pyridoxin (Vitamin B_6) und die Methionin-Synthase Adenosylcobalamin (Vitamin B_{12}) für ihre Reaktionen. Die Methionin-Adenosyl-Transferase, welche später im Stoffwechselweg das Methionin ATP-abhängig adenyliert, benötigt zweiwertige Ionen wie Magnesium oder Mangan für diese Reaktion. Ein Mangel dieser Nährstoffe kann direkt die Methylierungskapazität reduzieren. Die diätetische Aufnahme von Ethanol hingegen kann den C1-Stoffwechselumsatz verringern und nimmt daher negativ Einfluss auf die epigenetischen Methylierungsprozesse.

> Ein Hauptmotiv in der Beeinflussung von Genstilllegungsprozessen durch Lebensmittelkomponenten ist die kompetitive Blockierung des katalytisch aktiven Zentrums der beteiligten Enzyme.

Die katalytische Domäne, in die SAM und das DNA-Cytosin für den Methylgruppentransfer zusammengeführt werden, ist hauptsächlich durch fünf funktionale Aminosäurereste charakterisiert (Ser_{1229}, Arg^+_{1309}, Glu^+_{1265}, Pro_{1221}, Cys_{1225}), die Bindungswechselwirkungen mit Hydroxy- und Carbonylfunktionen von Substraten eingehen können. Phenolische Agenzien können somit an das katalytisch aktive Zentrum der DNMTs anbinden und die Enzymfunktion kompetitiv hemmen. Das Flavonoid Genestein aus Soja und verschiedene Catechine, insbesondere Epigallocatechingallat aus Grüntee, sind bekannte kompetitive Methyltransferase-Hemmstoffe. Diese Hemmeigenschaften sind mitunter strukturspezifisch. Zum Beispiel bindet nur Curcumin aus der Kurkuma-Wurzel (*Curcuma longa*) mit endständigen Methylgruppen an das aktive Zentrum von DNMTs, Demethoxycurcumin oder Hexahydrocurcumin jedoch nicht. Neben der Enzymhemmung kann es darüber hinaus zu einer echten Substratkonkurrenz zwischen verschiedenen Methyl-Transferasen um SAM kommen. Liegen Catechine vor, können diese von der Catechol-*O*-Methyl-Transferase, welche insbesondere in Lymphozyten hochaktiv ist, mit SAM methyliert werden, welches der DNA-Methylierung als Methylgruppen-Donator dann fehlt. Eine daraus resultierende Hypomethylierung mit fehlender Stilllegung von Genen hat relevante immunologische Auswirkungen, die sich insbesondere in Autoimmunerkrankungen äußern können. Zum Beispiel zeigen T- und B-Lymphozyten bei Lupus erythematodes, Nervenzellen bei Multipler Sklerose und gelenksassoziierte Synoviozyten, welche die Gelenkinnenhaut bilden, bei Rheumatoider Arthritis unphysiologische Hypomethylierungsmuster.

Bleiben Genstilllegungen und die damit verbundene ungerichtete Überexpression von Genen aus, beeinträchtigt dies generell die funktionale Differenzierung und Reifung von Immunzellen. Bei der Entwicklung von Autoimmunität werden in diesem Zusammenhang charakteristische Gene der zytotoxischen Abwehrreaktion überexprimiert, wie IL-4-, IL-6- und Perforin-Gene sowie für kostimulative Zellrezeptoren codierende Gene.

Binden MBPs, wie das MeCP-1, mit mehreren Methylgruppen-Bindungsstellen oder das MeCP-2 mit nur einer Bindungsstelle an die methylierte Promotorregion, kann dies zur Rekrutierung von HDACs und einer Deacetylierung der promotorassoziierten Histonbereiche und weiteren Manifestation der Genstilllegung führen.

■ **Histon-Deacetylierung**

Histone sind auf verschiedene Weise modifizierbar und liegen phosphoryliert, ubiquitiniert, biotinyliert, acetyliert oder methyliert vor. Innerhalb der Regulation zur Genaktivität werden diese Strukturmodifikationen als Histon-Code zusammengefasst. Die Idee dahinter ist, dass das Zusammenwirken verschiedener Histonmodifikationen und Regulationsproteine zu bestimmten biologischen Prozessen führt. Spezifisch positionierte N-terminale Lysinreste der Histon-Dimere H3 und H4 liegen bei aktivierten Genpromotorregionen acetyliert vor. Die Acetylierung neutralisiert die an sich positive Ladung der Lysinreste und ermöglicht eine Dekondensation der Histone untereinander und lockert die Anbindung der negativ geladenen DNA an die Histone, um Raum für eine Gentranskription durch die RNA-Polymerase zu schaffen (◘ Abb. 7.5).

Werden diese Histonbereiche enzymatisch durch HDACs deacetyliert, führt dies zur Histon-DNA-Komplexierung und Genstilllegung. Der Mensch exprimiert 12 HDAC- Isoformen (HDAC 1–9a, 9b, 10 und 11), die von verschiedenen Zell- und Gewebetypen exprimiert werden und auf unterschiedliche Genregulationen fokussiert sind. Epithelzellen des Darmes exprimieren vorwiegend die HDAC-3 zur Regulation immunrelevanter Gene. Durch eine erneute Acetylierung, katalysiert durch die HATs, ist diese Form der Genstilllegung reversibel. HATs werden in eine zellkernassoziierte A-Klasse und eine zytosolische B-Klasse unterschieden. Für die Expressionsregulation von Genen sind A-Klasse-HATs relevant. Histon-Acetylierungen sind aufgrund benötigter Genaktivitäten stringent mit inflammatorischen Reaktionen verknüpft. HDACs regulieren beispielsweise die Gene für die Interleukine IL-1, IL-5, IL-10 und IL-12 und für das Chemokin CXCL-8. Deacetylierungen von Entzündungsgenen deuten auf eine Herabregulation von Abwehrreaktionen hin. Das durch Entzündungsereignisse induzierbare COX-2-Gen zum Beispiel kann durch Deacetylierung supprimiert werden.

❓ Welchen Einfluss haben Lebensmittelkomponenten und der Ernährungsstatus auf die genstilllegende Histon-Deacetylierung?

Verschiedene Lebensmittelkomponenten, wie das Sulforaphan des Brokkolis oder Diallylsulfide und Mercaptane des Knoblauchs, können kompetitiv das katalytische Zentrum der HDAC inhibieren. Dieses Isothiocyanat wird durch die pflanzliche Myrosinase im Darm effizient durch Spaltung der thioglucosidischen

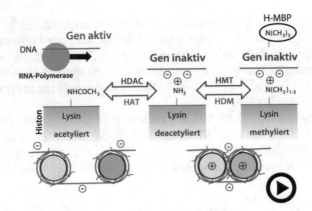

Abb. 7.5 Genstilllegung durch Histon-Deacetylierung und Histon-Methylierung: Bei aktivierten Genpromotorregionen liegen *N*-terminale Lysine der Histon-Dimere H3 und H4 acetyliert vor. Die acetylierten Lysinreste sind ladungsneutral und ermöglichen eine Dekondensation der Histone untereinander und lockern die DNA-Histon- Anbindung. Das Gen ist für die RNA-Polymerase frei zugänglich und kann exprimiert werden. Eine enzymatische Deacetylierung induziert eine Histon-DNA-Komplexierung und Genstilllegung. Diese Genstilllegung ist durch eine erneute Acetylierung der Lysinreste reversibel, kann sich aber durch die Anbindung von Proteinen an die Cytosin-Methylgruppen manifestieren. Bei der Genstilllegung durch die Histon-Methylierung werden *N*-terminale deacetylierte Lysin- und Argininreste verschiedener Histon-Dimere durch die HMT trimethyliert, beziehungsweise dimethyliert. Diese Form der Genstilllegung ist durch eine Demethylierung der Aminosäurereste, katalysiert durch die HDM-Reaktion, reversibel. Letztendlich rekrutieren die Methylmarkierungen heterochromatin-methylgruppen-bindende Proteine, decken die Methylgruppen der Histone ab und festigen die Genstilllegung. DNA: *desoxyribonucleic acid*, DNDM: DNA-Demethylase, DNMT: DNA-Methyl-Transferase, HAT: Histon-Acetyl-Transferase, HDAC: Histon-Deacetylase, H-MBP: Heterochromatin-Methylgruppen-Bindungsprotein, RNA: *ribonucleic acid* (▶ https://doi.org/10.1007/000-b7f)

Bindung aus inaktiven Speicherform Sulforaphan-Glucosinolat freigesetzt. Die Schwefelgruppe dieser Molekülstrukturen interagiert mit dem katalytischen Zinkion der HDAC und verhindert so die Umsetzung der DNA-Acetylgruppe. Die Molekülgröße bestimmt hierbei die Wirkeffizienz dieser Inhibitoren. Auch die kurzkettige Fettsäure Butyrat, ein ballaststoffassoziiertes Fermentationsprodukt von Darmbakterien, blockiert das aktive Zentrum dieses Enzyms. Lebensmittelkomponenten zeigen somit ein interessantes, regulatives Potenzial, einer geschwächten, immunsuppressiven Abwehrsituation entgegenzuwirken.

Histon-deacetylierende Kapazitäten zeigen auch „Sirtuine" genannte Regulatoren der Genstilllegung. Die Sirtuin-Enzymfamilie beinhaltet 7 Histon-Deacetylasen/-Deacylasen, die auch als Klasse-III-Deacetylasen bezeichnet werden. Ihre Deacetylierungsreaktion ist NAD$^+$-abhängig und verbindet dadurch den mitochondrialen Energiestoffwechsel der Zelle mit der Funktionalität des Immunsystems. Hierdurch ist der Ernährungsstatus ein relevantes Regulativ des Immunstatus' (s. auch ▶ Abschn. 5.2). Zum einen regulieren Sirtuine innerhalb der katabolischen Energiegewinnung den Wechsel von der Glykolyse zum β-oxidativen Fettabbau, zum anderen beeinflussen Sirtuine die energieabhängigen Aktivitäten von Immunfunktionen. Sie modulieren die Aktivierung, Proliferation und Differenzierung von T-Lymphozyten als auch die Aktivität von phagozytierenden Immunzellen wie Mφs und DCs. Bei einem niedrigen Ernährungsstatus kommt es in diesem Zusammenhang zur Immunsuppression. Viele proinflammatorischen Gene können durch Histon-Deacetylierung, vermittelt durch den *silencing information regulator* 1 (Sirt-1), supprimiert werden. Zudem ist die genaktivierende Histon-Acetylierung abhängig von der aktivierten Essigsäure Acetyl-CoA des katabolen Stoffwechsels. Hungerperioden haben also einen direkten, suppressiven Einfluss auf die proinflammatorische Genexpression und können den Immunstatus schwächen.

Sirtunine

Sirtuine regulieren in Abhängigkeit vom metabolischen Energiestatus die Genstilllegung durch Histon-Deacetylierung. Deren Aktivität ist durch Lebensmittelkomponenten beeinflussbar.

Interessanterweise können Sirtuine allosterisch-regulativ mit dem Stilbenoid Resve-ratrol angesprochen werden. Dieses bindet an das allosterische Zentrum von Sirt-1 und öffnet dessen katalytisch aktives Zentrum für die Deacetylierungsreaktion. Resveratrol findet sich in Form verschiedener *cis*- und *trans*-Isomere in der Schale dunkler Weintrauben (*Vitis vinivera*). Proinflammatorische Immunreaktionen können somit über Sirtuin-vermittelte Genstilllegungen durch Histon-Deacetylierungen, vermittelt durch Resveratrol, supprimiert werden. Betroffene mit chronisch-destruktiven, immunologischen Hyperreaktionen zeigen oft einen reduzierten Sirtuin-Status. Anwendungen für Sirt-1 und andere Sirtuine als therapeutisches Werkzeug sowie eine bessere Aktivierung der Sirtuin-Enzymgruppe durch Resveratrol und anderer allosterischer Sirtuin-Aktivatoren werden daher insbesondere im Zusammenhang mit Autoimmunerkrankungen gesehen. Lange fußte die Ratio des sogenannten französischen Paradoxons zusammen mit Quercentin und Catechin auf diesem Stilbenoid: „Ein langes gesundes Leben durch Rotweintrinken". Eine sich darauf berufene Sirt-Diät propagiert noch heute, mit Schokolade und Rotwein eine Lebensverlängerung erreichen zu können. Neben der Deacetylierung von Histonen reguliert Sirt-1 zudem die Histon-Methylierung und manifestiert dadurch die Genstillegung von bereits inaktivierten Genen.

- **Histon-Methylierung**

Die Histon-Methylierung ist eine weitere epigenetische Histonmodifikation. Spezifisch positionierte deacetylierte *N*-terminale Lysin- und Argininreste von Histonen, insbesondere von H3 und H4, können über HMTs trimethyliert, beziehungsweise dimethyliert werden (Abb. 7.5). HMTS werden in lysinspezifische, welche eine oder keine Su(var)3–9-, *enhancer-of-zeste*-, Trithorax- Domäne enthalten, sowie in argininspezifische Enzymgruppen unterteilt. Jede HMT-Gruppe methyliert unterschiedliche Bereiche der Histonstruktur. Grundsätzlich können Histon-Methylierungen sowohl Gentranskriptionsprozesse aktivieren als auch unterdrücken. Die Regulationsrichtung wird einerseits durch die beteiligten Histon-

Dimere (H2, H3 oder H4), andererseits durch den Acetylierungs- und Methylierungsgrad der Histone erreicht. Grundsätzlich gilt die Histon-Methylierung als die stabilste epigenetische Markierung, wobei Lysin-Methylierungen langlebiger präsent zu sein scheinen als Arginin-Methylierungen. Durch die Demethylierung der Aminosäurereste, katalysiert durch die HDM-Reaktion, ist auch diese Form der Histonmodifikation reversibel.

? Wie funktioniert die Genstilllegung durch Histon-Methylierung und welche nutritiven Faktoren sind hierbei relevant?

Im Sinne der Genstilllegung vergrößert die Histon-Methylierung den Wirkungsradius der positiven Ladung von Lysinresten und erzeugt eine hohe Anbindung der Histone an die negativ geladene DNA. Zudem kann ein trimethyliertes N-terminales Lysin nicht mehr acetyliert werden, was die Stringenz der Inaktivierung des betroffenen Genpromotors verstärkt. Letztendlich rekrutieren die Methylmarkierungen der Histone Heterochromatin-Methylgruppen-bindende Proteine, wie das HP-1, welche die Methylgruppen vor Demethylierungsreaktionen abschirmen und somit die Genstilllegung weiter festigen. Interessanterweise interagiert HP-1 mit Histon-Deacetylasen und induziert die Stilllegung weiterer Genabschnitte in diesem Bereich.

Diese Methylierungsreaktion hängt ebenso wie die DNA-Methylierung vom Methioninstoffwechselweg und der SAM-Bildung ab (◻ Abb. 7.4). Ein Mangel an Folat und anderen Methylgruppen-Donatoren und essenziellen Kofaktoren können somit die Histonmodifikation mit Methylgruppen limitieren und die Expression von immunrelevanten Genen modifizieren. Histon-Methylierungen scheinen einen Schlüsselmechanismus in der Generierung von lymphozytären Gedächtniszellen innerhalb der adaptiven Immunabwehr zu sein. Zukünftige Vakzinationsstrategien könnten demnach mit diätetischen Supplementationen, welche gezielt Histon-Methylierungsprozesse unterstützen, an Effizienz gewinnen.

7.3 Lebensmittelkomponenten als Transkriptionsfaktor-Liganden immunrelevanter Gene

Immunzellen erkennen relevante Reize der Umgebung und reagieren entsprechend, beispielsweise mit Zellproliferation, Differenzierung und Zelltod oder mit der Sekretion von Botenstoffen. Signale von zellmembranständigen Rezeptoren leiten hierfür durch Konformationsänderungen ihrer Struktur ein Reizsignal transmembranär an ein assoziiertes Phosphokinase-Kaskadensystem weiter, dessen Reaktionen bis zum Zellkern reichen. Transkriptionsfaktoren sind ein Teil des Transkriptionskomplexes und vermitteln eine signalspezifische Transkriptionsregulation von Zielgenen. Mit mindestens einer DNA-Bindungsdomäne können Transkriptionsfaktoren spezifisch an Nukleotidsequenzen in der Promotorregion oder an andere Kontrollsequenzen eines Zielgens anbinden. Oder sie interagieren in der initialen Phase der Genexpression direkt mit der RNA-Polymerase oder mit

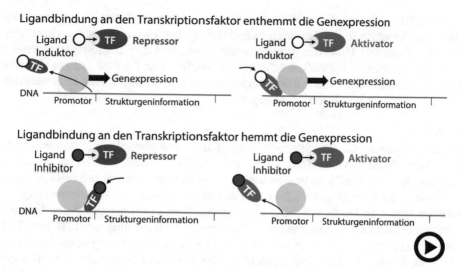

Abb. 7.6 Liganden regulieren die Aktivität von Transkriptionsfaktoren: Als Repressoren hemmen Transkriptionsfaktoren den Transkriptionsprozess durch eine die RNA-Polymerase-blockierende Anbindung an die Promotorregion des Zielgens. Als Aktivatoren unterstützen sie die Anbindung der RNA-Polymerase an die Promotorregion und damit die Expression des Zielgens. Bindet ein Ligand als Induktor an einen Transkriptionsfaktor, wird das Zielgen transkribiert, entweder indem ein Repressor nach Ligandbindung die Promotorregion eines Zielgens verlässt oder ein Aktivator an die RNA-Polymerase anbindet. Bindet ein Ligand als Inhibitor an einen Transkriptionsfaktor wird die Transkription gehemmt, entweder indem ein Repressor nach Ligandbindung die Promotorregion eines Zielgens für die RNA-Polymerase blockiert oder sich ein Aktivator von der RNA-Polymerase löst. DNA: *deoxyribonucleic acid*, TF: Transkriptionsfaktor (▶ https://doi.org/10.1007/000-b7g)

anderen Proteinfaktoren des Transkriptionskomplexes. Transkriptionsfaktoren können die Genexpression direkt regulieren und als Repressoren den Transkriptionsprozess durch eine die RNA-Polymerase blockierende Anbindung an die Promotorregion des Zielgens hemmen oder als Aktivatoren die Anbindung der RNA-Polymerase an die Promotorregion und damit die Expression des Zielgens unterstützen (Abb. 7.6). Viele von ihnen interagieren mit regulativen Liganden. Verschiedene Strukturen, wie Steroide und Fettsäuren, können als Transkriptionsliganden wirken. Bindet ein Ligand als Induktor an einen Transkriptionsfaktor, wird das Zielgen transkribiert, entweder indem ein Aktivator nach Ligand-Bindung an die RNA-Polymerase anbindet oder ein Repressor die Promotorregion eines Zielgens verlässt. Bindet ein Ligand als Inhibitor an einen Transkriptionsfaktor, wird die Transkription gehemmt – entweder, indem ein Aktivator sich von der RNA-Polymerase löst oder ein Repressor die Promotorregion eines Zielgens für die RNA-Polymerase blockiert. Zusammen mit Kofaktoren besitzen viele Aktivatoren zur Unterstützung der Gentranskription eine HAT-Funktion, um die Promotorregion des Zielgens von der Histonbindung zu lösen und diese räumlich für die RNA-Polymerase zu öffnen. Repressoren hingegen besitzen oftmals eine HDAC-Funktion zur Genstilllegung.

Spezifische Transkriptionsfaktoren können zudem an Kontrollsequenzen binden, welche diesseits in Transkriptionsrichtung zur Promotorregion vieler proinflammatorischer Gene der Immunabwehr liegen und den Transkriptionsprozess dadurch aktivieren, verstärken oder auch hemmen. Ein Einfluss auf die Aktivierung immunrelevanter Gene durch verschiedene immunfunktionale Lebensmittelkomponenten ist hierdurch direkt gegeben.

■ NF-κB

Zuckerpolymere, Glykolipide, Peptidoglykane, Polyphenole und lebensmittelassoziierte Bakterien und Hefen sowie deren Zellbestandteile werden von Rezeptoren auf der Zelloberfläche von Endothel- und Immunzellen strukturell spezifisch erkannt (s. auch ► Abschn. 2.2.1). Die daraus resultierenden zellinternen Signale werden unter anderem von einem zentralen Transkriptionsfaktor des Immunsystems in eine Expression proinflammatorischer Zielgene umgesetzt (◘ Tab. 7.2). Dieser Faktor wird als *nuclear factor kappa-light-chain-enhancer of activated B-cells* (NF-κB) bezeichnet. Er befindet sich ubiquitär in allen Zelltypen und Geweben höherer eukaryotischer Systeme und ist an den grundlegenden Signalwegen der Zellproliferation und Apoptose beteiligt.

Innerhalb der Immunantwort wird er von B- und T-Zell-Rezeptoren sowie verschiedenen Zytokinrezeptoren aus angesprochen und ist zusammen mit anderen Zellkernfaktoren Zielpunkt intrazellulärer Phosphokinase-Signalkaskaden. Viele Gene von Akut-Phase-Proteinen, Chemokinen, Zytokinen und deren Rezeptoren als auch für Zelladhäsionsmoleküle codierende Gene, die eine bedeutende Rolle bei der Regulation des Immunsystems spielen, werden durch NF-κB reguliert.

◘ **Tab. 7.2** Stimulationsmoleküle für den Transkriptionsfaktor NF-κB

Bakterien, Hefen, Lebensmittelkomponenten	Signalmolekül	Rezeptor	Transkriptionsfaktor: NF-κB	Zielgene: proinflammatorische Zielgene
	β-Glucan	Dectin-1		
	α-Mannan	Dectin-2		
	α-Mannose	Mincle		
	Glykolipide			
	Peptidoglykan	NOD-1,- 2		
	Flagellin	TLR-5		
	Zellwandkomponenten	TLR-1, -2, -6 *Scarvenger*-Rezeptoren		
	Lipopolysaccharide Oligosaccharide Polyphenole	TLR-4 Korezeptoren: – LBP – MD2 – CD14		

NF-κB bildet wie viele andere Transkriptionsfaktoren eine Dimer-Struktur als DNA-bindende Form aus. Im Zytoplasma können verschiedene Homo- oder Heterodimere aus verschiedenen Proteinen der NF-κB-Superfamilie mit einer gemeinsamen Bindungsdomäne gebildet werden. Verschiedene intrazelluläre Signalwege führen zu einer Aktivierung dieses Transkriptionsfaktors. Der Schlüssel der regulären Aktivierung ist ein *inhibitor-of-nuclear-factor-kappa-B-kinases*-Komplex (IKK-Komplex), welcher aus IKKα und IKKβ, vielen weiteren IKK-ähnlichen Kinasen sowie der regulatorischen Untereinheit *NF-κB-essential-modulator* (NEMO oder auch IKKγ) besteht.

❓ Welche Lebensmittelkomponenten können die intrazelluläre Signalleistung von NF-κB beeinflussen?

Verschiedene Lebensmittelkomponenten können diese Signalkaskade zur NFκB-Aktivierung stören und die Expression proinflammatorischer Geninformationen inhibieren. Die phenolischen Alkaloide Avenanthramid des Hafers (*Avena sativa*), das Capsaicin der Paprika (*Capsicum spec.*) und das Polyphenol Curcumin der Kurkumawurzel (*Curcuma longa*) hemmen die IKK-Aktivierung und verringern so beispielsweise die Ausbildung von proinflammatorischen Adhäsionsmolekülen, die für die Migration von Immunzellen an den Entzündungsort wichtig sind. Auch das Allicin der Lauchgewächse inhibiert in diesem Zusammenhang die Entstehung von Entzündungen. Die elektrophile Thiolgruppe dieser Struktur bindet an das nukleophile Cystein des katalytisch aktiven Zentrums der jeweils an der NF-κB-Aktivierung beteiligten Kinasen und blockiert deren Reaktivität. Die meisten pharmazeutischen Kinase-Inhibitoren funktionieren ebenfalls nach diesem Prinzip. Das NF-κB-Heterodimer liegt zunächst inaktiv, im Zytoplasma gebunden an das inhibitorische I-κB-Protein vor (**◘** Abb. 7.7 und 7.13).

Führt ein Rezeptorsignal zur Phosphorylierung dieses I-κB-Proteins durch den IKK-Komplex, löst sich die Bindung und das NF-κB-Dimer wird freigesetzt. Das I-κB-Protein wird daraufhin abgebaut, indem es mit einer Ubiquitin-Peptidsequenz adressiert und der proteasomalen Degradation zugeführt wird. Das so aktivierte NF-κB gelangt daraufhin vom Zytoplasma in den Zellkern und bindet spezifisch an ein etwa 10 Basenpaar langes DNA-Bindungsmotiv in der Promotorregion des Zielgens. Die häufig vorkommende p50/RelA(p65)-Heterodimer-NF-κB-Konstellation aktiviert die Zielgenexpression. Darüber hinaus sind weitere NF-κB -Konstellationen mit den Untereinheiten p50 bzw.105, p52 bzw. p100, RelB und c-Rel bekannt. Im Gegensatz dazu wird Homodimeren generell eine die Genexpression hemmende Funktion zugeschrieben.

Transkriptionsfaktor NF-κB

NF-κB ist ein zentraler Transkriptionsfaktor zur Aktivierung proinflammatorischer Genexpressionen. Pathophysiologisch ist er mit verschiedenen immunologischen Hyperreaktionen verbunden und ist Zielpunkt immunsuppressiver Therapieansätze mit Lebensmittelkomponenten.

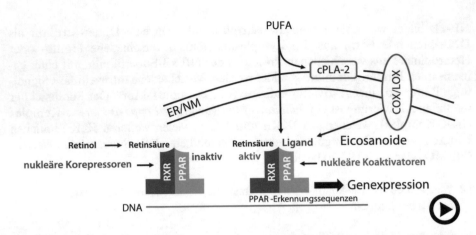

◻ Abb. 7.7 Der Transkriptionsfaktor PPAR: PPARs bildet zusammen mit RXR ein Heterodimer, welches zunächst durch nukläre Korepressoren inaktiviert wird. RXR wird durch die Anbindung von Retinsäure aktiviert. PUFAs oder durch Oxygenasen aus PUFAs gebildete Eicosanoide sind induktive PPAR-Liganden. Nach der Anbindung eines Liganden an PPAR werden die Korepressoren durch Koaktivatoren ausgetauscht und das aktive Heterodimer bindet an spezifische Erkennungssequenzen im Promotorbereich des Zielgenes. COX: Cyclooxygenase, cPLA-2: *cytosolic phospolipase-2*, ER: endoplasmatisches Retikulum, NM: Kernmembran, PPAR: *peroxisome-proliferation-activating receptor*, RXR: Retinoid-X-Rezeptor (▶ https://doi.org/10.1007/000-b7h)

Die NF-κB-Signalleistung ist auch epigenetisch reguliert. Um die Erkennungssequenzen des Genpromotors für die RNA-Polymerase zugänglich zu machen, acetylieren genaktivierende Kofaktoren der jeweiligen NF-κB-Konstellation *N*-terminale Lysine der relevanten Histone. Die DNA-Histon-Interaktion öffnet sich und die RNA-Polymerase kann, unterstützt durch NF-κB, die Promotorregion des Zielgens angreifen. Für NF-κB ist unter anderem der Kofaktor p300 mit einer Histon-Acetylase-Aktivität für diese Genaktivierung wichtig.

■ PPARs

Fettsäuren sind einige der wenigen Lebensmittelkomponenten, die als präformierte Vorläufer- Metaboliten von immunregulativen, hormonartigen Eicosanoiden den Immunstatus direkt diätetisch beeinflussen können (s. auch ▶ Abschn. 6.2.2). Zudem können sie direkt über spezifische Transkriptionsfaktoren die Expression verschiedener immunrelevanter Gene beeinflussen. Für den *peroxisome-proliferation-activating receptor* (PPAR) sind PUFAs Ligand-Induktoren. Diese Rezeptorgruppe gehört zur nukleären Steroidrezeptor-Superfamilie und wird von vielen Geweben und Zelltypen, wie den Adipozyten, Hepatozyten, Muskel-, Nieren- und Endothelzellen, exprimiert. Alle drei Transkriptionsfaktoren dieser Gruppe, PPARα, δ und γ, regulieren Schlüsselgene des Glucose- und Fettstoffwechsels sowie der Thermogenese. Ihr Regulationspotenzial zeigt sich sehr deutlich bei Fehl- und Mangelernährung sowie bei verschiedenen Stoffwechselerkrankungen wie Adipositas und Diabetes innerhalb des Syndrom-X. PPARs können verschiedene Arten von Fettsäuren isoform-spezifisch binden. In Bezug auf die Immunregulation sind insbesondere PUFAs aus Fischöl, Ei- und Soja-Lecithin

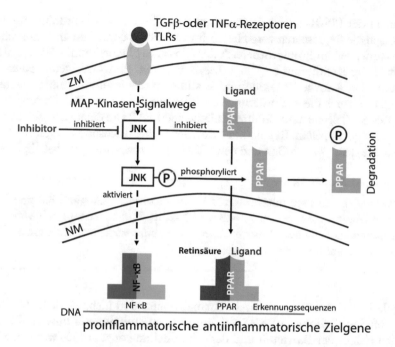

☑ **Abb. 7.8** Transrepression von PPAR und NF-κB: Rezeptorsignale werden intrazellulär durch eine Kaskade von Phosphokinasen von der Zelloberfläche zum Zellkern geleitet. Die Aktivität von NF-κB und PPARs wird durch JNK gegenläufig reguliert. Die Phosphorylierung der JNK innerhalb der MAP-Kinase-Signalwege führt zur Transkription NF-κB-regulierter Zielgene und gleichzeitig zur Phosphorylierung von PPARs, die daraufhin degradiert werden. Andererseits inhibieren ligandentragende PPARs die Phosphorylierung der JNK und ermöglichen die Transkription PPAR-regulierter Zielgene. Diese Transrepression beider Transkriptionsfaktoren wird durch eine Vielzahl von Lebensmittelkomponenten beeinflusst. JNK: cJun-*N*-terminale Kinase, MAP: mitogenaktivierte Proteinkinase, NF-κB: *nuclear factor kappa-light-chain-enhancer of activated B-cells*, NM: Kernmembran, PPAR: *peroxisome-proliferation-activating receptor*, ZM: Zellmembran (▶ https://doi.org/10.1007/000-b7d)

und verschiedenen Pflanzenölen und PUFA-abhängige Eicosanoide als Lipidmediatoren wichtig. Beide zeigen vielfältige immunmodulatorische Eigenschaften. Diätetische PUFAs werden entweder aus dem Zytoplasma in den Zellkern geführt und können dann direkt von PPARs gebunden werden oder sie werden in das Membransystem des ER inkorporiert (☑ Abb. 7.8).

Zellmembran-inkorporierte PUFAs werden über Phospholipasen freigesetzt und über die Oxygenasen LOX und COX und zu Eicosanoiden umgesetzt. Auch diese Lipidmediatoren können an PPARs als Induktoren binden. Zusammen mit dem Retinoidrezeptor (RXR) bilden PPARs ein Heterodimer. Für deren Aktivierung sind drei Faktoren relevant: nukleäre Koaktivatoren und Repressoren, die Retinsäure sowie der PPAR-Ligand selbst. Im inaktiven Zustand sind PPARs zunächst an nukleäre Korepressoren gebunden. RXR wird durch die Anbindung von Retinsäure, welche sich vom Retinol ableitet, aktiviert. Das Vitamin A$_1$ ist deshalb ein wichtiges nutritives Element der PPAR-Transkriptionsregulation. Durch die Ligandbindung an PPAR lösen sich die Repressoren vom Heterodimer, welches daraufhin an spezifische Erkennungssequenzen im Promotorbereich des Zielgenes binden kann. Mehrere aktivierende nukleäre Kofaktoren begleiten diesen Vorgang. PPAR-Zielgene codieren verschiedene Chemo- sowie Zytokine und bestimmen das immunzelluläre Signalmolekülprofil mit. Auch die Rekrutierung von Immunzellen an den Entzündungsort wird durch PPAR-Zielgene mitbestimmt. Zuletzt sind PPARs an einer sich selbst verstärkenden, rückgekoppelten Regulation von Genen der Eicosanoid-Lipidmediator-Synthese, wie dem COX-2-Gen und dem CD36-Fetttransportergen, beteiligt.

Transkriptionsfaktor PPAR

PPARs verbinden den Fettsäurestoffwechsel mit der Immunregulation. Sie sind kompetitive Gegenregulatoren zu NF-κB und sind im Zusammenhang mit verschiedenen immunologischen Hyperreaktionen Zielpunkt verschiedener immunsuppressiver Therapieansätze mit Fettsäuren.

7

In die Regulation immunologischer Abwehrreaktionen sind insbesondere PPARα und -γ eingebunden, während PPARδ-abhängige Genregulationen funktional vorwiegend dem Erhalt der Barrieren und der Wundheilung zugeordnet werden. Sie werden von T- und B-Lymphozyten, Mφs und DCs sowie von Epithelzellen exprimiert. Aktivierte PPARα und -γ können sowohl entzündungshemmend als auch -fördernd wirken. Immunsuppressive Effekte von PPARs entstehen in der Regel dadurch, dass abwehraktivierende Transkriptionsfaktoren, nukläre Kofaktoren und Aktivierungsproteine durch einen „Transrepression" genannten Prozess kompetitiv von Promotorbindungsstellen verdrängt werden. Ligandaktivierte PPARγ zum Beispiel supprimieren transrepressiv die lymphozytäre NF-κB-abhängige IL-2- Synthese und verhindern dadurch die Proliferation von T-Lymphozyten. Diese werden durch den fehlenden Vermehrungsfaktor in die Apoptose geführt. Als weiterer immunsuppressiver Effekt wird eine PPAR-abhängige Apoptoseinduktion bei Effektorzellen diskutiert, was dann die akute Immunkompetenz schwächt. Auch intrazelluläre Phosphokinase-Signalkaskaden sind betroffen. NF-κB kann zum Beispiel auch hier an Wirkkraft verlieren, da aktivierende Phosphorylierungen der spezifischen Signalwege von PPARs beeinflusst werden (◘ Abb. 7.8). Signale von Rezeptoren, wie TGFβ, TNFα oder auch TLRs, werden über ein Netzwerk von sich gegenseitig phosphorylierenden sogenannten mitogenaktivierten Proteinkinasen (MAP-Kinasen) von der Zelloberfläche zum Zellkern geleitet. Die Aktivität von NF-κB und der PPARs werden beide durch die cJun-*N*-terminale Kinase (JNK) reguliert. Die Phosphorylierung der JNK innerhalb der MAP-Kinase-Signalwege führt zur Expression von NF-κB-regulierten Zielgenen und zur Phosphorylierung von PPARs, die daraufhin mit einer Ubiquitin-Peptidsequenz adressiert der proteasomalen Degradation zugeführt werden. Andererseits unterbinden ligandentragende PPARs die Phosphorylierung von JNK und fördern so die Expression von PPAR-regulierten Zielgenen. Dieser gegenseitige Regulationsmechanismus wird durch eine Vielzahl von Lebensmittelkomponenten beeinflusst.

? Welche Lebensmittelkomponenten beeinflussen die intrazellulären PPAR-Signalregulationen?

Die durch bakteriellen Stoffwechsel im Pansen von Wiederkäuern entstehende CLA, welche in Milch, Milchprodukten, wie Butter, Sauerrahm und Käse, sowie im Fleisch von Wiederkäuern vorwiegend als *cis*-9-, *trans*-11-Isomerstruktur der LA vorkommt, hemmt beispielsweise die JNK-Phosphorylierung als PPAR-Ligand. Zudem wird eine direkte Inhibition der JNK durch CLA diskutiert. Die Phytansäure, ein bakterielles Abbauprodukt des Chlorophylls bei Wiederkäuern, ist neben der CLA ein weiterer natürlicher Ligand von Rindfleisch und Milchprodukten für PPARγ. Auch viele sekundäre Pflanzenstoffe, wie Flavonoide, Tannine und Tocotrienole in Früchten und Ölen, sind PPAR-Liganden. Das Cinnamaldehyd des Zimtbaumes (*Cinnamomum verum*) ist ein aktivierender Ligand für PPARα und PPARγ. All diese Naturstoffe zeigen ein großes Potenzial, die Expression von NF-κB-assoziierten, proinflammatorischen Zielgenen zum Vorteil von PPAR-assoziierten, immunsuppressiven Zielgenen herabzuregulieren. Therapeutisch ist so ein Einsatz von diätetischen PPAR-Liganden gegenüber pathologisch hyperreaktiven und autoimmunen Abwehrsituationen, wie bei Multipler Sklerose und Arthrose, denkbar. Für PPARα-Liganden, wie PUFAs und assoziierte Eicosanoide als auch für das von Cholesterol ableitbare Dehydroepiandrosterol, sind ebenfalls vorwiegend antiinflammatorische Wirkungen bekannt. Zudem interagieren Fettsäureamide, wie Palmitoylethanolamid und Oleoylethanolamid, beides natürlich vorkommende pflanzliche und tierische Fettkomponenten, als Liganden mit diesem Transkriptionsfaktor. In Bezug auf entzündliche Erkrankungen innerhalb des metabolischen Syndrom-X wirken Liganden des PPARγ-Rezeptors entzündungsreduzierend und vermindern beispielsweise das Atheroskleroserisiko. Neben den mehrfach ungesättigten und hydroxylierten Fettsäuren sind für PPARγ zwei weitere lebensmittelassoziierte, natürliche Moleküle als aktive Liganden mit immunmodulatorischen Eigenschaften bekannt. Das 15-Desoxy-Δ12,14-Prostaglandin J$_2$ leitet sich von der in Fleisch, Ei und Milch vorkommenden AA ab und wirkt als Induktor für PPARγ vorwiegend immunsuppressiv. Zum Beispiel kann die prägnante Immunstimulation durch LPS über NF-κB durch dieses Molekül reprimiert werden. Aktiviertes PPARγ scheint hier die Promotoranbindung von NF-κB kompetitiv zu behindern. Dieser Effekt zeigt sich auch in der NF-κB-abhängigen Aktivierung von T-Lymphozyten. Ein weiterer natürlicher Ligand für PPARγ ist das Hexadecyl-Acelaoyl-Phosphatidylcholin, ein aus oxidiertem Lipoprotein freigesetztes Lecithin. Unter anderem kann dieser Ligand über die Transkriptionsfaktorbindung auch die COX-2-Genexpression induzieren, was in letzter Konsequenz zu einer vermehrten Umsetzung von PUFAs in immunregulative Eicosanoide in der entzündlichen Situation führt (s. auch ▶ Abschn. 6.2.2).

? Welche Auswirkungen hat eine PPAR-Signalregulation auf die adaptive Abwehrreaktion?

In der adaptiven Immunantwort polarisieren sich die T-Lymphozyten abhängig vom Stimulus in eine IFN-γ- und IL-12-assoziierte Typ-1-Hilfe für eine zelluläre

Immunantwort oder in eine IL-4-, IL-5- und IL-13-assoziierte Typ-2-Hilfe für eine humorale Immunantwort. Pathologisch unterstützt eine Typ-1-Hilfe autoimmune Fehlreaktionen, hingegen eine Typ-2-Hilfe eine allergische Hyperreaktion (s. auch ▶ Abschn. 4.2.1 und 4.2.2). PPARs regulieren auch bei dieser T-Lymphozyten-Differenzierung verschiedene Schlüsselgene. Dieser Funktionspolarisation geht eine richtungsgebende Phänotypisierung von DCs voraus. PPARγ beeinflusst diese phänotypische Ausprägung von entsprechenden zellmembranständigen Stimulationsmolekülen und die Sekretion eines spezifischen Interleukinprofils. Ligandaktiviertes PPARγ beispielsweise inhibiert die IL-12- und verstärkt die IL-10-Sekretion von DCs. Im weiteren Verlauf der Typisierung der Immunantwort kann so die lymphozytäre Expression von IFN-γ unterdrückt werden. Beides führt letztendlich zu einer Typ-2-Immunantwort.

Dies zeigt, wie deutlich Lebensmittelkomponenten PPAR-regulierte Immunreaktionen mit beeinflussen können. Therapeutisch scheint in diesem Zusammenhang ein diätetisches Gegensteuern gegenüber pathologischen Hyperreaktionen der T-Lymphozyten-Hilfe des Typ 1, wie Psoriasis oder Morbus Crohn, möglich.

■ CREB

Nicht nur spezifische Lebensmittelkomponenten können als direkte regulative Liganden für Transkriptionsfaktoren wirken, auch der Ernährungsstatus bestimmt die Expression von Genen mit. Das *cAMP response element-binding protein* (CREB) ist hierfür ein zentraler Transkriptionsfaktor in der Stoffwechselregulation. Das *cyclic adenosinmonophosphate* (cAMP) ist ein Signalstoff, der sich bei starkem Energieabfall in der Zelle erhöht. Am Endpunkt der cAMP-ausgelösten Phosphokinase-Signalkaskade wird CREB phosphoryliert und bildet ein Homodimer, welches sich an sogenannte cAMP-Antwort-Elemente im Bereich von Zielgenpromotoren anbindet. Coffein und Theophyllin aus Kaffee beziehungsweise Tee hemmen interessanterweise Phosphodiesterasen, welche cAMP abbauen. Sie können somit die Aktivität dieser cAMP-abhängigen Signalkaskade verstärken. Diese Antwort-Elemente weisen für Transkriptionserkennungssequenzen typische palindromische Nukleotidbasenpaarungen auf. CREB-bindende Proteine schaffen als Kofaktoren, ähnlich wie das p300 bei NF-κB, durch Acetylierung der *N*-terminalen Lysine von H3- und H4-Histonbausteinen Raum, damit die RNA-Polymerase an die Promotorregion des Zielgens anbinden kann. In Hungerphasen werden mit diesem Regulationsmechanismus beispielsweise eine erhöhte lipolytische und katabolisch-glykolytische Aktivität in den Fett- und Muskelgeweben induziert (s. auch ▶ Abschn. 5.3.1).

Transkriptionsfaktor CREB

CREB verbindet als Transkriptionsfaktor den metabolischen Energiestatus des Körpers mit dem Immunsystem. Als kompetitive Gegenregulatoren zu NF-κB zeigt er immunsuppressives Signalpotenzial.

Auch auf immunologische Funktionen nimmt CREB Einfluss. Die Signalmolekülexpression von zum Beispiel IL-2, -6, -10 und TNFα wird von CREB reguliert.

Ähnlich wie bei PPAR kann es auch zwischen CREB und NF-κB zu einer Transrepression kommen. Diese kompetitive Verdrängung der Transkriptionsfaktoren von Promotorbindungsstellen gleicher Zielgene wirkt ebenso wie bei PPAR eher anti-entzündlich und immunsuppressiv. Auf der anderen Seite ist CREB auch an der Initiierung von Abwehrreaktionen beteiligt. CREB induziert beispielsweise anti-apoptotische Signale bei Mφs. Es unterstützt die Proliferation von B- und T-Lymphozyten und reguliert die T-Lymphozyten-Differenzierung und funktionale Polarisation in eine Th_1- oder Th_2-Hilfe mit. Der Ernährungsstatus hat also durch die CREB-Regulation einen wichtigen Einfluss auf die Immunkompetenz.

7.4 Einfluss des Ernährungsstatus auf die posttranskriptionale Regulationen der Proteinbiosynthese immunrelevanter Gene

7.4.1 Expressionsregulation immunrelevanter Gene durch alternatives mRNA-Spleißen

Die mRNA ist nicht nur eine Abschrift der genomischen Geninformation, sondern auch Teil der Expressionsregulation von immunrelevanten Genen. Im Rahmen der Proteinbiosynthese entsteht nach der Transkription eine prämature mRNA, welche weiter in Richtung Translation prozessiert wird (◘ Abb. 7.2 und 7.9). Bereits kurz nach Beginn der Transkription wird an das 5′-Ende der sich in Synthese befindlichen mRNA ein Guanosin angeheftet (*capping*), welches nachfolgend am Stickstoff der Position 7 methyliert wird. Diese *Cap*-Struktur schützt die mRNA vor der Verdauung durch 5′-Exonukleasen und Phosphatasen und adressiert sie zudem für die ribosomale Translation im ER außerhalb des Zellkerns. Am 3′- Ende der prämaturen mRNA werden sequenziell 100–200 Adenosinmonophosphatreste angehängt (*tailing*); sie formen den sogenannten Poly-A-Schwanz. Auch diese Struktur schützt die mRNA vor Exonuklease-Abbau und unterstützt den Export der mRNA aus dem Zellkern in das ER. Die Länge des Poly-A-Schwanzes bestimmt die Stabilität des Transkriptes innerhalb der Proteinbiosynthese.

❓ Wie läuft der Spleißprozess innerhalb der mRNA-Reifung ab?

Die prämature mRNA beinhaltet für Protein- oder RNA-Strukturen codierende Exons und nicht codierende Introns. Das sogenannte Spleißosom katalysiert nun das Herausschneiden der Introns und die Aneinanderreihung der Exons. Es besteht aus kleinen nukleären Ribonukleoproteinen, die wichtigsten werden als U1–U6 bezeichnet, und weiteren Proteinfaktoren. Während U1 und U2 direkt an die Spleißstelle der prämaturen mRNA bindet, bilden U2 und U6 das reaktive Zentrum des Spleißosoms aus, welches die Umesterung der Phosphat-Ribose-Verbindung und die anschließende Freisetzung des Introns katalysiert. U4 reguliert diesen Vorgang. In Abhängigkeit von der Länge der Introns können Exons

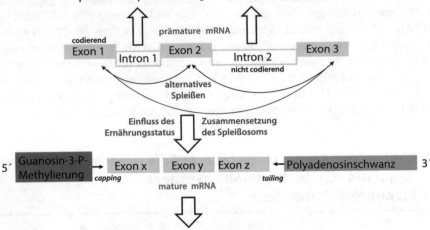

autohybridisierbare Nukeotidsequenzen zur
posttranskriptionalen Regulation der Genexpression

prämature mRNA

codierend
Exon 1   Intron 1   Exon 2   Intron 2   Exon 3
nicht codierend

alternatives
Spleißen

Einfluss des   Zusammensetzung
Ernährungsstatus   des Spleißosoms

5′ Guanosin-3-P-   Exon x   Exon y   Exon z   ←   Polyadenosinschwanz   3′
    Methylierung capping   tailing
                    mature mRNA

phänotypische Variationen immunrelevanter Zielgene:
- Kontrolle der Immun-Homöostase
- Zellreifung, Differenzierung und Zellfunktion

7

■ **Abb. 7.9**   Reifung und alternatives Spleißen von mRNA: Die prämature mRNA beinhaltet für Protein- oder RNA-Strukturen codierende Exons und nicht codierende Introns. Das sogenannte Spleißosom katalysiert nun das Herausschneiden der Introns und die Aneinanderreihung der Exons. Die alternative Kombination von Exons variiert posttranskiptional die Geninformation. Die Zusammensetzung des Spleißosoms wird durch den Ernährungsstatus beeinflusst. Die Introns können autohybridisierbare Nukleotidsequenzen zur prätranslationalen Regulation der Genexpression enthalten. Die prämature mRNA wird am 5′-Ende mit einer *Cap*-Struktur und am 3′-Ende mit einem Poly-A-Schwanz vor Nuklease-Abbau geschützt und für den Translationsprozess adressiert (▶ https://doi.org/10.1007/000-b7k)

innerhalb ihres Bewegungsraumes kombinierbar ligiert werden. Die Peptidsequenzinformation des Gens ist somit beschränkt variabel. Dieses alternative Spleißen von prämaturer mRNA ermöglicht dadurch eine posttranskriptionale Modifikation der DNA-codierten Geninformation, und vielfältige isoforme Strukturen eines Proteins können sich phänotypisch ausprägen. Insbesondere Bindungsdomänen von Rezeptoren, von Immunglobulinen und anderen Bindungsproteinen können, basierend auf einer Geninformation, mit einer hohen Variabilität effizient exprimiert werden.

❯ Das alternative Spleißen prämaturer mRNA wird vom metabolischen Energiestatus des Körpers beeinflusst. Das phänotypische Protein-Portfolio der Proteinbiosynthese wird so an die Versorgungsgegebenheiten an nutritiven Energieträgern und an den Energieverbrauch angepasst.

Der Ernährungs- und Energiestatus ist regulativ beim alternativen Spleißen von prämaturer mRNA hoch relevant. Klassischerweise wird die Synthesebalance von Schlüsselenzymen der kohlenhydrat- und fettabhängigen Stoffwechselwege zur

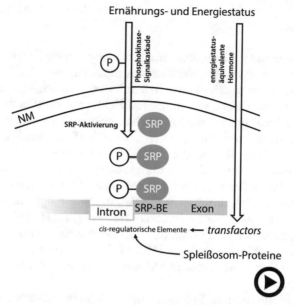

Abb. 7.10 Einfluss des Ernährungsstatus' auf die Spleißosom-Bildung: Die Bildung des Spleiß-osoms wird von Regulatorproteinen bestimmt, die phosphoryliert an eine spezifische Bindungseinheit des Exons anbinden können. Die Phosphorylierung dieser Proteine durch korrespondierende Phosphokinase-Signalkaskaden ist an den Energiestatus der Zelle gekoppelt. Zudem wird die Bindung von *transfactors* an die *cis*-regulatorischen Elemente der am Spleißvorgang beteiligten Introns und Exons durch Energiestatus-äquivalente Hormone modifiziert. SRP: Spleißosom regulierendes Protein, SRP-BE: SRP bindendes Element (▶ https://doi.org/10.1007/000-b7m)

Energiegewinnung und Speicherung durch diese posttranskriptionale mRNA-Prozessierung mitreguliert. Die Bildung eines Spleißosoms an einem Exon hängt von regulativen Proteinen im Zellkern ab, welche phosphoryliert an bestimmte Sequenzen des jeweiligen Ziel-Exons anbinden können. Die Phosphorylierung dieser Proteine durch die korrespondierenden Phosphokinase-Signalkaskaden ist wiederum an den Energiestatus der Zelle gekoppelt. Nahrungsmenge und Qualität der Nahrung, wie kohlenhydratreiche oder fettlastige Ernährung, können so direkt Einfluss auf die Rekrutierung von entsprechenden Spleißosom-Proteinen zur mRNA-Prozessierung nehmen (◘ Abb. 7.10).

Die Intron- und Exon-Sequenzen der prämaturen mRNA, welche die Spleißosom-Bildung kontrollieren, werden als *cis*-regulatorische Elemente bezeichnet. Sie befinden sich direkt vor der *Splice*-Stelle des Exons und binden als *transfactors* bezeichnete Hilfsproteine. Ihre Anbindung fördert oder hemmt die Spleißosom-Bildung an der prämaturen mRNA. Die Bindungseffizienz der *transfactors* an die *cis*-regulatorischen Elemente wird von Hormonen, welche die Nährstoffsituation im Körper signalisieren, modifiziert und verbindet den Ernährungsstatus mit der Ausbildung von mRNA-Varietäten. Die Funktionalität der resultierenden Protein-Isoformen wird so funktional den Nahrungsgegebenheiten angepasst. Nicht polyadenylierte und gespleißte mRNA wird enzymatisch degradiert.

? Welche Auswirkungen hat das alternative Spleißen auf das Abwehrpotenzial des Immunsystems?

Verschiedene, relevante Gene des Immunsystems unterliegen dieser Spleiß-Regulation. Insbesondere Zelloberflächenrezeptoren, wie CD3, CD28, CD8, CD45, CTLA-4, zeigen durch alternatives Spleißen vielfältige Isoformen der gleichen Proteinfunktion, welche von nutritiven Faktoren beeinflussbar sein können. Selbst die unendlich große phänotypische Ausprägungsvielfalt der variablen Bindungsregionen der antigenpräsentierenden Oberflächenmoleküle der MHC-Klasse I, MHC-Klasse II und der CD1-Moleküle sowie der variablen parator-tragenden leichten Ketten der Immunglobuline wird durch alternatives Spleißen ermöglicht. Wenn der Ernährungsstatus diese Prozesse relevant beeinflusste, wären interessante Präventions- und Behandlungsmöglichkeiten gegenüber immunologischen Dysfunktionen durch kontrolliert geführte Diäten möglich. Die Expression spezifischer Variabilitäten beispielsweise von allergen- bzw. autoimmunantigen-präsentierenden MHC-Molekülen könnte in einem präventiven Ansatz durch eine gezielte, nutritive Modifikation der mRNA-Reifungsprozesse verhindert werden.

Innerhalb des alternativen Spleißens ergibt sich ein weiteres posttranskriptionales Regulationsmoment der Genexpression. Während des Spleißvorgangs werden die Introns vor dem Heraustrennen aus der mRNA zu einer Schleife gebogen. Hierbei können autohybridisierbare Nukleotidsequenzen zu einem Doppelstrang innerhalb der Intron-Schleife gebildet werden, sogenannte mikro-interferierende RNA (miRNA). Die miRNA ist eine Klasse von nicht codierenden kurzen RNA-Abschnitten, welche die Genexpression durch Repression der Translation verhindern. Genstilllegungsmechanismen durch DNA-Methylierungen und Histon-Deacetylierungen beeinflussen die Bildung von miRNA und umgekehrt. Daraus ergeben sich komplexe Regulationsmechanismen.

7.4.2 Beeinflussung der Immunregulation durch interferierende RNA

Die RNAi ist ein wichtiges Regulationselement der Genexpression. Eng verbunden mit anderen Genstilllegungsmechanismen bestimmt ein dicht gewobenes Netzwerk aus unterschiedlichen RNAi prätranslational über die phänotypische Ausprägung von Proteinfunktionen. Grundsätzlich sind 4 verschiedene Arten von RNAi bekannt. Die genomische miRNA, die virale *short interfering* RNA, die epigenetisch aktive PIWI-interagierende RNA und lange, nicht codierende RNA-Fragmente, welche an der Transkriptionsregulation und am Proteintransport beteiligt sind.

? Welche Relevanz haben RNAi auf die Immunfunktion?

Hinsichtlich der Beeinflussung von Immunfunktionen durch verschiedene diätetische Faktoren ist die genomische miRNA das relevanteste RNAi-Steuerungselement. Palindromisch-autohybridisierte, doppelsträngige RNA-Schleifen, welche

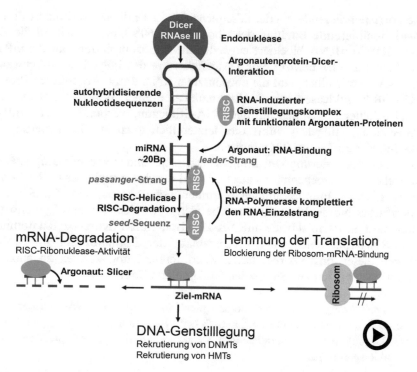

■ **Abb. 7.11** Regulation der Genexpression durch interferierende RNAi: Autohybridisierte, doppelsträngige RNA-Schleifen werden durch eine Endoribonuklease (*dicer*) in etwa 20 Nukleotidbasen lange Fragmente zerschnitten. Argonauten-Proteine mit verschiedenen Enzymfunktionen binden als Genstilllegungskomplex (RISC) an den 5′-RNA-Strang des doppelsträngigen RNA-Fragments und der korrespondierende 3′-RNA-Strang wird abgebaut. Eine RNA-Polymerase-Aktivität kann den degradierten 3′-RNA-Strang wieder innerhalb einer regulativen Rückhalteschleife komplettieren. Die Anbindung der RISC-miRNA an die Ziel-mRNA blockiert den ribosomalen Translationsprozess. Die ungenutzte mRNA wird durch die RISC-Ribonuklease-Aktivität abgebaut. Die RNA-Stilllegung ist eng mit der DNA-Stilllegung verbunden. mRNA: *messenger ribonucleic acid*, RISC: *RNA-induced-silencing-complex*, RNAi: *RNA interference* (▶ https://doi.org/10.1007/000-b7n)

aus miRNA-Genen oder spezifischen Intron-Abschnitten resultieren, werden durch eine *Dicer* genannte Endoribonuklease in etwa 20 Nukleotidbasen lange Fragmente zerschnitten (■ Abb. 7.11). Sogenannte Argonauten-Proteine, welche die miRNA binden, unterstützen diesen Vorgang. Zusammen mit der miRNA bilden sie den sognannten *RNA-induced-silencing-complex* (RISC). Die PAZ-, PIWI- sowie die MID-Domäne des RISC binden die miRNA. Die PAZ-Domäne bindet am 3′ Ende des doppelsträngigen RNA-Fragmentes. Dieser Strang wird als leader-Strang bezeichnet. Die Helicase-Funktion des RISC entwindet das RNA-Fragment und durch die Argonauten-Proteine Ago-1 und -2, vermittelt durch die eine Mg^{2+}-abhängige Endonucleaseaktivität der PIWI-Domäne, wird der *passenger*-Strang sequenzspezifisch abgespalten. An diesem Punkt kann die miRNA-Synthese im Prozess zurückgeführt werden. Eine RNA-Polymerase-Aktivität kann den degradierten 3′-RNA-Strang wieder komplettieren und es entsteht eine regulative miRNA-Rückhalteschleife. Bindet die RISC-miRNA mit ihrer *seed*-Sequenz an die korrespondierende Nukleotidsequenz der Ziel-mRNA, verhindert dies die translation-initiierende Bindung der ribosomalen 60S-Untereinheit an die Ziel-mRNA. RISC-miRNA blockiert entweder die Ribosombindung an die mRNA 5'-*Cap*-Struktur oder bewirkt eine Deadenylierung des Polyadenosin-Schwanzes der mRNA. Letztendlich wird die ungenutzte mRNA durch Argonauten-Proteine mit RISC-Ribonuklease-Aktivität (Endonukleasen mit PIWI-Domäne) abgebaut. Die RNA-Stilllegung ist eng mit der DNA-Stilllegung verbunden. Wird mRNA prätranslational stillgelegt, führt dies letztendlich auch zur Rekrutierung von DNA- und Histon-Methyl-Transferasen.

Die Ausdifferenzierung von Immunzellen geht immer von hämatopoetischen Stammzellen des Knochenmarks aus und wird durch ein typisches miRNA-Profil reguliert. Einzelne Immunzelllinien exprimieren charakteristische 5'-miRNA, die mit spezifischen Nomenklaturnummern bezeichnet werden. T- und B-Lymphozyten exprimieren zum Beispiel beide miRNA-223. In maturen Lymphozyten dominiert dann miRNA-150, welches den Prozessablauf der Zellmaturation mitreguliert. Störungen dieser miRNA-regulierten Zelldifferenzierung können zu einzelnen Dysfunktionen bis hin zu lymphoiden Krebszellen führen.

> Lebensmittelkomponenten beeinflussen nicht direkt die miRNA-Generierung durch RISC. Vielmehr kann eine diätetisch bedingte Hemmung der epigenetischen Genstilllegung von RNAi-codierenden Sequenzen zu einer Überexpression von miRNA-Genen führen.

Greifen Genstilllegungen durch DNA- und Histonmodifikationen mit RNAi-vermittelten Regulationsmechanismen ineinander, kann dies zu einer pathologischen Entgleisung der Genexpression führen (◻ Abb. 7.12). Eine unzureichende Genstilllegung auf DNA/Histon-Ebene, bedingt durch Substratmangel oder anderweitig nutritiv-bedingte Hemmungen von DNMTs und HDACs, beziehungsweise Aktivierung von HMTs, ermöglicht eine unphysiologische Expression von miRNA-Genen. Diese miRNA inhibiert dann die Expression von Genen epigenetisch aktiver Enzyme, was letztendlich weitere unphysiologische miRNA-Genstilllegungen bedingt. Solch ein sich selbst verstärkender Regelkreis führt zu einem *circulus vitiosus* mit fatalen Auswirkungen auf die Zell- und Gewebsdifferenzierung. Der Ernährungsstatus bestimmt so die Ausprägung spezifischer miRNA-Profile mit. Diagnostisch könnten diese Expressionsmuster als Biomarker für den Ernährungsstatus nützlich sein. Interessanterweise können Lebensmittel auch über Transkriptionsfaktoren die Generierung von miRNA induzieren. PUFAs beispielsweise beeinflussen über PPARs die Expression von miRNA-27b durch Epithelzellen oder Adipozyten, welche an pathophysiologischen Prozessen chronischer Entzündungen beteiligt ist. Auch die Expression von miRNA-146a-5p, welche unter anderem an der Expressionsregulation des LOX-5 Gens beteiligt ist und somit die Ausprägung von immunregulativen Lipidmediatoren mitbestimmt (s. hierzu auch ▶ Abschn. 6.2.2), scheint von verschiedenen PUFAs beeinflusst zu werden. Zunehmend wird deutlich, das RNAi-Regulationen von Genexpressionen bei verschiedenen Pathogenesen relevant sind. Die adäquate Versorgung von Lebensmittelkomponenten für eine physiologisch korrekte Genstilllegung ist für ein funktionsfähiges Immunsystem daher unabdingbar.

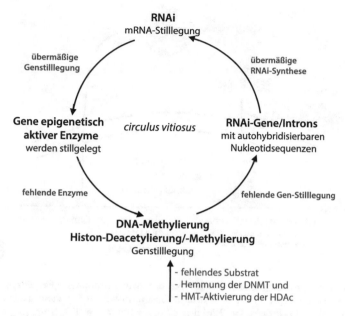

RNAi
mRNA-Stilllegung

übermäßige
Genstilllegung

übermäßige
RNAi-Synthese

Gene epigenetisch   *circulus vitiosus*   RNAi-Gene/Introns
aktiver Enzyme   mit autohybridisierbaren
werden stillgelegt   Nukleotidsequenzen

fehlende Enzyme   fehlende Gen-Stilllegung

DNA-Methylierung
Histon-Deacetylierung/-Methylierung
Genstilllegung

- fehlendes Substrat
- Hemmung der DNMT und
- HMT-Aktivierung der HDAc

◘ **Abb. 7.12**   Pathologische Regulationskopplung von epigenetischer und RNAi-abhängiger Genstilllegung: Eine Hemmung der Genstilllegung durch DNA/Histonmodifikationen führt dazu, dass
miRNA-Gene unphysiologisch exprimierbar werden, die wiederum Schlüsselenzymgene der DNA-
Genstilllllegung inaktivieren können. Die dann fehlenden epigenetisch-regulativen Enzyme ermöglichen eine Aktivierung weiterer miRNA-Gene. DNA: *deoxyribonucleic acid*, DNMT: DNA-Methyl-
Transferase, HDAC: Histon-Deacetylase, HMT: Histon-Methyl-Transferase, RNA: *ribonucleic acid*,
RNAi: *RNA interference*

7.5 Pathophysiologische Konsequenzen ernährungsbedingter, epigenetischer Expressionsregulation NF-κB-abhängiger Gene

Komplexe Krankheitsbilder mit fehlgeleiteten, überbordenden Entzündungsreaktionen, wie chronisches Asthma, Diabetes Typ 2 oder Rheumatoide Arthritis,
sind oft verbunden mit einer unphysiologisch hohen Expression NF-κB-abhängiger,
proinflammatorischer Gene. Ursächlich sind hier oft direkte Aktivierungs-
mechanismen des Transkriptionsfaktors oder assoziierte Regulationen krankhaft
verändert. Das Expressionspotenzial NF-κB-regulierter Gene wird epigenetisch
reguliert. Sind die hierfür relevanten Regulationselemente strukturell modifiziert,
kann dies Hyperexpressionen betroffener NF-κB-Zielgene bedingen. Die Anzahl
von CpG-Motiven auf der NF-κB-Promotorregion zum Beispiel bestimmt direkt
die Effizient einer Genstilllegung durch DNA-Methylierungen. Auch die Anzahl
acetylierbarer und methylierbarer endständiger Lysin- und Argininreste von Histonen beeinflusst die Stilllegung von NF-κB-abhängigen Geninformationen innerhalb des Heterochromatins. Chromatin-, Nukleotidmutation oder Epimutationen
können demnach für epigenetische Fehlregulationen von NF-κB-Genen verantwortlich sein.

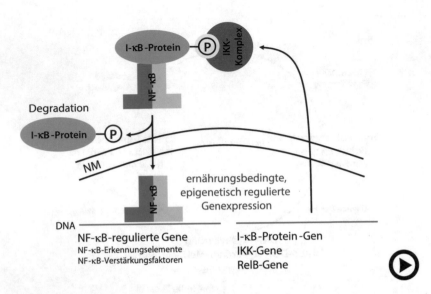

7

■ **Abb. 7.13**   Pathophysiologische Konsequenzen ernährungsbedingter epigenetischer Regulation NF-κB-abhängiger Genexpression: Der Transkriptionsfaktor NF-κB liegt zunächst inaktiv im Zytosol gebunden an das I-κB-Protein vor. Wird dieses Protein durch den IKK-Komplex phosphoryliert, kann dieser Erkennungselemente in der Promotorregion von NF-κB-Genen binden und zusammen mit Verstärkungsfaktoren die Expression von Genen induzieren. Sowohl die Expression von NF-κB-Genen als auch die Gene des IKK-Komplexes sind epigenetisch reguliert und dadurch mit Lebensmittelkomponenten beeinflussbar. I-κB-Protein: inhibitorisches κB-Protein, IKK: *inhibitor of nuclear factor kappa-B kinases*, NF-κB: *nuclear factor kappa-light-chain-enhancer of activated B-cells*, NM: Kernmembran, ZM: Zellmembran (▶ https://doi.org/10.1007/000-b7p)

Ein unphysiologischer Ernährungsstatus, verbunden mit metabolisch-bedingtem oxidativen Stress, kann ein weiterer entscheidender Faktor in der Dysfunktion epigenetischer Regulationsmechanismen der NF-κB-abhängigen Genexpression sein (s. auch ▶ Abschn. 5.3.1 und 3.5). Die Aktivität von NF-κB hängt von verschiedenen Kinasen des IKK-Komplexes, weiteren Transkriptionsaktivatoren und weiteren verstärkenden Faktoren ab (■ Abb. 7.13). Der Transkriptionsfaktor NF-κB liegt zunächst gebunden an das I-κB-Protein inaktiv im Zytosol vor. Wird dieses Protein durch den IKK-Komplex phosphoryliert, kann es an Erkennungselemente von NF-κB-Genen binden und zusammen mit Verstärkungsfaktoren die Expression der Geninformation induzieren. Die Expression dieser Proteine ist epigenetischen Regulationen unterworfen. Zum Beispiel stellen DNA-Methylierungen von I-κB-Protein- oder IKK-Komplex-Genpromotoren eine effektive regulative Ebene der NF-κB-Genexpression dar, die als transkriptionales Gedächtnis bei periodisch wiederkehrenden Entzündungsreaktionen diskutiert wird.

❯ Sowohl strukturell- als auch stoffwechselbedingten epigenetischen Dysregulationen der NF-κB-Genexpression kann durch Supplementationen mit funktionalen Lebensmittelkomponenten entgegengewirkt werden.

Das Isoflavonoid Genistein aus der Sojabohne beispielsweise scheint die Stilllegung verschiedener NF-κB-regulierter Gene mit hoher Inflammationskapazität durch eine verringerte H3-Histon-Phosphoacetylierung und gleichzeitig verstärkte DNA-Methylierung der Promotorregionen zu unterstützen. Die sich hieraus ergebenden epigenetischen Regelkreise für die Expression NF-κB-regulierter proinflammatorischer Gene könnten neue Möglichkeiten für präventive und therapeutisch-diätetische Interventionen bei chronischen Entzündungsreaktionen bieten.

Exkurs VII: Ethische Aspekte der Epigenetik in der Ernährungslehre

Als Griffith und Mahler 1969 DNA-Methylierungen als wichtige zusätzliche Funktion der Informationsspeicherung erkannten, war die Vorstellung von DNA als alleinigem Träger aller Lebensinformationen noch unumstritten. In Bezug auf die Übertragung von Merkmalen von einer Generation auf die nachfolgende wurde die individuelle, körperliche Situation ausgeblendet. Später, Mitte der 1970er-Jahre, stilisierte Clinton R. Dawkins in seinem provokanten Buch *The Selfish Gene* das DNA-Molekül sogar als eigentlich relevante Lebensform hoch und würdigte den Körper lediglich als dessen Vehikel herab. Die heutige Erkenntnis, dass das eigene Handeln und Erleben sich plastisch modulierend durch DNA-Methylierung und Histonmodifikationen manifestiert, führt den Körper und die DNA bei den Vererbungsprozessen wieder zusammen.

Eine Vererbung von prägenden Umweltinformationen erfolgt entweder durch eine prä- und postnatale Programmierung oder durch eine transgenerative Weitergabe von Genstilllegungsmustern. David J. P. Barker war einer der Ersten, der pränatale Einflüsse für Erkrankungen im späteren Leben mit verantwortlich machte. Relevante Mangel- oder Überflusssituationen in der Ernährung eines Menschen können die Stoffwechselregulation bereits *in utero* sowie in der frühen Phase des Lebens prägen. Beim Gestationsdiabetes der Mutter zum Beispiel, wobei der Fötus hyperexpressiv Insulin produzieren muss, um den mütterlichen Mangel auszugleichen, bleibt die unphysiologisch hohe Insulinsyntheserate des Kindes in dessen Stoffwechselregulationen später erhalten. Ein Cholesterinmangel in der frühen Kindheit führt dann später zu einem erhöhten Hypercholesterinämierisiko, da die endogene Synthese von Cholesterin der Leber nicht herabreguliert wird. Diese prä- und postnatale metabolische Programmierung setzt innerhalb bestimmter Zeitfenster grundsätzlich Mangelsituationen in hyperregulierte Stoffwechselabläufe um und umgekehrt.

Prägungen durch Ernährungsgewohnheiten sind auch transgenerativ-epigenetisch vererbbar. Bei der Vereinigung von männlichen und weiblichen Keimzellen zu einem neuen Genom können parentale Genstilllegungsmuster bei der Rekombination erhalten bleiben. DNA-Methylierungsmuster beispielsweise, die nach der Befruchtung reprogrammiert werden, sind immer dann phänotypisch sichtbar, wenn sie symmetrisch im maternalen und paternalen Anteil vorliegen oder das relevante Merkmal und dessen Stilllegung nur von jeweils einem elterlichen Anteil codiert wird.

Die Immunkompetenz, wie die Neigung zu autoimmunen beziehungsweise allergischen Überreaktionen oder bestimmten Immundefizienzen, wird durch die Ernährung beeinflusst. Verschiedene Tierstudien legen nahe, dass die parentale Ernährungssituation die Immunfunktionalität der Nachkommen mitbestimmen kann. Beispielsweise scheint eine diätetische Restriktion essenzieller Methylierungsfaktoren, wie Folat, Cobalamin und Methionin, bei Muttertieren in der perikonzeptionellen Phase die Immunkompetenz der Nachkommen zu modifizieren. Selbst Folat-Supplementationen von Nachkommen nach dem Abstillen scheinen deren Krankheitsanfälligkeit im späteren Leben zu verändern. Bedenkt man die Möglichkeit der epigenetischen Vererbung dieser Prägungen, so muss man sich der Erkenntnis stellen, mit seinen persönlichen Ernährungsgewohnheiten nicht nur für seine eigene Gesundheit, sondern auch für die Funktionalität des Immunsystems nachkommender Generationen verantwortlich zu sein. Für die Lebensmittelentwicklung ergeben sich daraus neue Impulse. Für begleitende Lebensmittelapplikationen und Supplemente der prä- und perikonzeptionellen Phase und für die Schwangerschaft selbst können Auslobungen zu einem gesunden Immunsystem für das werdende Leben interessant sein. Auch Präventionsstrategien für Neugeborene gegenüber Erkrankungen durch eine dysregulierte Immunabwehr können durch die Einbeziehung von epigenetischen Mechanismen in die Konzeption von Baby- und Krabbler-Nahrungen sinnvoll sein. Zu bedenken ist allerdings, dass für die Konzeptionierung solcher Produkte zum einen zeit- und kostenaufwendige Studien notwendig sind und es zum anderen sicher eine Herausforderung darstellt, Verbraucher davon zu überzeugen, mit Ernährung etwas für die Immungesundheit der Folgegenerationen zu leisten und dafür Geld auszugeben.

❓ Fragen

1. Welche Regulationsmechanismen der Genexpression werden von der Ernährung beeinflusst?

2. Was sind die grundlegenden Mechanismen zur Genstilllegung?

3. Wie beeinflussen Lebensmittelkomponenten die epigenetischen Regulationen?

4. Warum ist die Sequenz der Promotorregion eines Gens ein regulatorischer Hauptfaktor der Genexpression?

5. Durch welchen Mechanismus können diätetische Interventionen die transkriptionsfaktor-abhängige Expression immunrelevanter Genen beeinflussen?

6. Inwieweit beeinflusst der Ernährungsstatus die Transkriptionsfaktor-abhängige Expression immunrelevanter Gene?

7. Inwieweit beeinflusst der Ernährungsstatus die Expression immunrelevanter Gene durch alternatives Spleißen?

8. Welche Konsequenzen ergeben sich, wenn eine Lebensmittelkomponente die Aktivität einer DNA-Methyltransferase hemmt, welche mit ihrer Reaktion miRNA-Gene stilllegt, die wiederum Gene für autoimmune Reaktionen blockiert?
9. Welche Konsequenzen ergeben sich aus einer diätetisch bedingten Hemmung von RNAi-Genstilllegungen, die selbst wiederum die Genexpression für Enzyme blockieren, die epigenetische Genstilllegungsmechanismen umsetzen?
10. Welche Konsequenzen ergeben sich für diätetische Interventionen, wenn die Genexpression spezifischer Transkriptionsfaktoren für immunrelevante Gene durch epigenetische Mechanismen reguliert werden?

Weiterführende Literatur

Boujard D, Anselme B, Cullin C, Raguénès-Nicol C (2014) Zell- und Molekularbiologie im Überblick. Springer Spektrum, Heidelberg

Canani R, Leone L, Bedogni G, Brambilla P (2011) Epigenetic mechanisms elicited by nutrition in early life. Nutr Res Rev 24(2):198–205

Choi SW, Friso S (2010) Epigenetics: a new bridge between nutrition and health. Adv Nutr 1(1):8–16. https://doi.org/10.3945/an.110.1004

Christen P, Jaussi R, Benoi R (2016) Biochemie und Molekularbiologie. Springer Spektrum, Heidelberg

Daynes RA, Jones DC (2002) Emerging roles of PPARs in inflammation and immunity. Nat Rev Immunol 2(10):748–759

DiNardo AR, Netea MG, Musher DM (2021) Postinfectious epigenetic immune modifications – a double-edged sword. N Engl J Med 384(3):261–270. https://doi.org/10.1056/NEJMra2028358

Grygiel-Górniak B (2014) Peroxisome proliferator-activated receptors and their ligands: nutritional and clinical implications – a review. Nutr J 13:17. https://doi.org/10.1186/1475-2891-13-17

Kabelitz D, Bhat J (2020) Epigenetics of the immune system. Elsevier Science & Techn., London, UK

Kashtanova DA, Popenko AS, Tkacheva ON, Tyakht AB, Alexeev DG, Boytsov SA (2016) Association between the gut microbiota and diet: fetal life, early childhood, and further life. Nutrition 2(6):620–627. https://doi.org/10.1016/j.nut.2015.12.037

Martos SN, Tang WY, Wang Z (2015) Elusive inheritance: transgenerational effects and epigenetic inheritance in human environmental disease. Prog Biophys Mol Biol 118:44–54

Meng Z, Zhang X, Pei R, Xu Y, Yang D, Roggendorf M, Lu M (2013) RNAi induces innate immunity through multiple cellular signaling pathways. PLoS One 8(5):e64708. https://doi.org/10.1371/journal.pone.0064708

Ortega-Martínez S (2015) A new perspective on the role of the CREB family of transcription factors in memory consolidation via adult hippocampal neurogenesis. Front Mol Neurosci 8:46. https://doi.org/10.3389/fnmol.2015.00046

Owczarczyk AB, Schaller MA, Reed M, Rasky AJ, Lombard DB, Lukacs NW (2015) Sirtuin 1 regulates dendritic cell activation and autophagy during respiratory syncytial virus-induced immune responses. J Immunol 195(4):1637–1646. https://doi.org/10.4049/jimmunol.1500326

Pierce AB (2016) Genetics: a conceptual approach, 6. Aufl. W.H. Freeman, New York

Portius D, Sobolewski C, Foti M (2017) MicroRNAs-dependent regulation of PPARs in metabolic diseases and cancers. PPAR Res. https://doi.org/10.1155/2017/7058424

Renaudineau Y, Youinou P (2011) Epigenetics and autoimmunity, with special emphasis on methylation. Keio J Med 60(1):10–16

Schmidt O (2017) Genetik und Molekularbiologie. Springer Spektrum, Heidelberg

Serasanambati M, Chilakapati SR (2016) Function of nuclear factor kappa B (NF-kB) in human di-
seases-a review. South Indian J Biol Sci 2(4):368–387. https://doi.org/10.22205/sijbs/2016/v2/
i4/103443

Szarc vel Szic K, Ndlovu MN, Haegeman G, Vanden Berghe W (2010) Nature or nurture: let food be
your epigenetic medicine in chronic inflammatory disorders. Biochem Pharmacol 80(12):1816–
1832. https://doi.org/10.1016/j.bcp.2010.07.029

Vachharajani VT, Liu T, Xianfeng Wang X, Hoth JJ, Yoza BK, Charles E, McCall CE (2016) Sirtuins
link inflammation and metabolism. J Immunol Res 8167273. https://doi.org/10.1155/2016/8167273

Wen AY, Sakamoto KM, Lloyd S, Miller LS (2010) The role of the transcription factor CREB in immune function. J Immunol 185(11):6413–6419. https://doi.org/10.4049/jimmunol.1001829

Whitehead KA, Dahlman JE, Langer RS, Anderson DG (2011) Silencing or stimulation? siRNA delivery and the immune system. Ann Rev Chem Biomol Eng 2:77–96. https://doi.org/10.1146/
annurev-chembioeng-061010-114133

Zheng T, Zhang J, Sommer K, Bassig B, Zhang X, Braun J, Xu S, Boyle P, Zhang B, Shi K, Buka S,
Liu S, Li Y, Qian Z, Dai M, Romano M, Zou A, Kelsey K (2016) Effects of environmental expo-
sures on fetal and childhood growth trajectories. Ann Glob Health 82(1):41–99. https://doi.
org/10.1016/j.aogh.2016.01.008

7

Serviceteil

Antworten zu den Fragen

■ ► Kap. 1

1. Um ein teiloffenes System eines Organismus' gegenüber der Umwelt sicherzustellen, muss das Abwehrsystem eine strukturelle Abgrenzung gegenüber der Umwelt schaffen, eine relevante Stimulation erkennen und diese Wahrnehmung in eine passende Abwehr- oder Toleranz-Reaktion umsetzen können.

2. Ist keine Toleranz gegenüber harmlosen Stimulationen und gegenüber sich selbst gegeben, entstehen unphysiologische Hyper- und autoimmune Abwehrreaktionen gegen Eigengewebe.

3. Immunogene sind alle immunologische Abwehrreaktionen auslösende Agentien, Antigene initiieren die Bildung von Antikörpern und Allergene sind Antigene, die mit allergischen, unphysiologischen Hyperreaktionen assoziiert sind.

4. Stimulative Strukturen müssen für Erkennungsrezeptoren immunologischer Abwehrmechanismen über einen relevanten Zeitabschnitt in einer relevanten Stoffmenge erkennbar vorliegen. Das Stimulationspotential einer Stoffstruktur darf nicht durch Toleranzbildung negiert sein.

5. Nährstoffe sind essenzielle oder semiessenzielle Faktoren immunologischer Zell- und Gewebebildungen. Immunstimulierende Lebensmittelkomponenten sind für die Reifung des menschlichen Immunsystems und zum Erhalt der immunologischen Homöostase essenziell. Spezifische Lebensmittelkomponenten können als Liganden für Transkriptionsfaktoren und als epigenetische Faktoren die Expression abwehrrelevanter Gene beeinflussen.

6. Die angeborene Abwehr liegt kontinuierlich im Körper vor und reagiert direkt klärend auf immunogene Stimulationen. Die antigenspezifische Reaktion der adaptiven Abwehr hingegen muss erst in den Lymphorganen gebildet werden. Später wirken beide Abwehrsysteme im weiteren Verlauf der Abwehr zusammen.

7. NK-Zellen vermitteln sowohl rezeptor- als auch immunglobulin-abhängige zelluläre Zytotoxizität. Die Erkennung der Zielzelle erfolgt hierbei insbesondere über Immunglobulinmarkierung und eine fehlende Expression des MHC-Klasse-I-Moleküls. Zytotoxische Funktionen von T-Lymphozyten werden durch eine CD1- oder MHC-Klasse I-Antigenpräsentation durch die Zielzelle initiiert. Die Zelllyse aller zytotoxischen Zellen wird durch CD178/CD95-Interaktion oder durch Granzyme und Perforine vermittelt.

8. Beide Abwehrsysteme können Mikroorganismen binden und opsonisieren. Immunglobuline sind hierbei gegenüber den Elementen des Komplementsystems bindungsspezifisch und können antigenes Material agglomerieren, immobilisieren und präzipitieren. Im Gegensatz zu Immunglobulinen haben Elemente des Komplementsystems ein weitreichendes immunregulatives Potential.

9. Immunglobuline der Klasse M sind zusammen mit dem Komplementsystem als zentrales Zellaktivierungselement der frühen Abwehrphase zu sehen. Der Immunglobulinklassenwechsel beinhaltet eine Affinitätsreifung der Immunglobulinklassen. Fehlt dieser Prozess, bleibt die adaptive Abwehrreaktion ungerichtet und verschiedene Effektoren können nicht oder nur unzureichend aktiviert werden.

10. Die milchgebenden Tiere oder Hühner müssen mit dem Antigen vakziniert werden. Entsprechende Immunglobuline werden dann nach erneuter Stimulation vom Tier in das tierische Produkt abgegeben.

■ ► Kap. 2

1. Die barriereassoziierten lymphatischen Gewebe der Haut, der Atemwege, der Drüsenausführungsgänge, sowie des Urogenital- und Gastrointestinaltraktes sind miteinander verbunden und ermöglichen einen permanenten Austausch von Immunzellen, Stimulations- und Signalstoffen zwischen den lymphatischen Teilkompartimenten.

2. Die hochresorptive Epithelbarriere des enzymatisch-verdauungsaktiven Dünndarms toleriert keine intensive mikrobielle Besiedlung. Im Colon hingegen wird der vom Körper noch nicht aufgeschlossene Nahrungsbrei mikrobiell fermentativ aufgeschlossen und eine dichte Besiedlung entsprechend begünstigt.

3. Eine gesunde mikrobielle Besiedlung des menschlichen Verdauungsapparates zeichnet sich durch eine große Vielfältigkeit der Mikroorganismen-Spezies aus, wobei jede einzelne eine immunologische Handlungsoption darstellt und der Körper über die Organismen-Zusammensetzung variabel auf die gegebene Umweltsituation reagiert. Fehlen Handlungsoptionen, können daraus immunologische Abwehrlücken resultieren. Pathogenesen und die Ausprägung der mikrobiellen Besiedlungen der Barrieren bedingen einander.

4. Lebensmittelkomponenten mit ausgeprägtem ionischem Charakter und hydrophilen/hydrophoben Struktureigenschaften können antimikrobiell wirken. Sie können die Strukturordnung von mikrobiellen Biomembranen verändern und Einfluss auf mikrobielle Stoffwechselleistungen nehmen, indem sie verschiedene Enzyme inhibieren oder als Chelatbildner Eisen binden.

5. Beide Strukturen haben die Aufgabe, unreifes, werdendes Leben vor mikrobiellen Infektionen zu schützen und zeigen daher ähnliche Abwehrstrategien.

6. Kohlenhydratstrukturen dürfen von gastrischen und pankreatischen Enzymen nur eingeschränkt oder gar nicht abbaubar sein, um erst im Colon durch Mikroorganismen metabolisch verwertet zu werden. Wichtige Strukturmerkmale sind β-glykosidische Bindungen, Strukturverzweigungen, molekulare Strukturdekorationen von Hydroxylgruppen und Reduktionen funktioneller Aldehyd- und Ketogruppen.

7. Konzeptionell werden Präbiotika oft zusammen mit probiotischen Bakterien synbiotisch kombiniert. Somit können synergistisch alle Aspekte zur Unterstützung der immunologischen Abwehr (Stärkung und Schutz der Epithelzellbarriere sowie Stimulation und Aktivierung von Abwehrfunktionen) gleichzeitig angesprochen werden.

8. Abgetötete Mikroorganismen und Zellfragmente besitzen durch hydrophile Polymerstrukturen (β-Glucane, Lipopolysaccharide, Mannane, Peptidoglycane und Polynukleotide) ein hohes immunstimulatives Potential für Immunzellrezeptoren zur Erkennung mikrobieller pathogenassoziierter molekularer Muster.
9. Probiotika etablieren sich vorwiegend im Colon und besetzen dort Adhäsionsstellen für Mikroorganismen. Im Dünndarm sind daher ionische Polymerstrukturen als Antiadhäsiva effektiv, um die Anbindung von Pathogenen zu hemmen.
10. Durch Verkapselungen mit Hydrokolloiden ist die Applikation vor Magensäure und Verdauungsenzymen weitgehend geschützt.

■ ▶ Kap. 3

1. Das Komplementsystem unterstützt die Rekrutierung von Immunzellen durch Chemoattraktivierung und durch die Erweiterung von Blutgefäßen, sowie die Aktivierung von Effektorzellen der angeborenen und adaptiven Abwehr. Elemente des Komplementsystems wirken zudem opsonisierend und lysieren Mikroorganismen.
2. Lektine können sowohl stimulierend als auch inhibierend auf das Komplementsystem wirken. Sie beeinflussen die Funktion der initialen C1- und C2-Elemente des Komplementsystems, sind selbst Liganden von komplementsysteminitiierenden Ficolinen, MBLs oder C1q oder sie stören oder blockieren durch unspezifisches Abdecken deren Bindungsdomänen für die Detektion passender Liganden.
3. Das Komplementsystem kann nur noch über den alternativen Weg durch eine Spontanhydrolyse des C3-Elementes des Komplementsystems aktiviert werden. Eine direkte Aktivierung durch mikrobielle Strukturen ist nicht mehr möglich und bedingt ein Funktionsdefizit der angeborenen Abwehr.
4. Die angeborene Abwehrreaktion beginnt mit der Rekrutierung neutrophiler Granulozyten zum Entzündungsort. Wechselwirkungen zwischen Glykosaminglykan-bindenden-Rezeptoren und fucosylierten Kohlenhydrat-Liganden vermitteln die dafür notwendigen Zell-Gefäßwand-Affinitäten. Strukturanaloge Lebensmittelkomponenten können durch kompetitive Bindung relevante Ligand-Rezeptor-Interaktionen blockieren und die Zelladhäsion hemmen.
5. Die Neutralisation chemischer Radikale wird immer durch die reduktive Komplettierung der hochreaktiven, ungepaarten Elektronenkonstellation erreicht. Antioxidative Moleküle sind zumeist prägnant hydroxyliert und durch aromatische Molekülstrukturen charakterisiert, um Elektronen oder Wasserstoffatome unbeschadet an chemische Radiale abgeben zu können.
6. Inflammationsprozesse sind durch die Bildung hochreaktiver Stickstoff- und Sauerstoffradikale und Ionen von phagozytierenden Zellen mitbestimmt. Werden diese durch antioxidative Schutzmechanismen nicht adäquat eingefasst, können daraus pathologische Gewebs- und Zellschädigungen resultieren.
7. Innerhalb der angeborenen Abwehr spannt sich ein Netzwerk zellulärer Signalstoffe und verschiedener Elemente des Komplementsystems zwischen den Gewebs- und Immunzellen auf. Die angeborene und die adaptive Abwehrphase

der Immunreaktion sind regulatorisch und funktional eng miteinander verbunden. Die Funktionsausrichtung des Signalstoffnetzwerks der angeborenen Immunabwehr wird von der adaptiven Abwehrreaktion regulativ übernommen und präzisiert.

8. Stoffwechselprodukte lebensmittelassoziierter Bakterien, Exopolysaccharide, Fruchtpektine und Milch-Oligosaccharide können die Differenzierung von Makrophagen in einen proinflammatorischen oder immuntoleranzinduzierenden Phänotyp lenken. Diese dichotome Phänotypisierung wird einerseits über eine Ligandenerkennung durch CD14/TLR-4 oder andererseits durch den Mannoserezeptor hervorgerufen.

9. Durch Proteolyse mit Serin-Proteasen, welche Proteine vorwiegend an der Carboxylgruppe von aromatischen Aminosäuren schneiden, können antioxidative Peptide aus verschiedenen pflanzlichen und tierischen Proteinmatrices dargestellt werden.

10. Eine Kombination aus antioxidativ und antiadhäsiv wirkenden Lebensmittelkomponenten sowie komplement-blockierenden Lektinen kann eine inflammatorische Hyperreaktion auf allen drei Reaktionsebenen unterbinden.

▪ ► Kap. 4

1. Voraussetzung für eine adaptive Abwehr ist, dass ein Antigen durch antigenpräsentierende Zellen präsentiert wird und responsive T-Helfer-Lymphozyten die adaptive Immunreaktion vermitteln. Die Stimulationskraft des Antigens wird durch die molekulare Beschaffenheit, die Menge sowie durch den Präsenzzeitraum im System bestimmt.

2. Die bereits etablierte Signallage und Funktionsausrichtung der vorangegangenen Immunreaktionen der angeborenen Abwehr führt zu einer funktionalen Vorabausrichtung der adaptiven Abwehr, welche die Immunreaktionen präzisiert und sich je nach T-Lymphozyten-Hilfe entweder zellulär-zytotoxisch oder humoral ausprägt.

3. Fructane, Glucane, Mannane sowie lebensmittelassoziierte Bakterien und Hefen können als Liganden oder Blockierungsmoleküle für verschiedene Immunzellrezeptoren die adaptive Immunreaktion nachhaltig beeinflussen. Lebensmittelkomponenten, wie Peptide und Lipide, sind direkt als antigene Stimulanzien an der Funktionsausrichtung der adaptiven Immunantwort beteiligt.

4. Zur Generierung einer antigen-spezifischen Immunantwort werden antigenbeladene professionelle antigenpräsentierende Zellen, die immunreaktionvermittelnden T-Lymphozyten sowie immunglobulin-produzierende B-Lymphozyten und andere Lymphozyten-Effektoren räumlich in den Follikeln der Lymphknoten zusammengeführt, um die antigenspezifische Abwehrreaktion zu initiieren.

5. Zwitterionische Oligosaccharide werden von antigenpräsentierenden Zellen auf MHC-Klasse II präsentiert. MHC-Klasse I bindet ausschließlich Peptide von 8–10 Aminosäuren Länge, die zuvor durch das Proteasom prozessiert wurden.

6. Eine durch Th_1-Lymphozyten-Hilfe vermittelte zellulär-zytotoxische Antwort ist neben TNFα dominant durch IFNγ bestimmt. Diese zellulär-zytotoxische Abwehrausrichtung kann zu autoimmunen Hyperreaktionen entgleisen oder zu allergischen Hyperreaktionen des Typ-4 führen. Die IL-4-geprägte Th_2-Lymphozyten-Hilfe initiiert einen Immunglobulin-Klassenwechsel zu IgE und ermöglicht die Sensibilisierung und Aktivierung von basophilen und eosinophilen Granulozyten sowie von Mastzellen. Pathophysiologisch neigt diese Abwehrausrichtung zu allergischen Typ-1-Hyperreaktionen.

7. Der Allergietyp-1 wird durch eine Th_2-Lymphozyten-Hilfe vermittelt und durch eine Allergen-bedingte Kreuzvernetzung membranständiger Immunglobuline der Klasse E auf eosinophilen und basophilen Granulozyten sowie Mastzellen ausgelöst. Demgegenüber wird der Allergietyp-4 durch eine Th_1-Lymphozyten-Hilfe vermittelt und ist durch eine lokale Infiltration des betroffenen Gewebes mit aktivierten, zytotoxischen Lymphozyten und Mφs geprägt. Durch die grundsätzlich gegenregulierte T-Lymphozyten-Hilfe kann sich immer nur ein Typus ausprägen.

8. Eine allergische Reaktion geht grundsätzlich von einer MHC-Klasse II-restringierten Th_2-T-Lymphozyten-Hilfe aus. Exogene, hydrophobe Antigenstrukturen, wie Lipoproteine, Glyko- und Phospholipide von Lebensmitteln werden von antigenpräsentierenden Zellen auf CD1-Molekülen präsentiert. CD1-restringierte NKT-Lymphozyten können eine allergieassoziierte IL-4- und IL-5-Signallage erzeugen, welche eine Synthese von allergenspezifischen Immunglobulinen durch B-Lymphozyten vermittelt. Grundsätzlich können somit CD-1 präsentierte Lipide ein allergenes Potential zeigen.

9. Eine adäquate Abwehr gegen extrazelluläre Bakterien ist die humorale Immunantwort. Lösen solche Pathogene eine zytotoxische Antwort aus, führt dies zu einer fehlgeleiteten Abwehrreaktion, welche keine Klärung des mikrobiellen Angriffs erreicht. Chronische Infektionen und autoimmune zytotoxische Hyperreaktionen können entstehen.

10. Eine Möglichkeit ist die Allergenvermeidung durch Hydrolysatnahrung, wobei potentielle Allergie-provozierende Proteine, proteolytisch oder thermisch, in Peptid-Fragmente zerteilt werden. Eine andere Möglichkeit ist die Neuausrichtung der Abwehrreaktion durch die Gabe immunstimulativer oder regulativer Lebensmittelkomponenten.

■ ► Kap. 5

1. Die klonale Selektion und Expansion verstärkt die Effizienz der adaptiven Abwehr, indem durch ein relevantes Stimulationsereignis durch ein Antigen eine explosionsartige Vervielfältigung eines einzelnen stimulationskompatiblen Lymphozyten initiiert wird.

2. Die Effizienz der klonalen Abwehrphase hängt direkt von dem Nährstoffversorgungsstatus des Körpers ab. Die enzymatischen Stoffwechselprozesse der explosionsartigen Proliferation von Lymphozyten während der klonalen Expansionsphase werden durch fehlende Mikro- und Makronährstoffe sowie durch eine Energieunterversorgung limitiert.

3. In der klonalen Expansionsphase der adaptiven Abwehr wird eine metabolische Aktivierung und Reprogrammierung bei Lymphozyten ausgelöst, wobei der zelluläre Stoffwechsel hochreguliert wird, um die Zellreproduktion umzusetzen. Vitamine der B-Gruppe und Zink sind essenzielle Kofaktoren für Schlüsselenzyme der Zellteilungsprozesse.

4. Kovalent an ein Enzym gebunden, sind Kofaktoren als prosthetische Gruppe unerlässlich für die katalytische Aktivität des Enzyms. Als dissoziierbares Koenzym nehmen sie innerhalb der Enzymreaktionen chemische Gruppen, Protonen oder Elektronen auf oder geben diese ab, oder sind als Metallionen Enzym-gebunden für die Katalyse erforderlich.

5. Beim Kwashiorkor liegt vorwiegend eine Unterversorgung mit Nahrungsproteinen vor.

    Beim Marasmus fehlt vorwiegend die zur Energiegewinnung notwendige Kohlenhydratzufuhr aus der Nahrung. Beide Mangelerkrankungen bedingen eine signifikante Immunsuppression.

6. Cholecalciferol hemmt die Etablierung zytotoxischer Abwehrreaktionen und induziert eine periphere Toleranz. Beides wirkt autoimmunen und allergischen Hyperreaktionen gleichermaßen entgegen.

7. Niedrige Calcium-Blutserumkonzentrationen führen durch die Parathormonregulation zu einer Verstärkung des Vitamin D_3-Signals. Erniedrigte Phosphat-Blutserumkonzentrationen verringern, vermittelt durch den *fibroblast growth factor 23*, das Vitamin D_3-Signal.

    Immunologische Effekte des Vitamin D_3-Signals, wie die antimikrobielle Abwehr, die Hemmung einer zytotoxischen Abwehr und die Induktion einer peripheren Immuntoleranz werden entweder begünstigt oder geschwächt.

8. Der Ernährungsstatus wird von endokrin-aktiven Adipozyten des Fettgewebes durch Adipokine auf die Immunzellfunktion übertragen. Leptin stimuliert eine T-Lymphozyten-Proliferation und unterstützt zellulär-zytotoxische Abwehrreaktionen. Adiponektin reguliert das immunologische Abwehrpotenzial herab. Sowohl eine Energieüberversorgung als auch eine -unterversorgung limitieren die Effizienz einer adaptiven Abwehrreaktion.

9. Eine Suppression der immunologischen Abwehr begünstigt Infektionen des Darmes. Daraus ergibt sich eine Schädigung der epithelialen Barriere, Diarrhö, Malabsorption und Nährstoffmangel. Dies führt zu einem erhöhten Nährstoffbedarf des Körpers. Eine Nährstoffunterversorgung bedingt wiederum eine Immundefizienz.

10. Adipozyten sind endokrin aktive Zellen. Die mit einer großen Fettgewebsmasse assoziierten Leptin- und Zytokinsignale bewirken einen proinflammatorischen, durch eine Th1- und Th17-Lymphozyten-Hilfe getriebenen, Immunstatus.

■ ▶ **Kap. 6**

1. Die zelluläre Immuntoleranz ist immer eine zielgerichtete Immunsuppression. Ist diese regulierte aktive Suppression nicht gegeben, neigt die immunologische Abwehr zu autoimmunen Hyperreaktionen gegen Eigengewebe oder zu allergischen Hyperreaktionen gegen harmlose Umweltfaktoren. Etablierte Abwehrreaktionen können sich chronisch manifestieren.

2. Die einfachste Form einer immunologischen Toleranz ist die fehlende Wahrnehmung. Die zentrale Immuntoleranz verhindert Reaktionen gegen Eigengewebe innerhalb der Immunzellreifung im Thymus. Die periphere Toleranz ergibt sich durch eine toleranzinduzierende Erkennungs- und Prägungsphase von Immunzellen unabhängig vom Thymus, die Hyperreaktionen gegen Umweltfaktoren unterbindet.

3. Immunreaktionen müssen räumlich und zeitlich begrenzt im Rahmen einer physiologischen Homöostase ablaufen. Durch die Reduktion von essenziellen, lymphozytären Wachstumsfaktoren und durch eine Reduktion des Stimulationspotentials von antigenpräsentierenden Zellen am Entzündungsort wird die T-Lymphozyten-Hilfe herabreguliert. Eine gezielte Zytotoxizität gegenüber antigenpräsentierenden Zellen und Effektoren verringert das Abwehrpotential.

4. Retinol ist zusammen mit IL-10 und TGFβ ein essenzielles Immunsuppressionssignal innerhalb der zellulären Herabregulation der Immunreaktion. Beta-Carotin ist metabolisch ein Retinoläquivalent.

5. Antigenpräsentierende Zellen können 1, 25-Dihydroxy-Cholecalciferol als aktive Form des Vitamin D bilden. Als Transkriptionsfaktorligand nimmt es Einfluss auf die Expression verschiedener immunregulativer Gene und beeinflusst dadurch die Bildung und Ausdifferenzierung immunsuppressiver Immunzellen.

6. Fettsäuren der n-3 Gruppe weisen in der Acylkette, gezählt vom Methlende, ab dem dritten Kohlenstoff die erste Doppelbindung auf, die Fettsäuren der n-6 Gruppe ab dem sechsten Kohlenstoff.

7. Alle Lipidmediatoren werden initial durch verschiedene Oxygenasen gebildet. Verschiedene pflanzliche Polyphenole hemmen die Genexpression der relevanten Oxygenasen oder inhibieren substratkompetitiv deren Enzymaktivität.

8. Immunfunktionale Fettsäuren müssen vorwiegend mit der Nahrung aufgenommen werden. Sind bestimmte Fettsäurespezies in einem unphysiologisch hohem Maße vorhanden oder fehlen als Vorläuferstrukturen für die Biosynthese von Lipidmediatoren, wirkt sich dies direkt auf die Bildung des Lipidmediatorprofils aus, welches sich in Fehlregulationen von Abwehrreaktionen widerspiegeln kann.

9. Durch manifestierte, chronische Entzündungsereignisse werden den Membranen von Gewebs- und Immunzellen zunehmend immunfunktionalen Fettsäuren entzogen, was die Immunsituation und den Krankheitsverlauf mitbestimmt.

10. Der Lipidmediatorenklassenwechsel wird durch ein ausgeprägtes proinflammatorisches Signal der etablierten Abwehr initiiert. Nach diesem Signal bildet die Lipoxygenase-5 anstatt proinflammatorischer, immunsuppressive Lipidmediatoren und leitet dadurch die Begrenzung und Herabregulation der etablierten Abwehrreaktion ein.

- ► Kap. 7

1. Relevante Expressionsregulationen sind epigenetische Mechanismen zur aktiven Genstilllegung, Transkriptionsfaktoren sowie Regulationsmechanismen durch alternatives Spleißen und durch RNA-Interferenz.

2. Die grundlegenden Mechanismen zur Genstilllegung sind DNA-Methylierungen, Histon-Deacetylierungen und Histon-Methylierungen. Alle drei können durch die Ernährung beeinflusst werden.

3. Lebensmittelkomponenten beeinflussen die Aktivität von Enzymen, die an der epigenetischen Regulation von Genstillegungen beteiligt sind, als substratkompetitive Hemmfaktoren oder als Liganden allosterischer Aktivitätsregulationen.

4. Die Sequenz der Promotorregion bestimmt zum einen die Anbindungsaffinität der RNA-Polymerase und Transkriptionsfaktoren mit, zum anderen beeinflusst die Anzahl an CpG-Motiven die Intensität der Genstilllegung durch DNA-Methylierung.

5. Lebensmittelkomponenten können als Liganden für Transkriptionsfaktoren die Expression von Genen aktivieren oder hemmen. Konkurrieren Transkriptionsfaktoren, die von spezifischen Lebensmittelkomponenten aktiviert wurden, um die Anbindung an gleiche Promotoren, kann sich das Expressionsmuster von Genen transrepressiv verändern.

6. Lebensmittelkomponenten können als Liganden für Transkriptionsfaktoren die Expression von Genen aktivieren oder hemmen. Konkurrieren Transkriptionsfaktoren, die von spezifischen Lebensmittelkomponenten aktiviert wurden, um die Anbindung an gleiche Promotoren, kann sich das Expressionsmuster von Genen transrepressiv verändern.

7. Die Bildung eines Spleißosoms hängt von regulativen Proteinen im Zellkern ab, welche phosphoryliert an bestimmte Sequenzen des jeweiligen Ziel-Exons anbinden können. Die Phosphorylierung dieser Proteine durch die korrespondierenden Phosphokinase-Signalkaskaden ist wiederum an den Energiestatus der Zelle gekoppelt, sodass die Nahrungsmenge und -qualität hierauf Einfluss nehmen können.

8. Durch die fehlende genstilllegende DNA-Methylierung autoimmunrepressiver miRNA-Gene wird die Expression von Genen, die an autoimmunen Reaktionen beteiligt sind, gehemmt.

9. Durch fehlende Genstilllegungen entstehen RNAi, die Gene epigenetisch aktiver Enzyme zur Genstilllegung inaktivieren. Daraus entsteht ein sich selbst erhaltender Regelkreis, der letztendlich jegliche epigenetische Regulation der Genexpression aufhebt.

10. Lebensmittelkomponenten können sowohl regulative Liganden von Transkriptionsfaktoren sein, als auch als epigenetische Regulationsfaktoren wirken. Eine Lebensmittelkomponente kann beispielsweise als Ligand einen immunrelevanten Transkriptionsfaktor aktivieren, gleichzeitig aber dessen Genexpression epigenetisch hemmen. Beide Effektoptionen müssen in der diätetischen Intervention berücksichtigt werden.

Anhang

Lebensmittelkomponenten mit immunfunktionalen Eigenschaften			
Komponente	**Stoffklasse**	**Vorkommen**	**Funktion**
Adenosylcobalamin	Vitamin B$_{12}$	Makrele Rinderleber	– Kofaktor der epigenetischen Genstilllegung: Methylierungsreaktion – Kofaktor der Lymphozytenproliferation
Allicin (Alliin)	Diallyl-Disulfid	Lauchgewächse: – Bärlauch – Knoblauch – Zwiebel	– antimikrobielle Wirkung – antiinflammatorische Wirkung: inhibiert NF-κB-abhängige Genexpression – beeinflusst die Eicosanoidsynthese: hemmt die Oxygenase-Aktivität – beeinflusst die epigenetische Genstilllegung durch Histon-Deacetylierung
Arginin	Aminosäure	Erdnuss Kürbiskerne Sojabohne	stärkt die oxidative Abwehrreaktion: Substrat der induzierbaren Stickstoffmonoxid-Synthase
Aspalathin	Flavonoid	Grüner Rooibos	antimikrobielle Wirkung
Asparagininsäure	schwefelhaltige Carbonsäure	Gemüsespargel	antimikrobielle Wirkung
Astaxanthin	Xanthophyll Carotinoid	Heidelbeere Krill Lachs Seealgen	Antioxidans
Ascorbinsäure	Vitamin C (alle Derivate)	Hagebutte Honig Petersilie Sanddornbeere	– antimikrobielle Wirkung – Antioxidans
Avenanthramid	phenolisches Alkaloid	Hafer	antiinflammatorische Wirkung: inhibiert NF-κB-anhängige Genexpression
Barley-β-Glucan	β-Glucan	Gerste	modifiziert die Aktivierung des Komplementsystems: interagiert mit dem C-reaktivem Protein
Betain	Quartäre Ammoniumverbindung	Krabben Miesmuscheln Rote Rübe	Antioxidans

Komponente	Stoffklasse	Vorkommen	Funktion
Biotin	Vitamin B_7	Trockenhefe Rinderleber	– Kofaktor zur epithelialen Barrierebildung – Kofaktor der Lymphozyten-proliferation
Calcitonin	Peptidhormon	Colostrum Milch	reguliert die Proliferation, Differenzierung und Funktion von Immunzellen
Calcium	Spurenelement: zweiwertiges Erdalkali-metall-Ion	Brokkoli Grünkohl Milch	– beeinflusst die Eicosanoidsynthese – beeinflusst die epigenetische Genstilllegung durch DNA-Methylierung
Capsaicin	Alkaloid	Paprika	antiinflammatorische Wirkung: inhibiert NF-κB-anhängige Genexpression
Capsanthin Capsorubin	Carotinoid Xanthophyll		Antioxidans
L(-)-Carnitin	Carbonsäure aus Lysin und Methionin	Ei Fleisch Milch	Teil des energieliefernden Carnitin-Acyl-Transferase-Systems: semiessenziell für die Bildung von Immunzellen
Carvacrol	Terpen	Bohnenkraut Oregano Thymian	antimikrobielle Wirkung
Casein-Glykopeptide	Glykopeptide	Milch	blockiert mikrobielle Adhäsion
Cathelecidine	Ionische Peptide	Eiklar	antimikrobielle Wirkung
Chamzulen	Terpen	Kamille	antimikrobielle Wirkung
Chicoréesäure	Phenylpropanoid	Chicorée	verstärkt die Zellfunktion von Phagozyten
Chlorogensäure	Phenolcarbon-säure-Komplex	Honig Kaffee Kartoffel	– antimikrobielle Wirkung – Antioxidans – beeinflusst die Zusammensetzung des Darm-Mikrobioms
Cholesterol Dehydroepiandro-sterol	Sterol Cholesterol-Abbauprodukt	Ei Hering Leber Milch	– antiinflammatorische Wirkung – beeinflusst die Funktion zellmembranassoziierter Immunrezeptoren – essenzielle Zellmembrankomponente

Komponente	Stoffklasse	Vorkommen	Funktion
Cholecalciferol	Vitamin D$_3$ Secosteroidhormon	Avocado Ei Leber Milchprodukte Seefisch Speisepilze	– beeinflusst die Eicosanoidsynthese – essenziell für die Funktion des Komplementsystems – Transkriptionsfaktor-Ligand für immunrelevante Gene zur Ausbildung einer Immuntoleranz
Cholin	quartäre Ammoniumverbindung	Blumenkohl Ei Rinderleber	essenzieller Faktor der epigenetischen Genstilllegung durch Methylierungen
Cinnamaldehyld	Flavonoid	Zimt	antiinflammatorische Wirkung: PPAR-Transkriptionsfaktor-Ligand
Citrullin	nicht-proteinogene Aminosäure	Gurke Wassermelone	stärkt die oxidative Abwehrreaktion: Substrat der induzierbaren Stickstoffmonoxid-Synthase
Coffein	Xanthin	Kaffee Tee	hemmt Phosphodiesterasen und beeinflusst so cAMP-abhängige Phosphokinase-Signalkaskaden
Concanavalin A	Lektin	Jackbohne	Inaktiviert das Komplementsystem: inhibiert C1 und C2
Curcumin	Polyphenol	Ingwerwurzel Kurkumawurzel Safran	– Antioxidans – antiinflammatorische Wirkung: inhibiert NF-κB-anhängige Genexpression – beeinflusst die epigenetische Genstilllegung: Methylierungsreaktion
Cyanidin	Anthocyan Flavan-3-ol	Brokkoli Rotkohl	Antioxidans
Cystein	Aminosäure	Lammfleisch Sojabohne Walnuss	– essenzieller Faktor der Glutathionsynthese – essenzieller Faktor bei der Lipidmediatorsynthese
Defensine	ionische Peptide	Eiklar Milch	antimikrobielle Wirkung
Epigallocatechingallat	Catechin (Flavan-3-ol)	Grüntee	– antimikrobielle Wirkung – Antioxidans – beeinflusst die epigenetische Genstilllegung: DNA-Methylierung

Komponente	Stoffklasse	Vorkommen	Funktion
Ergocalciferol	Vitamin D_2 Secosteroidhormon	Hefe Speisepilze	– beeinflusst die Eicosanoidsynthese – essenziell für die Funktion des Komplementsystems – Transkriptionsfaktor-Ligand für immunrelevante Gene zur Ausbildung einer Immuntoleranz
Ellagsäure	Benzoesäure	Erdbeere	antimikrobielle Wirkung
Ellagitannin	Tannin	Erdbeere Himbeere	antimikrobielle Wirkung
β-Eudesmol	Sequiterpenoid-Alkohol	Ingwerwurzel	antimikrobielle Wirkung
Eugenol	Phenylpropanoid	Gewürznelke	antimikrobielle Wirkung
Ferulasäure	Hydroxyzimtsäure	Gerstenmalz Honig Kaffee Weizenmalz	– antimikrobielle Wirkung – Antioxidans – beeinflusst die Zusammensetzung des Darm-Mikrobioms
Folsäure	Vitamin B_9/B_{11}	Bohnen Weizenkeime	– essenzessenzieller Faktor der epigenetischen Genstilllegung: Methylierungsreaktion – Kofaktor der Lymphozytenproliferation
Fucoidan	Polyfucose	Braunalgen: – Riesentang – Seetang	blockiert Sialyl-Lewis^x-Lektin-Anbindung
Galacto-Oligosaccharide	Oligosaccharid	Algen Bohnen Muttermilch	– beeinflusst die Zusammensetzung des Darm-Mikrobioms – modifiziert die funktionale Polarisation der adaptiven Abwehrreaktion
Galectine	Lektine	Fleisch Milch	interagiert mit dem Komplementsystem
Gallotannin	Tannin	Hopfen Tee	antimikrobielle Wirkung
Gallussäure	Hydroxybenzoesäure	Honig Kaffee Tee	– antimikrobielle Wirkung – Antioxidans – beeinflusst die Zusammensetzung des Darm-Mikrobioms

Komponente	Stoffklasse	Vorkommen	Funktion
Genistein	Isoflavonoid Phytoöstrogen	Sojabohne	– Genexpressionsinhibitor für Glykosaminoglykan-Lektin-Liganden – beeinflusst die epigenetische Genstilllegung: DNA-Methylierung und Histon-Deacetylierung
Gingerol	6-Gingerol	Ingwerwurzel	antiinflammatorische Wirkung: hemmt die Induktion der iNOX
Glucose-β-thioglykoside	Senföl-Glykosinolate	Meerrettich Senf	Antimikrobielle Wirkung: schleimdurchdringende Wirkung
Gluconsäure	Zuckersäure	Honig	antimikrobielle Wirkung
Glutaminsäure	Aminosäure	Käse Seefisch Walnuss	– bestimmender Zell-proliferationsfaktor: verbessert die Darmbarriere, unterstützt die klonale Abwehrphase – essenzieller Faktor der Glutathionsynthese
Glykyrrhizinsäure	Terpen	Süßholz	antimikrobielle Wirkung
Immunglobuline	globuläre Proteine	Kolostralmilch Eiklar (IgY)	binden spezifisch Antigen-Epitope
Inulin	Fructo-Oligosaccharid	Artischocke Chicorée Topinambur	– beeinflusst die Zusammensetzung des Darm-Mikrobioms – modifiziert die funktionale Polarisation der adaptiven Abwehrreaktion
Jacalin	Lektin	Jackfruchtbaum	aktiviert das Komplementsystem: inhibiert den C1-Esterase-Inhibitor
Kaemperol	Flavonoid	Grünkohl	beeinflusst die Eicosanoidsynthese: hemmt die Oxygenase-Aktivität
Kaffeesäure	Hydroxyzimtsäure	Honig Kaffee	– antimikrobielle Wirkung – Antioxidans – beeinflusst die Zusammensetzung des Darm-Mikrobioms – beeinflusst die epigenetische Genstilllegung

Komponente	Stoffklasse	Vorkommen	Funktion
langkettige, mehrfach- ungesättigte Fettsäuren	Fettsäuren	Krillöl mikrobielle Öle pflanzliche Öle Seefischöle	– induktiver Ligand für PPAR-Zielgene – essenzielle Zellmembran- komponente – PPAR-Transkriptionsfaktor- Ligand – Stoffwechselvorstufen von Eicosanoiden
Lactobionsäure	Zuckersäure	Honig	antimikrobielle Wirkung
Lactoferrin/ Lactoferricin/ Kaliocin	ionisches Peptid	Kolostralmilch Eiklar Milch	antimikrobielle Wirkung
Lanthibiotica	ionische Peptide	Milchsäure- bakterien	antimikrobielle Wirkung
Lektine	Glykoproteine	Getreide Hülsenfrüchte Kartoffel Tomate	– antimikrobelle Wirkung – modifizieren die Funktion des Komplementsystems
Lutein	Carotinoid Xanthophyll	Grünkohl Spinat	Antioxidans
Luteolin	Flavon	Brokkoli Karotten	antiinflammatorische Wirkung: hemmt LOX-5-Aktivität
Lycopen	Carotinoid Tetraterpen	Tomate	Antioxidans
Lysozym	β-Glykosidase	Eiklar Milch	antimikrobielle Wirkung
Magnesium	Spurenelement: zweiwertiges Erdalkalimetall- ion	Kürbiskerne Mandeln Spinat	beeinflusst die Eicosanoidsyn- these
Maltobionsäure	Zuckersäure	Honig	antimikrobielle Wirkung
Mangan	Spurenelement: zweiwertiges Übergangs- metall- Ion	Getreide Nüsse Seemuscheln Spinat	– beeinflusst die epigenetische Genstilllegung: DNA- Methylierung – Synthese-Kofaktor für Glykosaminoglykan-Lektin- Liganden
Menachinon	Vitamin K_2	Bakterien Milch Milchprodukte	essenzieller Faktor der Zell- proliferation

Komponente	Stoffklasse	Vorkommen	Funktion
Methionin	Aminosäure	Geflügel Käse Lammfleisch Nüsse	Stoffwechselintermediat der epigenetischen Genstilllegung: Methylierungsreaktion
Myricetin	Flavonoid	Beeren Nüsse Trauben	– antimikrobielle Wirkung – antiinflammatorische Wirkung: hemmt Oxygenase-Aktivität
Nicotinsäure	Vitamin B$_3$	Truthahnfleisch Erdnüsse Leber	Kofaktor der Lymphozytenproliferation
Oleoylethanolamid	Fettsäureamid	pflanzliche und tierische Fette	modifiziert Abwehrreaktionen: induktiver Ligand für PPAR-Zielgene
Ovotransferrin	ionisches Peptid	Eiklar	antimikrobielle Wirkung
Parathormon	Peptidhormon	Kolostrum Milch	reguliert die Proliferation, Differenzierung und die Funktion von Immunzellen
Pachyman	β-Glucan	*Poria cocos mycelia*	aktiviert das Komplementsystem
Palmitoylethanolamid	Fettsäureamid	pflanzliche und tierische Fette	modifiziert Abwehrreaktionen: induktiver Ligand für PPAR-Zielgene
Phosphatidylcholin (Lecithin) Hexadecylacelaoyl-Phosphatidylcholin	Phospholipid oxidiertes Lecithin	Ei Fleisch Milch	– essenzielle Zellmembrankomponente – modifiziert Abwehrreaktionen: induktiver Ligand für PPAR-Zielgene
Phytansäure	Chlorophyll-Abbauprodukt	Milch Rindfleisch	modifiziert Abwehrreaktionen: induktiver Ligand für PPAR-Zielgene
Präbiotika	Fructane Galactane Glucane *N*-Glucane Xylane Zuckeralkohole	Chicorée Fruchtpektine Getreide Hefe Speisepilze	– beeinflusst die Zusammensetzung des Darm-Mikrobioms – blockiert mikrobielle Adhäsion – stimuliert die Immunabwehr
Pektin	Galacturonsäure-Polymer	Apfel Karotten Zitrone	blockiert mikrobielle Adhäsion
Probiotika	Bakterien Hefen	Milchprodukte Fermentate	– beeinflusst die Zusammensetzung des Darm-Mikrobioms – stimuliert die Immunabwehr

Komponente	Stoffklasse	Vorkommen	Funktion
Pustulan	β-Glucan	*Lasallia pustulata*	aktiviert das Komplementsystem
Pyridoxin Pyridoxal Pyridoxamin	Vitamin B_6	Geflügelfleisch Nüsse Rindfleisch	– beeinflusst die Eicosanoidsynthese – Kofaktor der epigenetischen Genstilllegung: Methylierungsreaktion
Quercentin	Flavonoid	Apfel Brokkoli Heidelbeere Kapern Zwiebel	– antimikrobielle Wirkung – Antioxidans – beeinflusst die epigenetische Genstilllegung – wirkt antiinflammatorisch: verringert die Genexpression und die Enzymaktivität der Cyclooxygenase 2
Resveratrol	Stilbenoid	Rotweinbeere	– Antioxidans – beeinflusst die epigenetische Genstilllegung: Histon-Deacetylierung
Retinol Retinal Retinsäure Retinylpalmitat	Vitamin-A-Gruppe	Grünkohl Karotte Spinat Süßkartoffel	– essenzieller Stoffwechselfaktor zur Bildung der immunologischen Barriere – modifiziert Abwehrreaktionen: essenzieller Faktor für die Expression von PPAR-Zielgenen – unterstützt die Retinoidsynthese zur Induktion einer Immuntoleranz
Riboflavin	Vitamin B_2	Milch Rinderleber	– Kofaktor der epigenetischen Genstilllegung: Methylierungsreaktion – Kofaktor der Lymphozytenproliferation
Saccharide – fucosyliert – sialysiert	Oligosaccharide	Ei Milch	blockiert die mikrobielle Adhäsion
Safrol	Phenylpropanoid	Lorbeere Blattpfeffer	antimikrobielle Wirkung
Saponine	Steroidsaponine Steroidalkaloidsaponine Triterpensaponine	Kartoffel Sojabohne Tomate	antiinflammatorische Wirkung: blockiert TLR-2 und -4

Komponente	Stoffklasse	Vorkommen	Funktion
Selen	Chalkogen	Geflügelfleisch Paranuss Rindfleisch Seefisch Spinat	Oxidationsschutz: essenzieller Faktor des Glutathion-Peroxidase-Systems
Shogaol	6-Shogaol	Ingwerwurzel	antiinflammatorische Wirkung: hemmt die Induktion der iNOX
Sphingomyelin	Aminophos-pholipid	Buttermilch Ei-Lecithin Sojalecithin	– beeinflusst die Funktion asso-ziierter Rezeptoren – essenzielle Zellmembran-komponente
Sulfuraphan	Isothiocynat	Broccoli	beeinflusst die epigenetische Genstilllegung: Histon-Deacetylierung
Theophyllin	Xanthin	Tee	beeinflusst die epigenetische Genstilllegung: Histon-Deacetylierung
Thiamin	Vitamin B$_1$	Bohnen Fisch Fleisch Spargel	Kofaktor der Lymphozyten-proliferation
Thymol	Terpen	Thymian	antimikrobielle Wirkung
Tocopherol	Vitamin E (alle Tocophe-role und Toco-trienole)	Avocado Heidelbeere Johannisbeere Nüsse pflanzliche Öle	Antioxidans
Vanillin	Benz-aldehyd-Derivat	Gewürzvanille Kaffee	– antimikrobielle Wirkung – Antioxidans – beeinflusst die Zusammen-setzung des Darm-Mikrobioms
Xanthohumol	Polyhydroxy-phenol	Hopfen	antimikrobielle Wirkung
Xylo-Oligosaccharide	Oligosaccharid	Teil pflanz-licher Fasern	– beeinflusst die Zusammen-setzung des Darm-Mikrobioms – modifiziert die funktionale Polarisation der adaptiven Abwehrreaktion
Zeaxanthin	Xanthophyll Carotinoid	Eigelb Maiskörner Spinat	Antioxidans

Komponente	Stoffklasse	Vorkommen	Funktion
Zimtaldehyd	Phenylpropan-oid	Zimt	antimikrobielle Wirkung
Zingiberen	monozyklisches Sesquiterpen	Ingwerwurzel	antiinflammatorische Wirkung: hemmt die Expression der entzündungsfördernden iNOS
Zink	Spurenelement: zweiwertiges Metallion Übergangs-metall	Kürbissamen Lammfleisch Milch	– beeinflusst die Polarisation der T-Lymphozyten-Hilfe – beeinflusst die Eicosanoidsynthese – essenzieller Faktor der epigenetischen Genstilllegung: Histon-Deacetylierung – essenzieller Zellproliferationsfaktor: verbessert die Darmbarriere und unterstützt die klonale Abwehrphase

Differenzierungscluster *cluster of differentiation*

Nummer	exprimierende Zellen	Funktion
CD1 a–d (e)	antigenpräsentierende Zellen: – B-Lymphozyt – Dendritische Zelle – Makrophage	MHC-Typ-I-strukturanaloges Antigen-Präsentationsmolekül: Präsentation von exo- und endogenen Lipid-Antigenen
CD3	T-Lymphozyt	bindet als Teil des TCR an Antigen-MHC-Komplexe
CD4	T-Lymphozyt	bindet an MHC-Typ II: Vermittlung der T-Lymphozyten-Hilfe
CD8	zytotoxischer T-Lymphozyt	bindet an MHC-Typ I: Vermittlung der zytotoxischen Abwehrreaktion
CD11b (CD11a, c)	Dendritische Zelle Granulozyten Makrophage	α-Integrin: bindet CD56: – mit CD18 (CD11b) Teil des Komplementrezeptors C3R – mit CD18 (CD11c) Teil des Komplementrezeptors C4R
CD14	Granulozyten Makrophagen	bindet bakterielle Fettsäuren und Peptidoglykane und bildet zusammen mit TLR4 und MD-2 den Lipopolysaccharid-Rezeptor

Nummer	exprimierende Zellen	Funktion
CD15s	Granulozyten	Sialyl-Lewis^x-Glykosaminoglykan-Struktur: – vermittelt Rezeptor-Ligand-Anbindungen – Blutgruppen-Antigen
CD16a	Makrophage NK-Zelle zytotoxischer T-Lymphozyt	– Immunglobulin-Fc-Rezeptor FcγRIIIα bindet an die Fc-Region des Immunglobulin G und ist an der immunglobulinabhängigen Phagozytose und zellvermittelten Zytotoxizität beteiligt – zusammen mit CD56 ist er ein Marker für NK-Zellen
CD16b	eosinophile und neutrophile Granulozyten	Immunglobulin-Fc-Rezeptor FcγRI bindet an die Fc-Region des Immunglobulin E
CD18	Makrophage Granulozyten NK-Zelle	β-2-Integrin: – mit CD11a (LFA-1) bindet an Adhäsionsmoleküle ICAM 1–4 – mit CD11b Teil des Komplementrezeptors C3R – mit CD11c Teil des Komplementrezeptors C4R
CD21	B- und T-Lymphozyten Dendritische Zelle	– Komplementrezeptor CR2 für C3d – Koaktivierungssignal für B-Lymphozyten
CD23	B-Lymphozyt Granulozyten Mastzelle	Immunglobulin-Fc-Rezeptor FcεRIIIβ: bindet an die Fc-Region des Immunglobulin G
CD25	B- und T-Lymphozyten Makrophage NK-Zelle	IL-2α-Rezeptor: wird konstitutiv auf regulatorischen T-Lymphozyten exprimiert
CD28	T-Lymphozyt	bindet CD80 und CD86 innerhalb des antigenspezifischen Aktivierungsprozesses
CD31	Endothelzellen neutrophiler Granulozyt NK-Zelle	PECAM-1 (*platelet endothelial cell adhesion molecule*): vermittelt Diapedese von Immunzellen aus Gefäßen in das periphere Gewebe
CD32	B-Lymphozyt Dendritische Zelle Makrophage NK-Zelle	Immunglobulin-Fc-Rezeptor FcγR II bindet an die Fc-Region des Immunglobulin G
CD35	Antigen präsentierende Zellen B- und T-Lymphozyten Granulozyten	Komplementrezeptor CR1 für C3b/C4b
CD40	antigenpräsentierende Zellen	kostimulatorisches Signal: bindet an CD154 innerhalb des antigenspezifischen Aktivierungsprozesses

Nummer	exprimierende Zellen	Funktion
CD45	alle Leukozyten	Tyrosin-Phosphatase: essenziell in der Signal-transduktion von B- und T-Lymphozyten
CD46	alle Leukozyten	*membrane co-factor protein*: C3b, C4b Komplementsystem-Inhibitor
CD55	alle Leukozyten	*accelerating factor*: C3b/C3-Konvertase Komplementsystem-Inhibitor
CD56	NK-Zelle NKT-Lymphozyt zytotoxische T-Lymphozyten	– neurales Zelladhäsionsmolekül – Pathogen-Erkennungsrezeptor
CD59	Monozyten	Protektin D_1 wirkt zellprotektiv: blockiert die Apoptose-auslösende Caspase-Signal-Kaskade
CD62	Endothelzellen (CD62E und P) neutrophiler Granulozyt (CD62L)	Selektine (E, L, P): vermitteln interzelluläre Adhäsion
CD64	B-Lymphozyt Dendritische Zelle Makrophage NK-Zelle	Immunglobulin-Fc-Rezeptor FcγRI bindet an die Fc-Region von Immunglobulin G
CD71	alle proliferierenden Blutzellen	Transferrinrezeptor: vermittelt die Zellaufnahme von Transferrin-gebundenem Eisen durch Endozytose
CD80	antigenpräsentierende Zellen	kostimulatorisches Signal: bindet an CD28 innerhalb des antigenspezifischen Aktivierungsprozesses
CD86	antigenpräsentierende Zellen	kostimulatorisches Signal: bindet an CD28 innerhalb des antigenspezifischen Aktivierungsprozesses
CD89	Dendritische Zelle Makrophage	Immunglobulin-Fc-Rezeptor FcαR bindet an die Fc-Region von Immunglobulin A und M
CD94	NK-Zelle zytotoxischer T-Lymphozyt	*natural killer cell antigen*: erkennt HLA-E-(MHC Ib-)Moleküle
CD95	B- und T-Lymphozyten verschiedene Zelltypen	FAS-Rezeptor: löst bei Bindung mit CD178 Apoptose der Zielzelle aus
CD127	B- und T-Lymphozyten	Interleukin-7-Rezeptor
CD152	T-Lymphozyt	*cytotoxic T-lymphocyte-associated protein*4
CD154	NK-Zelle T-Lymphozyt	bindet an CD40 innerhalb des antigenspezifischen Aktivierungsprozesses

Nummer	exprimierende Zellen	Funktion
CD161	NK-Zelle Th_{17}-Lymphozyt	vermittelt zelluläre Zytotoxizität
CD178	B- und T-Lymphozyten NK-Zelle	FAS-Ligand: löst bei Bindung mit CD95 Apoptose der Zielzelle aus
CD351	B-Lymphozyt Dendritische Zelle Lamina-propria-Zellen Makrophage Paneth-Zelle	Immunglobulin-Fc-Rezeptor FcμR bindet an die Fc-Region von Immunglobulin A und M

Signalstoff-Netzwerk: Zytokine und Chemokine

Zytokin	exprimierende Zellen	Funktion
IL-1α, -β	Epithelzelle Makrophage	Aktivierung von Makrophagen und T-Lymphozyten
IL-2	T-Lymphozyt	essenzieller Wachstumsfaktor für $CD4^+$-T-Helfer Lymphozyten
IL-4	Mastzelle Th_2-Lymphozyt	Suppression der Th_1-Hilfe, Aktivierung von B-Lymphozyten, IgE-Klassenwechsel
IL-5	Mastzelle Th_2-Lymphozyt	Differenzierungsfaktor für eosinophile Granulozyten
IL-6	Makrophage T-Lymphozyt	Differenzierungsfaktor für Lymphozyten
IL-7	Lymphozyten	Wachstumsfaktor für Lymphozyten-Vorläuferzellen
IL-9	Th_9-Lymphozyt	Stimulation der Th_2-Hilfe,
IL-10	Dendritische Zelle Makrophage T-Lymphozyt	vermittelt Immuntoleranz, Suppression von Lymphozyten- und Makrophagenfunktionen
IL-12	B-Lymphozyt Dendritische Zelle Makrophage	Aktivierung der Th_1-Hilfe, Aktivierung von NK-Zellen
IL-13	T-Lymphozyt	Suppression der Th_1-Hilfe, Aktivierung von B-Lymphozyten, IgE-Klassenwechsel
IL-15	Leukozyten	Wachstumsfaktor für $CD4^+$-T-Helfer-Lymphozyten

Zytokin	exprimierende Zellen	Funktion
IL-17	Th_{17}-Lymphozyt	Rekrutierung von neutrophilen Granulozyten, Aktivierung von B-Lymphozyten
IL-18	Makrophage	induziert INFγ-Sekretion bei T-Lymphozyten und NK-Zellen
IL-21	Th_{17}-Lymphozyt	induziert Proliferation von T-Lymphozyten und NK-Zellen
IL-22	Th_{22}-Lymphozyt	Aktivierung von Makrophagen und neutrophiler Granulozyten
IL-23	Dendritische Zelle	stimuliert Proliferation von Th_{17}-Lymphozyten
IL-27	Dendritische Zelle Makrophage	Differenzierungsfaktor für T_{fh}-Lymphozyten
IL-35	T_{reg}-Lymphozyten	immunsuppressiver Faktor
GM-CSF	Makrophage T-Lymphozyt	*macrophage colony-stimulating factor*: Differenzierungsfaktor für Dendritische Zellen
IFNγ	Makrophage NK-Zelle T-Lymphozyt	Interferon: Aktivierung von Makrophagen und B-Lymphozyten, IgG-Klassenwechsel
M-CSF	T-Lymphozyt	*macrophage colony-stimulating factor*: Wachstums- und Differenzierungsfaktor für monozytäre Zellen
TGFβ	Dendritische Zell T-Lymphozyt	*transforming growth factor*: vermittelt Immuntoleranz, Suppression von Lymphozyten- und Makrophagen-funktionen, IgA-Klassenwechsel
TNFα	Makrophage NK-Zelle T-Lymphozyt	*tumor necrosis factor*: Aktivierungsfaktor einer zellulär-zytotoxischen Abwehrreaktion

Chemokin	exprimierende Zelle	Rezeptor	Zielzelle
CCL-1	Adipozyt B- und T-Lymphozyten Dendritische Zelle NK-Zelle	CCR-8	Makrophage Monozyten
CCL-2	Adipozyt Dendritische Zelle T-Lymphozyten-Gedächtniszelle	CCR-2 CCR-4	Monozyten
CCL-3	Adipozyt Dendritische Zelle Makrophage	CCR-1 CCR-4 CCR-5	Granulozyten

Chemokin	exprimierende Zelle	Rezeptor	Zielzelle
CCL-5	Adipozyt Dendritische Zelle Makrophage	CCR-1 CCR-3 CCR-5	Granulozyten NK-Zelle T-Lymphozyt
CCL-18	Stromazellen in Lymphfollikeln Dendritische Zelle Makrophage	CCR8	B- und T-Lymphozyten indifferente Dendritische Zelle
CCL-19	Stromazellen in Lymphfollikeln, in Milz und Thymus	CCR-7	
CCL-21			B- und T-Lymphozyten Dendritische Zelle NK-Zelle
CXCL-1	Epithelzelle Makrophage neutrophiler Granulozyt	CXCR-2	neutrophiler Granulozyt
CXCL-2	Makrophage neutrophiler Granulozyt		
CXCL-3			
CXCL-7	Thrombozyt		
CXCL-8	Endothelzelle Epithelzelle	CXCR-1 CXCR-2	basophile und neutro- phile Granulozyten T-Lymphozyt
CXCL-12	Stromazellen in Lymphfollikeln, in Milz und Thymus	CXCR-4 CXCR-7	Lymphozyten
CXCL-13		CXCR-5	T_{fh}-Lymphozyten
CXCL-14			B-Lymphozyt Dendritische Zelle Makrophage

Glossar

A

adaptive Abwehr erworbene, antigenspezifische Abwehrreaktion

Adipositas Übergewicht

Adipozyten Fettzellen

afferente Lymphgefäße zum Lymphknoten hinführendes Gefäß

Agglomeration fest anhaftender Zusammenschluss

Akut-Phase-Protein Abwehrproteine der frühen Abwehrphase

Allergen Hyperreaktionen des Immunsystems auslösende Substanz

Amylase stärke- und glykogenspaltende Gykosidase

anabol aufbauender Stoffwechsel

Anaphylaxie mehrere Organsysteme betreffende akut-allergische Reaktion

Anaphylatoxin C3a, C4a, C5a des Komplementsystems vermitteln anaphylaxie-artige Schockreaktionen

Anergie aktive Inaktivierung von Effektorzellen

Angeborene Abwehrreaktion antigenunspezifische Abwehrreaktionen

Angina pectoris anfallsartiger Schmerz mit Brust- und Herzenge

Anorexie Appetitlosigkeit

antibody dependent cellular cytotoxicity immunglobulinvermittelte Zytotoxizität

Antigen eine immunglobulinassoziierte Immunantwort auslösende Substanz

antigen-presenting cell antigenpräsentierende Zelle der adaptiven Immunabwehr

Antikörper Immunglobulin

Antioxidans Schutzsubstanz gegen chemische Radikale

Apoptose programmierter Zelltod

Appendix vermiformis blinddarmassoziierter Wurmfortsatz

Asthma chronische nicht mikrobielle Entzündung der Lunge

Aszites Flüssigkeitsansammlung in der Bauchhöhle

Atherosklerose krankhafte Einlagerung von Fetten in die innere Wandschicht arterieller Blutgefäße

Attenuation regulative Verzögerung von Abläufen

Atopie genetische determinierte Allergieneigung

atrophisch krankhaft reduziertes Gewebe

Autoimmunthyreoiditis autoimmune Schilddrüsenentzündung

Autoimmunhepatitis autoimmune Leberentzündung

Autoimmunität Immunreaktion gegen körpereigenes Gewebe

Autokrin Signalstoff wirkt auf die sezernierende Zelle

B

Basalmembran Grenzmembran von Bindegewebe

B-cell receptor zellmembrangebundendes Immunglobulin von B-Lymphozyten

Bioverfügbarkeit Resorbierbarkeit einer Substanz

Bürstensaum fadenförmige Zellfortsätze resorptiver Epithelzellen

Blinddarm Appendix vermiformis

Blutplättchen Thrombozyten

Bronchien Luftwege der Lunge

Bronchokonstriktion Verengung der Luftwege der Lunge

C

Caecum Blinddarm

Cadherin Zell-Zell-Adhäsionen vermittelnde transmembrane Glykoproteine

Calcitonin ER-Lektin, Regulation der Calcium-Resorption

Calreticulin unterstützt Proteinstrukturbildung (Chaperon,*heat-shock-protein*)

Calnexin ER-Lektin, Regulation der Calciumresorption

Cathelecidine antimikrobiell wirkendes Peptid

Cathepsin lysosomale Proteasen

Chaperon die räumliche Proteinstruktur stabilisierendes Hilfsprotein

Capsomer Proteinstruktur-Einheiten der Virushülle

Caspasen cysteinyl-aspartat-spezifische Proteasen der Apoptose

Chemoattraktoren Immunzellen rekrutierende Signalstoffe

Chemokine Immunzellen rekrutierende Signalstoffe

Chlorophyll pflanzlicher Farbstoff mit photosynthetischer Funktion

Chondroklast Knorpel aufnehmende Phagozyten

Chromosom strukturell hochkondensierter DNA-Strang

Chylomikron Lipoproteinpartikel zum Transport von Nahrungsfetten in Lymphe und Blut

Chymotrypsin pankreatisches Protein-Verdauungsenzym

Cochraine-reviews vergleichende Bewertung von klinischen Studien

Colitis Darmschleimhautentzündung des Dickdarms

Collagen Proteinfaser des Bindegewebes

Colon Dickdarm

C-reaktives Protein Akut-Phase-Protein

Curry kurkuma- und pfefferhaltige Gewürzmischung

Cyclooxygenase Fettsäuren oxidierendes Enzym

D

Darm-Hirn-Achse Bidirektionale neuronale und endokrine Kommunikationsverbindung zwischen dem zentralen und enterischem Nervensystem und dem Darmmikrobiom

Dectin Immunzellen aktivierender Rezeptor

Defensine antimikrobiell wirkende Peptide

Dermatitis entzündliche Reaktion der Haut

Dermcidin antimikrobiell wirkendes Peptid im Schweiß

Desmosomen Zellen und Gewebe verbindende Haftstruktur

destruction-associated molecular pattern charakteristische Molekülstruktur von zerstörtem Gewebe

Diabetes mellitus Erkrankung des Zuckerstoffwechsels

Diapedese Eintritt von Immunzellen in entzündetes Gewebe

Diarrhö Durchfall

Dicer RNA zerteilendes Enzym

Dimer Verbindung von zwei Strukturen

DNA-Demethylase DNA-Methylgruppen entfernendes Enzym

DNA-Methyltransferase DNA-Methylgruppen übertragendes Enzym

Ductus thoracicus größtes Lymphgefäß (Milchbrustgang)

Dünndarm Intestinum tenue

Dysbiose mikrobielle Fehlbesiedlung des Darmes

E

Efferente Lymphgefäße vom Lymphknoten wegführende Lymphgefäße

Efferozytose Phagozytose abgestorbener Zellen

Eicosanoide von Fettsäuren abgeleitete Signalstoffgruppe

Ekzamthem Hautausschlag

Ekzeme Hautentzündung

Elastase Bindegewebe-Proteine verdauendes Enzym

Emulsion fein verteiltes Gemenge nicht-mischbarer Flüssigkeiten

Endopeptidase innerhalb einer Aminosäurekette schneidende Protease

endoplasmatisches Retikulum zellkern-assoziiertes Membransystem

endogen innerhalb eines Systems befindlich

endokrin Signalstoff wirkt systemisch im Körper

Endosom intrazellulärer Membranvesikel

Endothel epitheliales Abschlussgewebe des Darmes

Endotoxin zellmembranassoziiertes Toxin Gram-negativer Bakterien

Enterisches Nervensystem den Gastrointestinaltrakt umkleidender Teil des peripheren Nervensystems

eosinophiler Granulozyt

eosinophilic cationic protein Akut-Phase-Protein

Epigenetik DNA-sequenzunabhängige Information zur Regulation der Genexpression

Epithel Abschlussgewebe

Epitop spezifische Molekülstruktur eines Antigens

Exazerbation Verschlechterung einer Krankheitssituation

Exogen außerhalb eines Systems befindlich

Exon Informationen-codierender Teilabschnitt eines Gens

Exopolysaccharide von Milchsäurebakterien sezernierte Kohlenhydratpolymere

extrafollikulärer Raum Raum außerhalb des Lymphfollikels

Extruder Strangpresse mit formgebender Düse

F

Faeces Kot

Fc-Rezeptor Rezeptor zur Anbindung von Immunglobulinen an die Zelloberfläche

fatty acid-binding protein Fettsäurebindeprotein innerhalb der zellulären Fettaufnahme

fatty acid-translocase Fettsäuretransportenzym innerhalb der zelluären Fettaufnahme

fatty acid-transporter protein Fettsäuretransportprotein innerhalb der zellulären Fettaufnahme

Fibroblasten mesenchymale Bindegewebszellen

Fibronectin Integrine bindendes Glykoprotein

Ficoline Elemente des Komplementsystems mit Lektin-Funktion

Follikel primärer/sekundärer, zentrale räumliche Abgrenzung innerhalb des Lymphknotens

Fucoidan sulfatiertes Polysaccharid

G

Gap Junction Abschlussgewebe verbindende Haftstruktur

Gastrointestinaltrakt Magen-Darm-Trakt

Gelatinase Gelatine auflösende Protease

Gen Protein- oder RNA-Strukturen codierende Einheit der Erbinformation

Genom Gesamtheit der Erbinformation

Genstilllegung Inaktivierungsmechanismen zur Inaktivierung der Genexpression

Gliadine Speicherprotein des Weizenkorns

Gluconeogenese Neusynthese von Glucose

Glucoplastische Aminosäuren Substrate der Gluconeogenese

Glutathion antioxidativ wirkendes Pseudo-Tripeptid

Glutathion-Peroxidase-Reduktase antioxidatives Enzymsystem

Glykämischer Index Wirkungsmaß kohlenhydrathaltiger Lebensmittel auf den Blutzuckerspiegel

Glykogen tierische kohlenhydrat-Speicherform

Glykolyse katabole Glucoseverwertung zur Energiegewinnung

Glykocalyx Proteo-Oligosaccharid-Außenschicht von Endothelzellen

Glykosidase Kohlenhydratpolymere spaltendes Enzym

Glykosyltransferase Kohlenhydratstrukturen übertragendes Enzym

Granula körnchenförmige Zelleinlagerungen

Granzym Serinprotease der zytotoxischen Abwehrreaktion

Goldberg-Hogness-Box DNA-Anbindungssequenz (TATA) des Promotors für die RNA-Polymerase

Golgi-Komplex intrazelluläres Membransystem

Guanosin-Kappe Schutzstruktur der maturen mRNA für Nuklease-Abbau

H

health food Lebensmittel mit medizinischer Auslobung

heat shock proteins Chaperone

Heterochromatin Nukleotid-Protein-Komplex

Histatine antimikrobiell wirkende Peptide im Schweiß

Histon DNA-Trägerproteinstruktur

Histon-Acetylase Histon-Essigsäure übertragendes Enzym

Histon-Deacetylase Histon-Essigsäure entfernendes Enzym

Histon-Demethylase Histon-Methylgruppen entfernendes Enzym

Histon-Methyltransferase Histon-Methylgruppen übertragendes Enzym

hochendotheliale Venolen venöse Blutgefäße der Lymphorgane

Homogenisierung gleichmäßiges Verteilen nicht-mischbarer Stoffphasen

Hormon körpereigener, den Stoffwechsel steuernder Botenstoff

humorale Antwort immunglobulindominierte Abwehrreaktion

Hydroxylase Hydroxylgruppen übertragendes, oxidatives Enzym

Hyperglykämie hoher Blutzuckerspiegel

Hyperreaktion unphysiologische Überreaktion

Hypertonie Bluthochdruck

Hypertriglyceridämie hoher Blutfettswert

Hypoallergen allergenarm

Hyporeaktion unphysiologische Unterreaktion

Hyposensibilisierung Immuntherapie gegen allergische Reaktionen

---

I

Ileum Krumm- oder Hüftdarm (Teil des Dünndarms)

Ileozäkalklappe Dünn- und Dickdarm trennende Verschlussklappe (Bauhin-Klappe)

Immunglobulin Antikörper

Immunglobulinklassenwechsel Expressionsmusterwechsel von Plasmablasten von IgM (D) zu IgA, E, G

Immunogen Immunzellen stimulierende Substanz

Insulin pankreatisches Verdauungs- und Wachstumshormon

intercellular adhesion molecules Adhäsionsmolekül der Zell-Zellinteraktion

Integrine vermitteln den Durchtritt von Immunzellen aus den Blutgefäßen in das Gewebe

intercellular adhesion molecules Zelloberflächenproteine, die Zelladhäsionen vermitteln

interdigitierend mit fingerartigen Ausstülpungen zwischen Gewebezellen liegend

interferierende Ribonukleinsäure Genexpression regulierende RNA-Oligonukleotide

Interferon immunstimulierendes Glykoprotein

Interleukin Signalpeptide der Immunzellen

Interstitiell in den Zwischenräumen von Gewebe liegend

Intestinum tenue Dünndarm

Intron nicht codierender Teilabschnitt eines Genes

J

Jejunum Leerdarm (Teil des Dünndarms)

K

katabol abbauender Stoffwechsel

Katalase Wasserstoffperoxid spaltendes Enzym

Ketogenese Stoffwechsellage bei einer Kohlenhydratmangelernährung (Hungerstoffwechsel)

Kinase Phosphatgruppen übertragendes Enzym

klonale Expansion explosionsartige Vervielfachung eines aktivierten Lymphozyten

klonale Selektion spezifische Aktivierung eines antigenkompatiblen Lymphozyten

klonale Kontraktion aktiv regulierte Lymphozytenreduktion am Ende einer Abwehrreaktion

Koenzym nichtkovalent an ein Enzym gebundenes, an der Katalyse beteiligtes Molekül

Kofaktor an der Katalyse beteiligter Nicht-Protein-Anteil eines Enzyms

Kolostrum VormilchKommensale, physiologischer Begleit-Mikroorganismus

Komplementsystem immunregulative und antimikrobiell wirkende Protease-Signal-Kaskade

Kupffer-Zelle Phagozyt der Leberkrypten

Krypten anatomische Einbuchtung des Endothels

Krypten-Atrophie krankhafte Deformation der Darmkrypten

Kwashiokor Energie-Protein-Mangelerkrankung

L

Lactoferrin antimikrobiell wirkendes, Eisen bindendes Protein

Lamina propria subepitheliale Bindegewebsschicht

Land's Zyklus Lysophospholipid- innerhalb der Lpipidmediator-Synthese

Lanthibiotika antimikrobiell wirkende Peptide

Lebensmittelallergie pathologisch-immunologische Hyperreaktion auf Lebensmittelkomponenten

Lektin Kohlenhydrat bindende Glykoproteinstruktur

Leukopenisch Blutbild mit verringerter Anzahl an Leukozyten

Leukotrien von Fettsäuren abgeleitete Signalstoffgruppe

Lipase Fette spaltendes Verdauungsenzym

Lipidklassenwechsel Einleitung der Herabregulation einer Entzündungsreaktion durch Lipidmediatoren

Lipidmediator von Fettsäuren abgeleitete Signalstoffgruppe

Lipolyse hydrolytische Lipidspaltung

Lipopolysaccharid Endotoxin Gram-negativer Bakterien

Liposom zellmembranumhülltes Vesikel

Lipoxine entzündungsauflösende Lipidmediatoren

Lipoxygenase Fettsäuren oxidierendes Enzym

luminal dem Darmlumen zugewandte Seite, nach oben gerichtet

Lymphe Körperflüssigkeit der Lymphgefäße

Lymphfollikel definierter Raum des Lymphknotens

Lymphknoten Gewebekapsel des Lymphgewebes zur Initiation der adaptiven Immunabwehr

lymphocyte function-associated antigens Zelladhäsionsmolekül der Immunzell-migration (Integrin)

Lysophospholipid Phospholipid mit nur einer angebundenen Fettsäure

Lysosom intrazelluläres Zellmembranvesikel mit antimikrobiell wirkenden Substanzen und Enzymen

Lysozym antimikrobiell wirkende Gykosidase

M

major basic protein Matrixprotein von Granula eosinophiler Granulozyten

major histocompatibility complex Zelloberflächenmolekül zur Antigenpräsentation

Malabsorption unphysiologische Nährstoffaufnahme im Darm

malignes Gewebe zerstörerisches Tumorgewebe

Marasmus Energie-Protein-Mangelerkrankung

Maresine Entzündungen auflösender Lipidmediator

MBL-assoziierte Serinproteasen Initiationsenzym des Komplementsystems

Medulla Kernbereich des Lymphknotens

Meiose chromosomale Reduktionsteilung

Metabolisches Syndrom-X Sammelbegriff für Stoffwechselerkrankungen bei Fettleibigkeit

Microfold-Zelle Antigen-Transferzelle der Darmbarriere

Mikrobiom Gesamtheit der mikrobiellen Besiedlung des Menschen

Mikroglia nervensystemassoziierter Phagozyt

Mikrovilli fadenförmige Zellausstülpung als Teil des Bürstensaums

Milchbrustgang Ductus thoracicus

Milchfettglobuli Milchfett enthaltendes Biomembran-Vesikel

Milz lymphatisches Organ des Blutkreislaufes

mitogen-aktivierte Protein-Kinasen Teil des intrazellulären MAP-Kinase-Signalwegs

Mitose, Zellteilungsphase des Zellteilungszyklus

Mincle Immunzellen stimulierender Rezeptor

Molke caseinfreier, flüssiger Milchanteil

Morbus Crohn chronisch-entzündliche Erkrankung des gesamten Verdauungstraktes

Mucin strukturgebende Glykopeptid-Makromoleküle von Schleimen

Mucosa Schleimhaut

Mucus Schleimschicht der Schleimhaut

Multiple Sklerose chronisch-entzündliche, neurologische Erkrankung

Myeloperoxidase hypochloridionen-bildendes, lysosomales Enzym

N

Nervus vagus weit verzweigter großer Nerv als Teil des Parasympatikus, der Gastrointestinaltrakt, Herz-Kreislaufsystem, Lunge und andere Organsysteme mit dem Zentralnervensystem bidirektional verbindet

neutrophil extracellular trap Mikroorganismen immobilisierendes, extrazelluläres DNA-Netzwerk

Nucleosom einen Komplex aus DNA und Histonen

Nutraceutical Sammelbegriff für ein funktionales Lebensmittel mit medizinischer Auslobung

O

Ödem Wasseransammlung in Geweben

Opsonisierung immunologische Markierung von Mikroorganismen

Osteozyt Knochenzelle

Osteoklast mehrkerniger, das Knochengewebe zerstörender Phagozyt (Chondrozyt)

Oxidative Phosphorylierung Teil des aeroben Energiestoffwechsels

P

Pansen größter Vormagen von Wiederkäuern (Rumen)

Plättchen aktivierender Faktor proinflammatorisches Signal-Phospholipid

Paneth-Körnerzellen Drüsenzellen des Darmepithels

Pankreas Bauchspeicheldrüse

Parakrin Signalstoff wirkt in unmittelbarer Umgebung der sekretorischen Zelle

Parathormon Peptidhormon zur Regulation des Calcium-Blutspiegels

Paratop Epitop-Bindungsstruktur von Immunglobulinen

Pathogen Krankheiten erzeugender Mikroorganismus

Pathogenese Krankheitsverlauf

Pathogen-associated molecular pattern charakteristische Molekülstrukturen von Krankheitserregern

Pektin Galacturonsäure-Polymer

Peptidoglykan Galacturonsäure-Polymer verbunden mit Peptiden

Perforin Zellmembranen penetrierendes Protein

Peroxidase Peroxide spaltendes Enzym

Peyer'sche Plaques zusammenhängende Ansammlung von Lymphfollikeln innerhalb des Darmepithels

Phagolysosom Fusionsprodukt aus Phagosom und Lysosom

Phagosom intrazelluläres Zellmembranvesikel für endozytotisch aufgenommenes Material

Phagozytose endozytotische Aufnahme von Material

Phospholipase Fettsäuren von Phosphoglycerid-abspaltendem Enzym

Plasmablast Immunglobuline bildender B-Lymphozyt

Polyadenylierung mRNA-Modifikation

postprandial nach dem Essen einer Mahlzeit

Präbiotika spezifischer Kohlenhydrat-Ballaststoff

prismatisch geometrisch geformte Körperzelle

Probiotika lebensmittelassoziierte, gesundheitsfördernde Mikroorganismen

Proliferation Vermehrung von Zellen

Promotor Anbindungsstelle eines Gens für die RNA-Polymerase

Prostaglandin von Fettsäuren abgeleitete Signalstoffgruppe

prosthetische Gruppe hochaffin oder kovalent an ein Enzym gebundenes organisches Molekül

Protease proteinspaltendes Enzym

Proteasom im Zytosol befindliche multikatalytische Protease

Proteolyse Proteinhydrolyse (Aufspaltung)

Proteom Gesamtheit an Proteinstrukturen des Körpers

Protein-Energie-Mangel Mangelernährung mit unterschiedlicher Symptomatik

Proteinogene Aminosäuren Aminosäuren für den Proteinstrukturaufbau

Protektine entzündungsauflösende Lipidmediatoren

Pseudoallergie Unverträglichkeitsreaktion

Psoriasis Schuppenflechte

R

Randsinus morphologische Abgrenzung des, ‚Parakortex' im Lymphknoten

Rectum Mastdarm

respiratory burst zelluläre Sekretion von Sauerstoff- und Stickstoffradikalen

Ribosom Ort der Translation der Proteinbiosynthese

RNA-Polymerase generiert in der Transkription eine mRNA-Kopie eines DNA-codierten Genabschnittes

S

Sarkopedie Abbau der Muskelmasse im Alter

Selektine zelladhäsionsvermittelnde Glykoproteine

serosal den Blutgefäßen zugewandte Seite

Schleimhaut Mucosa

Spleißosom katalysiert als Protein-mRNA-Komplex die Reifung der mRNA

Stickstoffmonoxid-Synthase katalysiert die Stickstoffmonoxid-Bildung aus L-Arginin

Stromazelle Gewebezelle mit Stütz- und Ernährungsfunktion

Substratketten-Phosphorylierung Teil des Energiestoffwechsels

Surfactant grenzflächenaktive Substanz (*surface active agent*) des Lungenepithels

Superoxid-Dismutase Superoxid-Anionen zu Wasserstoffperoxid umwandelndes Enzym

Superoxid-Radikale hochreaktive Oxidationssubstanzen mit mindestens einem Sauerstoffatom

Symbiont kleinerer Organismus der Symbiose

Symbiose sich gegenseitig unterstützende Interaktion von Organismen (Symbiont und Wirt)

Synoviozyt die Gelenkinnenhaut (Synovialis) bildende Zellen

T

Teichonsäure Bestandteil der Zellwand Gram-positiver Bakterien

Thrombin Blutgerinnungsfaktor (Faktor IIa)

Thrombozyt Blutplättchen

Thromboxane von Fettsäuren abgeleitete Lipidmediatoren

Thymus zentrales Lymphorgan

Tight Junctions abschlussgewebsverbindende Haftstruktur

Tonsillen lymphatische Organe des Rachenringes (Mandeln)

Transglutaminase Acyl-Transfer von Protein-Glutamin auf primäre-amine-katalysierendes Enzym

Transkription Übertrag eines DNA-Genabschnittes auf eine mRNA-Kopie durch die RNA-Polymerase

Transkriptionsfaktor die transkriptionale Initiation der RNA-Polymerase beeinflussendes Protein

Transrepression Genexpressionshemmung durch kompetitive Transkriptionsfaktor-Interaktion

Translation mRNA-abhängige Peptidsynthese

Trypsin proteolytisches Verdauungsenzym der Bauchspeicheldrüse

U

Ubiquitin den Abbau von Proteinen regulierendes Polypeptid

Urethra Harnröhre

V

vascular cell adhesion molecules Adhäsionsmolekül für Zell-Zellinteraktionen

Vasodilatation Gefäßerweiterung

Vasokonstriktion Gefäßverengung

W

Wurmfortsatz Appendix vermiformis

Z

Zellkern Nucleus

Zellmigration Bewegung von Immunzellen zwischen verschiedenen Körperkompartimenten

Zellteilungszyklus hochregulierter Metabolismus der Zellproliferation

zellulär-zytotoxische Reaktion

Zöliakie gluten-induzierte Entzündung des Darmes

Zona occludens Teil der Darmbarriere

Zonula adhaerens Teil der Darmbarriere

Zotten Ausstülpungen des Darmabschlussgewebes

Zotten-Hyperplasie krankhafte Vergrößerung der Zotten

Zuckeralkohole (Alditole) Zucker mit reduzierter funktionaler Aldehyd-
oder Ketogruppe

Zykline den Zellteilungszyklus steuernde Signalproteine

Zytokine Signalpeptide

Zytokinese Zellteilung

Zytoskelett ein im Zytoplasma lokalisiertes Faser- und Filamentsystem

Zytosol Zellflüssigkeit (Protoplasma)

zytotoxisch spezifische Zerstörung von Zellen

Stichwortverzeichnis

The system must therefore consist of the following components:

1. source language corpus (here, the Web)
2. bilingual dictionary of one-word terms
3. NC detector (including a POS tagger)
4. generator of target language forms
5. evaluator (which returns target expression(s) with the highest frequency or null when no relevant phrase has been found).

An additional component might be a bilingual phrase dictionary, the use of which would help rule out the phrases already stored in the MT system.

The process of detecting NCs and finding their translations looks, in brief, as follows. First, an NC must be detected. Then, for both components of the given NC, the system must generate two lists of translations (separately for the modifier and for the head) and, where possible, generate denominal adjectives from the translations of the modifier. In the second step, all possible basic forms of candidate expressions (see above) must be created. This should be followed by generating all inflected forms, which are then sent to a search engine as queries and the number of occurrences of each of them is saved. Finally, the number of occurrences of the inflected forms is summed up for each of the candidates separately and the percentage share is calculated. The 'winning' expression, if there is one, is saved in a phrase dictionary for future use. Let us now look at some related problems in more detail.

A careful analysis of our approach may lead to the conclusion that the possible results of the evaluating procedure are as follows. Firstly, and most desirably, we may get a single translation that is clearly more frequent than other candidates and at the same matches the meaning of the source language expression. Secondly, we may get two or more translations which stand out of the rest of the candidates but do not differ significantly from one another. Thirdly, we may get no clear result, i.e. the total number of matches of a given expressions may be too low and thus inconclusive.

Receiving one "winning" expression is the aim of the whole procedure, but one may wonder if the most frequent candidate is really the proper translation of the source language expression. This cannot be, unfortunately, proved beyond all doubt. However, there exist some reasons that let us claim it is the most likely outcome. As we already mentioned, the aim of the system is to provide translations of expressions with compositional meaning. The result we get is thus the most frequent combination of the components of the phrase in the target language, in its literal meaning. Theoretically, there may possibly exist an idiomatic translation of the NC we deal with, which obviously will not be detected by the system. This would mean, however, that we came across a polysemous expression and provide only its literal translation but since we do not have this hypothetical idiom in our phrase dictionary, such result is better than providing no proper translation at all.

A prominent but wrong translation may also occur because of an error in tagging the source text. As for now, we have not come across such an instance but it cannot be ruled out. However, this is not a serious drawback of the system, because a tagging error always results in an improper translation, even if it is provided without the procedure suggested here.

Another possible outcome is getting several expressions that stand out of the rest of the candidates but do not differ much from one another. It is an open question how small the difference between the 'winning' phrases should be to distinguish such a set (we refer to this later in section 4.1) but once it is done, there is no information available that would allow us to further differentiate among the members of the set. In our research we treated such instances as dubious, although one could also conclude that the expressions in focus are polysemous or synonymic. In this case, it may be simply assumed that any of the prominent expressions will be correct; in systems which allow presenting alternatives, all the translations may be given to the user.

The last possibility is getting no result at all. This occurs when all candidates have 0 occurences or the total number of results, although greater than 0, is still very low. Such outcome should be interpreted in one of the following ways: the source language expression may have been selected wrongly (i.e. it does not actually exist), it may be an idiom, or it may be an incidental collocation of words, rare and insignificant.

4 Testing the Method

The method described above is based on some observations and intuitions of the authors and as such requires empirical verification. It was done by processing a sample group of NCs and evaluating the correctness of translations suggested by the system. Since the software developed for generating and evaluating translations is quite slow, we had to limit the number of both source expressions and candidate translations. Another reason to do this was our limited capability of analysing the results. Nevertheless, we judge the experiment as statistically valid enough to prove the method right or wrong at this still introductory stage.

The test sample used in the experiment, extracted from the Penn Treebank Corpus, consists of 523 NCs; this makes up ca. 1.8% of all nominal compounds occurring there. We chose several groups of economic terms, with the words market, price, account, among others, as modifiers. To save time, we decided to restrict the number of translations of the modifiers to only one[3], and the number of translations of the head to four; the candidates were generated according to the first two patterns from the list quoted in section 2, i.e. noun+noun or adjective+noun. All possible denominal adjectives derived from translations of modifiers were used.

An example of analysed expression can be the NC *price drop*. *Price* (the modifier) can be translated into Polish as *cena*, with the relevant denominal adjectives *cenny* 'valuable' and *cenowy* 'referring to price', while *drop* has four meanings: *kropla* (like in rain drop), *spadek* (= fall), *zrzut* (=airdrop), *kurtyna* (=drop curtain). Thus the list of possible translations of price drop is as follows: *kropla cenna, kropla cenowa, kropla ceny, spadek cenny, spadek ceny, spadek cenowy, zrzut cenowy, zrzut cenny, zrzut ceny, kurtyna ceny, kurtyna cenna, kurtyna cenowa*. The 'winning' candidate appeared *spadek ceny*, which yielded over 98% of the results; this is actually the proper translation of *price drop*.

Since the worldwide web should best be used as a corpus the choice of a search engine becomes a crucial matter. In the experiment, we used NetSprint, a search engine dedicated for Polish sites only[4].

---

[3] In all cases, the first translation proved to be the most prominent one; this strategy allowed us to avoid troublesome analysing extremely rare cases, without a negative impact on the results.

[4] The authors would like to thank Netsprint.pl for the permission to use the search engine in the research described in this article.

4.1 The Analysis of the Results

The results of the research were analysed with regard to the correctness of translation and the statistical validity. Each translation was dubbed correct or incorrect and the basic reason of incorrectness was quoted. More detailed insight into erroneous translations is given below in section 4.2.

As for the statistical validity, the key question is: how many occurrences of the given expression must be found in order for the result to be judged valid? Probably no definite answer can be given, that is why we decided to break the results into three main groups: (i) more than 300 occurrences, (ii) between 51 and 300 occurrences, (iii) 50 or fewer occurrences. The third group was generally judged as invalid and it was not analysed with regard to the correctness of the result; the first two were investigated both separately and jointly. The detailed analysis is given below.

Group (i) consists of 220 expressions, which constitute over 43 percent of the sample. In this group, correct translations were provided for 156 NCs (nearly 71 percent). Group (ii) has 106 expressions (21 percent), half of which were translated correctly. Candidates from group (iii) accounted for 177 cases (35 percent). This means that if the most rigid validity criterion (more than 300 occurrences) is adopted, we get a 71% precision but only a 43% recall. Lowering the border to at least 51 occurrences will give us a 64% precision (which is only slightly worse) at a nearly 65% recall (almost 22 percentage points higher), resulting in a significant increase in F-measure. Recall, precision and (balanced) F-measure are summarised in the table below:

Table 1. Recall and precision according to the number of occurrences

Group	Recall [%]	Precision [%]	F-measure
more than 300	43.74	70.09	53,86
between 51 and 300	-	50.00	-
total more than 50	64.81	64.11	64,43

Since establishing the validity borderline at 51 seems more advantageous, from now on we shall discuss both the groups (i) and (ii) jointly.

A separate question is whether the most frequent expression is prominent enough to be chosen undoubtedly as the proper translation, or in other words, what should be the difference between the most frequent phrase and the less frequent ones for the result to be clear?

No definite answer stems from our observation. Out of 209 correct translations, 159 (76%) yielded a result we judged as clear, that is, with one winning expression and high level of prominence (89 percent on average). In the remaining expressions, 29 instances (14%) were equally proper translations, i.e. nearly synonymous expressions and in 21 cases (10%) there was one winning candidate with not really prominent result. In the 'synonymous' group, the difference between the candidates was in most cases lower than 30 percentage points, which could be a clue for detecting synonyms; however, in the last of the discussed groups there were also the cases where the occurrences did not differ significantly. The average difference in the 'synonymous' group is 15 percentage points and in the 'non-synonymous' one—21 points; this is not enough to draw any conclusions. The only observation that can be made on the basis of this data is that if the most prominent expression accounts for less than 70% of all occurrences, the suggested translation may require human verification. This is due to the fact that the 70/30 proportion means at least 40-point difference between the 'winner' and the 'runner up', which is bigger than any observed by us in any doubtful cases.

This problem may be perceived as superfluous, for we are interested in obtaining one proper translation, not all correct alternatives. From this point of view, all yielded results are valid and we may simply always choose the most frequent one, disregarding also-rans. However, one might argue here that the almost equally distributed results are simply random, irrelevant phrases, none of them being the correct translation. That is why, in practice, the prominence factor must be taken into account.

4.2 Error Analysis

The last point of the analysis concerns the types of errors that can be made during the translation procedure. Three possibilities were distinguished in this respect:

1. wrong option: the proper translation was generated and evaluated but had fewer occurrences than another, wrong, candidate (nearly 15% of erroneous translations)
2. dictionary: the 4 translations of the head fed into the generator did not include the proper translation, but such an option would have been chosen if all translations had been investigated (12%)
3. translation: the NC in question should be translated idiomatically or in some way different from the ones that were taken into account (73%)

The quoted statistics are important, because they show the real strength of the system and its practical usefulness. The 'translation' errors, the most frequent ones, are in fact those expressions that can not be translated by this kind of system, due to their idiomatic nature. Returning a wrong translation would take place also without using our method, for, as it was mentioned above, NCs should be fed into the generator only if absent from an auxiliary phrase dictionary. That is why this type of errors cannot be regarded as fatal, i.e. proving the presented method wrong or useless.

The 'dictionary' errors occurred mainly because of restricting the number of evaluated translations to 4. All of them can be eliminated if more options are considered.

Finally, the 'option' errors are the most serious ones, because they show that the system can sometimes point at the wrong translation in spite of analysing the proper one, too. It happens usually when the investigated components have many translations, especially into terms of general use, and one of the combinations appears very frequent, but improper in the given context. In our opinion, nothing can be done to detect and eliminate such cases. However, their relative rate, ca. 5% of all investigated expressions, does not appear very high and thus the presented idea cannot be judged wrong on this basis.

4.3 The Real Usability of the Method

The final question to be addressed is the comparison of the results obtained using the presented method and the standard approach. As we recall from section 2, in the latter we combine the first translations of the components according to "noun + noun(gen.)" scheme. Undoubtedly, translations coined in this way must often be the proper ones (we mentioned that the scheme is probably the most frequent). Therefore the question is: within the set of correct results, what part of them would be generated by the general, "blind" procedure? This is crucial, because implementing the method proposed here obviously requires time, effort and, last but not least, money. If the percentage is low, we may judge our approach as not profitable enough to be put to practice.

As we have mentioned, the total number of correct results (in the > 50 group) is 209. Out of these, 207 expressions were translated according to only two patterns: "noun + adj" and "noun + noun(gen.)" . The first one occurred in 88 examples (42.5%) while the second one accounted for 119 cases (57.5%). Since the "genitive" pattern is the default one (see section 2), it seems that the power of the solution suggested in this paper is not so huge, to say the least: it returns nearly 65% correct translations, more that half of which could be delivered without using the method. However, we must be aware that the procedure presented in section 3 tests many possible translations of NC components, while the default approach selects only one. It seems desirable, therefore, to find those cases in which our method correctly picks the translation disregarded by the "blind" procedure.

As we have just indicated, 88 translations were formed according to the adjectival pattern. All of them, no matter which translation of components has been selected, support, so to speak, the usability of our method (they are formed according to a pattern different from the standard one). Within the remaining group, 31 expressions turn out to have been translated using a target language word normally not found in the first position in a dictionary entry (see the examples below). This means that in the group of 207 expressions 119 require using the method presented here, while 88 have been correctly predicted by the standard approach. Surprisingly (and coincidentally), this gives ratio exactly opposite to the one quoted above: 57,5% vs. 42,5% in favour of the translations generated in the way described in this paper.

Let us now provide some examples. The first one will be *ad business* (and *advertising business* as well). The first translation of the head given by our dictionary is *biznes*, which means that the standard procedure would return the expression *biznes reklamy*, while the proper Polish collocation is *branża reklamowa*. We should stress that *biznes* really is the first translation (if it is a translation at all) of the English word *business* that comes to the mind of native speakers of Polish. In this case, however, it would sound odd, although slightly better, even in the "noun + adj" pattern (*biznes reklamowy*).

Another example may be *price dip*. The word *dip* has as many as 13 translations, almost all of them denoting a kind of fall or deflation. However, only one of them sounds proper with the word *cena* 'price', i.e. *spadek cen*. It should be stressed again that most of the Polish words quoted as translations of *dip* mean more or less the same but (apart from *spadek*) they would sound odd when modified by *cena*. This actually proves that the method presented in this paper does detect collocations: it selects one option out of many on the basis of its "popularity", which corresponds to the level of fixedness of a phrase[5].

---

[5] A classic, comprehensive account of Polish idioms and collocations can be found in [1].

Concluding this section we would like to return to (quasi-)statistical analysis of the results. As we have said, in the group of expressions correctly translated by our method, over 57% would not be properly predicted by the standard approach, which seems quite much. On the other hand, one may argue that the result is not good enough to justify the use of a specially designed procedure. However, giving up nearly 60% of good translations[6] does not seem the best idea, especially because the method, as we believe, is not really complicated or expensive to use. Nevertheless, the sheer numbers do not seem the most important factor to us (they may vary for different samples or lexical domains). Perhaps more significant is the fact that the method works well for polysemous components and provides translations that 'sound well' to native speakers, that is correctly chooses proper collocations, as we have shown above.

5 Conclusions and Prospects of Further Research

The presented method is based on several observations. The first one is that when translating a randomly chosen text, an MT system must tackle the problem of (usually) loosely connected (in terms of collocation) NCs, whose structure is quite regular but whose Polish counterparts show much more morphological and semantic variety. Putting such NCs in a phrase dictionary with the help of human translators is obviously slow and expensive. Moreover, since we focus on expressions with compositional meaning, such a solution would simply mean wasting human resources on merely choosing the proper form of phrases instead of engaging them in translating idioms. For these two reasons, (partial) automatization of dictionary development appears a desirable goal. For practical reasons, our system can only be used off-line, solely for dictionary creation: it is simply too slow to be included in a commercial MT system (processing one expression takes over 2 minutes).

The key question underlying our main idea can be expressed as follows: is the most frequent translation the proper one? As it could be seen, in 65% of the cases—yes. Moreover, some part of the errors made by the system can be eliminated (as it was pointed out in section 4.2), which allows us to expect better performance in the future.

This is a preliminary research and we believe much can be done both to improve the results and to verify them with more degree of certainty. Firstly, all possible translations and morphological patterns should be considered. This includes a careful insight into the generation of denominal adjectives; the algorithms used in the experiment require enhancing. Secondly, the NCs chosen for the experiment should include expressions from various domains. Thirdly, it seems plausible to use a greater sample, although its size cannot be very big due to the necessity of the manual verification of the results.

Nevertheless, the results obtained so far let us conclude that the basic ideas are correct and the method presented in this paper can be applied in practical use.

---

[6] This would result in 27,6% precision, far from satisfactory.

References

1. Kurkowska, H., Skorupka, S.: Stylistyka polska. Zarys. Wydawnictwo Naukowe PWN, Warszawa (2001)
2. Levi, J.N.: The Syntax and Semantics of Complex Nominals. Academic Press, New York (1978)
3. Nunberg, G., Sag, I.A., Wasow, T.: Idioms. Language 70, 491–538 (1994)
4. O'Grady, W.: The syntax of idioms. Natural Language and Linguistic Theory 16, 279–312 (1998)

Author Index